概率论与数理统计

王秀丽　房　莹　◎主　编
肖新玲　解永晓　石学军　王海洋　◎副主编

北京大学出版社
PEKING UNIVERSITY PRESS

图书在版编目(CIP)数据

概率论与数理统计/ 王秀丽, 房莹主编. —北京：北京大学出版社，2021.11
ISBN 978-7-301-32404-2

Ⅰ.①概… Ⅱ.①王… ②房… Ⅲ.①概率论 – 高等学校 – 教材②数理统计 – 高等学校 – 教材 Ⅳ.①O21

中国版本图书馆 CIP 数据核字(2021)第 170972 号

书　　　名	概率论与数理统计 GAILÜLUN YU SHULITONGJI
著作责任者	王秀丽　房　莹　主编　肖新玲　解永晓　石学军　王海洋　副主编
责任编辑	尹照原
标准书号	ISBN 978-7-301-32404-2
出版发行	北京大学出版社
地　　　址	北京市海淀区成府路 205 号　100871
网　　　址	http://www.pup.cn　　新浪微博: @北京大学出版社
电子信箱	zpup@pup.cn
电　　　话	邮购部 010-62752015　发行部 010-62750672　编辑部 010-62752021
印　刷　者	三河市博文印刷有限公司
经　销　者	新华书店
	787 毫米×1092 毫米　16 开本　19 印张　463 千字 2021 年 11 月第 1 版　2021 年 11 月第 1 次印刷
定　　　价	48.00 元

未经许可，不得以任何方式复制或抄袭本书之部分或全部内容。
版权所有，侵权必究
举报电话: 010-62752024　电子信箱: fd@pup.pku.edu.cn
图书如有印装质量问题，请与出版部联系，电话: 010-62756370

内 容 提 要

　　全书共包含概率论(前五章)和数理统计(后四章)两部分,其中概率论部分主要介绍了随机事件及其概率、一维随机变量及其分布、多维随机变量及其分布、随机变量的数字特征、大数定律与中心极限定理;数理统计部分主要介绍了数理统计的基本概念、参数估计、假设检验、方差分析与回归分析初步。内容涵盖了《全国硕士研究生入学统一考试数学考试大纲》中概率论与数理统计部分的所有知识点。每节配有适量习题,每章附有思维导图。

　　本书结构清晰,逻辑严谨,叙述清楚,深入浅出,行文流畅,可读性强,可作为高等学校理工科(非数学专业)及部分文科专业概率论与数理统计的教材,或硕士研究生入学统一考试的参考书,也可以作为自修本科课程读者的读物。

前　言

概率论与数理统计是一门研究随机现象的数学学科,其中概率论研究随机现象的模型及其性质,数理统计研究随机现象的数据收集、处理和统计推断。随机现象的普遍性自然决定了概率论与数理统计课程地位的重要性和应用的广泛性。随着计算机硬件技术的快速发展以及各种统计软件的开发,概率论与数理统计在经济管理、生物医学、军事科学、工程技术等领域以及数据科学、人工智能等新兴交叉学科得到了广泛的应用。因此,概率论与数理统计已被列为高等学校理工类、经管类、医农类各专业的必修或选修课程。为适应时代的发展,我们在参阅国内外优秀教材的基础上,结合多年的教学实践和教学经验组织编写了本书。本书内容紧扣《全国硕士研究生入学统一考试数学考试大纲》,并以此规范文中的术语和记号。我们希望通过丰富的应用背景,独特的思维方式和有趣的结论吸引读者,使学生在浓厚的学习兴趣中掌握概率论与数理统计的基本概念、基本理论和基本方法,并逐步将其应用于解决实际问题。

概率论与数理统计既具有数学学科的抽象性和逻辑性,又具有较强的应用背景和生活直观,因此本书注重内容的科学性、系统性、准确性和完整性,尽可能通过实际背景或者人们所熟悉的事实直观描述引入基本概念,将概念写得清晰易懂,便于教学;对基本理论的推理论证在高等数学范围内尽可能严密,而对繁难的证明适当弱化,但对相关理论在什么情况下用、怎么用都做了较为明确的解释;在例题和习题的选择上,注重题目的广泛性,尽量选择概率论与数理统计在经济、管理、生物、医学、军事、物理等方面的应用。本书兼顾趣味性和时代性,注重选取有教育意义的题材,将思政元素融入教材;并与时俱进,介绍 Excel 软件在概率论与数理统计中的应用。书中精选了历年考研的一些真题作为习题和例题,并按节配置习题,书末附有答案,可供读者参考。为方便学生梳理知识和掌握章节框架,每章附有思维导图。

本书的第一章到第四章由房莹、肖新玲、石学军共同完成,第五章到第九章由王秀丽、解永晓、王海洋共同完成。

北京大学出版社的领导和编辑们对本书的出版给予了大力支持和热情帮助,尤其是尹照原编辑在本书的编辑和出版过程中付出了大量心血。另外,本书的编写得到了马军英教授、赵强教授和朱爱玲教授的许多帮助和山东师范大学数学与统计学院领导的大力支持,在此一并表示感谢!

由于编者水平有限和时间仓促,书中难免有疏漏和不当之处,敬请各位专家、同行、读者批评指正。

作　者

2021 年 1 月

目 录

第一章 随机事件及其概率 …………………………………………………… (1)
  1.1 随机事件 ………………………………………………………………… (1)
  习题 1.1 …………………………………………………………………… (6)
  1.2 随机事件的概率 ………………………………………………………… (7)
  习题 1.2 …………………………………………………………………… (15)
  1.3 条件概率 ………………………………………………………………… (17)
  习题 1.3 …………………………………………………………………… (20)
  1.4 全概率公式与贝叶斯公式 ……………………………………………… (21)
  习题 1.4 …………………………………………………………………… (24)
  1.5 独立性 …………………………………………………………………… (26)
  习题 1.5 …………………………………………………………………… (29)

第二章 一维随机变量及其分布 …………………………………………… (31)
  2.1 随机变量及其分布函数 ………………………………………………… (31)
  习题 2.1 …………………………………………………………………… (34)
  2.2 离散型随机变量 ………………………………………………………… (35)
  习题 2.2 …………………………………………………………………… (43)
  2.3 连续型随机变量 ………………………………………………………… (44)
  习题 2.3 …………………………………………………………………… (53)
  2.4 随机变量函数的分布 …………………………………………………… (55)
  习题 2.4 …………………………………………………………………… (58)

第三章 多维随机变量及其分布 …………………………………………… (60)
  3.1 二维随机变量 …………………………………………………………… (60)
  习题 3.1 …………………………………………………………………… (66)
  3.2 边缘分布 ………………………………………………………………… (67)
  习题 3.2 …………………………………………………………………… (71)
  3.3 二维随机变量的条件分布 ……………………………………………… (72)
  习题 3.3 …………………………………………………………………… (77)
  3.4 随机变量的独立性 ……………………………………………………… (78)
  习题 3.4 …………………………………………………………………… (84)
  3.5 二维随机变量函数的分布 ……………………………………………… (85)
  习题 3.5 …………………………………………………………………… (95)

第四章 随机变量的数字特征 ……………………………………………… (97)
  4.1 随机变量的数学期望 …………………………………………………… (97)
  习题 4.1 …………………………………………………………………… (103)

目录

  4.2 随机变量的方差 …………………………………………………… (105)
    习题 4.2 ……………………………………………………………… (109)
  4.3 常见分布的数学期望和方差 …………………………………………… (110)
    习题 4.3 ……………………………………………………………… (113)
  4.4 协方差和相关系数 ……………………………………………………… (114)
    习题 4.4 ……………………………………………………………… (120)
  4.5 矩和协方差矩阵 ………………………………………………………… (121)
    习题 4.5 ……………………………………………………………… (123)

第五章 大数定律与中心极限定理 …………………………………………… (125)
  5.1 大数定律 ………………………………………………………………… (125)
    习题 5.1 ……………………………………………………………… (128)
  5.2 中心极限定理 …………………………………………………………… (128)
    习题 5.2 ……………………………………………………………… (132)

第六章 数理统计的基本概念 ……………………………………………… (134)
  6.1 总体与样本 ……………………………………………………………… (134)
    习题 6.1 ……………………………………………………………… (140)
  6.2 三个常用分布 …………………………………………………………… (141)
    习题 6.2 ……………………………………………………………… (147)
  6.3 抽样分布 ………………………………………………………………… (148)
    习题 6.3 ……………………………………………………………… (152)
    附录 ………………………………………………………………… (154)

第七章 参数估计 ……………………………………………………………… (156)
  7.1 点估计 …………………………………………………………………… (156)
    习题 7.1 ……………………………………………………………… (164)
  7.2 估计量的评价标准 ……………………………………………………… (166)
    习题 7.2 ……………………………………………………………… (171)
  7.3 区间估计 ………………………………………………………………… (173)
    习题 7.3 ……………………………………………………………… (178)
  7.4 正态总体参数的置信区间 ……………………………………………… (178)
    习题 7.4 ……………………………………………………………… (186)
  7.5 非正态总体参数的置信区间 …………………………………………… (187)
    习题 7.5 ……………………………………………………………… (190)

第八章 假设检验 ……………………………………………………………… (192)
  8.1 假设检验的基本概念 …………………………………………………… (192)
    习题 8.1 ……………………………………………………………… (196)
  8.2 正态总体参数的假设检验 ……………………………………………… (197)
    习题 8.2 ……………………………………………………………… (218)
  8.3 大样本下均值的假设检验 ……………………………………………… (220)
    习题 8.3 ……………………………………………………………… (222)

  8.4 总体分布的假设检验 ……………………………………………………（223）
  习题 8.4 ……………………………………………………………………（228）
第九章 方差分析与回归分析初步 ………………………………………………（230）
  9.1 单因素方差分析 …………………………………………………………（230）
  习题 9.1 ……………………………………………………………………（239）
  9.2 一元线性回归分析 ………………………………………………………（241）
  习题 9.2 ……………………………………………………………………（253）
习题答案 …………………………………………………………………………………（255）
附录 ………………………………………………………………………………………（271）
  附表 1 二项分布表 ………………………………………………………（271）
  附表 2 泊松分布表 ………………………………………………………（277）
  附表 3 标准正态分布表 …………………………………………………（279）
  附表 4 χ^2 分布表 ………………………………………………………（280）
  附表 5 t 分布表 …………………………………………………………（283）
  附表 6 F 分布表 …………………………………………………………（285）
参考文献 …………………………………………………………………………………（293）

第一章 随机事件及其概率

> 概率论与数理统计是研究随机现象统计规律性的一门基础学科,它根据大量同类随机现象的统计规律,对随机现象出现某一结果的可能性在数量上做出描述并加以研究.概率论与数理统计的应用几乎遍及所有的科学技术、工农业生产和国民经济领域,例如在天气预报、地震预报、产品的抽样验收、传染病的控制、通信工程、经济金融、大数据分析和人工智能等领域都有广泛的应用,因此法国数学家拉普拉斯曾指出:生活中最重要的问题,其中绝大多数在实质上只是概率的问题.
>
> 本章主要介绍随机事件,随机事件的概率,概率的基本性质,条件概率和三个重要的概率公式——乘法公式、全概率公式、贝叶斯公式以及随机事件和随机试验的独立性.

1.1 随机事件

1.1.1 随机现象

在自然界与人类社会中,人们所能观察到的现象是多种多样的,但归纳起来,大体可以分为两类:一类是**确定性现象**,即在一定条件下必然发生的现象.例如:太阳从东方升起;在标准大气压下,水加热到 100℃ 会沸腾;同性电荷相斥、异性电荷相吸.对于这类现象,其特点是只有一个确定的结果.另一类是**随机现象**,即在一定条件下,可能发生,也可能不发生的现象.例如:抛一枚硬币,可能正面朝上,也可能反面朝上;走到某十字路口时,可能遇到红灯,也可能遇到绿灯;一批新产品投入市场,可能畅销,也可能滞销.对于这类现象,其特点是可能的结果不止一个,哪一个结果出现,人们事先并不知道.

尽管随机现象在一次或者少数几次观察中其结果呈现出不确定性,但进行大量重复观察时,又会呈现出一定的规律性.例如,多次重复地抛同一枚均匀硬币,出现正面和反面的次数大约各占一半;同一门炮射击同一目标的弹着点按照一定规律分布等等.这种在大量重复试验或观察中所呈现的规律性称为随机现象的**统计规律性**.恩格斯曾经指出:在表面上是偶然性在起作用的地方,这种偶然性始终是受内部的隐藏着的规律支配的,问题只是在于发现这些规律.正是为了发现统计规律性,才诱发了人们叩开概率论与数理统计这扇科学大门的欲望与激情,使概率论与数理统计成为研究和揭示随机现象统计规律性的一个数学分支.

1.1.2 随机试验

为了研究随机现象及其统计规律性,就需要对它进行一定次数的观察. 我们把对随机现象进行的一次观察、测量或实验,称为一次试验,如果这种试验还具有下列三个特点:

(1) 可以在相同的条件下重复进行;
(2) 每次试验的可能结果不止一个,但试验前能明确所有可能的结果;
(3) 进行一次试验之前不能确定哪一个结果将会出现;

则称这种试验为**随机试验**,简称**试验**,常用 E 表示.

下面给出几个随机试验的例子:

E_1:掷一颗骰子,观察出现的点数;
E_2:从某工厂当天生产的产品中任取一个进行检验,记录检验结果;
E_3:记录一天内使用在线支付的次数;
E_4:观察一手机电池一次性充满电后的续航时间.

1.1.3 样本空间

对于随机试验,虽然在试验前不能确定哪一个结果将会出现,但能事先明确试验的所有可能结果.我们将随机试验 E 的所有可能结果组成的集合称为 E 的**样本空间**,记为 Ω. 样本空间的元素,即试验 E 的每一个可能结果,称为**样本点**,记为 ω.

上述 4 个随机试验的样本空间分别为:

$\Omega_1 = \{1,2,3,4,5,6\}$;
$\Omega_2 = \{合格,不合格\}$;
$\Omega_3 = \{0,1,2,3,\cdots\}$;
$\Omega_4 = \{t \mid t \geqslant 0\}$.

在这里我们会发现,样本空间可以是数集,也可以不是数集;可以是有限集,也可以是无限集.

1.1.4 随机事件

随机现象的某些样本点组成的集合称为**随机事件**,简称**事件**,常用大写字母 $A,B,C,\cdots$ 表示. 比如在随机试验 E_1 中,$B =$ "出现偶数点"是一个随机事件,即 $B = \{2,4,6\}$,它是相应样本空间 $\Omega_1 = \{1,2,3,4,5,6\}$ 的一个子集.

事件有以下几种类型:

(1) **必然事件**. 每次试验都发生的事件称为必然事件,必然事件用样本空间 Ω 表示.
(2) **不可能事件**. 每次试验中都不发生的事件称为不可能事件,不可能事件用 $\varnothing$ 表示.
(3) **基本事件**. 由样本空间 Ω 中的单个样本点组成的事件称为基本事件.
(4) **复合事件**. 含有两个及两个以上样本点的事件称为复合事件.

例 1.1.1 随机试验 E_1 的样本空间为 $\Omega_1 = \{1,2,3,4,5,6\}$.

事件 $A =$ "出现 6 点"是一个基本事件,它由 Ω_1 的单个样本点"6"组成;
事件 $B =$ "出现偶数点"是一个复合事件,它由 Ω_1 的三个样本点"2,4,6"组成;

事件 $C=$ "出现的点数小于 7" 是必然事件,它由 Ω_1 的全部样本点 "1,2,3,4,5,6" 组成;

事件 $D=$ "出现的点数大于 6" 是不可能事件, Ω_1 中的任一样本点都不在 D 中.

关于随机事件,注意以下两点:

(1) 在每次试验中,当且仅当一个事件中的一个样本点出现时,称这一事件发生;

(2) 严格来讲,必然事件与不可能事件反映了确定性现象,可以说它们不是随机事件,但为了今后讨论问题的方便,我们把它们作为特殊的随机事件.

1.1.5 事件间的关系

由于事件可以用样本空间的子集表示,因此事件间的关系也可以用集合间的关系来处理,主要有以下几种关系.

一、包含关系

若属于 A 的样本点必属于 B,则称事件 B 包含事件 A,记为 $A \subset B$ (图 1.1.1).用概率语言表示:事件 A 发生必然导致事件 B 发生.

譬如掷一颗骰子,事件 $A=$ "出现 6 点" 的发生必然导致事件 $B=$ "出现偶数点" 的发生,显然有 $A \subset B$.

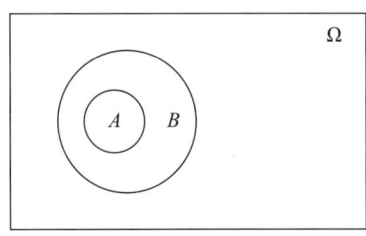

图 1.1.1　$A \subset B$

二、相等关系

若属于 A 的样本点必属于 B,而且属于 B 的样本点必属于 A,则称事件 A 与事件 B 相等,记为 $A=B$.

譬如掷两颗骰子,以 A 记事件 "两颗骰子的点数之和为奇数",以 B 记事件 "两颗骰子的点数为一奇一偶",显然有 $A=B$.

三、互不相容

若 A 与 B 没有相同的样本点,则称事件 A 与事件 B 是**互不相容**或**互斥**的(图 1.1.2).用概率语言表示:事件 A 与事件 B 不能同时发生.

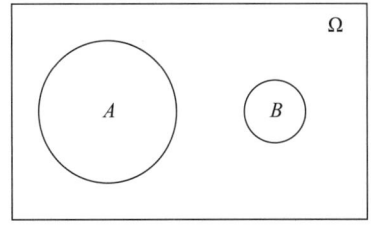

图 1.1.2　A 与 B 互不相容

譬如手机电池续航时间的试验中,事件 $A=$ "续航时间大于 20 小时"与事件 $B=$ "续航时间小于 10 小时"是两个互不相容的事件,因为它们不可能同时发生.

注 基本事件是两两互不相容的.

1.1.6 事件间的运算

事件的运算与集合的运算相当,有并、交、差、余四种运算.

一、事件的并(和)

事件 A 与事件 B 的并事件记为 $A \cup B$,表示 A 和 B 中至少有一个发生(图 1.1.3).

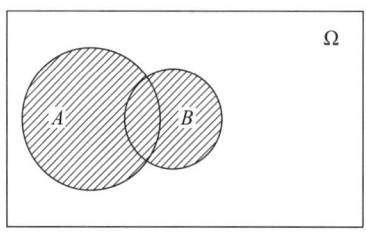

图 1.1.3　A 与 B 的并

例如,甲、乙两人破译一份密码,A 表示"甲破译成功",B 表示"乙破译成功",则"密码被破译"可表示为 $A \cup B$.

推广:称 $\bigcup\limits_{k=1}^{n} A_k$ 为 n 个事件 $A_1, A_2, \cdots, A_n$ 的并事件;

称 $\bigcup\limits_{k=1}^{\infty} A_k$ 为可列个事件 $A_1, A_2, \cdots$ 的并事件.

二、事件的交(积)

事件 A 与事件 B 的交事件记为 $A \cap B$,或简记为 AB,表示 A 和 B 同时发生(图 1.1.4).

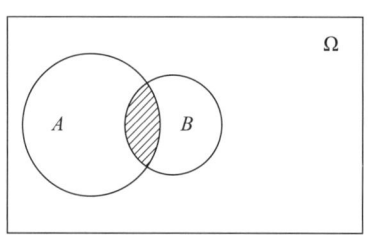

图 1.1.4　A 与 B 的交

例如,检查某种圆柱形产品时,要求长度和直径都符合要求才算合格,A 表示"长度合格",B 表示"直径合格",则"零件合格"可表示为 AB.

推广:称 $\bigcap\limits_{k=1}^{n} A_k$ 为 n 个事件 $A_1, A_2, \cdots, A_n$ 的交事件;

称 $\bigcap\limits_{k=1}^{\infty} A_k$ 为可列个事件 $A_1, A_2, \cdots$ 的交事件.

三、事件的差

事件 A 与事件 B 的差事件记为 $A-B$，表示 A 发生且 B 不发生(图 1.1.5).

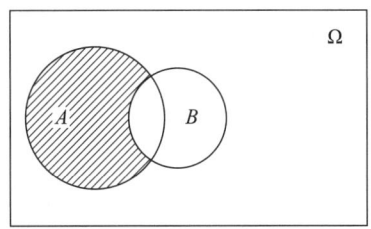

图 1.1.5 A 与 B 的差

例如，甲、乙两人破译一份密码，A 表示"甲破译成功"，B 表示"乙破译成功"，则"甲破译成功，而乙没有破译成功"可表示为 $A-B$.

四、对立事件

事件 A 的对立事件记为 $\overline{A}$，表示 A 不发生(图 1.1.6).

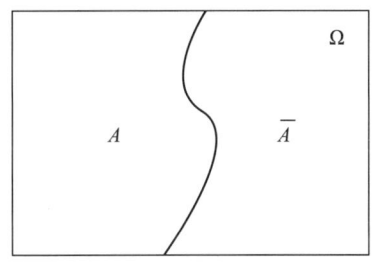

图 1.1.6 A 的对立事件 $\overline{A}$

事件 A 和它的对立事件 $\overline{A}$ 满足 $A \cup \overline{A} = \Omega, A\overline{A} = \varnothing$，所以事件 A 与其对立事件 $\overline{A}$ 是互不相容的. 由此可以看出，对立事件一定是互不相容的事件，但互不相容的事件不一定是对立事件.

五、事件间的运算律

设 A, B, C 为事件，则有：

(1) 交换律：$A \cup B = B \cup A, A \cap B = B \cap A$. (1.1.1)

(2) 结合律：$A \cup (B \cup C) = (A \cup B) \cup C$; (1.1.2)

$A \cap (B \cap C) = (A \cap B) \cap C$. (1.1.3)

(3) 分配律：$A \cup (B \cap C) = (A \cup B) \cap (A \cup C)$; (1.1.4)

$A \cap (B \cup C) = (A \cap B) \cup (A \cap C)$. (1.1.5)

(4) 对偶律(德·摩根公式)：$\overline{A \cap B} = \overline{A} \cup \overline{B}, \overline{A \cup B} = \overline{A} \cap \overline{B}$. (1.1.6)

有了事件的关系与运算，就可以用简单事件去表示复杂事件.

例 1.1.2 一位同学某学期有三门考试课程，以 A, B, C 分别表示这三门课程通过考试的三个事件，则可用这三个事件的运算来表示下列各事件：

(1) 三门课程全部通过考试：ABC;

(2) 三门课程中至少一门通过考试：$A \cup B \cup C$;

(3) 三门课程中恰好一门未通过考试： $\overline{A}BC \cup A\overline{B}C \cup AB\overline{C}$；

(4) 三门课程全部未通过考试： $\overline{A}\overline{B}\overline{C}$；

(5) 三门课程中至多一门通过考试： $ABC \cup \overline{A}BC \cup A\overline{B}C \cup AB\overline{C}$；

(6) 三门课程中至少一门未通过考试： $\overline{ABC}$.

习 题 1.1

1. 写出下列随机试验的样本空间及表示下列事件的样本点集合：

(1) 将一枚硬币抛两次,观察正反面出现的情况；$A=$"第一次出现正面",$B=$"至少有一次出现正面",$C=$"两次出现同一面"；

(2) 对某工厂生产的产品进行检查,合格的盖上"正品",不合格的盖上"次品",如果连续查出 2 个次品就停止检查,或检查 4 个产品就停止检查,记录检查的结果；$A=$"停止检查时已检查了 4 个产品"；

(3) 记录某商场某种商品一天内的销售件数；$A=$"至少销售 10 件",$B=$"至多销售 100 件".

2. 设 A,B,C 为三个事件,用 A,B,C 的运算表示下列事件：

(1) A 发生,B 与 C 不发生；

(2) A,B 都发生,而 C 不发生；

(3) A,B,C 中至少一个发生；

(4) A,B,C 都发生；

(5) A,B,C 都不发生；

(6) A,B,C 中至多一个发生；

(7) A,B,C 中至多两个发生；

(8) A,B,C 中至少两个发生.

3. 对于事件 A,B,C,判断下列命题是否成立,并说明理由：

(1) 若 $A \cup C = B \cup C$,则 $A=B$；

(2) 若 $A-C=B-C$,则 $A=B$；

(3) 若 $AC=BC$,则 $A=B$；

(4) 若 A,B 互不相容,则 $\overline{A},\overline{B}$ 也互不相容；

(5) 如果 $A \subset B$,则 $\overline{A} \subset \overline{B}$；

(6) 如果 A,B 对立,则 $\overline{A},\overline{B}$ 也对立.

4. 证明下列等式：

(1) $A-B = A\overline{B} = A-AB$；

(2) $A \cup B = A \cup (B-A)$.

5. 甲、乙、丙三名射击选手各向某个目标射击一次,事件 A,B,C 分别表示甲、乙、丙射击时击中目标,试用文字描述下列事件：

(1) $A \cup B$；(2) $\overline{A}$；(3) $\overline{ABC}$；(4) $AB \cup BC \cup AC$；(5) $AB\overline{C} \cup A\overline{B}C \cup \overline{A}BC$.

1.2 随机事件的概率

在随机试验中,随机事件的发生具有偶然性. 但是,由经验事实可知,随机事件发生的可能性是有大小之分的,是可以度量的. 例如,购买彩票后可能中奖,也可能不中奖,但中奖的可能性大小可以用中奖率来度量. 因此,对于随机试验,我们不仅要知道它可能出现哪些结果,更希望获得各种结果发生的可能性大小,从而揭示其内在的统计规律性. 为此,我们称随机试验中事件发生的可能性大小为事件的概率. 但是,对于某个特定的事件,其概率是如何规定的呢? 本节我们先介绍概率的统计定义,然后介绍概率的古典定义与几何定义,最后引进概率的公理化定义.

1.2.1 频率与频率的稳定性

一、频率的定义和性质

定义 1.2.1 若在相同条件下重复进行了 n 次试验,其中事件 A 发生了 n_A 次,则称 n_A 为事件 A 发生的**频数**. 比值 $\dfrac{n_A}{n}$ 称为事件 A 发生的**频率**,记作 $f_n(A)$,即

$$f_n(A) = \frac{n_A}{n}. \tag{1.2.1}$$

从频率的定义可知,频率 $f_n(A)$ 具有以下性质:

(1) $0 \leqslant f_n(A) \leqslant 1$;

(2) $f_n(\Omega) = 1, f_n(\varnothing) = 0$;

(3) 若 $A_1, A_2, \cdots, A_k$ 是两两互不相容的事件,则

$$f_n(A_1 \cup A_2 \cup \cdots \cup A_k) = f_n(A_1) + f_n(A_2) + \cdots + f_n(A_k).$$

事件发生的频率大小表示其发生的频繁程度. 频率越大,事件发生就越频繁,事件在一次试验中发生的可能性就越大. 反之,频率越小,事件发生就越不频繁,事件在一次试验中发生的可能性就越小.

二、频率的稳定性

由于频率是依赖于试验结果的,而试验结果的出现具有一定的随机性,即使对于同样的重复试验次数 n,所得的频率也不一定相同,即频率具有随机波动性. 但是,大量试验证实,当 n 逐渐增大时,频率 $f_n(A)$ 在某一常数附近摆动. 我们称这个常数为**频率的稳定值**,这种规律性称为**频率的稳定性**.

例如,历史上著名的抛硬币试验很好地展示了这种稳定性,其结果见表 1.2.1,从表中的数据可以看出:随着试验次数的增加,出现正面的频率逐渐稳定在 0.5.

表 1.2.1 抛硬币试验中正面朝上的频率

试验者	抛硬币的次数	正面朝上的次数	正面朝上的频率
德摩根	2 048	1 061	0.518 1
布丰	4 040	2 048	0.506 9

(续表)

试验者	抛硬币的次数	正面朝上的次数	正面朝上的频率
费勒	10 000	4 979	0.497 9
皮尔逊	12 000	6 019	0.501 6
皮尔逊	24 000	12 012	0.500 5

又例如,英语中某些字母的使用频率要高于另外一些字母,有人对各类典型的英语书刊中字母的使用频率进行统计,发现各个字母的使用频率相当稳定,其结果见表 1.2.2.

表 1.2.2 英文字母使用频率表

字母	使用频率	字母	使用频率	字母	使用频率
E	0.130 4	D	0.037 8	W	0.014 9
T	0.104 5	L	0.033 9	B	0.013 9
A	0.085 6	C	0.029 7	V	0.009 2
O	0.079 7	F	0.028 9	K	0.004 2
N	0.070 7	M	0.024 9	X	0.001 7
R	0.067 7	U	0.024 9	J	0.001 3
I	0.062 7	G	0.019 9	Q	0.001 2
S	0.060 7	P	0.019 9	Z	0.000 8
H	0.052 8	Y	0.019 9		

从上述数据可以看出:E,T,A,O 等字母的使用频率较高,而 X,J,Q,Z 等字母的使用频率较低,这项研究在计算机键盘的设计(在方便的地方安排使用频率最高的字母键)、信息的编码(用较短的码编排使用频率最高的字母键)等方面都是十分有用的.

三、概率的统计定义

实践表明,在大量的重复试验中事件 A 具有频率的稳定性,这种"稳定性"即通常所说的统计规律性.一般来讲,若随机事件 A 出现的可能性越大,其频率 $f_n(A)$ 也越大.正是由于事件 A 发生的可能性大小与其频率大小有如此密切的关系,加之频率又具有稳定性,因此可以通过频率来定义概率.

定义 1.2.2(概率的统计定义) 在相同条件下重复进行了 n 次试验,其中事件 A 发生了 n_A 次,当 n 无限增大时,事件 A 发生的频率 $f_n(A) = \dfrac{n_A}{n}$ 稳定在某一常数上,这一常数称为事件 A 的概率,记作 $P(A)$.

一般地,当试验的次数比较大时,可用事件发生的频率来估计事件的概率,即有

$$P(A) \approx f_n(A). \tag{1.2.2}$$

概率的统计定义易于理解,但是其计算依赖于试验.在实际问题中,我们不可能对每一个事件都做大量的试验,同时由于试验次数的限制,利用统计定义计算概率难免会出现误差,因此人们不得不从其他的角度去思考"概率"的定义.

1.2.2 古典概率与几何概率

在概率论发展的历史上,最早研究的一类问题是等可能概型,它简单、直观,不需要做大量重复试验. 在这类问题中,样本空间中每个样本点出现的可能性是相等的. 其中,如果样本空间只包含有限个样本点,称之为古典概型;而当样本空间是某一几何区域时,称之为几何概型.

一、古典概率

若随机试验 E 具有如下特征:

(1) 样本空间只有有限个样本点,譬如 n 个;

(2) 每个样本点出现的可能性相等,

则称随机试验 E 为**古典概型**.

定义 1.2.3(概率的古典定义) 设古典概型 E 的样本空间 Ω 含有 n 个样本点,且每个样本点出现的可能性相等,若事件 A 包含 k 个样本点,则事件 A 的概率为

$$P(A) = \frac{k}{n} = \frac{\text{事件 } A \text{ 包含的样本点数}}{\text{样本空间中样本点总数}}. \tag{1.2.3}$$

由公式(1.2.3)计算得到的概率称为**古典概率**. 根据公式(1.2.3),古典概率的计算关键在于计算样本空间 Ω 和事件 A 所包含的样本点个数,该问题通常可以借助排列公式与组合公式以及加法原理和乘法原理进行计算.

(1) **加法原理**:设完成某件事有 m 种途径,其中第一种途径有 n_1 种方法,第二种途径有 n_2 种方法……第 m 种途径有 n_m 种方法,无论通过哪种方法都可以完成这件事,则完成这件事的方法总数为 $n_1 + n_2 + \cdots + n_m$.

(2) **乘法原理**:设完成某件事有 m 个步骤,其中第一个步骤有 n_1 种方法,第二个步骤有 n_2 种方法……第 m 个步骤有 n_m 种方法,如果该件事必须通过每一步骤才能完成,则完成这件事的方法总数为 $n_1 \times n_2 \times \cdots \times n_m$.

(3) **排列公式**:从 n 个不同元素中任取 $k(1 \leqslant k \leqslant n)$ 个元素的不同排列总数为

$$A_n^k = n(n-1)\cdots(n-k+1) = \frac{n!}{(n-k)!}. \tag{1.2.4}$$

(4) **组合公式**:从 n 个不同元素中任取 $k(1 \leqslant k \leqslant n)$ 个元素的不同组合总数为

$$C_n^k = \binom{n}{k} = \frac{n(n-1)\cdots(n-k+1)}{k!} = \frac{n!}{(n-k)!k!}. \tag{1.2.5}$$

例 1.2.1(抽样模型) 一个箱子中放有 10 个零件,其中 3 个是不合格品,现按如下两种方式抽样:

(1) **放回抽样**:每次任取 1 个,检查记录后放回箱子中,再任取下 1 个;

(2) **不放回抽样**:每次任取 1 个,检查记录后不再放回箱子中,在剩下的零件中再任取下 1 个.

求从这 10 个零件中任取 2 个,其中恰有 1 个不合格品的概率.

解 容易验证相应的试验是古典概型,设事件 $A=$ "抽取的 2 个零件中恰有 1 个是不合格品".

(1) 放回抽样的情况下,由于每次都是从 10 个零件中抽取,所以共有 10×10 种取法,即样本空间包含的样本点总数为 $n = 10 \times 10 = 100$.

对于事件 A，有两种情况：一种是第一次取到合格品且第二次取到不合格品，有 7×3 种取法；另一种是第一次取到不合格品且第二次取到合格品，有 3×7 种取法．于是，事件 A 包含的样本点数为 $k=7\times 3+3\times 7=42$．由古典概率的定义有

$$P(A)=\frac{42}{100}=0.42.$$

（2）在不放回抽样的情况下，第一次有 10 个可供抽取，第二次只有 9 个可供抽取，所以共有 10×9 种取法，即样本空间包含的样本点总数为 $n=10\times 9=90$．类似于放回抽样，可得事件 A 包含的样本点数为 $k=7\times 3+3\times 7=42$．由古典概率的定义有

$$P(A)=\frac{42}{90}\approx 0.466\ 7.$$
□

例 1.2.2 设有 N 件产品，其中有 $M(M<N)$ 件次品，现从中不放回地抽取 n 件，问其中恰有 $k(k\leqslant \min\{n,M\})$ 件次品的概率是多少？

解 设事件 $A=$"任取的 n 件产品中恰有 k 件次品"．先计算样本空间中样本点的总数：在 N 件产品中任取 n 件，所有可能的取法共有 C_N^n 种，它们是等可能的．再计算事件 A 所含样本点数：取出的 n 件产品中恰有 k 件次品意味着首先在 M 件次品中任取 k 件，所有可能的取法共有 C_M^k 种，其次在 $N-M$ 件正品中任取 $n-k$ 件，所有可能的取法有 C_{N-M}^{n-k} 种．所以，根据乘法原理，在 N 件产品中任取 n 件，其中恰有 k 件次品的取法共有 $C_M^k C_{N-M}^{n-k}$ 种．因此，恰有 k 件次品的概率为

$$P(A)=\frac{C_M^k C_{N-M}^{n-k}}{C_N^n}. \tag{1.2.6}$$

□

公式(1.2.6)称为超几何公式，在第二章我们将会详细介绍由此而来的超几何分布．

例 1.2.3（盒子模型） 设有 n 个球，每个球都等可能地被放到 N 个不同盒子中的任一个，每个盒子所放球数不限，求恰好有 $n(n<N)$ 个盒子各有一球的概率．

解 设事件 $A=$"n 个球等可能地被放到 N 个不同盒子中，恰好有 n 个盒子各有一球"．先计算样本空间中样本点的总数：因为每个球都可放到 N 个盒子中的任一个，所以 n 个球共有 N^n 种放法，它们是等可能的．

为实现恰好有 n 个盒子各有一球，可分两步做：第一步，从 N 个盒子中任取 n 个盒子准备放球，共有 C_N^n 种取法；第二步将 n 个球放到 n 个不同的盒子中，每个盒子各放一球，共有 $n!$ 种放法．所以，根据乘法原理，n 个球等可能地被放到 N 个不同盒子中恰好有 n 个盒子各有一球的放法共有 $C_N^n \cdot n!$ 种．因此，恰好有 n 个盒子各有一球的概率为

$$P(A)=\frac{C_N^n \cdot n!}{N^n}=\frac{N!}{N^n(N-n)!}.$$
□

例 1.2.4 箱子中放有 $a+b$ 张彩票，其中 a 张有奖，其余 b 张无奖，$k(k\leqslant a+b)$ 个人依次在箱子中摸一张彩票后不放回，求第 $i(i=1,2,\cdots,k)$ 个人摸到有奖彩票的概率．

解 设事件 $A=$"第 i 个人摸到有奖彩票"$(i=1,2,\cdots,k)$．k 个人依次摸彩票，第一个人共有 $a+b$ 种结果，第二个人共有 $a+b-1$ 种结果……第 k 个人共有 $a+b-k+1$ 种结果，由乘法原理，完成摸彩票后样本空间共有 $(a+b)(a+b-1)\cdots(a+b-k+1)=A_{a+b}^k$ 种结果．

当事件 A 发生时，第 i 个人摸到的是有奖彩票，可以是 a 张彩票中的任一张，因而有 a

种结果，其余 $k-1$ 人从剩余的 $a+b-1$ 张彩票中任选 $k-1$ 张，共有 $(a+b-1)(a+b-2)\cdots[a+b-(k-1)]=A_{a+b-1}^{k-1}$ 种结果，根据乘法原理，事件 A 共包含 $a\cdot A_{a+b-1}^{k-1}$ 种结果．由古典概率的定义有

$$P(A)=\frac{a\cdot A_{a+b-1}^{k-1}}{A_{a+b}^k}=\frac{a}{a+b}.$$

注 从该例可以看出，$P(A)$ 与 i 无关，尽管摸彩票的先后次序不同，但是每人摸到有奖彩票的概率都是一样的，大家的机会都是相同的，从概率意义上讲是公平的．抽签问题也属于此类问题，因此，在抽签或者购买彩票时，每人的机会都是一样的，不必争先恐后．

二、几何概率

古典概型是样本空间包含有限个样本点的等可能概率模型，但在实际问题中，经常遇到样本空间中样本点总数无限的等可能概型，如样本空间用一个有度量的几何区域（线段、平面区域、空间立体）表示的情形，譬如向圆 $x^2+y^2=1$ 内均匀地投点，其样本空间为 $\Omega=\{(x,y)|x^2+y^2<1\}$，虽然 Ω 包含无穷多个样本点，但是全体样本点可用圆域这样的几何区域表示．对于这类等可能概型中事件的概率该如何确定呢？本小节来讨论这个问题．

若随机试验 E 具有如下特征：

(1) 样本空间 Ω 充满某个区域，其度量（长度、面积、体积等）可用 S_Ω 表示；

(2) 任意一点落在度量相同的子区域内是等可能的，

则称这样的试验为**几何概型**．

定义 1.2.4（概率的几何定义） 设随机试验 E 为几何概型，样本空间 Ω 的度量用 S_Ω 表示，若事件 A 为 Ω 中的某个子区域，其度量大小用 S_A 表示，则事件 A 的概率为

$$P(A)=\frac{S_A}{S_\Omega}. \tag{1.2.7}$$

由公式 (1.2.7) 计算得到的概率称为几何概率．

例 1.2.5（会面问题） 某销售人员和客户相约 8 时到 9 时之间在某地点会面，并约定先到者等候另一人 20 分钟，过时即可离去．如果每个人可在指定的一小时内任意时刻到达，求两人能够会面的概率．

解 我们以分钟为单位并记 8 时为 0 时刻，以 x,y 分别表示销售人员和客户到达指定地点的时刻，则样本空间为

$$\Omega=\{(x,y)|0\leqslant x\leqslant 60,0\leqslant y\leqslant 60\}.$$

因为两人都是在 0 分钟至 60 分钟内等可能地到达，所以这是一个几何概型问题．(x,y) 的所有可能取值是边长为 60 的正方形，其面积为 $S_\Omega=60^2$．记 $A=$"两人能会面"，则有

$$A=\{(x,y)|(x,y)\in\Omega,|x-y|\leqslant 20\},$$

即图 1.2.1 中的阴影部分，其面积为 $S_A=60^2-40^2$．由几何概率公式 (1.2.7) 知

$$P(A)=\frac{S_A}{S_\Omega}=\frac{60^2-40^2}{60^2}=\frac{5}{9}\approx 0.555\,6.$$

例 1.2.6 在区间 $(0,1)$ 内任取两个数，求这两个数的乘积小于 $\frac{1}{4}$ 的概率．

解 以 x,y 表示区间 $(0,1)$ 内任取的两个数，则样本空间为

$$\Omega=\{(x,y)|0<x<1,0<y<1\},$$

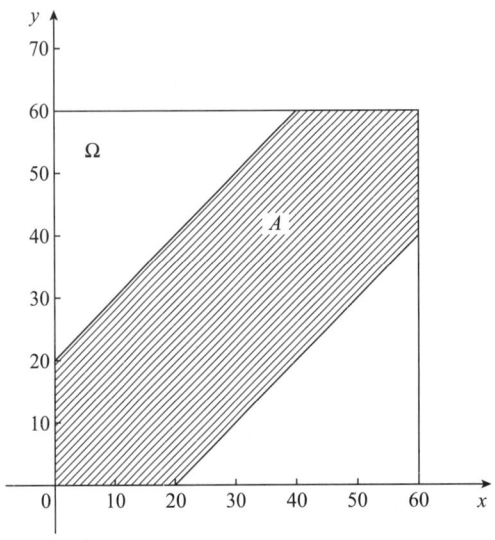

图 1.2.1 会面问题中的 Ω 与 A

其面积为 $S_\Omega=1$.记 $A=$"两个数的乘积小于 $\frac{1}{4}$",则有

$$A=\left\{(x,y)\,\big|\,(x,y)\in\Omega, xy<\frac{1}{4}\right\},$$

即图 1.2.2 中的阴影部分.由几何概率公式(1.2.7)知

$$P(A)=\frac{S_A}{S_\Omega}=\frac{1-\int_{1/4}^{1}\left(1-\frac{1}{4x}\right)\mathrm{d}x}{1}=\frac{1}{4}+\frac{1}{2}\ln 2=0.596\,6. \qquad \square$$

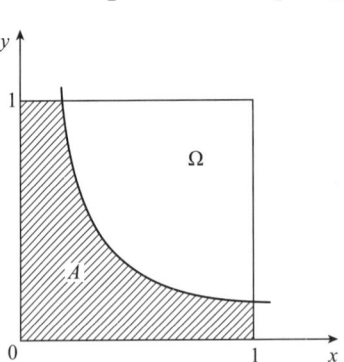

图 1.2.2 例 1.2.6 中的 Ω 与 A

1.2.3 概率的公理化定义与性质

一、概率的公理化定义

前面我们从事件的频率出发给出了概率的统计定义,又介绍了古典概率和几何概率,但它们都是在特殊的随机试验 E 下给出的概率的计算方法.根据概率的统计定义,虽然随着试验次数的增加概率计算越精确,但总是存在误差;古典概率和几何概率又只能适用于等可能

概型. 这些定义各适合一类随机现象, 明显地带有一定的局限性, 不能作为事件概率的严格定义, 那么如何给出适合一切随机现象的概率的最一般的定义呢?

1900 年在第二届国际数学家大会上, 著名的数学家希尔伯特提出了 20 世纪数学领域中最活跃、最关键、最有影响力的 23 个重大问题, 其中一个问题就是要建立概率的公理化定义, 也就是以最少的几条本质特性去刻画概率的概念. 直到 1933 年苏联的数学家柯尔莫哥洛夫在他的《概率论基本概念》一书中首次提出概率的公理化定义, 这个定义既概括了历史上几种概率定义中的共同特性, 又避免了各自的局限性. 这一公理化体系迅速取得了举世公认, 为现代概率论发展打下了坚实的基础, 从此数学界才承认概率论是数学的一个分支. 有了这个公理化体系后, 概率论得到了迅速发展. 这个公理化体系是概率论发展史上的一个里程碑.

定义 1.2.5(概率的公理化定义) 设随机试验 E 的样本空间为 Ω, 对于 E 的每一事件 A 赋予一个实数, 记为 $P(A)$, 如果 $P(A)$ 满足以下条件:

(1) 非负性: 对于每一个事件 A, 有 $P(A) \geqslant 0$;
(2) 规范性: $P(\Omega) = 1$;
(3) 可列可加性: 设 $A_1, A_2, \cdots$ 互不相容, 即 $A_i A_j = \varnothing, i, j = 1, 2, \cdots, i \neq j$, 则有

$$P\left(\bigcup_{i=1}^{\infty} A_i\right) = \sum_{i=1}^{\infty} P(A_i), \tag{1.2.8}$$

那么 $P(A)$ 为事件 A 的概率.

二、概率的运算性质

由概率的公理化定义, 可以推出概率的一些重要性质.

性质 1.2.1 $P(\varnothing) = 0$.

性质 1.2.2 (有限可加性) 若有限个事件 $A_1, A_2, \cdots, A_n$ 互不相容, 则有

$$P(A_1 \cup A_2 \cup \cdots \cup A_n) = P(A_1) + P(A_2) + \cdots + P(A_n). \tag{1.2.9}$$

性质 1.2.3 (对立事件公式) $P(\bar{A}) = 1 - P(A)$. \tag{1.2.10}

性质 1.2.4 对于任意两个事件 A, B, 有

$$P(A - B) = P(A) - P(AB). \tag{1.2.11}$$

特别地, 若 $B \subset A$, 则有

$$P(A - B) = P(A) - P(B). \tag{1.2.12}$$

证明 因为 $A = (A - B) \cup AB$ 且 $(A - B) \cap AB = \varnothing$, 所以

$$P(A) = P((A - B) \cup AB)$$
$$= P(A - B) + P(AB),$$

即

$$P(A - B) = P(A) - P(AB).$$

若 $B \subset A$, 则 $AB = B$, 从而 $P(A - B) = P(A) - P(B)$. □

推论 1.2.1 (单调性) 若 $B \subset A$, 则 $P(B) \leqslant P(A)$.

性质 1.2.5 (加法公式) 对于任意两个事件 A, B, 有

$$P(A \cup B) = P(A) + P(B) - P(AB). \tag{1.2.13}$$

证明 因为 $A \cup B = A \cup (B - AB)$ 且 $A \cap (B - AB) = \varnothing$, 所以

$$P(A \cup B) = P(A) + P(B - AB) = P(A) + P(B) - P(AB). \qquad \square$$

注 该性质可以推广到多个随机事件. 设 $A_i, i=1,2,\cdots,n$ 为任意 n 个事件,则有

$$P\left(\bigcup_{i=1}^{n} A_i\right) = \sum_{i=1}^{n} P(A_i) - \sum_{1 \leqslant i<j \leqslant n} P(A_i A_j) + \sum_{1 \leqslant i<j<k \leqslant n} P(A_i A_j A_k) + \cdots$$
$$+ (-1)^{n-1} P(A_1 A_2 \cdots A_n). \tag{1.2.14}$$

特别地,设 A,B,C 为任意三个事件,则有
$$P(A \cup B \cup C) = P(A) + P(B) + P(C) - P(AB) - P(AC) - P(BC) + P(ABC). \tag{1.2.15}$$

结合事件的关系与运算,利用这些性质计算随机事件的概率,往往能够起到化难为易的作用,可以求出一些复杂事件的概率.

例 1.2.7 A,B 是两个事件,已知 $P(B)=0.3, P(A \cup B)=0.6$,求 $P(A\bar{B})$.

解 $$P(A\bar{B}) = P(A - AB) = P(A) - P(AB),$$
而 $$P(A \cup B) = P(A) + P(B) - P(AB) = 0.6,$$
因此 $$P(A\bar{B}) = P(A \cup B) - P(B) = 0.6 - 0.3 = 0.3. \qquad \square$$

例 1.2.8 已知 $P(A)=P(B)=P(C)=1/4, P(AB)=0, P(AC)=P(BC)=1/16$,则 A,B,C 都不发生的概率是多少?

解 因为 $P(AB)=0, ABC \subset AB$,所以由概率的单调性知 $P(ABC)=0$. 再由加法公式,得 A,B,C 至少有一个发生的概率为
$$P(A \cup B \cup C) = P(A) + P(B) + P(C) - P(AB) - P(AC) - P(BC) + P(ABC)$$
$$= \frac{3}{4} - \frac{2}{16} = \frac{5}{8}.$$

又因为"A,B,C 都不发生"的对立事件为"A,B,C 至少有一个发生",所以由对立事件公式得
$$P(\overline{ABC}) = 1 - P(A \cup B \cup C)$$
$$= 1 - \frac{5}{8} = \frac{3}{8}. \qquad \square$$

例 1.2.9 (生日问题)假设每个人的生日等可能分布在 365 天中的某一天,在有 $n(n<365)$ 个人的班级里,至少两个人生日在同一天的概率为多少?

解 记事件 A="n 个人生日各不相同",事件 B="n 个人中至少有两个人生日相同",则 A,B 互为对立事件.

每个人的生日等可能分布在 365 天中的某一天,即每个人的生日都有 365 种可能,根据乘法原理,n 个人共有 365^n 种可能.

如果生日互不相同,第一个人的生日有 365 种可能,第二个人的生日有 $365-1$ 种可能……第 n 个人的生日有 $365-(n-1)$ 种可能,因此生日互不相同共有 A_{365}^n 种可能. 由古典概率公式,生日各不相同的概率
$$P(A) = \frac{A_{365}^n}{365^n}.$$

由对立事件公式,至少两个人生日在同一天的概率
$$P(B) = 1 - P(A) = 1 - \frac{A_{365}^n}{365^n}.$$

对不同的 n 有表 1.2.3 表示的计算结果

表 1.2.3　n 个人的班级里至少两个人生日在同一天的概率

n	23	50	64	100
p	0.507	0.97	0.997	0.999 999 7

从该表可以看出,只要班级人数超过 23 人,至少两人生日在同一天的概率就超过 50%;如果班级人数有 50 人,那么至少两人生日在同一天的概率竟达到了 97%,这是出乎人们预料的. 事实上,"一个班级中至少有两人生日相同"的概率并不是如人们直觉中想象的那样小,而是相当大. 这个例子也告诉我们有时候"直观感觉"并不可靠,研究随机现象的统计规律是非常重要的. □

注　我们也可以利用盒子模型的结论求得 A 的概率,把 n 个人看成 n 个球,将一年 365 天看成是 $N=365$ 个盒子,则"n 个人生日各不相同"就相当于"恰好有 n 个盒子中各有一个球".

1.2.4* 用 Excel 计算古典概率

利用 Excel 可以计算给定数的阶乘、组合数、排列数、幂运算,从而可以快速计算古典概率. 下面给出相关函数的使用方法.

函数 FACT 的基本调用格式为 FACT(number),表示返回数 number 的阶乘;

函数 COMBIN 的基本调用格式为 COMBIN(number,number_chosen),表示从给定元素数量的集合中选取若干元素的组合数,number 表示元素的总数量,number_chosen 表示每一组合中选出元素的数量;

函数 PERMUT 的基本调用格式为 PERMUT(number,number_chosen),表示从给定元素数量的集合中选取若干元素的排列数,number 表示元素的总数量,number_chosen 表示每一排列中选出元素的数量;

函数 POWER 的基本调用格式为 POWER(number,power),表示进行幂运算,number 和 power 分别表示底数和指数.

例如,计算如下概率

$$P(A)=\frac{A_{365}^{50}}{365^{50}},\quad P(B)=\frac{C_6^3 C_{28}^3}{C_{35}^7},\quad P(C)=\frac{C_{20}^{10}\cdot 10!}{20^{10}}.$$

在 Excel 界面的某一单元格中输入函数:=PERMUT(365,50)/ POWER(365,50),求得 $P(A)=0.029\ 6$.

在 Excel 界面的某一单元格中输入函数:= COMBIN (6 , 3) * COMBIN (28 , 3)/ COMBIN(35,7),求得 $P(B)=0.009\ 74$.

在 Excel 界面的某一单元格中输入函数:=COMBIN(20,10) * FACT(10)/ POWER (20,10),求得 $P(C)=0.065\ 5$.

习　题　1.2

1. 设有 10 件产品,其中 6 件正品,4 件次品,从中任取 3 件,求下列事件的概率:
(1) $A=\{$没有次品$\}$;　　　　(2) $B=\{$只有 1 件次品$\}$;
(3) $C=\{$最多 1 件次品$\}$;　　(4) $D=\{$至少 1 件次品$\}$.

第一章 随机事件及其概率

2. 从 0,1,2,…,9 这 10 个数字中,任取 4 个构成四位数,求四位数是偶数的概率.

3. 货架上有外观相同的商品 15 件,其中 12 件来自甲产地,3 件来自乙产地. 现从货架上随机抽取 2 件,求这 2 件商品来自同一产地的概率.

4. 设 3 个人有 4 种就业机会,每人可随机选取任一个就业机会,问:各个就业机会最多有 1 人、2 人、3 人选择的概率各是多少?

5. 某接待站在某一周曾接待过 12 次来访,已知这 12 次接待都是在周二和周四进行的,问:是否可以推断接待时间是有规定的?

6. 一种福利彩票称为幸运 35 选 7,即购买者从 01~35 共 35 个号码中选取 7 个号码作为一注进行投注,7 个号码中 6 个为基本号码,另外 1 个号码为特别号码;每注彩票 2 元,每期销售彩票总金额的 50% 用来作为奖金. 奖项设置为一等奖:选 7 中 6 个基本号码和 1 个特别号码(不考虑基本号码的顺序);二等奖:选 7 中 6 个基本号码;三等奖:选 7 中 5 个基本号码和 1 个特别号码;四等奖:选 7 中 5 个基本号码;五等奖:选 7 中 4 个基本号码和 1 个特别号码;六等奖:选 7 中 4 个基本号码;七等奖:选 7 中 3 个基本号码和 1 个特别号码. 试计算单注中奖的概率.

7. 在区间 [0,3] 上任选一点,求该点坐标小于 1 的概率.

8. 从区间 (0,1) 中随机地取出两个数,求两个数之和小于 $\frac{1}{5}$ 的概率.

9. 某人午觉醒来,发现钟表停了,他打开收音机,想听电台报时,设电台每正点时报时一次,求他等待时间短于 10 分钟的概率.

10. 甲、乙两艘轮船驶向一个不能同时停泊两艘轮船的码头,它们在一昼夜内到达的时间是等可能的,如果甲船停泊的时间是 1 小时,乙船停泊的时间是 2 小时,求它们中任何一艘都不需要等候码头空出的概率.

11. 设事件 A 与 B 互不相容,且 $P(A)=0.3, P(B)=0.5$,求下列事件的概率:

(1) A 与 B 中至少一个发生;

(2) A 与 B 都发生;

(3) A 发生,但 B 不发生.

12. 设 A 与 B 互为对立事件,判断以下等式是否成立并说明理由.

(1) $P(A \cup B)=1$;   (2) $P(AB)=P(A)P(B)$;

(3) $P(A)=1-P(B)$;   (4) $P(AB)=0$.

13. 设 $P(AB)=0$,判断以下说法是否成立并说明理由:

(1) A 与 B 互不相容;

(2) A 与 B 相容;

(3) AB 不一定是不可能事件;

(4) $P(A)=0$ 或 $P(B)=0$.

14. 设事件 A,B 的概率分别为 $\frac{1}{3}$ 和 $\frac{1}{2}$,求在下列三种情况下 $P(B\overline{A})$ 的值:

(1) A 与 B 互不相容;   (2) $A \subset B$;   (3) $P(AB)=\frac{1}{8}$.

15. 某城市共发行 3 种报纸 A,B,C. 在这城市的居民中有 45% 订阅 A 报、35% 订阅 B

报、30%订阅 C 报,10%同时订阅 A 报和 B 报,8%同时订阅 A 报和 C 报,5%同时订阅 B 报和 C 报,3%同时订阅 A 报、B 报、C 报. 求以下事件的概率:

(1) 只订阅 A 报的;
(2) 只订阅一种报纸的;
(3) 至少订阅一种报纸的;
(4) 不订阅任何一种报纸的.

16. 设 A,B 为互不相容的随机事件,求 $P(\bar{A} \cup \bar{B})$.

17. 设 A,B,C 为三个随机事件,且 $P(A)=P(B)=P(C)=\dfrac{1}{4}$,$P(AB)=0$,$P(AC)=P(BC)=\dfrac{1}{12}$,求 A,B,C 中恰有一个事件发生的概率.

18. 若 A,B 为任意两个随机事件,证明:$P(AB) \leqslant \dfrac{P(A)+P(B)}{2}$.

19. 设 A,B 为随机事件,证明:$P(A)=P(B)$ 的充要条件为 $P(A\bar{B})=P(B\bar{A})$.

20. 设袋中有红、白、黑球各 1 个,从中有放回地取球,每次取 1 个,直到三种颜色的球都取到时停止,求取球次数恰好为 4 的概率.

21. 向区间 $[0,1]$ 上任投两点,求两点之间的距离小于 0.5 的概率.

22. 设 A,B 是两个事件且 $P(A)=0.6$,$P(B)=0.7$. 问:
(1) 在什么条件下 $P(AB)$ 取到最大值,最大值是多少?
(2) 在什么条件下 $P(AB)$ 取到最小值,最小值是多少?

1.3 条件概率

世界万物都是相互联系、相互影响的,随机事件之间通常也会存在一定程度的影响.例如,在天气状况恶劣的情况下交通事故发生的可能性明显比天气状况优良的情况下要大得多.在解决这类概率问题时,往往需要在某些附加条件下求事件的概率. 一般地,我们把在一个事件 A 已发生的前提下事件 B 发生的概率,称为事件 B 的条件概率,记为 $P(B|A)$.

那么,条件概率和无条件概率有什么关系吗? 对条件概率又该如何计算呢? 我们先来看这样一个例子.

1.3.1 条件概率

例 1.3.1 考虑有两个小孩的家庭,这时样本空间为
$$\Omega=\{(男,女),(男,男),(女,男),(女,女)\}.$$
假定生男生女是等可能的,因此 Ω 中 4 个样本点是等可能的.

(1) 设事件 A 表示"该家庭有女孩",则有 $P(A)=\dfrac{3}{4}$.

(2) 若已知事件 B "该家庭有男孩"发生,再求事件 A 发生的概率.因为事件 B 发生了,排除了(女,女)发生的可能性,这时样本空间 Ω 也随之改为
$$\Omega_B=\{(男,女),(男,男),(女,男)\},$$

而在 Ω_B 中事件 A 含有 2 个样本点(男,女)和(女,男),因此所求的概率为 $\frac{2}{3}$. 这就是在事件 B 发生的条件下的条件概率,通常记为 $P(A|B)$,它与无条件概率 $P(A)$ 是不同的.

注意到 $P(B)=\frac{3}{4}$,$P(AB)=\frac{2}{4}$. 若对上述条件概率的分子、分母各除以 4,则可得

$$P(A|B)=\frac{P(AB)}{P(B)}=\frac{2/4}{3/4}=\frac{2}{3}.$$

这个关系具有一般性,即条件概率是两个无条件概率之商,这就是条件概率的定义.

定义 1.3.1 设 A,B 是两个事件,且 $P(B)>0$,称

$$P(A|B)=\frac{P(AB)}{P(B)} \tag{1.3.1}$$

为事件 B 发生的条件下事件 A 发生的条件概率,简称条件概率.

关于条件概率 $P(A|B)$ 的计算,一般有两种方法:

(1) 缩小样本空间法. 对于古典概型问题,根据已经发生的事件 B,将样本空间 Ω 缩小为 Ω_B,再利用古典概率公式在新的样本空间中求概率,即

$$P(A|B)=\frac{在 B 发生的条件下 A 包含的样本点数}{缩小的样本空间 \Omega_B 包含的样本点数}. \tag{1.3.2}$$

(2) 定义法. 在原样本空间 Ω 中,先计算无条件概率 $P(B)$,$P(AB)$,再由公式(1.3.1)计算 $P(A|B)$.

例 1.3.2 有 20 套试题,其中 7 套在考试中已经用过. 现从这 20 套试题中不放回地依次抽取 2 套. 问:在第一次抽取的是不曾用过的试题的情况下,第二次抽取的也是未曾用过的概率为多少?

解 记 $A_i=$"第 i 次抽取的是未曾用过的试题",$i=1,2$.

方法 1 缩小样本空间法.

由题意知,A_1 发生后原样本空间样本点数由原来的 20 减少为 19,而 A_2 包含的样本点数是 12,所以 $P(A_2|A_1)=\frac{12}{19}$.

方法 2 定义法.

在原样本空间中,$P(A_1)=\frac{13}{20}$,$P(A_1 A_2)=\frac{C_{13}^2}{C_{20}^2}=\frac{39}{95}$,因此

$$P(A_2|A_1)=\frac{P(A_1 A_2)}{P(A_1)}=\frac{39/95}{13/20}=\frac{12}{19}. \qquad \square$$

需要注意的是,条件概率 $P(A|B)$ 是在 B 发生时讨论事件 A 的概率,那么它是否还是概率? 概率的性质对条件概率而言是否都成立? 为此只需要验证条件概率是否满足概率公理化定义中的三个条件即可.

性质 1.3.1 条件概率是概率,即若 $P(B)>0$,则

(1) 非负性:对于每一事件 A,有 $P(A|B) \geq 0$;

(2) 规范性:对于必然事件 Ω,有 $P(\Omega|B)=1$;

(3) 可列可加性:设 $A_1,A_2,\cdots$ 是可列个互不相容的事件,则有

$$P\Big(\bigcup_{i=1}^{\infty} A_i \Big| B\Big) = \sum_{i=1}^{\infty} P(A_i | B).$$

因此，概率的性质对条件概率仍然适用，例如

$$P((A_1 - A_2) | B) = P(A_1 | B) - P(A_1 A_2 | B); \tag{1.3.3}$$

$$P(A_1 \cup A_2 | B) = P(A_1 | B) + P(A_2 | B) - P(A_1 A_2 | B); \tag{1.3.4}$$

$$P(\overline{A} | B) = 1 - P(A | B). \tag{1.3.5}$$

例 1.3.3 某杂志包含三个栏目"艺术"（记为 A）、"图书"（记为 B）、"电影"（记为 C），调查读者的阅读习惯有如下结果：$P(A) = 0.14$, $P(B) = 0.23$, $P(C) = 0.37$, $P(AB) = 0.08$, $P(AC) = 0.09$, $P(BC) = 0.13$, $P(ABC) = 0.05$. 试求 $P(A \cup B | C)$.

解 $P(A \cup B | C) = P(A | C) + P(B | C) - P(AB | C)$

$$= \frac{P(AC) + P(BC) + P(ABC)}{P(C)}$$

$$= \frac{0.09 + 0.13 - 0.05}{0.37} \approx 0.459,$$

或者 $P(A \cup B | C) = \dfrac{P((A \cup B)C)}{P(C)} = \dfrac{P(AC) + P(BC) - P(ABC)}{P(C)}$

$$= \frac{0.09 + 0.13 - 0.05}{0.37} \approx 0.459.$$

1.3.2 乘法公式

由条件概率的定义 $P(A | B) = \dfrac{P(AB)}{P(B)}$ ($P(B) > 0$)，可得到概率论中一个非常实用的公式——乘法公式.

性质 1.3.2（乘法公式） 设 $P(B) > 0$，则有

$$P(AB) = P(A | B) P(B); \tag{1.3.6}$$

当 $P(A) > 0$，则有

$$P(AB) = P(B | A) P(A). \tag{1.3.7}$$

乘法公式给出了求交事件概率的一种算法，它可以推广到多个事件的交事件中去. 例如，设 A_1, A_2, A_3 为三个事件，且 $P(A_1 A_2) > 0$，则有

$$P(A_1 A_2 A_3) = P(A_1) P(A_2 | A_1) P(A_3 | A_1 A_2). \tag{1.3.8}$$

一般地，设 $A_1, A_2, \cdots, A_n$ 为 n 个事件，且 $P(A_1 A_2 \cdots A_{n-1}) > 0$，则有

$$P(A_1 A_2 \cdots A_n) = P(A_1) P(A_2 | A_1) P(A_3 | A_1 A_2) \cdots P(A_n | A_1 A_2 \cdots A_{n-1}). \tag{1.3.9}$$

例 1.3.4 为了防止意外，在矿内同时装有两个报警系统（Ⅰ）和（Ⅱ），每个系统单独使用时，系统（Ⅰ）和系统（Ⅱ）的有效概率分别为 0.92 和 0.93，在系统（Ⅰ）失灵的情况下，系统（Ⅱ）仍有效的概率为 0.85，求两个报警系统至少一个有效的概率.

解 记 A = "系统（Ⅰ）有效"，B = "系统（Ⅱ）有效"，"两个报警系统至少一个有效"可表示为 $A \cup B$. 由于 $A \cup B = A \cup \overline{A}B$，且 A 和 $\overline{A}B$ 互不相容，因此

$$P(A \cup B) = P(A \cup \overline{A}B) = P(A) + P(\overline{A}B)$$

$$= P(A) + P(\overline{A}) P(B | \overline{A}) = 0.92 + 0.08 \times 0.85 = 0.988.$$

例 1.3.5 设袋中装有 r 个红球，t 只白球，每次从袋中任取一个球，观察其颜色然后放回，并再放入 a 个与所取出的那个球同色的球. 若在袋中连续取球四次，试求第一、二次取到红球且第三、四次取到白球的概率.

解 以 $A_i(i=1,2,3,4)$ 表示事件"第 i 次取到红球"，则 $\overline{A}_i$ 表示事件"第 i 次取到白球"，所求概率为

$$P(A_1A_2\overline{A}_3\overline{A}_4)=P(A_1)P(A_2|A_1)P(\overline{A}_3|A_1A_2)P(\overline{A}_4|A_1A_2\overline{A}_3)$$

$$=\frac{r}{r+t}\cdot\frac{r+a}{r+t+a}\cdot\frac{t}{r+t+2a}\cdot\frac{t+a}{r+t+3a}.\qquad\square$$

注 此模型被波利亚用来作为描述传染病的数学模型，因此又称为**传染病模型**. 当 $a>0$ 时，由于每次取出球后会增加下一次也取到同色球的概率，即每次发现一个传染病患者，都会增加再传染的概率.

习 题 1.3

1. 某班级学生的考试成绩中数学不及格的占 8%，语文不及格的占 5%，这两门都不及格的占 2%.

（1）已知一学生数学不及格，他语文也不及格的概率是多少？

（2）已知一学生语文不及格，他数学也不及格的概率是多少？

2. 设某光学仪器厂制造的透镜，第一次落下时打破的概率为 $1/2$，若第一次落下未打破，第二次落下打破的概率为 $7/10$. 试求透镜落下两次而未打破的概率.

3. 盒子中有 10 个球，其中 8 个白球 2 个红球. 现从中任取两次，每次取一个，取后不放回. 试求：(1) 第一次取到红球的概率；(2) 已知第一次取到的是红球时，第二次也取到红球的概率；(3) 前两次都取到红球的概率.

4. 设某种动物由出生活到 10 岁的概率为 0.8，而活到 15 岁的概率为 0.5. 问：现年为 10 岁的这种动物能活到 15 岁的概率是多少？

5. 设 A,B 为两个事件，已知 $P(A)=\dfrac{1}{3},P(A|B)=\dfrac{2}{3},P(B|\overline{A})=\dfrac{1}{10}$，求 $P(B)$.

6. 设 A,B,C 为随机事件，且 A,C 互不相容，$P(AB)=\dfrac{1}{2},P(C)=\dfrac{1}{3}$，求 $P(AB|\overline{C})$.

7. 某人忘记了电话号码的最后一个数字，因而随机地拨号，求他拨号不超过三次而接通所需的电话的概率是多少. 如果已知最后一个数字是奇数，那么此概率是多少？

8. 设 A,B 为两个随机事件，且 $0<P(A)<1, 0<P(B)<1$，如果 $P(A|B)=1$，求 $P(\overline{B}|\overline{A})$.

9. 设 A,B 为两个随机事件，且 $P(B)>0, P(A|B)=1$，证明：$P(A\cup B)=P(A)$.

10. 设 A,B 为两个随机事件，若 $0<P(A)<1, 0<P(B)<1$，证明：$P(A|B)>P(A|\overline{B})$ 的充要条件是 $P(B|A)>P(B|\overline{A})$.

11. 口袋中有 1 个白球，1 个黑球. 从中任取 1 个，若取出白球，则试验停止；若取出黑球，则把取出的黑球放回，同时再加入 1 个黑球，如此下去，直到取出的是白球为止. 试求下列事件的概率：

(1) 取到第 n 次,试验没有结束;

(2) 取到第 n 次,试验恰好结束.

1.4 全概率公式与贝叶斯公式

全概率公式和贝叶斯公式是概率论中的重要公式,这些公式可以帮助我们计算一些复杂事件的概率. 在给出这两个公式之前,我们先来介绍一下样本空间的划分.

定义 1.4.1 设 Ω 为试验 E 的样本空间,$B_1,B_2,\cdots,B_n$ 为 E 的一组事件,若

(1) $B_iB_j=\varnothing,i\neq j,i,j=1,2,\cdots,n$;

(2) $B_1\cup B_2\cup\cdots\cup B_n=\Omega$,

则称 $B_1,B_2,\cdots,B_n$ 为样本空间 Ω 的一个**划分**或**完备事件组**.

1.4.1 全概率公式

首先来看一个例子.

例 1.4.1 有一批同一型号的产品,已知其中由一厂生产的占 20%,二厂生产的占 70%,三厂生产的占 10%,又知这三个厂的产品次品率分别为 $2\%,1\%,3\%$,问:从这批产品中任取一件,取到次品的概率是多少?

分析 记事件 $A=$"任取一件产品是次品",这是一个复杂事件,因为任取的这件产品可能来自一厂,可能来自二厂,也可能来自三厂,其中来自一厂的可能性为 20%,且如果来自一厂的话,是次品的概率为 2%;同样,来自二厂、三厂的可能性分别为 70% 和 10%,如果来自二厂的话,是次品的概率为 1%,如果来自三厂的话,是次品的概率为 3%. 从直观上,大家容易求出事件 A 的概率为

$$P(A)=0.2\times 0.02+0.7\times 0.01+0.1\times 0.03=0.014.$$

若记 B_1,B_2,B_3 分别表示"产品分别来自一、二、三厂",则上式恰好就是

$$P(A)=P(B_1)P(A|B_1)+P(B_2)P(A|B_2)+P(B_3)P(A|B_3).$$

注意到,B_1,B_2,B_3 正是样本空间的一个划分. 上式也正是我们要介绍的全概率公式在 $n=3$ 的情形.

定理 1.4.1(全概率公式) 设试验 E 的样本空间为 Ω,A 为 E 的事件,$B_1,B_2,\cdots,B_n$ 为样本空间 Ω 的一个划分,且 $P(B_i)>0(i=1,2,\cdots,n)$,则

$$P(A)=P(B_1)P(A|B_1)+P(B_2)P(A|B_2)+\cdots+P(B_n)P(A|B_n). \quad (1.4.1)$$

证明 由于 $B_1,B_2,\cdots,B_n$ 为样本空间 Ω 的一个划分,因此

$$A=A\Omega=A\cap\left(\bigcup_{i=1}^{n}B_i\right)=\bigcup_{i=1}^{n}AB_i,$$

且 AB_i 和 AB_j 互不相容,$i,j=1,2,\cdots,n,i\neq j$. 所以,由有限可加性和乘法公式得

$$P(A)=P\left(\bigcup_{i=1}^{n}AB_i\right)=\sum_{i=1}^{n}P(AB_i)=\sum_{i=1}^{n}P(B_i)P(A|B_i). \qquad \square$$

对于全概率公式,我们经常用到它的**最简形式**:假设 $0<P(B)<1$,则

$$P(A)=P(B)P(A|B)+P(\overline{B})P(A|\overline{B}). \qquad (1.4.2)$$

注 全概率公式主要用于计算复杂事件的概率,其思想就是,复杂事件 A 往往伴随着一组事件 $B_1,B_2,\cdots,B_n$ 的发生而发生,在计算 $P(A)$ 时将 A 分解成若干个互不相容的简单事件之并,然后用条件概率和乘法公式计算出这些简单事件的概率,最后利用概率的有限可加性得到事件 A 的概率,体现了"化整为零"的思想.

例 1.4.2 人们为了了解一只股票未来一定时期内价格的变化,往往会去分析影响股票价格的基本因素,比如利率的变化. 现假设人们经分析,估计未来一定时期内利率下调的概率为 60%,利率不变的概率为 40%. 又根据经验,在利率下调的情况下,该只股票价格上涨的概率为 80%;而在利率不变的情况下,其价格上涨的概率为 40%. 求该只股票价格上涨的概率.

解 记 A 表示"该只股票价格上涨",B 表示"利率下调",则 $\bar{B}$ 表示"利率不变". 由题意知
$$P(B)=60\%,\ P(\bar{B})=40\%,\ P(A|B)=80\%,\ P(A|\bar{B})=40\%.$$
由全概率公式,这只股票价格上涨的概率为
$$\begin{aligned}P(A)&=P(B)P(A|B)+P(\bar{B})P(A|\bar{B})\\&=60\%\times 80\%+40\%\times 40\%=64\%.\end{aligned}$$
□

在 1.2 节,我们利用古典概率公式对例 1.2.4 进行了求解,下面利用全概率公式对该问题重新进行计算.

例 1.2.4(续) 箱子中放有 $a+b$ 张彩票,其中 a 张有奖,其余 b 张无奖,$k(k\leqslant a+b)$ 个人依次在箱子中摸一张彩票后不放回,求第 $i(i=1,2,\cdots,k)$ 个人摸到有奖彩票的概率.

解 记 A_i 表示"第 i 个人摸到有奖彩票",$i=1,2,\cdots,k$. 我们先计算 $P(A_2)$. A_1 是否发生直接关系到 A_2 发生的概率,即
$$P(A_2|A_1)=\frac{a-1}{a+b-1},\quad P(A_2|\bar{A}_1)=\frac{a}{a+b-1}.$$
而 A_1 和 $\bar{A}_1$ 是两个概率大于 0 的事件:$P(A_1)=\dfrac{a}{a+b}$,$P(\bar{A}_1)=\dfrac{b}{a+b}$. 因此,由全概率公式得
$$\begin{aligned}P(A_2)&=P(A_1)P(A_2|A_1)+P(\bar{A}_1)P(A_2|\bar{A}_1)\\&=\frac{a}{a+b}\cdot\frac{a-1}{a+b-1}+\frac{b}{a+b}\cdot\frac{a}{a+b-1}=\frac{a}{a+b}.\end{aligned}$$
用类似的方法可以求出
$$P(A_3)=P(A_4)=\cdots=P(A_k)=\frac{a}{a+b}.$$
此结果再次说明,购买彩票时,无论先买后买,中奖机会是均等的. □

1.4.2 贝叶斯公式

我们再看例 1.4.1,

例 1.4.1(续) 假设随机抽检了一个产品,发现是次品,问:该产品来自哪个厂的概率更大?

解 这是一个条件概率问题,即要求 $P(B_1|A)$,$P(B_2|A)$,$P(B_3|A)$,然后比较大小. 我们以 $P(B_1|A)$ 为例进行求解,由条件概率公式得
$$P(B_1|A)=\frac{P(AB_1)}{P(A)}. \tag{1.4.3}$$

对于(1.4.3)式,由乘法公式,其分子
$$P(AB_1)=P(A|B_1)P(B_1),$$
再由全概率公式,其分母
$$P(A)=P(B_1)P(A|B_1)+P(B_2)P(A|B_2)+P(B_3)P(A|B_3).$$
代入(1.4.3)式有
$$P(B_1|A)=\frac{P(B_1)P(A|B_1)}{P(B_1)P(A|B_1)+P(B_2)P(A|B_2)+P(B_3)P(A|B_3)}=\frac{4}{14}. \quad (1.4.4)$$

同理可以求出 $P(B_2|A)=\frac{7}{14}$,$P(B_3|A)=\frac{3}{14}$,即次品来自二厂的概率最大。 □

如果把事件 A 理解为"结果",把事件 B_1,B_2,B_3 理解为导致该"结果"的可能"原因"的话,则 A 发生时 B_1,B_2,B_3 发生的条件概率,就是已知"结果"的条件下每个可能"原因"发生的概率. 对于这类概率问题,解决的思路都是类似的,因此都会得到类似于(1.4.4)式这样的式子,将该式一般化则得到著名的贝叶斯公式。

定理 1.4.2(贝叶斯公式) 设试验 E 的样本空间为 Ω,A 为 E 的事件,$B_1,B_2,\cdots,B_n$ 为样本空间 Ω 的一个划分,且 $P(A)>0$,$P(B_i)>0$($i=1,2,\cdots,n$),则

$$P(B_i|A)=\frac{P(B_i)P(A|B_i)}{\sum_{j=1}^{n}P(B_j)P(A|B_j)}. \quad (1.4.5)$$

例 1.4.3 某地区居民的肝癌发病率为 0.000 4,现用甲胎蛋白法进行普查. 医学研究表明,化验结果是存有错误的. 已知患有肝癌的人其化验结果 99% 呈阳性(有病),而没患肝癌的人其化验结果 99.9% 呈阴性(无病). 现某人的检查结果呈阳性,问:他真的患肝癌的概率是多少?

解 记 B 为事件"被检查者患有肝癌",A 为事件"检查结果呈阳性". 由题设知
$$P(B)=0.000\,4, \quad P(\bar{B})=0.999\,6,$$
$$P(A|B)=0.99, \quad P(A|\bar{B})=0.001.$$
我们现在的目的是求 $P(B|A)$. 由贝叶斯公式得
$$P(B|A)=\frac{P(B)P(A|B)}{P(B)P(A|B)+P(\bar{B})P(A|\bar{B})}$$
$$=\frac{0.000\,4\times0.99}{0.000\,4\times0.99+0.999\,6\times0.001}\approx0.284. \quad □$$

这表明,在检查结果呈阳性的人中,真患肝癌的人只有 28.4%. 这个结果可能会使人吃惊,但仔细分析一下就可以理解了,因为肝癌发病率很低,在 10 000 个人中约有 4 个人患肝癌,而约有 9 996 个人不患肝癌. 对 10 000 个人用甲胎蛋白法进行检查,按其错检的概率可知,9 996 个不患肝癌者中约 9 996×0.001=9.996≈10 个呈阳性,另外 4 个真的患肝癌者的检查报告中约有 4×0.99=3.96≈4 个呈阳性. 仅从呈阳性者中看,真的患肝癌的人约占 28.4%.

进一步降低错检的概率是提高检验精度的关键. 但是,在实际中由于技术和操作等原因,降低错检的概率又是很困难的. 所以,在实际中,常采用复查的方法来减少错误率. 譬如,对首次检查呈阳性的人群再进行复查,此时 $P(B)=0.284$,这时再利用贝叶斯公式计算得

$$P(B|A) = \frac{0.284 \times 0.99}{0.284 \times 0.99 + 0.716 \times 0.001} \approx 0.997.$$

这就大大提高了甲胎蛋白法的准确率.

在贝叶斯公式中,$P(B_i)$ 称为 B_i 的先验概率,$P(B_i|A)$ 称为 B_i 的后验概率,贝叶斯公式是"执果寻因",专门用于计算后验概率的,也就是通过 A 的发生这个新信息,来对 B_i 的概率做出的修正. 下面的例子很好地说明了这一点.

例 1.4.4 (伊索寓言·孩子与狼) 一个小孩每天在山上放羊,山上常有狼出没. 第一天,他在山上喊:"狼来了,狼来了."山下的村民闻声便去打狼,可到了山上发现狼没有来. 第二天,他又在山上喊:"狼来了,狼来了."山下的村民闻声又去打狼,可到了山上发现狼又没有来. 第三天,狼真的来了,可是无论小孩怎么喊叫,也没有人来救他. 因为他前两次说了谎,所以人们不再相信他了.

现在用贝叶斯公式来分析此寓言中村民对这个小孩的可信程度是如何下降的.

记事件 A 为"小孩说谎",事件 B 为"小孩可信". 不妨设村民过去对这个小孩的印象为
$$P(B) = 0.8, \quad P(\bar{B}) = 0.2.$$

我们现在用贝叶斯公式来求 $P(B|A)$,亦即这个小孩说了一次谎后,村民对他可信程度的改变.

在贝叶斯公式中我们要用到概率 $P(A|B)$ 和 $P(A|\bar{B})$,这两个概率的含义是:前者为"可信"(B)的孩子"说谎"(A)的可能性,后者为"不可信"($\bar{B}$)的孩子"说谎"(A)的可能性. 在此不妨设
$$P(A|B) = 0.1, \quad P(A|\bar{B}) = 0.5.$$

第一次村民上山打狼,发现狼没有来,即小孩说了谎,A 发生. 村民根据这个信息,对这个小孩的可信程度改变为(用贝叶斯公式)
$$P(B|A) = \frac{P(B)P(A|B)}{P(B)P(A|B) + P(\bar{B})P(A|\bar{B})} = \frac{0.8 \times 0.1}{0.8 \times 0.1 + 0.2 \times 0.5} \approx 0.444.$$

这表明村民上了一次当后,对这个小孩的可信程度由原来的 0.8 调整为 0.444,也就是印象调整为
$$P(B) = 0.444, \quad P(\bar{B}) = 0.556.$$

在此基础上,我们再一次用贝叶斯公式来计算 $P(B|A)$,即这个小孩第二次说谎后,村民对他的可信程度改变为
$$P(B|A) = \frac{0.444 \times 0.1}{0.444 \times 0.1 + 0.556 \times 0.5} \approx 0.138.$$

这表明村民们经过两次上当,对这个小孩的可信程度已经从 0.8 下降到了 0.138. 如此低的可信度,村民听到第三次呼叫时怎么会再上山打狼呢? □

同样,生活中也有类似的例子:若某人向银行贷款,连续两次未还,银行第三次贷款给他的可能性就很小了. 所以,上述例子也启发我们在学习、工作和生活中应该做到诚信,保持良好的信誉.

习 题 1.4

1. 一盒晶体管中有 8 只合格品、2 只不合格品,从中不放回地一只一只取出,试求第二

次取出的是合格品的概率.

2. 钥匙掉了,掉在宿舍里、掉在教室里、掉在路上的概率分别是 50%,30%,20%,而掉在上述三处地方被找到的概率分别是 0.8,0.3,0.1. 试求找到钥匙的概率.

3. 有朋自远方来,乘火车、轮船、汽车、飞机来的概率分别为 0.3,0.2,0.1,0.4,迟到的概率分别为 0.25,0.3,0.1,0.

(1) 求朋友迟到的概率;

(2) 若朋友迟到了,求他是坐火车来的概率.

4. 两台车床加工同样的零件,第一台出现不合格品的概率是 0.03,第二台出现不合格品的概率是 0.06,加工出来的零件放在一起,并且已知第一台加工的零件比第二台加工的零件多一倍.

(1) 求任取一个零件是合格品的概率;

(2) 如果取出的零件是不合格品,求它是由第二台车床加工的概率.

5. 某保险公司把被保险人分为三类:"谨慎的""一般的""冒失的". 统计资料表明,上述三类人在一年内发生事故的概率依次为 0.05,0.15,0.3;已知"谨慎的"被保险人占 20%,"一般的"被保险人占 50%,"冒失的"被保险人占 30%. 现知某被保险人在一年内出了事故,则他是"谨慎的"概率是多少?

6. 据美国的一份资料报道,在美国患肺癌的概率约为 0.1%,在人群中有 20% 是吸烟者,他们患肺癌的概率约为 0.4%. 求:

(1) 不吸烟者患肺癌的概率是多少?

(2) 如果某人查出患有肺癌,那么他是吸烟者的概率是多少?

7. 玻璃杯成箱出售,每箱 20 只,假设各箱含 0,1,2 只残次品的概率相应为 0.8,0.1 和 0.1. 一顾客预购一箱玻璃杯,在购买时售货员随意取一箱,而顾客开箱随机地查看 4 只,若无残次品,则买下该箱玻璃杯,否则退回. 试求:

(1) 顾客买下该箱的概率;

(2) 在顾客买下的一箱中,确实没有残次品的概率.

8. 设有来自三个地区的各 10 名、15 名和 25 名考生的报名表,其中女生的报名表分别为 3 份、7 份和 5 份,随机地(等可能)取一个地区的报名表,从中先后抽出 2 份.

(1) 求先抽到的 1 份是女生表的概率;

(2) 已知后抽到的 1 份是男生表,求先抽到的一份是女生表的概率.

9. "非典"患者的临床表现为发热、干咳. "非典"疫情时期已知人群中既发热又干咳的病人患"非典"的概率为 5%;仅发热的病人患"非典"的概率为 3%;仅干咳的病人患"非典"的概率为 1%;无上述现象而被确诊为"非典"患者的概率为 0.01%;若对某疫区 25 000 人进行检查,其中既发热又干咳的病人为 250 人,仅发热的病人为 500 人,仅干咳的病人为 1 000 人,试求:

(1) 该疫区中某人患"非典"的概率;

(2) 某人被确诊为"非典"患者,他是仅发热的病人的概率.

1.5 独立性

独立性是概率论中又一个重要概念,利用独立性可以简化概率的计算.本节主要讨论两个事件之间的独立性、多个事件之间的相互独立性和试验之间的独立性.

一般来说,对随机试验 E 的两个事件 A,B,$P(A|B)\neq P(A)$,$(P(B)>0)$,这表明事件 B 的发生提供了一些信息,影响了事件 A 发生的概率.但是有些情况下,$P(A|B)=P(A)$,这意味着事件 A 的发生不受事件 B 发生与否的影响.在这种情况下乘法公式可以得到简化:
$$P(AB)=P(A|B)P(B)=P(A)P(B),$$
从概率上讲,这就是事件 A,B 相互独立.

1.5.1 两个事件的独立性

定义 1.5.1 若事件 A,B 满足
$$P(AB)=P(A)P(B), \tag{1.5.1}$$
则称事件 A,B **相互独立**,简称 A,B **独立**.否则称 A,B **不独立**或**相依**.

性质 1.5.1 设 A,B 是两个事件,且 $P(B)>0$,则 A,B 相互独立的充要条件是 $P(A|B)=P(A)$.

证明 必要性.若 A,B 相互独立,则 $P(AB)=P(A)P(B)$,于是
$$P(A|B)=\frac{P(AB)}{P(B)}=\frac{P(A)P(B)}{P(B)}=P(A).$$
充分性上述已证. □

注 事件 A 与事件 B 相互独立,是指事件 B 发生与否对事件 A 发生的概率不影响,同时事件 A 发生与否对事件 B 发生的概率也不影响;反之,事件 A 发生与否对事件 B 发生的概率不影响,或者事件 B 发生与否对事件 A 发生的概率不影响,则事件 A 与事件 B 相互独立.

性质 1.5.2 若事件 A 与事件 B 相互独立,则 A 与 $\bar{B}$,$\bar{A}$ 与 B,$\bar{A}$ 与 $\bar{B}$ 也相互独立.

证明 由概率的性质知
$$P(A\bar{B})=P(A-B)=P(A)-P(AB).$$
又由 A 与 B 的独立知
$$P(AB)=P(A)P(B).$$
所以
$$P(A\bar{B})=P(A)(1-P(B))=P(A)P(\bar{B}).$$
这表明 A 与 $\bar{B}$ 独立.类似可证明 $\bar{A}$ 与 B 独立,$\bar{A}$ 与 $\bar{B}$ 独立. □

值得注意的是,初学者往往误认为两个事件互不相容就必然相互独立.然而,事实不然,见下例.

例 1.5.1 设 $P(A)>0$,$P(B)>0$,若 A,B 互不相容,问 A,B 是否相互独立?反之是否成立?

解 若 A,B 互不相容,即 $AB=\varnothing$,所以 $P(AB)=0$.然而 $P(A)>0$,$P(B)>0$,则 $P(AB)\neq P(A)P(B)$,因此 A,B 不相互独立.

反之,若 A,B 相互独立,则 $P(AB)=P(A)P(B)$;又因为 $P(A)>0$,$P(B)>0$,则

$P(AB)>0$,故 $AB\neq\varnothing$,即 A,B 相容.

也就是说,当 $P(A)>0,P(B)>0$ 时,A,B 互不相容与 A,B 相互独立不能同时成立. □

例 1.5.2 从一副不含大小王的扑克牌中任取一张,记 $A=$ "抽到 K",$B=$ "抽到黑桃",问事件 A,B 是否独立?

解 **方法 1** 利用定义判断

由题意可知,$P(A)=\dfrac{4}{52}=\dfrac{1}{13}$,$P(B)=\dfrac{13}{52}=\dfrac{1}{4}$,$P(AB)=\dfrac{1}{52}$,则有 $P(AB)=P(A)P(B)$,故事件 A,B 相互独立.

方法 2 利用条件概率判断

由题意可知,$P(A)=\dfrac{1}{13}$,$P(A|B)=\dfrac{1}{13}$,则有 $P(A)=P(A|B)$,故事件 A,B 相互独立.

□

注 从本例可知,判断两个事件的独立性,可以利用定义,也可以利用性质 1.5.1 计算条件概率来判断. 有时,在实际应用中,常根据问题的实际意义来判断两个事件是否独立.

1.5.2 多个事件的独立性

定义 1.5.2 设 $A_1,A_2,\cdots,A_n$ 是 $n(n\geq 2)$ 个事件,如果对于任意的 $k(1<k\leq n)$ 和 $1\leq i_1<i_2<\cdots<i_k\leq n$,有

$$P(A_{i_1}A_{i_2}\cdots A_{i_k})=P(A_{i_1})P(A_{i_2})\cdots P(A_{i_k}), \tag{1.5.2}$$

则称事件 $A_1,A_2,\cdots,A_n$ 相互独立.

特别地,A,B,C 是三个事件,如果满足

$$\begin{cases} P(AB)=P(A)P(B), \\ P(BC)=P(B)P(C), \\ P(AC)=P(A)P(C), \\ P(ABC)=P(A)P(B)P(C), \end{cases} \tag{1.5.3}$$

则称事件 A,B,C 相互独立.

注 (1) $n(n\geq 3)$ 个事件相互独立则其中任意两个事件相互独立,即两两独立,反之不成立.

(2) 若事件 $A_1,A_2,\cdots,A_n(n\geq 2)$ 相互独立,则其中任意 $k(2\leq k\leq n)$ 个事件也相互独立.

(3) 若 n 个事件 $A_1,A_2,\cdots,A_n(n\geq 2)$ 相互独立,则将 $A_1,A_2,\cdots,A_n$ 任意多个事件换成它们各自的对立事件,所得的 n 个事件也相互独立.

例 1.5.3 甲、乙、丙三人独立破译一份密码,设甲的成功率为 0.4,乙的成功率为 0.3,丙的成功率为 0.2,求密码被破译的概率.

解 设 A_1 表示"甲破译成功",A_2 表示"乙破译成功",A_3 表示"丙破译成功",则密码被破译可表示为 $B=A_1\cup A_2\cup A_3$,由事件的独立性和概率运算性质有

$$P(B)=P(A_1\cup A_2\cup A_3)=1-P(\overline{A_1\cup A_2\cup A_3})$$
$$=1-P(\overline{A_1}\,\overline{A_2}\,\overline{A_3})$$
$$=1-P(\overline{A_1})P(\overline{A_2})P(\overline{A_3})$$

$$= 1 - 0.6 \times 0.7 \times 0.8$$
$$= 0.664.$$

通过这个例子我们可以看出,"三个臭皮匠顶个诸葛亮"的俗语是有一定科学依据的. 因此,要鼓励团结合作、集思广益.

例 1.5.4 加工某一零件共需经过 7 道工序,每道工序的次品率都是 5%,假定各道工序是互不影响的,求加工出来的零件的次品率.

解 以 $A_i(i=1,2,\cdots,7)$ 表示事件"第 i 道工序出现次品",B 表示事件"加工出来的零件为次品",则有 $B = A_1 \cup A_2 \cup \cdots \cup A_7$,

$$P(B) = P(A_1 \cup A_2 \cup \cdots \cup A_7) = 1 - P(\overline{A_1 \cup A_2 \cup \cdots \cup A_7})$$
$$= 1 - P(\overline{A}_1 \overline{A}_2 \cdots \overline{A}_7)$$
$$= 1 - P(\overline{A}_1)P(\overline{A}_2)\cdots P(\overline{A}_7)$$
$$= 1 - 0.95^7$$
$$\approx 0.3017.$$

由此可见,虽然每道工序次品率都很低,但次品率随工序数的增加而增加,因此对于多道工序的产品,需要有严格的控制程序.

1.5.3 试验独立性

定义 1.5.3 设有两个试验 E_1 和 E_2,假如试验 E_1 的任一事件与试验 E_2 的任一事件都是相互独立的事件,则称这两个试验**相互独立**.

例如抛一枚硬币(试验 E_1)与掷一颗骰子(试验 E_2)是相互独立的试验.

定义 1.5.4 设有 n 个试验 $E_1, E_2, \cdots, E_n$,如果 E_1 的任一事件,E_2 的任一事件……E_n 的任一事件都是相互独立的事件,则称试验 $E_1, E_2, \cdots, E_n$ **相互独立**.

实际应用中,我们常常需要把同一试验重复若干次进行研究. 对于具有以下特征的试验,我们称为 n **重伯努利**(Bernoulli)**试验**:

(1) 在相同的条件下进行 n 次重复试验,且这 n 次试验相互独立;

(2) 每次试验的可能结果为两个:A 和 $\overline{A}$,且在每次试验中都有 $P(A)=p, P(\overline{A})=1-p$.

n 重伯努利试验简称伯努利概型,它是概率论与数理统计中非常重要的概率模型,许多实际问题,例如抛一枚硬币 n 次,重复打靶 n 次(只考虑命中和未命中),有放回地抽样检查(只考虑合格和不合格)等,都可作为伯努利概型.

例 1.5.5 某彩票每周开奖一次,每次提供十万分之一的中奖机会,且各周开奖是相互独立的. 若你每周买一张彩票,尽管你坚持十年(每年 52 周)之久,你从未中奖的可能性是多少?

解 十年中共购买彩票 520 次,每次开奖有两个可能的结果,中奖或者不中奖,中奖的概率是 10^{-5},不中奖的概率是 $1-10^{-5}$,并且每次开奖都是相互独立的,这相当于进行了 520 次伯努利试验. 记 A_i 为"第 i 次开奖不中奖",$i=1,2,\cdots,520$,则由题意知 $P(A_i) = 1-10^{-5}$,且 $A_1, A_2, \cdots, A_{520}$ 相互独立,因此十年中你从未中奖的可能性是

$$P(A_1 A_2 \cdots A_{520}) = (1-10^{-5})^{520} \approx 0.9948.$$

这个概率是相当大的,这也表明十年中你从未中奖是很正常的事,所以我们在购买彩票的时候保持一颗平常心就好.

例 1.5.6 设在每次实验中,事件 A 发生的概率均为 0.001,试求在 10 000 次独立试验中事件 A 发生的概率.

解 记 B 为"在 10 000 次试验中事件 A 发生",
A_i 为"在第 i 次试验中事件 A 发生",$i=1,2,\cdots,10\ 000$,
则有 $B=\bigcup\limits_{i=1}^{10\ 000} A_i$,$P(A_i)=0.001$.

由于试验是独立的,意味着各次试验的结果也是相互独立的,所以 $A_1,A_2,\cdots,A_{10\ 000}$ 相互独立,从而

$$P(B)=P\left(\bigcup_{i=1}^{10\ 000} A_i\right)=1-P\left(\overline{\bigcup_{i=1}^{10\ 000} A_i}\right)=1-P\left(\bigcap_{i=1}^{10\ 000} \overline{A_i}\right)=1-\prod_{i=1}^{10\ 000} P(\overline{A_i})$$
$$=1-(1-0.001)^{10\ 000}\approx 0.999\ 955.\qquad\square$$

这个例子表明,概率很小的事件在一次试验中几乎不会发生,但是在大量试验中几乎必然发生. 很多微小的事件通过量的积累,最终能发生质的变化."勿以恶小而为之,勿以善小而不为",如果每一位公民都在自己的岗位上做好本职工作,贡献自己的力量,那么国家会更加繁荣昌盛.

习　题　1.5

1. 已知事件 A,B 相互独立,且 $P(A)>0,P(B)>0$,判断下列等式是否成立并说明理由.

(1) $P(A\cup B)=P(A)+P(B)$;   (2) $P(A\cup B)=P(A)$;

(3) $P(A\cup B)=1$;   (4) $P(A\cup B)=1-P(\overline{A})P(\overline{B})$.

2. 设甲、乙两人同时独立地向同一目标各射击一次,命中率分别为 0.9,0.8,求目标被命中的概率.

3. 有甲、乙两批种子,发芽率分别为 0.8,0.9,从中各取一颗,设各种子是否发芽相互独立. 求:

(1) 这两颗种子都能发芽的概率;

(2) 至少有一颗种子能发芽的概率;

(3) 恰有一颗种子能发芽的概率.

4. 设 A,B 为两事件,已知 $P(B)=\dfrac{1}{2}$,$P(A\cup B)=\dfrac{2}{3}$,若事件 A,B 相互独立,求 $P(A)$.

5. 设随机事件 A 与 B 相互独立 $P(B)=0.5$,$P(A-B)=0.3$,求 $P(B-A)$.

6. 设随机事件 A 与 B 相互独立,A 与 C 相互独立,$BC=\varnothing$,若 $P(A)=P(B)=\dfrac{1}{2}$,$P(AC|AB\cup C)=\dfrac{1}{4}$,求 $P(C)$.

7. 随机事件 A,B,C 相互独立,且 $P(A)=P(B)=P(C)=\dfrac{1}{2}$,求 $P(AC|A\cup B)$.

8. 设 A,B,C 为三个随机事件,且 A 与 C 相互独立,B 与 C 相互独立,证明:$A\cup B$ 与 C 相互独立的充要条件是 AB 与 C 相互独立.

9. 某型号高炮，每门高炮发射一发炮弹击中飞机的概率为 0.6. 独立同时射击时，

（1）欲以 99% 的概率击中一架来犯的敌机，至少需配置几门炮？

（2）现有 3 门炮，欲以 99% 的概率击中一架来犯的敌机，每门炮的命中率应提高到多少？

10. 设有 4 个独立工作的元件分别按如下两种方式组成系统（分别记为 S_1 和 S_2），每个元件的可靠性均为 p，求两种组合方式的可靠性.

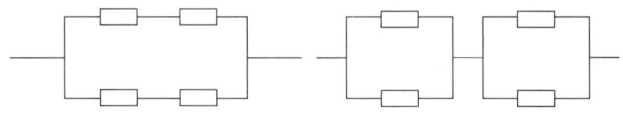

图 1.5.1　系统 S_1（左图）和系统 S_2（右图）

本章思维导图

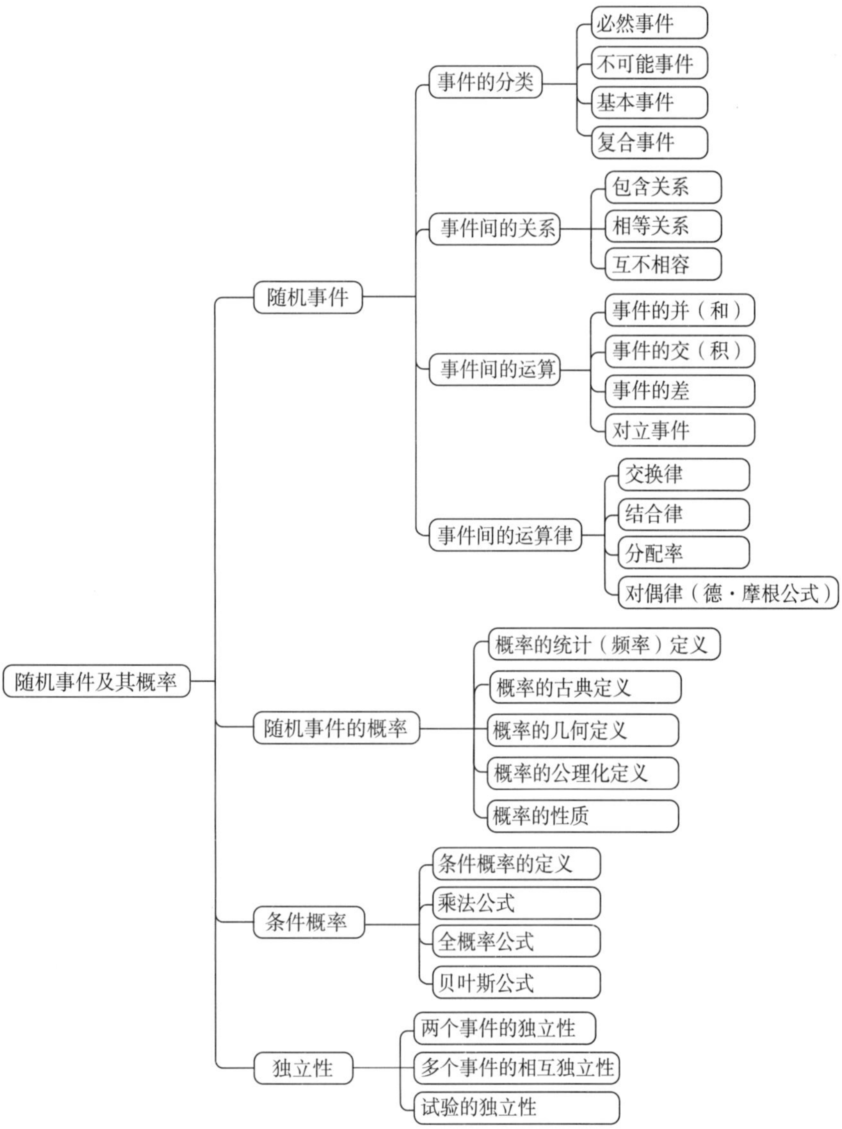

第二章 一维随机变量及其分布

在第一章,我们介绍了随机现象、随机试验、随机事件等概念,讨论了随机事件的关系与运算以及求解随机事件的概率,其研究方法缺乏一般性,且不便于高等数学工具的引入.概率论是从数量上来研究随机现象内在规律性的,为了更方便有力地研究随机现象,就要用高等数学的方法,因此为了进行定量的数学处理,就需要将随机试验的结果数量化,这就是引进随机变量的原因.随机变量概念的引入使得对随机现象的处理更简单直接,也更统一有力.本章首先引进随机变量的概念,然后研究随机变量的分布函数,离散随机变量的概率分布列,连续随机变量的概率密度函数,随机变量函数的分布等内容,并重点介绍几个常见的重要分布,如二项分布、泊松分布和正态分布等.

2.1 随机变量及其分布函数

2.1.1 随机变量的概念

在随机现象中,很多样本点本来就是用数量表示的,结果的数量化显而易见,如:
- 掷一颗骰子出现的点数 X;
- 每天进入图书馆的学生数 Y;
- 某元件的寿命 T.

在随机现象中,还有一些样本点本身不是数,对没有数量标识的现象,我们可以人为加上数量标识,如:
- 掷一枚硬币,观察投掷结果,则样本空间 $\Omega=\{$正面、反面$\}$.这时可定义 X 如下:

样本点 X 的取值

正面 ⟶   1

反面 ⟶   0

- 检查一批产品,只考虑其合格与否,则样本空间 $\Omega=\{$合格品、不合格品$\}$.这时可定义 Y 如下:

样本点 Y 的取值

合格品 ⟶   1

不合格品 ⟶ 0

从上面这些例子可以看出,无论样本点是数量性的还是非数量性的,都可以用一个变量的不同取值来表示.这个变量就称为随机变量.随机变量的数学定义如下:

定义 2.1.1 设随机试验 E 的样本空间 $\Omega=\{\omega\}$,如果对每一个样本点 $\omega\in\Omega$,有唯一的实数 $X(\omega)$ 与之对应,则称 $X(\omega)$ 为随机变量,简记为 X,其取值用小写字母 x 表示.

这个定义表明:随机变量 X 是样本点 ω 的一个函数,这个函数的自变量也就是样本点可以是数,也可以不是数,但因变量一定是实数.

通过引入随机变量,我们能用它来描述各种随机现象,并能运用高等数学的方法对随机试验的结果进行深入广泛地研究和讨论.

2.1.2 随机变量的分布函数

随机变量 X 是样本点 ω 的一个实值函数,随机事件可以通过随机变量的取值来表示,如 $\{X\leqslant a\},\{X>b\},\{a<X\leqslant b\}$ 等都是随机事件.因此,对随机事件的概率规律的研究,都可以转化为对随机变量取值的概率规律的研究.

为了掌握随机变量 X 的概率规律,我们只需要掌握 X 取各种值的概率.实际上可以证明只要对任意实数 x,知道事件 $\{X\leqslant x\}$ 的概率就足够了. 这就是我们下面要引入的随机变量的分布函数的概念.

定义 2.1.2 设 X 是随机变量,x 是任意实数,称函数
$$F(x)=P(X\leqslant x), \quad -\infty<x<+\infty \tag{2.1.1}$$
为**随机变量 X 的分布函数**.

显然,分布函数的定义域为全体实数,并且对任意实数 $a,b(a<b),c$ 有
$$P(a<X\leqslant b)=P(X\leqslant b)-P(X\leqslant a)=F(b)-F(a),$$
$$P(X>c)=1-P(X\leqslant c)=1-F(c),$$
即随机变量 X 落在任一区间 $(a,b],(c,\infty)$ 上的概率都可以通过分布函数来表示.

例 2.1.1 向单位圆内随机抛一点,求该点到圆心的距离 X 的分布函数 $F(x)$,并求 $P\left(X>\dfrac{1}{3}\right)$.

解 当 $x<0$ 时,因为 $\{X\leqslant x\}$ 是不可能事件,所以 $F(x)=P(X\leqslant x)=0$;

当 $x\geqslant 1$ 时,因为 $\{X\leqslant x\}$ 是必然事件,所以 $F(x)=P(X\leqslant x)=1$;

当 $0\leqslant x<1$ 时,事件 $\{X\leqslant x\}$ 表示抛的点落在半径为 x 的圆内,故由几何概型知
$$F(x)=P(X\leqslant x)=\frac{\pi x^2}{\pi\cdot 1^2}=x^2,$$

于是 X 的分布函数为
$$F(x)=P(X\leqslant x)=\begin{cases}0, & x<0,\\ x^2, & 0\leqslant x<1,\\ 1, & x\geqslant 1.\end{cases}$$

从而
$$P\left(X>\frac{1}{3}\right)=1-P\left(X\leqslant\frac{1}{3}\right)=1-F\left(\frac{1}{3}\right)=1-\left(\frac{1}{3}\right)^2=\frac{8}{9}. \quad\square$$

若设数轴上随机点的坐标为随机变量 X,则分布函数 $F(x)$ 就表示 X 落在区间 $(-\infty,x]$ 上的概率.分布函数是一个普通函数,正是有了它,我们将能用高等数学的方法来研究随机变量.

定理 2.1.1 任一分布函数 $F(x)$ 都具有如下三条基本性质:

(1) 单调性:$F(x)$ 是定义在整个实数轴 $(-\infty,\infty)$ 上的单调非减函数,即对任意的 $x_1 < x_2$,有 $F(x_1) \leqslant F(x_2)$.

(2) 有界性:对任意的 x,有 $0 \leqslant F(x) \leqslant 1$,且
$$F(-\infty) = \lim_{x \to -\infty} F(x) = 0,$$
$$F(+\infty) = \lim_{x \to +\infty} F(x) = 1.$$

(3) 右连续性:$F(x)$ 是 x 的右连续函数,即对任意的 x_0,有
$$\lim_{x \to x_0^+} F(x) = F(x_0),$$
即
$$F(x_0 + 0) = F(x_0).$$

证明 (1) 对任意实数 $x_1, x_2 (x_1 < x_2)$,有 $F(x_2) - F(x_1) = P(x_1 < X \leqslant x_2) \geqslant 0$,即 $F(x_1) \leqslant F(x_2)$.

(2) 对任意的 $x \in (-\infty, +\infty)$,$F(x) = P(X \leqslant x)$ 都是一个特定形式的事件 $(X \leqslant x)$ 的概率,而概率总是介于 0 和 1 之间,故
$$0 \leqslant F(x) \leqslant 1, -\infty < x < +\infty.$$

后面两个式子,在此我们不做严格证明,可从分布函数的定义 $F(x) = P(X \leqslant x)$ 来理解.

(3) 证明从略. □

以上三条基本性质是分布函数必须具有的性质,并且满足这三条基本性质的函数一定是某个随机变量的分布函数.从而这三条基本性质成为判别某个函数是否能成为分布函数的充要条件.

例 2.1.2 验证函数
$$F(x) = \begin{cases} 1 - e^{-x}, & x \geqslant 0, \\ 0, & x < 0 \end{cases}$$
可以作为某个随机变量的分布函数.

证明 当 $x_1 < x_2 < 0$ 时,$F(x_1) = F(x_2) = 0$;

当 $x_1 < 0, x_2 \geqslant 0$ 时,$F(x_1) = 0, F(x_2) = 1 - e^{-x_2} \geqslant 0$,则
$$F(x_1) \leqslant F(x_2);$$

当 $0 \leqslant x_1 < x_2$ 时,由于
$$F(x_1) - F(x_2) = (1 - e^{-x_1}) - (1 - e^{-x_2}) = e^{-x_2} - e^{-x_1} < 0,$$
则 $F(x_1) < F(x_2)$.综上,对于任意 $x_1 < x_2$,都有 $F(x_1) \leqslant F(x_2)$,故 $F(x)$ 是非减函数.

显然 $0 \leqslant F(x) \leqslant 1$.又
$$F(-\infty) = \lim_{x \to -\infty} F(x) = \lim_{x \to -\infty} 0 = 0,$$
$$F(+\infty) = \lim_{x \to +\infty} F(x) = \lim_{x \to +\infty} (1 - e^{-x}) = 1,$$
$$\lim_{x \to 0^+} F(x) = \lim_{x \to 0} (1 - e^{-x}) = 0 = F(0) = \lim_{x \to 0^-} F(x),$$

即 $F(x)$ 在 $x=0$ 处连续,于是 $F(x)$ 在 $(-\infty,+\infty)$ 内处处连续,从而它在 $(-\infty,+\infty)$ 内处处右连续.

由以上讨论知,$F(x)$ 满足分布函数的性质,因此 $F(x)$ 可以作为某一随机变量的分布函数. □

利用随机变量 X 的分布函数能计算如下各种形式的概率,例如,对任意的实数 a 与 b,有

$$P(a<X\leqslant b)=F(b)-F(a),$$
$$P(X=a)=F(a)-F(a-0),$$
$$P(X\geqslant b)=1-F(b-0),$$
$$P(X>b)=1-F(b),$$
$$P(a<X<b)=F(b-0)-F(a),$$
$$P(a\leqslant X\leqslant b)=F(b)-F(a-0),$$
$$P(a\leqslant X<b)=F(b-0)-F(a-0),$$

其中 $F(a-0)$ 表示 $F(x)$ 在点 a 的左极限.特别当 $F(x)$ 在 a 与 b 处连续时,有

$$F(a-0)=F(a),\quad F(b-0)=F(b).$$

这些公式将会在概率计算中经常遇到.

有了随机变量 X 的分布函数,那么 X 的任意取值以及它在任意区间上取值的概率都能方便地用分布函数来表示.从这种意义上说,随机变量的分布函数完整地描述了随机变量的概率规律.

习 题 2.1

1. 下列函数中可以作为分布函数的是( ).

(A) $F(x)=\begin{cases} 0, & x\leqslant 0, \\ 0.2, & 0<x\leqslant 1, \\ 0.5, & 1<x<2, \\ 1, & x\geqslant 2 \end{cases}$
(B) $F(x)=\begin{cases} 0, & x<0, \\ 0.5, & 0\leqslant x<3, \\ 0.3, & 3\leqslant x<4, \\ 1, & x\geqslant 4 \end{cases}$

(C) $F(x)=\begin{cases} 0, & x\leqslant 0, \\ 0.5, & 0<x\leqslant 1, \\ 0.35, & 1<x\leqslant 3, \\ 1, & x>3 \end{cases}$
(D) $F(x)=\begin{cases} 0, & x<0, \\ 0.2, & 0\leqslant x<1, \\ 0.6, & 1\leqslant x<2, \\ 1, & x\geqslant 2 \end{cases}$

2. 设连续型随机变量 X 的概率密度 $f(x)$ 为偶函数,其分布函数为 $F(x)$,则对任意常数 $a>0$,$F(-a)=($).

(A) $2F(a)-1$ (B) $1-F(a)$

(C) $\dfrac{1}{2}-F(a)$ (D) $F(a)$

3. 设 $a,b(a\leqslant b)$ 为常数,随机变量 X 的分布函数为 $F(x)$,下列选项中不正确的是( ).

(A) $P(X=a)=F(a)-F(a-0)$ (B) $P(a\leqslant X\leqslant b)=F(b)-F(a-0)$

(C) $P(a\leqslant X<b)=F(b-0)-F(a-0)$ (D) $P(X=a)=0$

4. 设 a 是分布函数 $F(x)$ 的一个间断点,则下列表述正确的是( ).

(A) $F(x)$ 必为离散型随机变量的分布函数

(B) $F(x)$ 必为连续型随机变量的分布函数

(C) a 为 $F(x)$ 的跳跃间断点

(D) $P\{X=a\} \neq 0$

5. 设随机变量 X 的分布函数

$$F(x) = \begin{cases} 0, & x<0, \\ \dfrac{1}{3}, & 0 \leqslant x<1, \\ 1-e^{-x}, & x \geqslant 1 \end{cases}$$

则 $P\{X=1\}=($).

(A) 1   (B) 0   (C) $\dfrac{2}{3}-e^{-1}$ (D) $1-e^{-1}$

6. 设随机变量 X 的分布函数为

$$F(x) = a + b\arctan x, \quad -\infty < x < +\infty.$$

(1) 试确定常数 a, b；(2) 求 $P(-1 \leqslant X \leqslant 1)$.

7. 设 $F_1(x), F_2(x)$ 分别是随机变量 X, Y 的分布函数，非负常数 c_1, c_2 满足 $c_1 + c_2 = 1$，若令 $F(x) = c_1 F_1(x) + c_2 F_2(x)$，试证 $F(x)$ 也可以作为某随机变量的分布函数.

8. 若随机变量 X 取任何单点值的概率均为 0，即对任意实数 c，有 $P(X=c)=0$，试证 X 的分布函数为连续函数.

2.2 离散型随机变量

2.2.1 离散型随机变量及其分布列

有些随机变量，它的全部可能取值是有限个或可列个. 例如，掷一颗骰子出现的点数 X，取值范围为 $\{1,2,3,4,5,6\}$；某一天中进入某商场的人数 Y，取值范围为 $\{0,1,2,\cdots\}$ 等.

定义 2.2.1 若随机变量 X 的所有可能取值是有限个或可列个，则称 X 为**离散型随机变量**. 上述的 X, Y 都是离散型随机变量.

定义 2.2.2 设离散型随机变量 X 的所有可能取值为 $x_1, x_2, \cdots, x_k, \cdots$ 且 X 取这些值的概率为

$$P(X=x_k) = p_k, \quad k=1,2,\cdots, \quad (2.2.1)$$

则称 (2.2.1) 式为离散型随机变量 X 的**概率分布列**（或**分布律**），简称**分布列**.

分布列也可用如下表格的形式来表示：

X	x_1	x_2	$\cdots$	x_k	$\cdots$
$P(X=x_k)$	p_1	p_2	$\cdots$	p_k	$\cdots$

其中第一行表示 X 的取值，第二行表示 X 取相应值的概率.

分布列 $\{p_k\}$ $(k=1,2,\cdots)$ 具有下列基本性质：

(1) 非负性：$p_k \geqslant 0$；

(2) 正则性：$\sum_{k=1}^{\infty} p_k = 1$. (2.2.2)

性质(1)是因为 p_k 是概率，概率具有非负性，所以 $p_k \geqslant 0$；

性质(2)，由于随机事件 $\{X = x_k\}, k = 1, 2, \cdots$ 是互不相容的事件列，并且

$$\bigcup_{k=1}^{\infty} \{X = x_k\} = \Omega,$$

故

$$\sum_{k=1}^{\infty} p_k = \sum_{k=1}^{\infty} P(X = x_k) = P\Big(\bigcup_{k=1}^{\infty} (X = x_k)\Big) = 1.$$

这两条基本性质是分布列必须具有的性质，也是判别某个数列是否能成为分布列的充要条件．

例 2.2.1 设离散型随机变量 X 的分布列为

X	-1	0	1
P	0.3	c	0.2

求常数 c，并求概率 $P(X \leqslant 0.5)$．

解 由分布列的正则性知

$$1 = 0.3 + c + 0.2,$$

解得 $c = 0.5$．则

$$P(X \leqslant 0.5) = P(X = -1) + P(X = 0) = 0.3 + 0.5 = 0.8. \qquad \Box$$

例 2.2.2 袋子里有 4 个形状相同的球，编号为 1, 2, 3, 4. 从中任取 3 个球，记 X 为取出的球的最大编号，试求：

(1) X 的分布列；(2) X 的分布函数，并作图．

解 (1) X 的取值为 3, 4，由古典概型得

$$P(X = 3) = \frac{1}{C_4^3} = \frac{1}{4},$$

$$P(X = 4) = \frac{C_3^2}{C_4^3} = \frac{3}{4},$$

则 X 的分布列为

X	3	4
P	1/4	3/4

(2) 当 $x < 3$ 时，$F(x) = P(X \leqslant x) = P(\varnothing) = 0$；

当 $3 \leqslant x < 4$ 时，$F(x) = P(X = 3) = \dfrac{1}{4}$；

当 $x \geqslant 4$ 时，$F(x) = P(X = 3) + P(X = 4) = 1$．

则 X 的分布函数为

$$F(x) = \begin{cases} 0, & x < 3, \\ \dfrac{1}{4}, & 3 \leqslant x < 4, \\ 1, & x \geqslant 4. \end{cases}$$

分布函数的图形如图 2.2.1 所示,它是阶梯型右连续的函数.

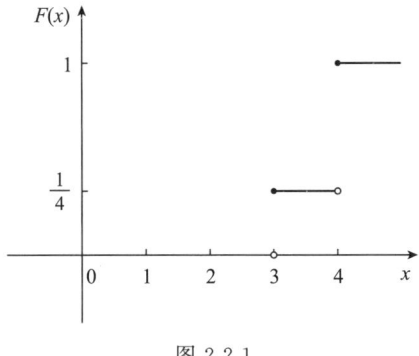

图 2.2.1

在求离散型随机变量的分布列时,首先要找出其所有可能的取值,然后再求出每一个取值对应的概率.

通过此例可知,由离散型随机变量 X 的分布列能写出它的分布函数.设随机变量 X 的分布列为

$$P(X=x_k)=p_k, \quad k=1,2,\cdots,$$

则 X 的分布函数为

$$F(x)=P(X\leqslant x)=\sum_{x_k\leqslant x}P(X\leqslant x_k)=\sum_{x_k\leqslant x}p_k, \tag{2.2.3}$$

其图形是有限级或无穷级的阶梯函数,在 $X=x_k(k=1,2,\cdots)$ 处有跳跃,跳跃值为 $p_k=P(X=x_k)$. 不过在离散场合,很少用分布函数,常用分布列描述其分布.因为在求离散型随机变量 X 的有关事件的概率时,用分布列要比用分布函数来得更方便.

2.2.2 几种常用的离散型随机变量

每个随机变量都有一个分布.随机变量有千千万万个,但常用分布并不多.本部分将介绍几种常用的离散型分布.

一、(0-1)分布

定义 2.2.3 若随机变量 X 只取两个可能的值 0 和 1,且

$$P(X=1)=p, \quad P(X=0)=1-p,$$

其中 $0<p<1$,则称 X 服从以 p 为参数的 **(0-1)分布**,也称为**两点分布**.

X 的分布列为

X	0	1
$P(X=x_k)$	$1-p$	p

(0-1)分布的分布函数为

$$F(x)=\begin{cases} 0, & x<0, \\ 1-p, & 0\leqslant x<1, \\ 1, & x\geqslant 1. \end{cases}$$

(0-1)分布是最简单的分布类型,任何只有两种结果的随机现象,比如新生儿的性别、

掷一枚硬币是出现正面还是反面、检查产品的质量是否合格等,都可用它来描述.

二、二项分布

对于 n 重伯努利试验,我们最关心的是在这 n 次试验中,事件 A 恰好发生 $k(0 \leq k \leq n)$ 次的概率.以 X 表示 n 重伯努利试验中事件 A 发生的次数,则 X 是一个随机变量,其所有可能的取值为 $0,1,2,\cdots,n$. 因为各次试验是相互独立的,所以事件 A 在指定的 $k(0 \leq k \leq n)$ 次试验中发生,而在其余 $n-k$ 次试验中不发生,由乘法原理可得其概率为

$$p^k(1-p)^{n-k}.$$

又因为事件 A 的发生可以有各种排列顺序,n 次试验中恰好有 k 次 A 发生,相当于 n 个位置中选出 k 个,在这 k 个位置上放上 A,由排列组合知识可知共有 C_n^k 种放法.而这 C_n^k 种放法所对应的 C_n^k 个事件又是互不相容的,且每个事件发生的概率都是 $p^k(1-p)^{n-k}$.用概率的可加性可得

$$P(X=k)=C_n^k p^k(1-p)^{n-k}, \quad k=0,1,\cdots,n.$$

显然 $P(X=k) \geq 0$,$\sum_{k=0}^{\infty} C_n^k p^k(1-p)^{n-k}=1$,即 $P(X=k)$ 满足(2.2.2)式.注意到 X 取各个值的概率 $C_n^k p^k(1-p)^{n-k}$ 恰好是二项式 $(p+q)^n$ 展开式的一般项,所以我们有如下的二项分布的定义.

定义 2.2.4 若离散型随机变量 X 的分布列为

$$P(X=k)=C_n^k p^k(1-p)^{n-k}, \quad k=0,1,\cdots,n, \tag{2.2.4}$$

其中 $0<p<1$,$q=1-p$,则称 X 服从参数为 n,p 的**二项分布**,记作 $X \sim B(n,p)$.

特别地,当 $n=1$ 时二项分布 $B(1,p)$ 的分布列化为

$$P(X=k)=p^k(1-p)^{n-k}, \quad k=0,1.$$

此即 $(0-1)$ 分布.

二项分布是离散型分布中重要的分布之一,它以 n 重伯努利试验为背景,具有广泛的应用.

例 2.2.3 某射击运动员击中目标的概率为 0.95,问射击 10 次,至少有 8 次击中目标的概率是多少?

解 设随机变量 X 表示 10 次射击共击中目标的次数,则 $X \sim B(10,0.95)$,而所求概率为

$$P(X \geq 8)=P(X=8)+P(X=9)+P(X=10)$$
$$=C_{10}^8 0.95^8 0.05^2+C_{10}^9 0.95^9 0.05+C_{10}^{10} 0.95^{10}$$
$$\approx 0.074\ 6+0.315\ 1+0.598\ 7=0.988\ 4.$$

即射击 10 次,至少有 8 次击中目标的概率是 $0.988\ 4$. □

例 2.2.4 某高校大一学生的英语过关考试包括听力、语法结构、阅读理解、综合填空以及包含写作在内的主观题等.其中 85 分为四选一的单项选择题,包含写作在内的主观题占 15 分.少数学生对选择题产生侥幸心理,认为碰运气选有可能猜对.请问靠运气能否通过英语过关考试呢?

解 假设不考虑包含写作在内的主观题所占的 15 分,按及格为 60% 计算,85 道选择题应至少答对 51 道.85 道选择题相当于是一个 85 重的伯努利试验,每次试验选对的概率为 0.25.

设随机变量 X 表示 85 道选择题中答对的题目数量,则 $X \sim B(85,0.25)$,

$$P(X=k)=C_{85}^k 0.25^k(1-0.25)^{85-k}, \quad k=0,1,\cdots,85.$$

若要及格,必须 $X \geqslant 51$,其概率为

$$P(X \geqslant 51) = \sum_{k=51}^{85} C_{85}^{k} 0.25^{k} 0.75^{85-k} \approx 8.74 \times 10^{-12}.$$

这个概率非常小,因此可认为,仅靠运气通过英语过关考试几乎是不可能发生的事件,同学们还是要靠踏踏实实的努力学习来通过过关考试. □

例 2.2.5 设随机变量 X 服从二项分布 $B(2,p)$,随机变量 Y 服从二项分布 $B(4,p)$,若 $P(X \geqslant 1) = \dfrac{8}{9}$,试求 $P(Y \geqslant 1)$.

解 由 $P(X \geqslant 1) = \dfrac{8}{9}$,知 $P(X=0) = \dfrac{1}{9}$,所以 $(1-p)^2 = \dfrac{1}{9}$,由此得 $p = \dfrac{2}{3}$. 再由 $Y \sim B(4,p)$,可得

$$P(Y \geqslant 1) = 1 - P(Y=0) = 1 - \left(1 - \dfrac{2}{3}\right)^4 = \dfrac{80}{81}.$$ □

在二项分布中,对于固定的 n 和 p,X 取各个值 k 的概率是变化的,当 k 增加时,$P(X=k)$ 先是随之增加,直至达到最大值,随后单调减少. 那么 k 为何值时,其概率最大呢?下面我们不加证明地给出如下结论.

性质 2.2.1 设离散型随机变量 $X \sim B(n,p)$,则

$$\max_{0 \leqslant k \leqslant n} \{P(X=k)\} = \begin{cases} P(X=(n+1)p) = P(X=(n+1)p-1), & \text{当}(n+1)p \text{是正整数时}, \\ P(X=[(n+1)p]), & \text{当}(n+1)p \text{不是正整数时}, \end{cases}$$

其中 $[(n+1)p]$ 是 $(n+1)p$ 的整数部分.

看下图:

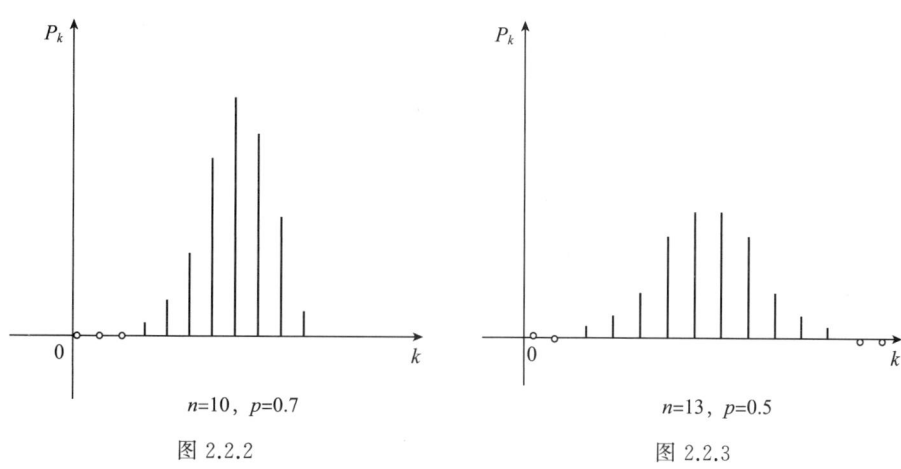

图 2.2.2   图 2.2.3

如图 2.2.2 所示,$n=10$,$p=0.7$,$(n+1)p=7.7$,$[(n+1)p]=7$,X 在 7 处达到最大值;如图 2.2.3 所示,$n=13$,$p=0.5$,$(n+1)p=7$,X 在 7 处和 6 处同时达到最大值.

三、泊松分布

日常生活中,我们经常会遇到要求与单位时间或单位面积、单位产量等上的计数过程相联系的分布,比如:一天内,来到某卖场的顾客数;在单位时间内,保险公司接到客户的索赔次数;一平方米内,液体表面的气泡数等. 这些随机变量都服从泊松分布. 泊松分布是 1837

年由法国数学家泊松(Poisson,1781—1840)首次提出的.下面我们给出泊松分布的定义.

定义 2.2.5 设离散型随机变量 X 所有可能的取值为 $0,1,2,\cdots$,且取各值的概率为

$$P(X=k)=\frac{\lambda^k e^{-\lambda}}{k!}, \quad k=0,1,2,\cdots, \tag{2.2.5}$$

其中 $\lambda>0$ 是常数,则称 X 服从参数为 λ 的**泊松分布**,记作 $X \sim P(\lambda)$.

显然,$P(X=k) \geqslant 0$,且有 $\sum_{k=0}^{\infty} P(X=k) = \sum_{k=0}^{\infty} \frac{\lambda^k e^{-\lambda}}{k!} = e^{-\lambda} \sum_{k=0}^{\infty} \frac{\lambda^k}{k!} = e^{-\lambda} e^{\lambda} = 1$,即 $P(X=k)$ 满足分布列的基本性质(2.2.2)式.

服从泊松分布的随机变量在实际应用中有很多,例如,某服务窗口排队等候服务的人数,某路段一个时间间隔内发生交通事故的次数,某居民小区一天内收到的快递数等都是服从或近似服从泊松分布的.泊松分布是概率论中的重要分布,它的应用十分广泛.

例 2.2.6 某城市一周内发生交通事故的次数 X 服从参数为 $\lambda=0.5$ 的泊松分布,试求一周内该城市至多发生 1 次交通事故和至少发生 2 次交通事故的概率.

解 由题意,$X \sim P(0.5)$,则一周内该城市至多发生 1 次交通事故的概率为

$$P(X \leqslant 1) = P(X=0) + P(X=1) = \frac{0.5^0}{0!} e^{-0.5} + \frac{0.5^1}{1!} e^{-0.5} \approx 0.91.$$

至少发生 2 次交通事故的概率为

$$P(X \geqslant 2) = 1 - P(X \leqslant 1) = 1 - 0.91 = 0.09. \qquad \Box$$

例 2.2.7 已知某商场一天来的顾客数 X 服从参数为 λ 的泊松分布,而每个来到商场的顾客购物的概率为 p,证明:此商场一天内购物顾客数服从参数为 λp 的泊松分布.

证明 设 Y 表示该商场一天内购买商品的顾客人数,Y 的全部可能取值为 $0,1,2,\cdots$,则有

$$\begin{aligned}
P(Y=r) &= \sum_{k=r}^{\infty} P(X=k) P(Y=r \mid X=k) \\
&= \sum_{k=r}^{\infty} \frac{\lambda^k e^{-\lambda}}{k!} \cdot C_k^r p^r (1-p)^{k-r} \\
&= \sum_{k=r}^{\infty} \frac{\lambda^k e^{-\lambda}}{k!} \cdot \frac{k!}{r! \cdot (k-r)!} p^r (1-p)^{k-r} \\
&= \frac{p^r e^{-\lambda}}{r!} \sum_{k=r}^{\infty} \frac{\lambda^k (1-p)^{k-r}}{(k-r)!} \\
&= \frac{p^r e^{-\lambda}}{r!} \sum_{n=0}^{\infty} \frac{\lambda^{n+r} (1-p)^n}{n!} \\
&= \frac{\lambda^r p^r e^{-\lambda}}{r!} \sum_{n=0}^{\infty} \frac{[\lambda(1-p)]^n}{n!} \\
&= \frac{(\lambda p)^r e^{-\lambda}}{r!} \cdot e^{\lambda(1-p)} \\
&= \frac{(\lambda p)^r}{r!} e^{-\lambda p}, \quad r=0,1,2,\cdots,
\end{aligned}$$

故 Y 服从参数为 λp 的泊松分布. $\qquad \Box$

在二项分布 $B(n,p)$ 中,当 n 较大时,计算相关事件的概率运算量相当大,这就要求寻

求近似计算的方法.下面我们给出一个 n 很大、p 很小时的近似计算公式,这就是著名的二项分布的泊松逼近——泊松定理.

定理 2.2.1(泊松定理) 在 n 重伯努利试验中,设事件 A 出现的概率为 p_n(与试验总数 n 有关),如果 $\lim\limits_{n\to\infty} np_n = \lambda \ (\lambda > 0)$,则对任意确定非负整数 k,

$$\lim_{n\to\infty} C_n^k p_n^k (1-p_n)^{n-k} = \frac{\lambda^k e^{-\lambda}}{k!}, \quad k = 0, 1, 2, \cdots.$$

证明略.

在实际应用中,当二项分布 $B(n,p)$ 中的 n 较大,p 较小时,可取 $\lambda = np$,则有如下的二项分布的泊松逼近近似计算公式:

$$C_n^k p^k (1-p)^{n-k} \approx \frac{\lambda^k e^{-\lambda}}{k!}, \quad k = 0, 1, \cdots, n. \tag{2.2.6}$$

其中 $\dfrac{\lambda^k}{k!} e^{-\lambda}$ 的计算可通过泊松分布表查到(见本书附表2).

以下给出一些利用泊松分布做近似计算的例子.

例 2.2.8 据生命表知,某社会阶层的人患某种疾病的概率为 0.001,保险公司在对该社会阶层的一个 5 000 人的群体进行跟踪调查.问该群体患有这种疾病的人数不超过 5 人的概率是多少?

解 设群体患有这种疾病的人数为 X,则有 $X \sim B(5\ 000, 0.001)$,而我们所求的概率为

$$P(X \leqslant 5) = \sum_{k=0}^{5} C_{5\ 000}^k\, 0.001^k\, 0.999^{5\ 000-k}.$$

这个概率的计算量很大,由于 n 很大,p 很小,且 $\lambda = np = 5$,所以用泊松近似得

$$P(X \leqslant 5) \approx \sum_{k=0}^{5} \frac{5^k}{k!} e^{-5} \approx 0.616. \qquad \Box$$

例 2.2.9 为保证设备正常工作,需要配备一些维修工,如果各台设备发生故障是相互独立的,且每台设备发生故障的概率都是 0.01.试在以下各种情况下,求设备发生故障而不能及时修理的概率:

(1) 1 名维修工负责 20 台设备;
(2) 3 名维修工负责 90 台设备.

解 (1) 以 X_1 表示 20 台设备中同时发生故障的台数,则 $X_1 \sim B(20, 0.01)$. 用参数 $\lambda = np = 20 \times 0.01 = 0.2$ 的泊松分布做近似计算,得所求概率为

$$P(X_1 > 1) \approx 1 - \sum_{k=0}^{1} \frac{0.2^k}{k!} e^{-0.2} \approx 1 - 0.982 = 0.018.$$

(2) 以 X_2 表示 90 台设备中同时发生故障的台数,则 $X_2 \sim B(90, 0.01)$. 用参数为 $\lambda = np = 90 \times 0.01 = 0.9$ 的泊松分布作近似计算,得所求概率为

$$P(X_2 > 3) \approx 1 - \sum_{k=0}^{3} \frac{0.9^k}{k!} e^{-0.9} \approx 1 - 0.987 = 0.013. \qquad \Box$$

由上例可知,(2)中所求概率不但比(1)中有所降低,而且 3 名维修工负责 90 台设备相当于每个维修工负责 30 台设备,工作效率是(1)中的 1.5 倍.所以在工作中应发扬团结互助精神,做到分工不分家,这样既能提高整个团队的工作效率,还可以营造良好的工作氛围.

四、超几何分布

在例 1.2.2 中,我们给出了超几何公式,下面将详细介绍其对应的超几何分布.

定义 2.2.6 如果离散型随机变量 X 的所有可能取值为 $0,1,\cdots,L$,且

$$P(X=k)=\frac{C_M^k \cdot C_{N-M}^{n-k}}{C_N^n}, \quad k=0,1,\cdots,L, \quad (2.2.7)$$

其中整数 $N,M>0, n\leqslant N-M$,且 $L=\min\{M,n\}$,则称 X 服从参数为 N,M,n 的**超几何分布**,记作 $X \sim H(N,M,n)$.

利用组合等式 $\sum_{k=0}^{l} C_M^k \cdot C_{N-M}^{n-k} = C_N^n$ 可以验证超几何分布满足分布列的两条基本性质.

对于超几何分布,我们还可以证明,当 $N\to\infty$ 时,$\frac{M}{N}\to p$(n,k 不变),且有

$$\lim_{N\to\infty}\frac{C_M^k \cdot C_{N-M}^{n-k}}{C_N^n}=C_n^k \cdot p^k(1-p)^{n-k}. \quad (2.2.8)$$

(2.2.8)式表明了超几何分布与二项分布之间的联系,即超几何分布的极限分布是二项分布.

五、几何分布

在伯努利试验序列中,记每次试验中事件 A 发生的概率为 p,如果 X 为事件 A 首次出现时的试验次数,则 X 的可能取值为 $1,2,\cdots$,那么 X 的概率分布是什么样的呢?我们给出如下的定义:

定义 2.2.7 设离散型随机变量 X 的所有可能取值为 $1,2,\cdots$,且

$$P(X=k)=(1-p)^{k-1}p, \quad k=1,2,\cdots \quad (2.2.9)$$

其中 $0<p<1$,则称 X 服从**几何分布**.

实际中,有不少随机变量服从几何分布,例如,抛一枚硬币,首次出现正面的抛掷次数;掷一颗骰子,首次出现 6 点时的投掷次数等都服从几何分布.

例 2.2.10 某产品的不合格品率为 0.05,试问在第 5 次抽取该产品时,才能首次取到不合格品的概率是多少?

解 设 X 表示首次取到不合格品时的抽取次数,则 X 服从几何分布

$$P(X=k)=(1-0.05)^{k-1}0.05, \quad k=1,2,\cdots,$$

因此所求概率为

$$P(X=5)=0.95^{5-1}0.05\approx 0.04.$$

故在第 5 次抽取该产品时,才能首次取到不合格品的概率是 0.04. □

2.2.3* 用 Excel 软件计算几种常用的离散型随机变量的概率值

一、用 Excel 计算二项分布概率值的操作步骤

1. 进入 Excel 界面,单击某一单元格.
2. 选择【插入】——【函数】选项:

从【选择类别】窗口中选择"统计";

从【选择函数】窗口中选择"BINOMDIST",单击【确定】.

3. 当【BINOMDIST】对话框出现时：

在【Number-s】中输入成功的次数 X；

在【trials】中输入实验的总次数 n；

在【Pobability-s】中输入每次实验成功的概率 p；

在【Cumulative】中输入 0（或 False），表示计算成功次数恰好等于指定数值的概率（输入 1 或 True 表示计算成功次数小于或等于指定数值的累计概率值）.

选择【完成】即可得到结果.

二、用 Excel 计算泊松分布概率值的操作步骤

1. 进入 Excel 界面，单击某一单元格.

2. 选择【插入】——【函数】选项：

从【选择类别】窗口中选择"统计"；

从【选择函数】窗口中选择"POISSON"，单击【确定】.

3. 当【POISSON】对话框出现时：

在【X】中输入事件出现的次数；

在【Mean】中输入泊松分布的均值；

在【Cumulative】中输入 0（或 False），表示计算事件出现次数恰好等于指定数值的概率（输入 1 或 True 表示计算事件出现次数小于或等于指定数值的累计概率值）.

只需在【X】选项中，分别填入数字即可计算出相应概率.

三、用 Excel 计算超几何分布概率值的操作步骤

1. 进入 Excel 界面，单击某一单元格.

2. 选择【插入】——【函数】选项：

从【选择类别】窗口中选择"统计"；

从【选择函数】窗口中选择"HYPGEOMDIST"，单击【确定】.

3. 当【BINOMDIST】对话框出现时：

在【sample－s】中输入成功的次数；

在【Number－sample】输入样本量；

在【population－s】中输入总体中成功的次数；

在【Number－pop】中输入总体中的个体总数，单击【确定】即可.

习 题 2.2

1. 有 3 个小球和 2 个杯子，将小球随机的放入杯中，设 X 为有小球的杯子数，求 X 的概率分布列.

2. 一盒子中有 8 个球，5 个红球，3 个白球.每次从中任取一个，有下列两种方式进行抽取，X 表示直到取得红球为止所进行的抽取次数：

（1）不放回地抽取；（2）有放回地抽取.

求 X 的概率分布列.

3. 一批产品共有 40 件，其中 3 件是次品，其余 37 件是正品. 现从中随机抽取 4 件进行检验，令 X 表示 4 件产品中的次品数，试写出 X 的概率分布列.

4. 某射击运动员每次击中目标的概率为 0.9，现在他连续射击 20 次，求至少击中两次的概率.

5. 一批产品共有 120 件，其中次品 20 件，正品 100 件. 现在从中每次取一件，不放回地取 10 次，求至少有 2 件次品的概率.

6. 设随机变量 $X \sim b(2, p)$，并且 $P(X \geqslant 1) = 5/9$，则求 p 的值.

7. 从家乘坐公交车到单位的途中有 3 个交通岗，假设在每个交通岗遇到红灯的事件是相互独立的，并且概率都是 2/5，求途中遇到红灯数 X 的概率分布列及分布函数.

8. 设随机变量 $X \sim P(\lambda)$，并且 $P(X=1) = P(X=2)$，则求 λ 的值.

9. 某车间有 5 台同类型的机床，每台机床配备的电动功率为 10 kW，已知每台机床工作时，平均每小时实际开动 20 min（即有 1/3 时间用电），且各台机床开动与否是相互独立的，现在因电力供应紧张，供电部门只提供 30 kW 的电力给这 5 台机床，问这 5 台机床能正常工作的概率是多少？

10. 设某种产品的合格品率为 0.8，不合格品率为 0.2，现对这种产品逐一有放回地进行测试，直到测得一个合格品为止，求测试次数的概率分布列.

11. 已知离散型随机变量 X 的概率分布列为 $P(X=k) = (k+1)p^{k+1}$ $(k=0,1)$. 试确定 p 的值.

12. 已知离散型随机变量 X 的分布函数为

$$F(x) = \begin{cases} 0, & x < -1, \\ 0.3, & -1 \leqslant x < 0, \\ 0.6, & 0 \leqslant x < 1, \\ 0.8, & 1 \leqslant x < 3, \\ 1, & x \geqslant 3. \end{cases}$$

试求 X 的概率分布列，并计算 $P(X<1)$ 及 $P(X<1 \mid X \neq 0)$.

13. 设某路段一天内的事故数 X 服从参数为 $\lambda = 6$ 的泊松分布，求一天没有事故发生的概率.

2.3 连续型随机变量

2.3.1 连续型随机变量及概率密度函数

连续型随机变量的一切可能取值充满一个区间或若干个区间，在这区间内有无穷不可列个实数. 例如，某种型号的节能灯的寿命就是在区间 $[0, +\infty)$ 上取值的连续型随机变量；又如黄河水的流量、趵突泉的水位、济南夏季的气温等都分别是在某区间上取值的连续型随机变量.

定义 2.3.1 设随机变量 X 的分布函数为 $F(x)$，若存在非负可积函数 $f(x)$，使得对任意实数 x，有

2.3 连续型随机变量

$$F(x) = \int_{-\infty}^{x} f(t)\,\mathrm{d}t, \tag{2.3.1}$$

则称 X 为**连续型随机变量**,称 $f(x)$ 为连续型随机变量 X 的**概率密度函数**,简称**概率密度**或**密度函数**.

在实际应用中用到的基本上都是离散型或连续型随机变量.本书只讨论这两种类型的随机变量.

由(2.3.1)式知,连续型随机变量的分布函数是连续函数.从(2.3.1)式还可以看出,在 $F(x)$ 导数存在的点上有

$$F'(x) = f(x),$$

从这里我们看到概率密度的定义与物理学中线密度的定义相类似,这就是称 $f(x)$ 为概率密度的缘由.

随机变量 X 的概率密度 $f(x)$ 具有如下两条性质:

(1) 非负性:$f(x) \geqslant 0, x \in (-\infty, +\infty)$.

(2) 正则性:$\int_{-\infty}^{+\infty} f(x)\,\mathrm{d}x = 1$.

任何连续型随机变量的概率密度都具有上述两条性质,反之可以证明,凡是满足上述两条性质的函数一定是某个连续型随机变量的概率密度.也就是说,上述两条性质是判断一个函数是否可以作为概率密度的充要条件.譬如,已知某个函数 $f(x)$ 为概率密度,若 $f(x)$ 中有一个待定常数,则该常数可利用正则性来确定.

随机变量 X 的概率密度 $f(x)$ 还具有以下性质:

(3) $P(x_1 < X \leqslant x_2) = F(x_2) - F(x_1) = \int_{x_1}^{x_2} f(x)\,\mathrm{d}x$.

(4) 连续性随机变量 X 取值为任一实数 x_0 的概率等于零,即 $P(X = x_0) = 0$.

证明 (2) $\int_{-\infty}^{+\infty} f(t)\,\mathrm{d}t = \lim_{x \to \infty} \int_{-\infty}^{x} f(t)\,\mathrm{d}t = \lim_{x \to \infty} F(x) = 1.$

(3) $P(x_1 < X \leqslant x_2) = F(x_2) - F(x_1)$

$$= \int_{-\infty}^{x_2} f(t)\,\mathrm{d}t - \int_{-\infty}^{x_1} f(t)\,\mathrm{d}t$$

$$= \int_{-\infty}^{x_1} f(t)\,\mathrm{d}t + \int_{x_1}^{x_2} f(t)\,\mathrm{d}t - \int_{-\infty}^{x_1} f(t)\,\mathrm{d}t$$

$$= \int_{x_1}^{x_2} f(t)\,\mathrm{d}t.$$

(4) 对任一实数 x_0,因为 $\{X = x_0\} \subset \{x_0 < X \leqslant x_0 + \Delta x\}$,所以

$$0 \leqslant P(X = x_0) \leqslant P(x_0 < X \leqslant x_0 + \Delta x)$$
$$= F(x_0 + \Delta x) - F(x_0).$$

由于 $F(x)$ 在 x_0 点连续,所以 $\lim_{\Delta x \to 0} [F(x_0 + \Delta x) - F(x_0)] = 0$,从而 $P(X = x_0) = 0$. □

性质(3)表明,连续型随机变量 X 落在区间 $(x_1, x_2]$ 上的概率等于该区间上以概率密度曲线 $y = f(x)$ 为曲边的曲边梯形面积.

由性质(4),在计算连续型随机变量落在某一区间的概率时,可以不区分区间是开,闭或半开闭区间,即有

$$P(x_1 < X \leqslant x_2) = P(x_1 \leqslant X \leqslant x_2) = P(x_1 < X < x_2)$$
$$= P(x_1 \leqslant X < x_2) = P(x_1 \leqslant X \leqslant x_2)$$
$$= \int_{x_1}^{x_2} f(t) \mathrm{d}t.$$

并且由此可知,概率为 0 的事件并不一定是不可能事件,同样概率为 1 的事件也不一定是必然事件.

例 2.3.1 设连续型随机变量 X 的概率密度为
$$f(x) = A \mathrm{e}^{-|x|}, \quad -\infty < x < +\infty.$$
求:(1) 系数 A;(2) $P(0 < X < 1)$;(3) X 的分布函数.

解 (1) 因为 $\int_{-\infty}^{+\infty} f(x) \mathrm{d}x = 1$,所以
$$\int_{-\infty}^{+\infty} A \mathrm{e}^{-|x|} \mathrm{d}x = 2A \int_{0}^{+\infty} \mathrm{e}^{-x} \mathrm{d}x = 2A = 1.$$
解得 $A = \dfrac{1}{2}$.

(2) $P(0 < X < 1) = \int_0^1 f(x) \mathrm{d}x = \int_0^1 \dfrac{1}{2} \mathrm{e}^{-x} \mathrm{d}x = \dfrac{1}{2}(1 - \mathrm{e}^{-1})$.

(3) $F(x) = \int_{-\infty}^{x} f(t) \mathrm{d}t.$

$x < 0$ 时,$F(x) = \dfrac{1}{2} \int_{-\infty}^{x} \mathrm{e}^{-|t|} \mathrm{d}t = \dfrac{1}{2} \int_{-\infty}^{x} \mathrm{e}^{t} \mathrm{d}t = \dfrac{1}{2} \mathrm{e}^{x}$;

$x \geqslant 0$ 时,$F(x) = \int_{-\infty}^{0} \mathrm{e}^{t} \mathrm{d}t + \int_{0}^{x} \mathrm{e}^{-t} \mathrm{d}t = 1 - \dfrac{1}{2} \mathrm{e}^{-x}$.

故
$$F(x) = \begin{cases} \dfrac{1}{2} \mathrm{e}^{x}, & x < 0, \\ 1 - \dfrac{1}{2} \mathrm{e}^{-x}, & x \geqslant 0. \end{cases}$$

例 2.3.2 已知随机变量 X 的分布函数为
$$F(x) = \begin{cases} 0, & x < -1, \\ a(x^3 + 1), & -1 \leqslant x \leqslant 1, \\ 1, & x > 1, \end{cases}$$
求:(1) 常数 a;(2) X 的概率密度 $f(x)$;(3) $P\left(|X| \leqslant \dfrac{1}{2}\right)$.

解 (1) 因为 $F(x)$ 在任一点 x_0 处右连续,所以
$$\lim_{x \to 1^+} F(x) = \lim_{x \to 1^+} 1 = 1, \quad F(1) = a(1^3 + 1) = 2a, \quad 2a = 1,$$
故 $a = \dfrac{1}{2}$.

(2) $f(x) = F'(x) = \begin{cases} \dfrac{3}{2} x^2, & |x| < 1, \\ 0, & \text{其他}. \end{cases}$

(3) $P\left(|X|\leqslant\dfrac{1}{2}\right)=F\left(\dfrac{1}{2}\right)-F\left(-\dfrac{1}{2}\right)$

$=\dfrac{1}{2}\left[\left(\dfrac{1}{2}\right)^3+1-\left(-\dfrac{1}{2}\right)^3-1\right]=\dfrac{1}{8},$

或

$P\left(|X|\leqslant\dfrac{1}{2}\right)=\int_{-\frac{1}{2}}^{\frac{1}{2}}f(x)\mathrm{d}x=\dfrac{3}{2}\int_{-\frac{1}{2}}^{\frac{1}{2}}x^2\mathrm{d}x=\dfrac{1}{8}.$ □

2.3.2 几种常用的连续型随机变量

一、均匀分布

定义 2.3.2 若连续随机变量 X 的概率密度为

$$f(x)=\begin{cases}\dfrac{1}{b-a}, & a<x<b, \\ 0, & \text{其他},\end{cases} \tag{2.3.2}$$

则称 X 在区间 (a,b) 上服从均匀分布,记作 $X\sim U(a,b)$.

容易验证,$f(x)$ 满足概率密度的基本性质(1)(2).

X 的分布函数为

$$F(x)=\begin{cases}0, & x<a, \\ \dfrac{x-a}{b-a}, & a\leqslant x<b, \\ 1, & x\geqslant b.\end{cases} \tag{2.3.3}$$

X 的概率密度 $f(x)$ 与分布函数 $F(x)$ 的曲线如图(2.3.1)所示.

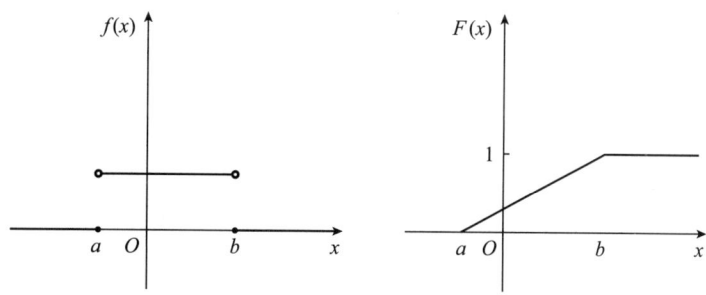

图 2.3.1

注 由于在若干点上改变概率密度 $f(x)$ 的值并不影响其积分的值,从而不影响其分布函数 $F(x)$ 的值,这意味着一个连续分布的概率密度不唯一. 譬如,改变 a,b 处 $f(x)$ 的值如下:

$$f_1(x)=\begin{cases}\dfrac{1}{b-a}, & a\leqslant x\leqslant b, \\ 0, & \text{其他}.\end{cases}$$

该函数也是区间 (a,b) 上均匀分布的概率密度.

若 $X\sim U(a,b)$,对于任一长度为 l 的子区间 $(c,c+l)\subset[a,b]$,有

$$P(c<x<c+l)=\int_c^{c+l}f(x)\mathrm{d}x=\int_c^{c+l}\frac{1}{b-a}\mathrm{d}x=\frac{l}{b-a}.$$

这表明 X 落在区间 (a,b) 中任意等长度的子区间内的可能性是相同的，即它落在区间 (a,b) 的子区间内的概率只依赖于子区间的长度而与子区间的位置无关. 从而均匀分布可以用来描述在某个区间上具有等可能结果的随机试验的概率规律.

例 2.3.3 设某电器的电阻值 R 是一个随机变量，均匀分布在 $1\,200\sim1\,500\,\Omega$. 求 R 的概率密度及 R 落在 $1\,350\sim1\,450\,\Omega$ 的概率.

解 由题意，$R\sim U(1\,200,1\,500)$，我们以 r 来记 R 的取值，则 R 的概率密度为

$$f(x)=\begin{cases}\dfrac{1}{1\,500-1\,200}, & 1\,200<x<1\,500,\\ 0, & \text{其他}.\end{cases}$$

因此

$$P(1\,350<R<1\,450)=\int_{1\,350}^{1\,450}\frac{1}{300}\mathrm{d}r=\frac{1}{3}. \qquad \Box$$

例 2.3.4 设随机变量 $X\sim U(0,6)$，现对 X 进行 4 次独立观测，试求至少有 2 次观测值大于 3 的概率.

解 设随机变量 Y 是对 X 进行 4 次独立观测中观测值大于 3 的次数，则 $Y\sim B(4,p)$，其中 $p=P(X>3)$. 由 $X\sim U(0,6)$，可知 X 的概率密度为

$$f(x)=\begin{cases}\dfrac{1}{6}, & 0<x<6,\\ 0, & \text{其他}.\end{cases}$$

故

$$p=P(X>3)=\int_3^6\frac{1}{6}\mathrm{d}x=\frac{1}{2},$$

所以

$$\begin{aligned}P(Y\geqslant 2)&=1-P(Y<2)=1-P(Y=0)-P(Y=1)\\ &=1-C_4^0\left(\frac{1}{2}\right)^4-C_4^1\left(\frac{1}{2}\right)^4\\ &=\frac{11}{16}.\end{aligned} \qquad \Box$$

二、指数分布

定义 2.3.3 若连续型随机变量 X 的概率密度为

$$f(x)=\begin{cases}\lambda\mathrm{e}^{-\lambda x}, & x>0,\\ 0, & x\leqslant 0,\end{cases} \tag{2.3.4}$$

其中 $\lambda>0$ 为常数，则称 X 服从参数为 λ 的指数分布，记为 $X\sim E(\lambda)$.

可以验证，$f(x)$ 满足概率密度的基本性质. 容易求得，X 的分布函数为

$$F(x)=\begin{cases}1-\mathrm{e}^{-\lambda x}, & x>0,\\ 0, & x\leqslant 0.\end{cases} \tag{2.3.5}$$

指数分布的概率密度 $f(x)$ 与分布函数 $F(x)$ 的曲线如图 (2.3.2) 所示.

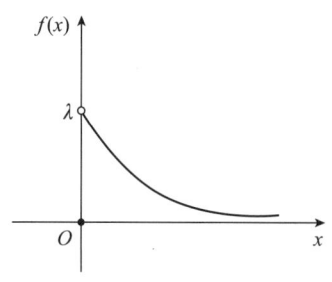 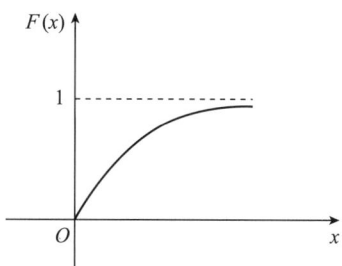

图 2.3.2

指数分布常被用作各种"寿命"的分布,如电子元件的寿命、动物的寿命等都可以看作服从或近似服从指数分布.另外,电话的通话时间、顾客在各种随机服务系统接受服务的时间等也都可假定服从指数分布.因而指数分布在现实生活中有着广泛的应用.

例 2.3.5 统计调查表明,英格兰在 1875 年至 1951 年期间,在矿山发生 10 人或者 10 人以上死亡的两次事故之间的 T(以日来记)服从参数为 241 的指数分布.试求 $P(50 \leqslant T \leqslant 100)$.

解 因 T 服从指数分布,且参数为 241,有 T 的概率密度为

$$p(t) = \begin{cases} \dfrac{1}{241} e^{-\frac{t}{241}}, & t > 0, \\ 0, & t \leqslant 0, \end{cases}$$

故

$$P\{50 \leqslant T \leqslant 100\} = \int_{50}^{100} \frac{1}{241} e^{-\frac{t}{241}} dt = \left(-e^{-\frac{x}{241}}\right)\bigg|_{50}^{100}$$
$$= e^{-\frac{50}{241}} - e^{-\frac{100}{241}} = 0.152\,3. \qquad \square$$

三、正态分布

定义 2.3.4 若连续型随机变量 X 的概率密度为

$$f(x) = \frac{1}{\sqrt{2\pi}\,\sigma} e^{-\frac{(x-\mu)^2}{2\sigma^2}}, \quad -\infty < x < +\infty, \tag{2.3.6}$$

其中 $-\infty < \mu < +\infty, \sigma > 0$ 为常数,则称 X 服从参数为 μ, σ 的**正态分布**或**高斯**(Gauss)**分布**,记为 $X \sim N(\mu, \sigma^2)$.

正态分布 $N(\mu, \sigma^2)$ 的概率密度 $f(x)$ 的曲线如图 2.3.3 所示.

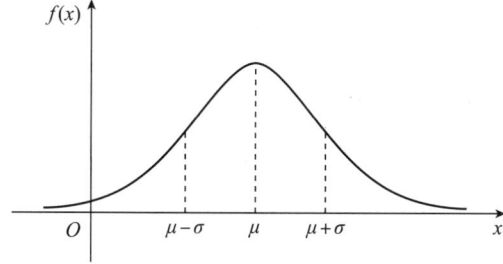

图 2.3.3

习惯上,称服从正态分布的随机变量为正态变量,又称正态分布的概率密度曲线为正态分布曲线.由高等数学的知识不难得到,正态分布 $N(\mu,\sigma^2)$ 的概率密度曲线 $f(x)$ 具有下列性质:

(1) $f(x)$ 关于 $x=\mu$ 对称;

(2) $f(x)$ 在 $x=\mu$ 处有最大值 $\dfrac{1}{\sqrt{2\pi}\sigma}$;

(3) 曲线 $y=f(x)$ 有拐点 $\left(\mu-\sigma,\dfrac{1}{\sqrt{2\pi e}\sigma}\right),\left(\mu+\sigma,\dfrac{1}{\sqrt{2\pi e}\sigma}\right)$;

(4) 当 $x\to\infty$ 时,曲线 $y=f(x)$ 以 x 轴为渐近线.

在(2.3.6)式中,若固定 μ,改变 σ 值,则由最大值 $f(\mu)=\dfrac{1}{\sqrt{2\pi}\sigma}$ 可知,当 σ 越小时,$f(\mu)$ 越大,从而曲线 $y=f(x)$ 越陡峭;当 σ 越大时,$f(\mu)$ 越小,从而曲线越平缓(见图 2.3.4).若固定 σ,改变 μ 值,则 μ 值的大小决定曲线 $y=f(x)$ 的位置,当 μ 增大时,曲线向右平移;当 μ 减小时,曲线向左平移,但曲线形状不变(见图 2.3.5).

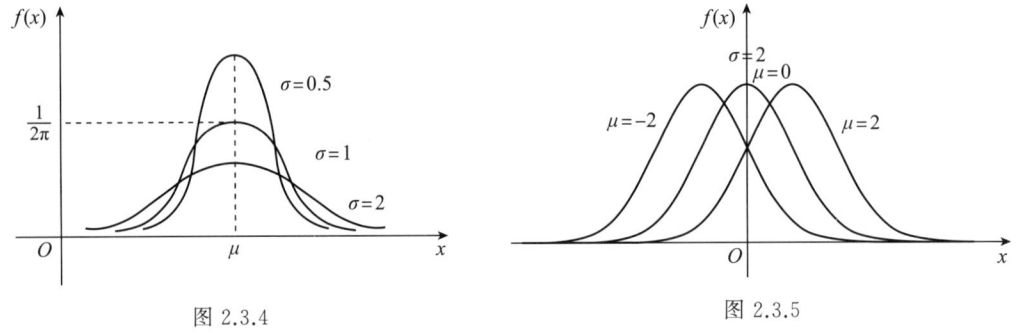

图 2.3.4　　　　　　　　　　　图 2.3.5

正态分布变量 $X\sim N(\mu,\sigma^2)$ 的分布函数为

$$F(x)=\frac{1}{\sqrt{2\pi}\sigma}\int_{-\infty}^{x}e^{-\frac{(t-\mu)^2}{2\sigma^2}}dt,\quad -\infty<x<+\infty. \tag{2.3.7}$$

特别地,当 $\mu=0,\sigma=1$ 时,即 X 的概率密度为

$$\varphi(x)=\frac{1}{\sqrt{2\pi}}e^{-\frac{x^2}{2}},\quad -\infty<x<+\infty, \tag{2.3.8}$$

则称 X 服从标准正态分布,记为 $X\sim N(0,1)$.

标准正态分布的分布函数为

$$\Phi(x)=\frac{1}{\sqrt{2\pi}}\int_{-\infty}^{x}e^{-\frac{t^2}{2}}dt,\quad -\infty<x<+\infty. \tag{2.3.9}$$

为区别起见,今后专用 $\varphi(x),\Phi(x)$ 分别来表示 $N(0,1)$ 分布的概率密度函数和分布函数.$\varphi(x)$ 的图形如图 2.3.6 所示.由分布函数的几何性质,$\Phi(x)$ 表示如图 2.3.6 中阴影部分的面积.显然,$\varphi(x)$ 的图形关于 y 轴对称,即 $\varphi(x)$ 为偶函数.由此易知

$$\Phi(-x)=1-\Phi(x).$$

(2.3.9)式不便于直接用来计算标准正态分布的分布函数 $\Phi(x)$ 的值.人们已经编制了 $\Phi(x)$ 的函数表.为了实用上的方便,本书末附有标准正态分布表(见附表 3)供查用.

一般的,若 $X\sim N(\mu,\sigma^2)$,我们只要通过一个线性变换就能将它化成标准正态分布.

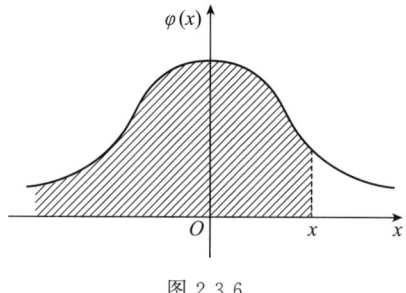

图 2.3.6

引理 2.3.1 设 $X \sim N(\mu, \sigma^2)$,则 $Y = \dfrac{X-\mu}{\sigma} \sim N(0,1)$.

证明 $Y = \dfrac{X-\mu}{\sigma}$ 的分布函数为

$$P(Y \leqslant x) = P\left(\frac{X-\mu}{\sigma} \leqslant x\right) = P(X \leqslant \mu + \sigma x) = \frac{1}{\sqrt{2\pi}\sigma}\int_{-\infty}^{\mu+\sigma x} e^{-\frac{(t-\mu)^2}{2\sigma^2}} dt,$$

令 $\dfrac{t-\mu}{\sigma} = u$,得

$$P(Y \leqslant x) = \frac{1}{\sqrt{2\pi}}\int_{-\infty}^{x} e^{-\frac{u^2}{2}} du = \Phi(x),$$

由此知 $Y = \dfrac{X-\mu}{\sigma} \sim N(0,1)$. □

此处随机变量 $Y = \dfrac{X-\mu}{\sigma}$ 称作是对随机变量 X 的标准化.

运用上述引理,若 $X \sim N(\mu, \sigma^2)$,则它的分布函数 $F(x)$ 可写成

$$F(x) = P(X \leqslant x) = P\left(\frac{X-\mu}{\sigma} \leqslant \frac{x-\mu}{\sigma}\right) = \Phi\left(\frac{x-\mu}{\sigma}\right).$$

于是对于任意区间 $(x_1, x_2]$,有

$$P(x_1 < X \leqslant x_2) = P\left(\frac{x_1-\mu}{\sigma} < \frac{X-\mu}{\sigma} \leqslant \frac{x_2-\mu}{\sigma}\right)$$

$$= \Phi\left(\frac{x_2-\mu}{\sigma}\right) - \Phi\left(\frac{x_1-\mu}{\sigma}\right).$$

例如,设 $X \sim N(2,9)$,则由上述公式,

$$P(5 < X \leqslant 8) = \Phi\left(\frac{8-2}{3}\right) - \Phi\left(\frac{5-2}{3}\right) = \Phi(2) - \Phi(1).$$

例 2.3.6 设 $X \sim N(10, 2^2)$,求 $P(10 < X < 13)$,$P(|X-10| < 2)$.

解
$$P(10 < X < 13) = P\left(\frac{10-10}{2} < \frac{X-10}{2} < \frac{13-10}{2}\right)$$
$$= \Phi(1.5) - \Phi(0)$$
$$= 0.9332 - 0.5$$
$$= 0.4332$$

$$P(|X-10|<2) = P\left(\left|\frac{X-10}{2}\right|<2/2\right)$$
$$= 2\Phi(1)-1$$
$$= 0.6826.$$

例 2.3.7 设 $X \sim N(\mu, \sigma^2)$,求 $P(|X-\mu|<k\sigma), k=1,2,3$.

解 $k=3$ 时,有
$$P(|X-\mu|<3\sigma) = P(\mu-3\sigma<X<\mu+3\sigma)$$
$$= \Phi\left(\frac{\mu+3\sigma-\mu}{\sigma}\right) - \Phi\left(\frac{\mu-3\sigma-\mu}{\sigma}\right)$$
$$= \Phi(3) - \Phi(-3)$$
$$= 0.9974.$$

类似可得 $P(|X-\mu|<2\sigma)=0.9554, P(|X-\mu|<\sigma)=0.6826$.

由此可见在一次试验中, X 落在 $(\mu-3\sigma, \mu+3\sigma)$ 内的概率几乎为 1,或者说 X 落在 $(\mu-3\sigma, \mu+3\sigma)$ 外的概率可以忽略不计,此特性称为正态分布的"3σ 原则".

正态分布是概率论与数理统计中最重要的一个分布.本书第五章的中心极限定理表明:一个随机变量如果是由大量微小的、独立的随机因素的叠加结果,那么这个变量一般都可以认为服从正态分布.因此,在实际问题中大量的随机变量服从或近似服从正态分布.例如,测量某个物理量所产生的随机误差,生物学中同一群体的生物指标,产品的各项质量指标等都服从正态分布.由此可见,在概率论与数理统计的理论研究和实际应用中,正态分布占有十分重要的地位.

例 2.3.8 某学校抽样调查结果表明,考生的外语成绩(百分制)近似地服从 $\mu=72$ 的正态分布,已知 96 分以上的人数占总人数的 23%,试求考生的成绩在 60 到 84 之间的概率.

解 设 X 表示考生的外语成绩,有 $X \sim N(\mu, \sigma^2)$,其中 $\mu=72$,因
$$P(X>96) = 1 - \Phi\left(\frac{24}{\sigma}\right) = 0.023,$$
即 $\Phi\left(\frac{24}{\sigma}\right) = 0.977, \frac{24}{\sigma} = 2$,可得 $\sigma=12$,故所求概率为
$$P(60 \leqslant X \leqslant 84) = \Phi\left(\frac{84-72}{12}\right) - \Phi\left(\frac{60-72}{12}\right)$$
$$= \Phi(1) - \Phi(-1)$$
$$= 2 \times 0.8413 - 1$$
$$= 0.6826.$$

定义 2.3.5 设 $X \sim N(0,1)$,对于给定的 $\alpha(0<\alpha<1)$,若数 u_α 和 $u_{\alpha/2}$ 分别满足
$$P(X>u_\alpha) = \alpha, \tag{2.3.10}$$
和
$$P(|X|>u_{\alpha/2}) = \alpha, \tag{2.3.11}$$
则称 u_α 为标准正态分布的上侧 α 分位数,$u_{\alpha/2}$ 为双侧 α 分位数.

标准正态分布的上侧分位数 α 分位数 u_α 和双侧 α 分位数 $u_{\alpha/2}$ 的几何解释见图 2.3.7.

对于给定的 α,由(2.3.10)式得

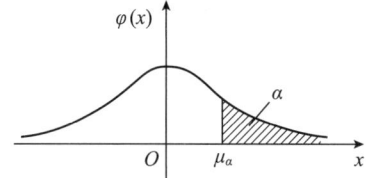 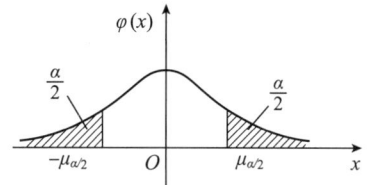

图 2.3.7

$$P(X>u_\alpha)=1-P(X\leqslant u_\alpha)=1-\Phi(u_\alpha)=\alpha,$$

从而 $\Phi(u_\alpha)=1-\alpha$，即 u_α 可由 $\Phi(u_\alpha)=1-\alpha$ 查附表 3 得到.

类似地，$u_{\alpha/2}$ 可由 $\Phi(u_{\alpha/2})=1-\alpha/2$ 查附表 3 得到.例如，$\alpha=0.05$，查表可得 $u_{0.05}=1.65$，$u_{0.05/2}=u_{0.025}=1.96$，

对于一般正态变量 $X\sim N(\mu,\sigma^2)$，要求满足 $P(X>x_0)=\alpha$ 的 $x_0(x_0>0)$，先由 $\Phi(u_\alpha)=1-\alpha$，查附表 3 得 u_α；再由 $\dfrac{x_0-u}{\sigma}=u_\alpha$，求得 $x_0=\mu-u_\alpha\sigma$.

习 题 2.3

1. 设 $f(x)$ 为随机变量的概率密度，则其必满足的性质是(   ).
   (A) 单调函数   (B) 连续函数
   (C) 非负函数   (D) $\lim\limits_{x\to\infty}f(x)=1$

2. 设 $F_1(x),F_2(x)$ 为两个分布函数，其相应的概率密度 $f_1(x),f_2(x)$ 是连续函数，则必为概率密度的是(   ).
   (A) $f_1(x)f_2(x)$ (B) $2f_2(x)F_1(x)$
   (C) $f_1(x)F_2(x)$ (D) $f_1(x)F_2(x)+f_2(x)F_1(x)$

3. 可以使 $f(x)=-\sin x$ 成为概率密度的 x 取值范围是(   ).
   (A) $[-\pi/2,0]$ (B) $[0,\pi/2]$
   (C) $[-\pi/2,\pi/2]$ (D) $[-\pi/2,3\pi/2]$

4. 设随机变量 X 的概率密度 $f(x)$ 满足 $f(1+x)=f(1-x)$，且 $\int_0^2 f(x)\mathrm{d}x=0.6$，则 $P(X<0)=($ $)$
   (A) 0.2   (B) 0.3   (C) 0.4   (D) 0.5

5. 设 $f_1(x)$ 为标准正态分布的概率密度，$f_2(x)$ 为 $[-1,3]$ 上均匀分布的概率密度，若 $f(x)=\begin{cases}af_1(x),&x\leqslant 0,\\bf_2(x),&x>0\end{cases}$ $(a>0,b>0)$ 为概率密度，则 a,b 应满足(   ).
   (A) $2a+3b=4$ (B) $3a+2b=4$ (C) $a+b=1$ (D) $a+b=2$

6. 设随机变量 $X\sim N(\mu,\sigma^2)(\sigma>0)$，记 $p=P\{X\leqslant\mu+\sigma^2\}$，则(   )
   (A) p 随着 μ 的增加而增加   (B) p 随着 σ 的增加而增加
   (C) p 随着 μ 的增加而减少   (D) p 随着 σ 的增加而减少

7. 设随机变量 X 服从正态分布 $N(0,1)$，对给定的 $a \in (0,1)$，数 u_a 满足 $P\{X > u_a\} = a$，若 $P\{|X| < x\} = a$，则 x 等于（　　）

(A) $u_{\frac{a}{2}}$　　　　(B) $u_{1-\frac{a}{2}}$　　　　(C) $u_{\frac{1-a}{2}}$　　　　(D) u_{1-a}

8. 设 X_1, X_2, X_3 是随机变量，且 $X_1 \sim N(0,1), X_2 \sim N(0,2^2), X_3 \sim N(5,3^2)$，$P_j = P(-2 \leqslant X_j \leqslant 2)(j=1,2,3)$，则（　　）

(A) $P_1 > P_2 > P_3$　　　　(B) $P_2 > P_1 > P_3$

(C) $P_3 > P_1 > P_2$　　　　(D) $P_1 > P_3 > P_2$

9. 已知某型号的电子产品寿命服从参数为 $\frac{1}{2}$ 的指数分布，抽取 100 件产品进行寿命试验，以 X 表示产品寿命大于 2 的件数，则试求 X 服从什么分布．

10. 设随机变量 Y 服从参数为 1 的指数分布，a 为常数且大于零，则试求条件概率 $P(Y \leqslant a+1 | Y > a)$ 的值．

11. 随机变量 X 的概率密度为

$$f(x) = A e^{-|x|}.$$

求：(1) 常数 A 的值；(2) X 落在 $(0,1)$ 内的概率；(3) X 的分布函数．

12. 设随机变量 X 的分布函数为

$$F(x) = \begin{cases} 1 - A e^{-x}, & x \geqslant 0, \\ 0, & x < 0. \end{cases}$$

试求：A 的值；概率 $P(X \leqslant 2)$ 和 $P(X > 3)$ 及 X 的概率密度．

13. 设连续型随机变量 X 的分布函数为

$$F(x) = \begin{cases} 0, & x < -1, \\ a + b \arcsin x, & -1 \leqslant x \leqslant 1, \\ 1, & x > 1. \end{cases}$$

试确定 a 与 b 的值，并计算 $P\left(-2 \leqslant X \leqslant -\frac{1}{2}\right)$ 及概率密度．

14. 设随机变量 X 的概率密度为

$$f(x) = \begin{cases} 2x, & 0 < x < 1, \\ 0, & \text{其他}. \end{cases}$$

现在对 X 进行 n 次独立重复观测，以 Y 表示观测值不大于 0.1 的次数，试求 Y 的概率分布．

15. 设 X 在 $(0,5)$ 上服从均匀分布，求方程 $4x^2 + 4Xx + X + 2 = 0$ 有实根的概率．

16. 设随机向量 $X \sim N(6, 3^2)$，令 $Y = \dfrac{X-6}{3}$，求 $P\{Y \leqslant 0\}$．

17. 若 $X \sim N(0,1)$，求：

(1) $P(0 \leqslant X \leqslant 3)$；

(2) $P(X \geqslant 3)$；

(3) $P(|X| \leqslant 3)$；

(4) $P(X \geqslant 0)$；

(5) $P(-1 \leqslant X \leqslant 3)$；

(6) $P(|X| \leqslant d) = 0.9109, d = ?$

18. 若 $X \sim N(10, 2^2)$，求：

(1) $P(8 \leqslant X \leqslant 12)$;

(2) $P(X \geqslant 10)$;

(3) $P(|X-10| \leqslant 6.3)$;

(4) $P(X=12)$;

(5) $P(|X-10| \leqslant d) = 0.95, d = ?$

2.4 随机变量函数的分布

在现实生活中，我们经常会面临这样的问题：已知一个随机变量，而我们关注的量是这个随机变量的函数. 例如，某商场售出某种商品的数量是随机变量 X，而售出这种商品获得的收益 Y 就是随机变量 X 的函数. 在这一节，我们将讨论已知随机变量 X 的概率分布，我们如何来求它的函数 $Y=g(X)$ 的概率分布. 我们分以下两种情形来讨论.

2.4.1 离散型随机变量函数的分布

设 X 为离散型随机变量，其分布列为

X	x_1	x_2	$\cdots$	x_n	$\cdots$
P	p_1	p_2	$\cdots$	p_n	$\cdots$

则 $Y=g(X)$ 也是一个离散随机变量，此时 $Y=g(X)$ 的分布列就可简单地表示为

Y	$g(x_1)$	$g(x_2)$	$\cdots$	$g(x_n)$	$\cdots$
P	p_1	p_2	$\cdots$	p_n	$\cdots$

当 $g(x_1), g(x_2), \cdots, g(x_n), \cdots$ 中有某些值相等时，则把那些相等的值分别合并，并把对应的概率相加即可.

例 2.4.1 已知随机变量 X 的分布列如下

X	-2	-1	0	1	2
P	0.2	0.1	0.1	0.3	0.3

求 $Y=X^2$ 的分布列.

解 $Y=X^2$ 的分布列为

Y	4	1	0	1	4
P	0.2	0.1	0.1	0.3	0.3

再对相等的值合并，得

Y	0	1	4
P	0.1	0.4	0.5

□

2.4.2 连续型随机变量函数的分布

一般地,连续型随机变量的函数不一定是连续型随机变量. 我们主要讨论连续型随机变量的函数还是连续型随机变量的情形.

一、分布函数法

例 2.4.2 设 X 的概率密度为

$$f_X(x)=\begin{cases}\dfrac{2x}{\pi^2}, & 0\leqslant x\leqslant \pi,\\ 0, & \text{其他}.\end{cases}$$

求 $Y=\sin X$ 的概率密度.

解 我们先来求 $Y=\sin X$ 的分布函数.

当 x 在 $[0,\pi]$ 上取值时,$y=\sin x$ 在 $[0,1]$ 上取值.

当 $y\leqslant 0$ 时,
$$F_Y(y)=P(Y\leqslant y)=P(\sin X\leqslant y)=0;$$

当 $0<y<1$ 时,
$$\begin{aligned}F_Y(y)&=P(Y\leqslant y)=P(\sin X\leqslant y)\\&=P((0<X<\arcsin y)\cup(\pi-\arcsin y<X<\pi))\\&=P(0<X<\arcsin y)+P(\pi-\arcsin y<X<\pi);\\&=\int_0^{\arcsin y}f_X(x)\mathrm{d}x+\int_{\pi-\arcsin y}^{\pi}f_X(x)\mathrm{d}x;\end{aligned}$$

当 $y\geqslant 1$ 时,
$$F_Y(y)=P(Y\leqslant y)=P(\sin X\leqslant y)=1.$$

所以,$Y=\sin X$ 的概率密度为

$$f_Y(y)=F'_Y(y)=\begin{cases}\dfrac{2}{\pi\sqrt{1-y^2}}, & 0<y<1,\\ 0, & \text{其他}.\end{cases}$$

□

例 2.4.3 设 $X\sim N(0,1)$,求 $Y=X^2$ 的概率密度.

解 先求随机变量 $Y=X^2$ 的分布函数 $F_Y(y)$.

当 $y\leqslant 0$ 时,
$$F_Y(y)=P(Y\leqslant y)=P(X^2\leqslant y)=0;$$

当 $y>0$ 时,
$$\begin{aligned}F_Y(y)&=P(Y\leqslant y)=P(X^2\leqslant y)\\&=P(-\sqrt{y}\leqslant X\leqslant\sqrt{y})\\&=\int_{-\sqrt{y}}^{\sqrt{y}}f_X(x)\mathrm{d}x,\end{aligned}$$

即
$$F_Y(y) = \begin{cases} 0, & y \leqslant 0, \\ \int_{-\sqrt{y}}^{\sqrt{y}} f_X(x) \mathrm{d}x, & y > 0. \end{cases}$$

再对 $F_Y(y)$ 关于 y 求导,并注意到 $f_X(x) = \frac{1}{\sqrt{2\pi}} e^{-\frac{x^2}{2}}$, $-\infty < x < +\infty$, 得随机变量 $Y = X^2$ 的概率密度

$$f_Y(y) = F'(y) = \begin{cases} 0, & y \leqslant 0, \\ \frac{1}{2\sqrt{y}}[f_X(\sqrt{y}) + f_X(-\sqrt{y})], & y > 0 \end{cases}$$

$$= \begin{cases} 0, & y \leqslant 0, \\ \frac{1}{\sqrt{2\pi y}} e^{-\frac{y}{2}}, & y > 0. \end{cases} \qquad \square$$

二、公式法

定理 2.4.1 设随机变量 X 的概率密度 $f_X(x)$, 又设函数 $y = g(x)$ 处处可导且 $g'(x) > 0$ 或 $(g'(x) < 0)$, 则 $Y = g(X)$ 也是一个连续型随机变量, 其概率密度为

$$f_Y(y) = \begin{cases} f_X[g^{-1}(y)] \cdot |[g^{-1}(y)]'|, & \alpha < y < \beta, \\ 0, & \text{其他}, \end{cases} \quad (2.4.1)$$

其中 $\alpha = \min\{g(-\infty), g(+\infty)\}$, $\beta = \max\{g(-\infty), g(+\infty)\}$.

证明 只证 $g'(x) > 0$ 的情形, 此时 $g(x)$ 在 $(-\infty, \infty)$ 内严格单增, 且它的反函数 $g^{-1}(y)$ 存在, 并在 (α, β) 内严格单增、可导. 由于 $\alpha < Y = g(X) < \beta$, 故当 $y \leqslant \alpha$ 时, $F_Y(y) = P(Y \leqslant y) = 0$; 当 $y \geqslant \beta$ 时, $F_Y(y) = P(Y \leqslant y) = 1$; 当 $\alpha < y < \beta$ 时,

$$\begin{aligned} F_Y(y) &= P(Y \leqslant y) \\ &= P(g(X) \leqslant y) \\ &= P(X \leqslant g^{-1}(y)) \\ &= \int_{-\infty}^{g^{-1}(y)} f_X(x) \mathrm{d}x. \end{aligned}$$

于是得 Y 的概率密度为

$$f_Y(y) = \begin{cases} f_X[g^{-1}(y)] \cdot [g^{-1}(y)]', & \alpha < y < \beta, \\ 0, & \text{其他}. \end{cases}$$

对于 $g'(x) < 0$ 的情形, 同理可证

$$f_Y(y) = \begin{cases} f_X[g^{-1}(y)] \cdot [-g^{-1}(y)]', & \alpha < y < \beta, \\ 0, & \text{其他}. \end{cases}$$

合并上述两种情形, 则得 (2.26) 式.

若 $g(x)$ 在有限区 $[a,b]$ 外为 0, 且在 $[a,b]$ 上 $g'(x) > 0$ (或 $g'(x) < 0$), 则只需改变公式 (2.4.1) 中的 $\alpha = \min\{g(a), g(b)\}$. $\qquad \square$

例 2.4.4 设随机变量 $X \sim N(N, \sigma^2)$, 证明: X 的线性函数 $Y = aX + b$ 也服从正态分布.

证明 X 的概率密度为

$$f_X(x) = \frac{1}{\sqrt{2\pi}\sigma} e^{-\frac{(x-\mu)^2}{2\sigma^2}}, \quad -\infty < x < +\infty.$$

显然函数 $y=g(x)=ax+b$ 在 $(-\infty,+\infty)$ 内处处可导，且 $g'(x)=a$（恒大于零或恒小于零），其反函数为

$$g^{-1}(y)=\frac{y-b}{a}, \quad [g^{-1}(y)]'=\frac{1}{a}.$$

取 $\alpha=\min\{g(-\infty),g(+\infty)\}=-\infty, \beta=\max\{g(-\infty),g(+\infty)\}$，由公式(2.4.1)得 $Y=aX+b$ 的概率密度为

$$f_Y(y)=\frac{1}{|a|}f_x\left(\frac{y-b}{a}\right)=\frac{1}{|a|}\frac{1}{\sqrt{2\pi}\sigma}e^{-\frac{[y-(a\mu+b)]^2}{2(a\sigma)^2}}, \quad -\infty<y<+\infty,$$

从而 $Y=aX+b\sim N(a\mu+b,(a\sigma)^2)$. 特别地，取 $a=\frac{1}{\sigma}, b=-\frac{\mu}{\sigma}$，得

$$Y=\frac{X-\mu}{\sigma}\sim N(0,1).$$

习 题 2.4

1. 设随机变量 X 的概率分布列为

X	-1	0	1
P	0.3	0.5	0.2

试求 $Y=3X+2$ 及 $Z=X^2$ 的概率分布列.

2. 若随机变量 X 的分布函数 $F(x)$，试求 X^3 的分布函数.

3. 设 X 的概率密度为

$$f(x)=\begin{cases}2x, & 0<x<1,\\ 0, & \text{其他}.\end{cases}$$

求：(1) $Y=3X+1$ 的概率密度；

(2) $Y=e^{-X}$ 的概率密度.

4. 设随机变量 X 服从区间 $(0,1)$ 上的均匀分布，求：

(1) $Y=e^X$ 的概率密度；

(2) $Z=|\ln X|$ 的概率密度.

5. 设 X 的概率密度为

$$f(x)=\begin{cases}e^{-x}, & x>0,\\ 0, & \text{其他}.\end{cases}$$

求 $Y=X^2$ 的概率密度.

6. 设随机变量 X 服从区间 $(0,\pi)$ 上的均匀分布，求 $Y=2\sin X$ 的概率密度.

习题 2.4

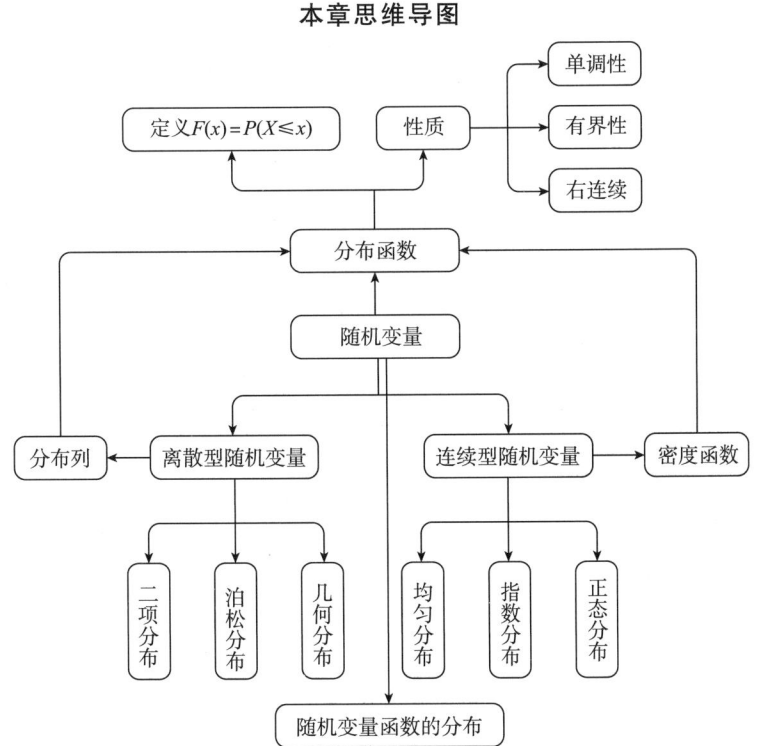

第三章 多维随机变量及其分布

> 第二章讨论了一维随机变量的分布.但是在很多情景下,只用一个随机变量来描述随机现象是不够的,需要同时考虑多个随机变量.例如研究导弹命中的位置,记录的弹着点就涉及两个坐标(即两个随机变量);要追踪火箭在空中的位置,需要三个坐标(即三个随机变量)来确定;甚至有些时候要涉及更高维数的随机变量.由于大多数情况下二维随机变量的研究方法在更高维数下同样适用,并没有本质不同,因此为了表述简便我们将主要对二维随机变量进行讨论.本章主要内容有二维随机变量及其联合分布函数、边缘分布、条件分布、随机变量的独立性、几个常见的二维分布以及二维随机变量函数的分布等.

3.1 二维随机变量

3.1.1 二维随机变量及其分布

在许多实际问题的研究中,往往要同时涉及两个或两个以上的随机变量,如研究某地区学龄前儿童的发育状况时,对于每个儿童都至少要观测身高和体重等指标,即至少需要两个随机变量来描述;在经济学研究中探讨家庭支出时,就要考虑家庭的衣、食、住、行的支出,需要四个随机变量来刻画,等等.由于多个随机变量的性质不仅与每个分量有关,而且还依赖于变量之间的相互关系,因此仅仅研究每个分量是不够的,必须把它们作为一个整体来研究.下面,我们先来介绍二维随机变量.

定义 3.1.1 设 E 为随机试验,$\Omega = \{\omega\}$ 为其样本空间,$X = X(\omega)$,$Y = Y(\omega)$ 是定义在同一个样本空间 Ω 上的随机变量,由它们构成的向量 (X, Y) 称为**二维随机变量**(或**二维随机向量**).

与一维情形类似,二维随机变量的取值分布情况也可以用如下二维的分布函数来描述.

定义 3.1.2 设 (X, Y) 为二维随机变量,对于任意的实数 x, y,两个事件 $\{X \leqslant x\}$,$\{Y \leqslant y\}$ 同时发生的概率

$$F(x, y) = P(X \leqslant x, Y \leqslant y) \tag{3.1.1}$$

称为二维随机变量 (X, Y) 的**分布函数**,或称为 X 与 Y 的**联合分布函数**.

如果二维随机变量(X,Y)看作平面上随机点的坐标,则分布函数$F(x,y)$在点(x,y)的函数值就是随机点(X,Y)落入以(x,y)为顶点的左下方无限矩形域内的概率,如图 3.1.1 所示.

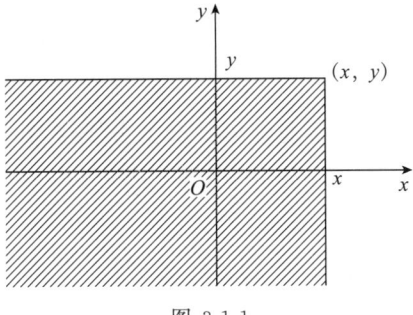

图 3.1.1

定理 3.1.1 任何二维随机变量(X,Y)的分布函数$F(x,y)$,具有如下性质:
(1) 单调性:$F(x,y)$关于x或y单调不减;
(2) 有界性:对任意x及y有$0 \leqslant F(x,y) \leqslant 1$,且
$$F(-\infty,y) = \lim_{x \to -\infty} F(x,y) = 0,$$
$$F(x,-\infty) = \lim_{y \to -\infty} F(x,y) = 0,$$
$$F(-\infty,-\infty) = \lim_{\substack{x \to -\infty \\ y \to -\infty}} F(x,y) = 0,$$
$$F(+\infty,+\infty) = \lim_{\substack{x \to +\infty \\ y \to +\infty}} F(x,y) = 1;$$
(3) 右连续性:$F(x,y)$关于x或y都是右连续的,即
$$F(x+0,y) = F(x,y), \quad F(x,y+0) = F(x,y);$$
(4) 非负性:对任意的$x_1 \leqslant x_2, y_1 \leqslant y_2$,有
$$F(x_2,y_2) - F(x_1,y_2) - F(x_2,y_1) + F(x_1,y_1) \geqslant 0.$$

证明 性质(1)~(3)与一维情形并没有本质的不同,这里仅给出(4)的证明. 由概率的非负性并借助于图 3.1.2,容易看出随机点(X,Y)落在矩形域$x_1 < X \leqslant x_2, y_1 < Y \leqslant y_2$的概率为

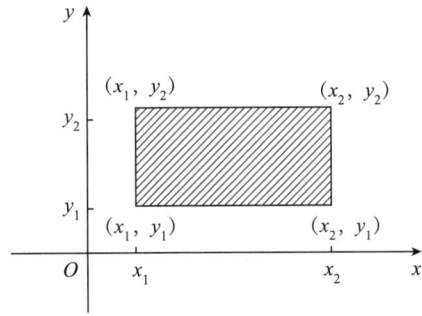

图 3.1.2

$$0 \leqslant P(x_1 < X \leqslant x_2, y_1 < Y \leqslant y_2)$$
$$= P(X \leqslant x_2, Y \leqslant y_2) - P(X \leqslant x_1, Y \leqslant y_2) - P(X \leqslant x_2, Y \leqslant y_1) + P(X \leqslant x_1, Y \leqslant y_1)$$
$$= F(x_2, y_2) - F(x_1, y_2) - F(x_2, y_1) + F(x_1, y_1),$$

故性质(4)得证. □

实际上,上述性质刻画了二维随机变量分布函数的本质特征.对于已知二元函数 $F(x,y)$,要判断它是否为某二维随机变量 (X,Y) 的分布函数,只需验证它是否满足上述四条性质.

例 3.1.1 判别函数

$$F(x,y) = \begin{cases} 1, & x+y > 0, \\ 0, & x+y \leqslant 0 \end{cases}$$

是否为某二维随机变量 (X,Y) 的分布函数.

解 易证 $F(x,y)$ 满足分布函数的性质(1)~(3)但不满足性质(4).当取 $x_1=0, x_2=1, y_1=0, y_2=1$ 时,有 $F(1,1) - F(1,0) - F(0,1) + F(0,0) = -1 < 0$.故 $F(x,y)$ 不是某二维随机变量 (X,Y) 的分布函数. □

例 3.1.2 设二维随机变量 (X,Y) 的分布函数为

$$F(x,y) = A\left(B + \arctan \frac{x}{2}\right)\left(C + \arctan \frac{y}{3}\right), \quad -\infty < x < +\infty, -\infty < y < +\infty.$$

(1) 确定常数 A, B, C;

(2) 求概率 $P(2 < X < +\infty, 0 < Y \leqslant 3)$.

解 (1) 由二维随机变量分布函数的性质(2),得

$$F(+\infty, +\infty) = A\left(B + \frac{\pi}{2}\right)\left(C + \frac{\pi}{2}\right) = 1,$$

$$F(-\infty, +\infty) = A\left(B - \frac{\pi}{2}\right)\left(C + \frac{\pi}{2}\right) = 0,$$

$$F(+\infty, -\infty) = A\left(B + \frac{\pi}{2}\right)\left(C - \frac{\pi}{2}\right) = 0.$$

由第一个等式知

$$A \neq 0, \quad B + \frac{\pi}{2} \neq 0, \quad C + \frac{\pi}{2} \neq 0.$$

从而由第二、第三个等式知

$$B - \frac{\pi}{2} = 0, \quad C - \frac{\pi}{2} = 0,$$

于是得

$$B = C = \frac{\pi}{2}, A = \frac{1}{\pi^2},$$

$$F(x,y) = \frac{1}{\pi^2}\left(\frac{\pi}{2} + \arctan \frac{x}{2}\right)\left(\frac{\pi}{2} + \arctan \frac{y}{3}\right), \quad -\infty < x < +\infty, -\infty < y < +\infty.$$

(2) 由分布函数性质(4)的证明过程知

$$P(2<X<+\infty, 0<Y\leqslant 3) = F(+\infty,3) - F(+\infty,0) - F(2,3) + F(2,0)$$
$$= \frac{1}{\pi^2}\left(\frac{\pi}{2}+\frac{\pi}{2}\right)\left(\frac{\pi}{2}+\frac{\pi}{4}\right) - \frac{1}{\pi^2}\left(\frac{\pi}{2}+\frac{\pi}{2}\right)\left(\frac{\pi}{2}+0\right)$$
$$-\frac{1}{\pi^2}\left(\frac{\pi}{2}+\frac{\pi}{4}\right)\left(\frac{\pi}{2}+\frac{\pi}{4}\right) + \frac{1}{\pi^2}\left(\frac{\pi}{2}+\frac{\pi}{4}\right)\left(\frac{\pi}{2}+0\right)$$
$$= \frac{1}{16}.$$

类似对一维随机变量的讨论,这里我们也主要讨论离散和连续两种二维随机变量.

3.1.2 二维离散型随机变量

定义 3.1.3 如果二维随机变量(X,Y)的所有可能取值是有限对或可列对时,则称(X,Y)为**二维离散型随机变量**.

设(X,Y)的所有可能取值为(x_i,y_j), $i,j=1,2,\cdots$,则(X,Y)取各对可能值的概率
$$P(X=x_i, Y=y_j) = p_{ij}, \quad i,j=1,2,\cdots \tag{3.1.2}$$
称为(X,Y)的**概率分布**或者**分布列**,也称为 X 与 Y 的**联合分布列**.

二维离散型随机变量(X,Y)的分布列也可用表格表示为

X	Y				
	y_1	y_2	$\cdots$	y_j	$\cdots$
x_1	p_{11}	p_{12}	$\cdots$	p_{1j}	$\cdots$
x_2	p_{21}	p_{22}	$\cdots$	p_{2j}	$\cdots$
$\vdots$	$\vdots$	$\vdots$		$\vdots$	
x_i	p_{i1}	p_{i2}	$\cdots$	p_{ij}	$\cdots$
$\vdots$	$\vdots$	$\vdots$		$\vdots$	

二维离散型随机变量(X,Y)的分布列满足如下性质:

(1) $p_{ij} \geqslant 0, i,j=1,2,\cdots$;

(2) $\sum_{i=1}^{\infty}\sum_{j=1}^{\infty} p_{ij} = 1$.

如果二维离散型随机变量(X,Y)的分布列如(3.1.2)式,则其分布函数为
$$F(x,y) = \sum_{x_i\leqslant x}\sum_{y_j\leqslant y} p_{ij}, \tag{3.1.3}$$
其中求和符号$\sum_{x_i\leqslant x}\sum_{y_j\leqslant y}$是对一切满足$x_i\leqslant x, y_j\leqslant y$的$i,j$求和.

例 3.1.3 箱中装有 6 个球,其中红、白、黑球的个数分别为 1,2,3 个,现从箱中随机地取出 2 个球,记 X 为取出的红球个数,Y 为取出的白球个数.

(1) 求随机变量(X,Y)的分布列;

(2) 求 $F(1,1)$ 的值.

解 (1) X 的所有可能取值为 0,1,Y 的所有可能取值为 0,1,2. $X=0, Y=0$ 表示取到的两个球都是黑球,由古典概型,易知

$$P(X=0,Y=0)=\frac{C_3^2}{C_6^2}=\frac{3}{15}=\frac{1}{5};$$

同理,

$$P(X=0,Y=1)=\frac{C_2^1 C_3^1}{C_6^2}=\frac{6}{15}=\frac{2}{5},\quad P(X=0,Y=2)=\frac{C_2^2}{C_6^2}=\frac{1}{15},$$

$$P(X=1,Y=0)=\frac{C_1^1 C_3^1}{C_6^2}=\frac{3}{15}=\frac{1}{5},\quad P(X=1,Y=1)=\frac{C_1^1 C_2^1}{C_6^2}=\frac{2}{15},$$

$$P(X=1,Y=2)=\frac{0}{C_6^2}=0.$$

因此二维离散型随机变量 (X,Y) 的分布列为

X	Y		
	0	1	2
0	$\frac{1}{5}$	$\frac{2}{5}$	$\frac{1}{15}$
1	$\frac{1}{5}$	$\frac{2}{15}$	0

（2）

$$\begin{aligned}F(1,1)&=P(X\leqslant 1,Y\leqslant 1)\\ &=P(X=0,Y=0)+P(X=0,Y=1)+P(X=1,Y=0)+P(X=1,Y=1)\\ &=\frac{1}{5}+\frac{2}{5}+\frac{1}{5}+\frac{2}{15}\\ &=\frac{14}{15},\end{aligned}$$

或

$$\begin{aligned}F(1,1)&=P(X\leqslant 1,Y\leqslant 1)\\ &=1-P(X=0,Y=2)-P(X=1,Y=2)\\ &=1-\frac{1}{15}-0\\ &=\frac{14}{15}.\end{aligned}$$

3.1.3 二维连续型随机变量

定义 3.1.4 对于二维随机变量 (X,Y) 的分布函数 $F(x,y)$,若存在非负函数 $f(x,y)$,对于任意实数 x,y,有

$$F(x,y)=\int_{-\infty}^{x}\int_{-\infty}^{y}f(u,v)\mathrm{d}u\mathrm{d}v, \tag{3.1.4}$$

则称 (X,Y) 是**二维连续型随机变量**,$f(x,y)$ 称为 (X,Y) 的**概率密度函数**（简称为**概率密度**）,或称为 X 与 Y 的**联合密度函数**.

二维随机变量 (X,Y) 的概率密度具有如下性质:

(1) $f(x,y) \geqslant 0$；

(2) $\int_{-\infty}^{+\infty} \int_{-\infty}^{+\infty} f(x,y) \mathrm{d}x \mathrm{d}y = 1$；

(3) 若 $f(x,y)$ 在点 (x,y) 处连续，则有
$$\frac{\partial^2 F(x,y)}{\partial x \partial y} = f(x,y);$$

(4) 设 G 为 xOy 平面上任一区域，则有
$$P((X,Y) \in G) = \iint_G f(x,y) \mathrm{d}x \mathrm{d}y.$$

以上性质中，(1)和(2)由定义 3.1.4 易得.(3),(4)由高等数学的知识即得到.利用性质(4)可以计算随机点(X,Y)落入平面区域 G 上的概率.类似于一维随机变量的结论,对于一个二元函数 $f(x,y)$,要知道它是否为某二维连续型随机变量(X,Y)的概率密度,只需验证它是否满足上述性质(1),(2)就可以了.

例 3.1.4 设二维随机变量(X,Y)的概率密度为
$$f(x,y) = A \mathrm{e}^{-2x^2 + 2xy - y^2}, \quad -\infty < x < +\infty, -\infty < y < +\infty.$$

(1) 求常数 A；

(2) 求概率 $P(Y \leqslant X)$.

解 (1) 因为
$$f(x,y) = A \mathrm{e}^{-2x^2+2xy-y^2} = A\mathrm{e}^{-(x-y)^2} \cdot \mathrm{e}^{-x^2} = A\pi \left[\frac{1}{\sqrt{2\pi} \cdot \frac{1}{\sqrt{2}}} \mathrm{e}^{-\frac{(x-y)^2}{2 \cdot \left(\frac{1}{\sqrt{2}}\right)^2}} \right] \left[\frac{1}{\sqrt{2\pi} \cdot \frac{1}{\sqrt{2}}} \mathrm{e}^{-\frac{x^2}{2 \cdot \left(\frac{1}{\sqrt{2}}\right)^2}} \right],$$

由概率密度的性质得到
$$1 = \int_{-\infty}^{+\infty} \int_{-\infty}^{+\infty} f(x,y) \mathrm{d}x \mathrm{d}y = A\pi \int_{-\infty}^{+\infty} \frac{1}{\sqrt{2\pi} \left(\frac{1}{\sqrt{2}}\right)} \mathrm{e}^{-\frac{x^2}{2 \cdot \left(\frac{1}{\sqrt{2}}\right)^2}} \mathrm{d}x \int_{-\infty}^{+\infty} \frac{1}{\sqrt{2\pi}\left(\frac{1}{\sqrt{2}}\right)} \mathrm{e}^{-\frac{(x-y)^2}{2 \cdot \left(\frac{1}{\sqrt{2}}\right)^2}} \mathrm{d}y = A\pi,$$

故 $A = \frac{1}{\pi}$.

(2)
$$P(Y \leqslant X) = \int_{-\infty}^{+\infty} \int_{-\infty}^{x} \frac{1}{\pi} \mathrm{e}^{-2x^2+2xy-y^2} \mathrm{d}y \mathrm{d}x = \frac{1}{\pi} \int_{-\infty}^{+\infty} \mathrm{e}^{-x^2} \left[\int_{-\infty}^{x} \mathrm{e}^{-(x-y)^2} \mathrm{d}y \right] \mathrm{d}x$$
$$\xrightarrow{\diamondsuit t = x-y} \frac{1}{\pi} \int_{-\infty}^{+\infty} \mathrm{e}^{-x^2} \left[\int_{0}^{+\infty} \mathrm{e}^{-t^2} \mathrm{d}t \right] \mathrm{d}x$$
$$= \frac{1}{2\sqrt{\pi}} \int_{-\infty}^{+\infty} \mathrm{e}^{-x^2} \mathrm{d}x = \frac{1}{2}. \qquad \square$$

同一维连续型随机变量一样,常见的二维连续型随机变量有以下几种.

一、二维均匀分布

定义 3.1.5 设 G 是 xOy 平面上的有界区域,其面积为 S,若二维随机变量(X,Y)的概率密度为

$$f(x,y) = \begin{cases} \dfrac{1}{S}, & (x,y) \in G, \\ 0, & \text{其他}, \end{cases} \qquad (3.1.5)$$

则称 (X,Y) 在 G 上服从**均匀分布**.

显然 $f(x,y) \geqslant 0$, $\int_{-\infty}^{+\infty}\int_{-\infty}^{+\infty} f(x,y)\mathrm{d}x\mathrm{d}y = \iint_G \dfrac{1}{S}\mathrm{d}x\mathrm{d}y = 1$. 即 $f(x,y)$ 满足概率密度的基本性质(1)(2).

二、二维正态分布

定义 3.1.6 设二维随机变量 (X,Y) 的概率密度为

$$f(x,y) = \dfrac{1}{2\pi\sigma_1\sigma_2\sqrt{1-\rho^2}}\mathrm{e}^{-\frac{1}{2(1-\rho^2)}\left[\frac{(x-\mu_1)^2}{\sigma_1^2} - 2\rho\frac{(x-\mu_1)(y-\mu_2)}{\sigma_1\sigma_2} + \frac{(y-\mu_2)^2}{\sigma_2^2}\right]}, \quad -\infty < x, y < +\infty, \quad (3.1.6)$$

其中 $\mu_1, \mu_2, \sigma_1, \sigma_2, \rho$ 都是常数,且 $\sigma_1 > 0, \sigma_2 > 0, -1 < \rho < 1$,则称 (X,Y) 服从参数为 $\mu_1, \mu_2, \sigma_1, \sigma_2, \rho$ 的**二维正态分布**,记为 $(X,Y) \sim N(\mu_1, \mu_2, \sigma_1^2, \sigma_2^2, \rho)$.

可以证明,$f(x,y)$ 满足概率密度的基本性质(1)(2).

以上关于二维随机变量的讨论,可以平行地推广到 $n(n \geqslant 2)$ 维随机变量的情形,具体形式,读者可仿照二维情形的有关结论自行列出.

习 题 3.1

1. 下列二元函数中,不能作为二维随机变量 (X,Y) 的分布函数的是( ).

(A) $F(x,y) = \begin{cases} (1-\mathrm{e}^{-x})(1-\mathrm{e}^{-y}), & 0 < x < +\infty, 0 < y < +\infty, \\ 0, & \text{其他} \end{cases}$

(B) $F(x,y) = \dfrac{1}{\pi^2}\left(\dfrac{\pi}{2} + \arctan\dfrac{x}{2}\right)\left(\dfrac{\pi}{2} + \arctan\dfrac{y}{3}\right)$

(C) $F(x,y) = \begin{cases} 1, & x + 2y \geqslant 1, \\ 0, & x + 2y < 1 \end{cases}$

(D) $F(x,y) = \begin{cases} 1 - 2^{-x} - 2^{-y} + 2^{-x-y}, & x > 0, y > 0, \\ 0, & \text{其他} \end{cases}$

2. 请将下述概率用二维随机变量 (X,Y) 的分布函数 $F(x,y)$ 表示:

(1) $P(a < X \leqslant b, Y \leqslant b)$;

(2) $P(X > a, Y > b)$.

3. 已知 (X,Y) 的概率密度为

$$f(x,y) = \begin{cases} \mathrm{e}^{-y}, & 0 < x < y, \\ 0, & \text{其他}. \end{cases}$$

求 $P(X+Y \leqslant 1)$ 和 $P\left(\dfrac{X}{Y} \leqslant \dfrac{1}{2}\right)$.

4. 设 (X,Y) 的概率密度为

$$f(x,y) = \begin{cases} A(R^2 - \sqrt{x^2+y^2}), & x^2 + y^2 \leqslant R^2, \\ 0, & \text{其他}. \end{cases}$$

(1) 确定系数 A；

(2) 求 (X,Y) 落在圆 $x^2+y^2<r^2(r<R)$ 内的概率.

5. 设随机变量 X 的概率密度为 $f(x)=\begin{cases}\dfrac{1}{9}x^2, & 0<x<3,\\ 0, & \text{其他},\end{cases}$ 令随机变量

$$Y=\begin{cases}2, & x\leq 1,\\ X, & 1<x<2,\\ 1, & x\geq 2.\end{cases}$$

(1) 求 Y 的分布函数；

(2) 求概率 $P(X\leq Y)$.

6. 设二维随机变量 (X,Y) 的概率密度为

$$f(x,y)=\begin{cases}\dfrac{3}{\pi}(1-\sqrt{x^2+y^2}), & x^2+y^2\leq 1,\\ 0, & x^2+y^2>1.\end{cases}$$

求 $P\left(X^2+Y^2\leq\dfrac{1}{4}\right)$.

7. 已知 (X,Y) 的概率密度为

$$f(x,y)=\begin{cases}A\mathrm{e}^{-(x+y)}, & 0<x<y,\\ 0, & \text{其他}.\end{cases}$$

(1) 求常数 A；

(2) 求 (X,Y) 的分布函数 $F(x,y)$.

3.2 边缘分布

对于某个随机现象，我们可以从全局来研究，用二维随机变量 (X,Y) 来描述，它的联合分布函数既包含了每个分量的概率分布信息，还含有两个分量之间的相互关系信息. 但是很多时候，对整体情况的研究过于复杂并且我们关心的只是某个局部问题，此时就需要用分量 X 或 Y 来描述. 它们都是一维随机变量，也有相应的分布函数，分别记为 $F_X(x),F_Y(y)$，依次称为二维随机变量 (X,Y) 关于 X,Y 的**边缘分布函数**. 它们完全可以由二维随机变量 (X,Y) 的分布函数来确定. 事实上，

$$F_X(x)=P(X\leq x)=P(X\leq x,Y<+\infty)=F(x,+\infty),$$

即

$$F_X(x)=F(x,+\infty). \tag{3.2.1}$$

这说明，当 (X,Y) 的分布函数 $F(x,y)$ 已知时，只要令 $y\to\infty$，就可得到关于 X 的边缘分布函数 $F_X(x)$.

同理有

$$F_Y(y)=F(+\infty,y). \tag{3.2.2}$$

二维随机变量 (X,Y) 关于 X 的边缘分布函数 $F_X(x)$ 在 x 处的函数值就是随机点 (X,Y) 落在过 $(x,0)$ 点且平行于 y 轴的直线左方的无限区域（见图 3.2.1）内的概率. 对于 $F_Y(y)$

也可做类似的解释.

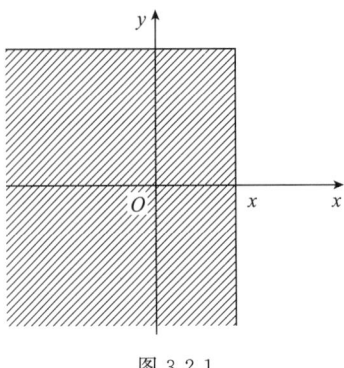

图 3.2.1

下面分别讨论离散型与连续型随机变量的边缘分布.

3.2.1 离散型随机变量的边缘分布

设二维离散型随机变量(X,Y)的分布列为
$$P(X=x_i,Y=y_j)=p_{ij},\quad i,j=1,2,\cdots.$$
由(3.1.3)式,可知
$$F_X(x)=F(x,+\infty)=\sum_{x_i\leqslant x}\sum_{j=1}^{\infty}p_{ij},$$
与第二章(2.2.3)式比较,可以知道 X 的分布列为
$$P(X=x_i)=\sum_{j=1}^{\infty}p_{ij},\quad i=1,2,\cdots. \tag{3.2.3}$$
记
$$p_{i\cdot}=\sum_{j=1}^{\infty}p_{ij},\quad i=1,2,\cdots,$$
并称 $p_{i\cdot}(i=1,2,\cdots)$为(X,Y)关于 X **的边缘分布列**.(3.2.3)式表明:边缘分布列 $p_{i\cdot}=P(X=x_i)$可由二维随机变量(X,Y)的分布列 $p_{ij}(i,j=1,2,\cdots)$对固定的 i 关于 j 求和得到.

同理,将(X,Y)的分布列 $p_{ij}(i,j=1,2,\cdots)$对固定的 j 关于 i 求和就得到关于 Y 的边缘分布列,
$$P(Y=y_j)=\sum_{i=1}^{\infty}p_{ij}=p_{\cdot j},\quad j=1,2,\cdots. \tag{3.2.4}$$

例 3.2.1 在例 3.1.3 中分别求二维随机变量(X,Y)关于 X,Y 的边缘分布列.

解 由例 3.1.3 得二维随机变量(X,Y)的分布列为

X	Y		
	0	1	2
0	$\frac{1}{5}$	$\frac{2}{5}$	$\frac{1}{15}$
1	$\frac{1}{5}$	$\frac{2}{15}$	0

将表格中的概率按同行、同列分别相加,得到

X	Y			$p_i.$
	0	1	2	
0	$\frac{1}{5}$	$\frac{2}{5}$	$\frac{1}{15}$	$\frac{2}{3}$
1	$\frac{1}{5}$	$\frac{2}{15}$	0	$\frac{1}{3}$
$p \cdot j$	$\frac{2}{5}$	$\frac{8}{15}$	$\frac{1}{15}$	

因此,关于 X 与 Y 的边缘分布列分别是

X	0	1
$P(X=x_i)$	$\frac{2}{3}$	$\frac{1}{3}$

Y	0	1	2
$P(Y=y_j)$	$\frac{2}{5}$	$\frac{8}{15}$	$\frac{1}{15}$

顺便指出,我们通常把边缘分布列写在联合分布列的边缘上,如表所示,这就是"边缘分布列"这个词的来源. □

3.2.2 连续型随机变量的边缘分布

设二维连续型随机变量 (X,Y) 的概率密度为 $f(x,y)$,由 (3.2.1) 式及二维连续型随机变量的定义,有

$$F_X(x) = F(x,+\infty) = \int_{-\infty}^{x}\int_{-\infty}^{+\infty} f(u,y)\mathrm{d}u\mathrm{d}y = \int_{-\infty}^{x}\left[\int_{-\infty}^{+\infty} f(u,y)\mathrm{d}y\right]\mathrm{d}u. \quad (3.2.5)$$

同理,有

$$F_Y(y) = F(+\infty,y) = \int_{-\infty}^{+\infty}\int_{-\infty}^{y} f(x,v)\mathrm{d}x\mathrm{d}v = \int_{-\infty}^{y}\left[\int_{-\infty}^{+\infty} f(x,v)\mathrm{d}x\right]\mathrm{d}v. \quad (3.2.6)$$

从而

$$f_X(x) = F'_X(x) = \int_{-\infty}^{+\infty} f(x,y)\mathrm{d}y, \quad (3.2.7)$$

$$f_Y(y) = F'_Y(y) = \int_{-\infty}^{+\infty} f(x,y)\mathrm{d}x, \quad (3.2.8)$$

分别称 $f_X(x), f_Y(y)$ 为 (X,Y) 关于 X,Y 的**边缘概率密度函数**,简称**边缘概率密度**.

例 3.2.2 设 (X,Y) 在区域 G 上服从均匀分布,其中 $G = \left\{(x,y) \mid \frac{x^2}{a^2} + \frac{y^2}{b^2} \leqslant 1\right\}$,求 (X,Y) 关于 X,Y 的边缘概率密度 $f_X(x), f_Y(y)$.

解 如图 3.2.2 所示,G 为平面上的椭圆域,其面积为 πab,由二维均匀分布定义得 (X,Y) 的概率密度为

$$f(x,y) = \begin{cases} \dfrac{1}{\pi ab}, & \dfrac{x^2}{a^2} + \dfrac{y^2}{b^2} \leqslant 1, \\ 0, & \text{其他}. \end{cases}$$

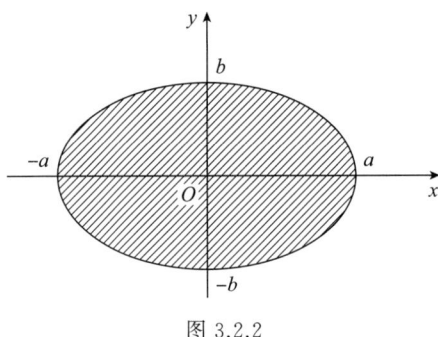

图 3.2.2

由(3.2.7)式,

$$f_X(x) = \int_{-\infty}^{+\infty} f(x,y)\mathrm{d}y = \begin{cases} \int_{-b\sqrt{1-\frac{x^2}{a^2}}}^{b\sqrt{1-\frac{x^2}{a^2}}} \dfrac{1}{\pi ab}\mathrm{d}y, & |x| \leqslant a, \\ \int_{-\infty}^{+\infty} 0\mathrm{d}y, & |x| > a, \end{cases}$$

即

$$f_X(x) = \begin{cases} \dfrac{2}{\pi a}\sqrt{1-\dfrac{x^2}{a^2}}, & |x| \leqslant a, \\ 0, & |x| > a. \end{cases}$$

同理可得

$$f_Y(y) = \begin{cases} \dfrac{2}{\pi b}\sqrt{1-\dfrac{y^2}{b^2}}, & |y| \leqslant b, \\ 0, & |y| > b. \end{cases}$$

例 3.2.3 设 $(X,Y) \sim N(\mu_1,\mu_2,\sigma_1^2,\sigma_2^2,\rho)$,求关于 X,Y 的边缘概率密度 $f_X(x), f_Y(y)$.

解 $f_X(x) = \int_{-\infty}^{+\infty} f(x,y)\mathrm{d}y$

$$= \dfrac{1}{2\pi\sigma_1\sigma_2\sqrt{1-\rho^2}} \cdot \int_{-\infty}^{+\infty} \mathrm{e}^{-\frac{1}{2(1-\rho^2)}\left[\frac{(x-\mu_1)^2}{\sigma_1^2} - 2\rho\frac{(x-\mu_1)(y-\mu_2)}{\sigma_1\sigma_2} + \frac{(y-\mu_2)^2}{\sigma_2^2}\right]}\mathrm{d}y.$$

由于

$$\dfrac{(y-\mu_2)^2}{\sigma_2^2} - 2\rho\dfrac{(x-\mu_1)(y-\mu_2)}{\sigma_1\sigma_2} = \left[\dfrac{y-\mu_2}{\sigma_2} - \rho\dfrac{x-\mu_1}{\sigma_1}\right]^2 - \rho^2\dfrac{(x-\mu_1)^2}{\sigma_1^2},$$

所以

$$f_X(x) = \dfrac{1}{2\pi\sigma_1\sigma_2\sqrt{1-\rho^2}}\mathrm{e}^{-\frac{(x-\mu_1)^2}{2\sigma_1^2}}\int_{-\infty}^{+\infty}\mathrm{e}^{-\frac{1}{2(1-\rho^2)}\left[\frac{y-\mu_2}{\sigma_2} - \rho\frac{x-\mu_1}{\sigma_1}\right]^2}\mathrm{d}y.$$

令

$$t = \dfrac{1}{\sqrt{1-\rho^2}}\left[\dfrac{y-\mu_2}{\sigma_2} - \rho\dfrac{x-\mu_1}{\sigma_1}\right],$$

则有

$$f_X(x) = \frac{1}{2\pi\sigma_1} e^{-\frac{(x-\mu_1)^2}{2\sigma_1^2}} \int_{-\infty}^{+\infty} e^{-\frac{t^2}{2}} dt,$$

即

$$f_X(x) = \frac{1}{\sqrt{2\pi}\,\sigma_1} e^{-\frac{(x-\mu_1)^2}{2\sigma_1^2}}, \quad -\infty < x < +\infty.$$

同理可得

$$f_Y(y) = \frac{1}{\sqrt{2\pi}\,\sigma_2} e^{-\frac{(y-\mu_2)^2}{2\sigma_2^2}}, \quad -\infty < y < +\infty. \qquad \square$$

由此可知,二维正态分布的两个边缘分布都是一维正态分布,并且都不依赖于参数 ρ. 对给定的 $\mu_1, \mu_2, \sigma_1, \sigma_2$, 当 ρ 不同时, 对应的二维正态分布就会不同, 但它们的边缘分布却都是一样的. 这一事实说明, 在一般情况下, 仅由关于 X 和 Y 的边缘分布是不能确定二维随机变量 X 与 Y 的联合分布的. 还值得一提的是, 两个边缘分布都是正态分布的二维随机变量, 它们的联合分布不仅是不唯一确定的, 而且还可以不是一个二维正态分布. 例如, 二元函数

$$f(x,y) = \frac{1}{2\pi} e^{-\frac{x^2+y^2}{2}} (1 + \sin x \sin y), \quad -\infty < x < +\infty, -\infty < y < +\infty.$$

显然, $f(x,y) \geq 0$, 且有

$$\int_{-\infty}^{+\infty} \int_{-\infty}^{+\infty} f(x,y) dx dy = \frac{1}{2\pi} \int_{-\infty}^{+\infty} \int_{-\infty}^{+\infty} e^{-\frac{x^2+y^2}{2}} dx dy = 1.$$

这是因为 $\sin x\, e^{-\frac{x^2}{2}}$ 是奇函数, 所以

$$\int_{-\infty}^{+\infty} e^{-\frac{x^2}{2}} \sin x\, dx = \int_{-\infty}^{+\infty} e^{-\frac{y^2}{2}} \sin y\, dy = 0.$$

即 $f(x,y)$ 是某二维随机变量 (X,Y) 的概率密度. 而关于 X 的边缘概率密度为

$$f_X(x) = \int_{-\infty}^{+\infty} f(x,y) dy = \frac{1}{2\pi} \int_{-\infty}^{+\infty} e^{-\frac{x^2+y^2}{2}} (1 + \sin x \sin y) dy$$

$$= \frac{1}{\sqrt{2\pi}} e^{-\frac{x^2}{2}} \int_{-\infty}^{+\infty} \frac{1}{\sqrt{2\pi}} e^{-\frac{y^2}{2}} dy$$

$$= \frac{1}{\sqrt{2\pi}} e^{-\frac{x^2}{2}}, \quad -\infty < x < +\infty.$$

同理可得

$$f_Y(y) = \frac{1}{\sqrt{2\pi}} e^{-\frac{y^2}{2}}, \quad -\infty < y < +\infty.$$

所以 X 与 Y 都是 $N(0,1)$ 分布的随机变量, 但 (X,Y) 却不是二维正态变量.

习 题 3.2

1. 设事件 A, B 满足 $P(A) = \dfrac{1}{4}, P(B|A) = P(A|B) = \dfrac{1}{2}$, 令

$$X = \begin{cases} 1, & A \text{ 发生}, \\ 0, & A \text{ 不发生}, \end{cases} \qquad Y = \begin{cases} 1, & B \text{ 发生}, \\ 0, & B \text{ 不发生}. \end{cases}$$

试求 (X,Y) 的联合分布列和 X,Y 的边缘分布列.

2. 已知随机变量 X 与 Y 的分布列分别为

X	-1	0	1
$P(X=x_i)$	0.25	0.5	0.25

Y	0	1
$P(Y=y_j)$	0.5	0.5

而且 $P(XY=0)=1$，求 (1) (X,Y) 的分布列；(2) $P(X\geqslant 0, Y\leqslant 1)$.

3. 将一枚硬币抛掷 3 次，以 X 表示 3 次中正面出现的次数，以 Y 表示出现正面次数与反面次数之差的绝对值，试求 (X,Y) 的分布列及关于 X 和 Y 的边缘分布列.

4. 设二维随机变量 (X,Y) 的概率密度为
$$f(x,y)=\begin{cases} \dfrac{4}{7}(1+y+xy), & 0<x<1, 0<y<1, \\ 0, & \text{其他}. \end{cases}$$
求边缘概率密度 $f_X(x), f_Y(y)$.

5. 设二维随机变量 (X,Y) 的概率密度为
$$f(x,y)=\begin{cases} Axy^2, & 0\leqslant x\leqslant 2, 0\leqslant y\leqslant 1, \\ 0, & \text{其他}. \end{cases}$$
(1) 求常数 A；
(2) 求 (X,Y) 的分布函数；
(3) 求边缘概率密度 $f_X(x), f_Y(y)$；
(4) 求 $P(|x|\leqslant 1, |y|\leqslant 1)$.

6. 雷达的圆形屏幕半径为 r，假设目标出现点 (X,Y) 在屏幕上服从均匀分布，即 (X,Y) 的概率密度为
$$f(x,y)=\begin{cases} \dfrac{1}{\pi r^2}, & x^2+y^2\leqslant r^2, \\ 0, & \text{其他}. \end{cases}$$
求关于 X、Y 的边缘概率密度.

7. 设二维随机变量 (X,Y) 的概率密度为
$$f(x,y)=\begin{cases} 24y(1-x), & 0\leqslant x\leqslant 1, 0\leqslant y\leqslant x, \\ 0, & \text{其他}. \end{cases}$$
(1) 求 (X,Y) 的分布函数；
(2) 求关于 X、Y 的边缘概率密度.

8. 设 (X,Y) 的分布函数为
$$F(x,y)=\dfrac{1}{\pi^2}\left(\dfrac{\pi}{2}+\arctan\dfrac{x}{2}\right)\left(\dfrac{\pi}{2}+\arctan\dfrac{y}{3}\right), \quad x,y\in\mathbf{R}.$$
(1) 求 (X,Y) 的概率密度；
(2) 求关于 X、Y 的边缘分布函数和边缘概率密度.

3.3 二维随机变量的条件分布

在许多问题中，随机变量的取值往往是彼此有影响的，如何描述它们之间的相依关系是

一个值得研究的问题,条件分布就是研究随机变量间相依关系的有力工具.

3.3.1 离散型随机变量的条件分布

设二维离散型随机变量(X,Y)的分布列为
$$P(X=x_i, Y=y_i)=p_{ij}, \quad i,j=1,2,\cdots.$$
(X,Y)关于X,Y的边缘分布列分别为
$$P(X=x_i)=\sum_{j=1}^{\infty} p_{ij}=p_{i\cdot}, \quad i=1,2,\cdots;$$
$$P(Y=y_j)=\sum_{i=1}^{\infty} p_{ij}=p_{\cdot j}, \quad j=1,2,\cdots.$$
若对于固定的i,$p_{i\cdot}>0$,则由第一章 1.3 事件的条件概率计算公式(1.3.1)得
$$P(Y=y_j \mid X=x_i)=\frac{P(X=x_i, Y=y_j)}{P(X=x_i)}=\frac{p_{ij}}{p_{i\cdot}}, \quad j=1,2,\cdots. \tag{3.3.1}$$
称(3.3.1)式为$X=x_i$条件下**随机变量Y的条件分布列**.

同样,对于固定的j,若$P(Y=y_j)=\sum_{i=1}^{\infty} p_{ij}=p_{\cdot j}>0$,则称
$$P(X=x_i \mid Y=y_j)=\frac{P(X=x_i, Y=y_j)}{P(Y=y_j)}=\frac{p_{ij}}{p_{\cdot j}}, \quad i=1,2,\cdots \tag{3.3.2}$$
为在$Y=y_j$条件下**随机变量X的条件分布列**.

显然,对任意的j,
$$P(Y=y_j \mid X=x_i)=\frac{p_{ij}}{p_{i\cdot}} \geqslant 0,$$
$$\sum_{j=1}^{\infty} \frac{p_{ij}}{p_{i\cdot}} = \frac{1}{p_{i\cdot}} \sum_{j=1}^{\infty} p_{ij} = \frac{1}{p_{i\cdot}} p_{i\cdot} = 1,$$
即(3.3.1)式确实为分布列.同样可验证(3.3.2)式为分布列.

例 3.3.1 在例 3.2.1 中求在$X=1$条件下Y的条件分布列.

解 由例 3.2.1 结果知
$$P(X=1)=\frac{1}{3}.$$
由(3.3.1)式可得在$X=1$条件下Y的条件分布列为
$$P(Y=y_j \mid X=1)=\frac{P(X=1, Y=y_j)}{P(X=1)}=\frac{P(X=1, Y=y_j)}{\frac{1}{3}}, \quad j=1,2,3.$$
将例 3.2.1 结果中(X,Y)取相应值的概率代入上式得

$Y\mid X=1$	0	1	2
$P(Y=y_j \mid X=1)$	$\frac{3}{5}$	$\frac{2}{5}$	0

3.3.2 连续型随机变量的条件分布

当(X,Y)为二维连续型随机变量时,由于对于任意实数x和y,$P(X=x)=P(Y=y)=0$,所以不能像离散型随机变量那样来考虑连续型随机变量的条件分布.下面我们用极限的方法来处理.

对任意$\varepsilon>0$,若$P(y-\varepsilon<Y\leqslant y+\varepsilon)>0$,则有

$$P(X\leqslant x|y-\varepsilon<Y\leqslant y+\varepsilon)=\frac{P(X\leqslant x,y-\varepsilon<Y\leqslant y+\varepsilon)}{P(y-\varepsilon<Y\leqslant y+\varepsilon)}.$$

对上式令$\varepsilon\to 0$两边取极限,若极限存在,则称它为在$Y=y$条件下X的**条件分布函数**,记为$F_{X|Y}(x|y)$,即

$$F_{X|Y}(x|y)=\lim_{\varepsilon\to 0^+}P(X\leqslant x|y-\varepsilon<Y\leqslant y+\varepsilon)=\lim_{\varepsilon\to 0^+}\frac{P(X\leqslant x,y-\varepsilon<Y\leqslant y+\varepsilon)}{P(y-\varepsilon<Y\leqslant y+\varepsilon)}.$$

设(X,Y)的分布函数为$F(x,y)$,概率密度为$f(x,y)$.若在点(x,y)处$f(x,y)$连续,边缘概率密度$f_Y(y)$连续且$f_Y(y)>0$,则由上式知

$$F_{X|Y}(x|y)=\lim_{\varepsilon\to 0^+}\frac{[F(x,y+\varepsilon)-F(x,y-\varepsilon)]/2\varepsilon}{[F_Y(y+\varepsilon)-F_Y(y-\varepsilon)]/2\varepsilon}=\frac{\dfrac{\partial F(x,y)}{\partial y}}{\dfrac{\mathrm{d}F_Y(y)}{\mathrm{d}y}},$$

即

$$F_{X|Y}(x\mid y)=\frac{\int_{-\infty}^{x}f(u,y)\mathrm{d}u}{f_Y(y)}. \tag{3.3.3}$$

若记:在$Y=y$条件下X的条件概率密度为$f_{X|Y}(x|y)$,则有

$$f_{X|Y}(x\mid y)=\frac{f(x,y)}{f_Y(y)}. \tag{3.3.4}$$

类似地,在$X=x$条件下Y的条件分布函数与条件概率密度分别为

$$F_{Y|X}(y\mid x)=\frac{\int_{-\infty}^{y}f(x,v)\mathrm{d}v}{f_X(x)}, \tag{3.3.5}$$

$$f_{Y|X}(y\mid x)=\frac{f(x,y)}{f_X(x)}. \tag{3.3.6}$$

例3.3.2 设二维随机变量(X,Y)服从区域G上的均匀分布,其中G是由$x-y=0$,$x+y=2$与$y=0$所围成的三角形区域.

(1) 求边缘概率密度$f_X(x)$,$f_Y(y)$;
(2) 求条件概率密度$f_{X|Y}(x|y)$,$f_{Y|X}(y|x)$.

解 依题意,区域G如图3.3.1的阴影区域所示二维随机变量(X,Y)的概率密度为

$$f(x,y)=\begin{cases}1, & 0<y<1,y<x<2-y,\\ 0, & 其他.\end{cases}$$

(1) 当$0<x<1$时,

$$f_X(x)=\int_{-\infty}^{+\infty}f(x,y)\mathrm{d}y=\int_{0}^{x}1\mathrm{d}y=x.$$

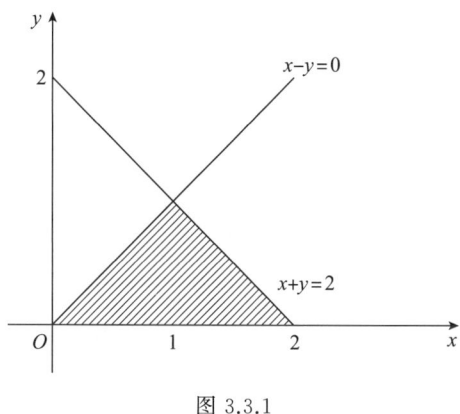

图 3.3.1

当 $1 \leqslant x < 2$ 时,
$$f_X(x) = \int_{-\infty}^{+\infty} f(x,y) \mathrm{d}y = \int_0^{2-x} 1 \mathrm{d}y = 2 - x.$$

所以,X 的边缘概率密度为
$$f_X(x) = \begin{cases} x, & 0 < x < 1, \\ 2-x, & 1 \leqslant x < 2, \\ 0, & \text{其他}. \end{cases}$$

当 $0 < y < 1$ 时,
$$f_Y(y) = \int_{-\infty}^{+\infty} f(x,y) \mathrm{d}x = \int_y^{2-y} 1 \mathrm{d}x = 2 - 2y.$$

所以,Y 的边缘概率密度为
$$f_Y(y) = \begin{cases} 2-2y, & 0 < y < 1, \\ 0, & \text{其他}. \end{cases}$$

(2) 因为当 $0 < y < 1$ 时,$f_Y(y) = 2 - 2y$,故当 $0 < y < 1$ 时,$f_{X|Y}(x|y)$ 有意义,所以条件概率密度为
$$f_{X|Y}(x|y) = \frac{f(x,y)}{f_Y(y)} = \begin{cases} \dfrac{1}{2-2y}, & y < x < 2-y, \\ 0, & \text{其他}. \end{cases}$$

由图 3.3.1 可知,当 $x \leqslant 0$ 或 $x \geqslant 2$ 时,$f_X(x) = 0$,所以 $f_{Y|X}(y|x)$ 不存在.

当 $0 < x < 2$ 时,$f_X(x) \neq 0$,故
$$f_{Y|X}(y|x) = \frac{f(x,y)}{f_X(x)} = \begin{cases} \dfrac{1}{x}, & 0 < y < x < 1, \\ \dfrac{1}{2-x}, & 0 < y < 2-x < 1, \\ 0, & \text{其他}. \end{cases}$$

例 3.3.3 设 (X, Y) 是二维随机变量,X 的边缘概率密度为
$$f_X(x) = \begin{cases} 3x^2, & 0 < x < 1, \\ 0, & \text{其他}. \end{cases}$$

在给定 $X = x (0 < x < 1)$ 的条件下,Y 的条件概率密度

$$f_{Y|X}(y|x) = \begin{cases} \dfrac{3y^2}{x^3}, & 0<y<x, \\ 0, & \text{其他}. \end{cases}$$

(1) 求 (X,Y) 的概率密度 $f(x,y)$;

(2) Y 的边缘概率密度 $f_Y(y)$.

解 (1) 由题设知,当 $0<x<1$ 时, (X,Y) 的概率密度为

$$f(x,y) = f_{Y|X}(y|x)f_X(x) = \begin{cases} \dfrac{9y^2}{x}, & 0<x<1, 0<y<x, \\ 0, & \text{其他}. \end{cases}$$

当 $x\leqslant 0$ 或 $x\geqslant 1$ 时,虽然 $f_{Y|X}(y|x)$ 没有定义,但由于

$$\int_0^1 \mathrm{d}x \int_{-\infty}^{+\infty} f(x,y)\mathrm{d}y = \int_0^1 \mathrm{d}x \int_0^x \frac{9y^2}{x}\mathrm{d}y = \int_0^1 3x^2 \mathrm{d}x = 1,$$

所以可以认定:当 $x\leqslant 0$ 或 $x\geqslant 1$ 时,$f(x,y)\equiv 0$.

综上,(X,Y) 的概率密度为

$$f(x,y) = \begin{cases} \dfrac{9y^2}{x}, & 0<x<1, 0<y<x, \\ 0, & \text{其他}. \end{cases}$$

(2) Y 的边缘概率密度为 $f_Y(y) = \displaystyle\int_{-\infty}^{+\infty} f(x,y)\mathrm{d}x$. 由图 3.3.2 可知,当 $0<y<1$ 时,

$$f_Y(y) = \int_y^1 \frac{9y^2}{x}\mathrm{d}x = -9y^2\ln y.$$

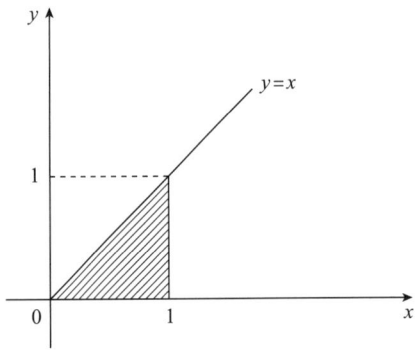

图 3.3.2

当 $y\leqslant 0$ 或 $y\geqslant 1$ 时,$f_Y(y)=0$. 所以,Y 的边缘概率密度为

$$f_Y(y) = \begin{cases} -9y^2\ln y, & 0<y<1, \\ 0, & \text{其他}. \end{cases}$$

例 3.3.4 已知二维随机变量 $(X,Y) \sim N(0,0,1,1,\rho)$,求条件概率密度 $f_{Y|X}(y|x)$.

解 (X,Y) 的概率密度为

$$f(x,y) = \frac{1}{2\pi\sqrt{1-\rho^2}} e^{-\frac{1}{2(1-\rho^2)}(x^2-2\rho xy+y^2)}, \quad -\infty<x<+\infty, -\infty<y<+\infty.$$

X 的概率密度为

$$f_X(x)=\frac{1}{\sqrt{2\pi}}e^{-\frac{x^2}{2}}, \quad -\infty<x<+\infty.$$

由(3.3.6)式得条件概率密度

$$f_{Y|X}(y|x)=\frac{f(x,y)}{f_X(x)}=\frac{1}{\sqrt{2\pi(1-\rho^2)}}e^{-\frac{1}{2(1-\rho^2)}(x^2-2\rho xy+y^2)+\frac{x^2}{2}}$$

$$=\frac{1}{\sqrt{2\pi(1-\rho^2)}}e^{-\frac{(y-\rho x)^2}{2(1-\rho^2)}}.$$

上式是一个正态分布的概率密度. □

注 在一般情况下,二维正态分布的条件分布仍是正态分布.例如,$(X,Y)\sim N(\mu_1,\mu_2,\sigma_1^2,\sigma_2^2,\rho)$,则在条件 $X=x$ 下 Y 的条件分布为 $N\left(\mu_2+\rho\frac{\sigma_2}{\sigma_1}(x-\mu_1),\sigma_2^2(1-\rho^2)\right)$;在条件 $Y=y$ 下 X 的条件分布为 $N\left(\mu_1+\rho\frac{\sigma_1}{\sigma_2}(y-\mu_2),\sigma_1^2(1-\rho^2)\right)$.

习 题 3.3

1. 从某厂生产的产品中随机取两件进行检查,设 X 为其中的合格数,Y 为其中的优质品数,有资料表明 (X,Y) 的分布列为

X	Y		
	0	1	2
0	0.01	0.036	0.032 4
1	0	0.144	0.259 2
2	0	0	0.518 4

(1) 求合格品数小于 1 的概率;
(2) 求优质品数不大于 1 的概率;
(3) 求 $P(Y=1|X\geqslant 1)$.

2. 袋中有 1 个红色球,2 个黑色球与 3 个白色球,现有放回地从袋中取两次,每次取一球,以 X,Y,Z 分别表示两次取球所取得的红球,黑球与白球的个数.

(1) 求 $P(X=1|Z=0)$;
(2) 求二维随机变量 (X,Y) 的分布列.

3. 下列表格给出二维随机变量 (X,Y) 的分布列、边缘分布列的部分值,并已知

$$P(X=x_1|Y=y_1)=P(X=x_2|Y=y_2)=\frac{1}{6},$$

试将其余数值填入下表中的空白处.

Y	X			$P(Y=y_j)$
	x_1	x_2	x_3	
y_1	$\frac{1}{8}$	$\frac{1}{8}$		
y_2				
$P(X=x_i)$	$\frac{1}{6}$			

4. 设二维随机变量 (X,Y) 的概率密度为

$$f(x,y)=\begin{cases} e^{-x}, & 0<y<x, \\ 0, & \text{其他}. \end{cases}$$

(1) 求条件概率密度 $f_{Y|X}(y|x)$；
(2) 求条件概率 $P(X\leqslant 1|Y\leqslant 1)$.

5. 设随机变量 X 的概率分布为 $P(X=1)=P(X=2)=\dfrac{1}{2}$，在给定 $X=i$ 的条件下，随机变量 Y 服从均匀分布 $U(0,i)(i=1,2)$. 求 Y 的分布函数 $F_Y(y)$.

6. 设随机变量 $X\sim E(1)$，已知 $X=x$ 时，$Y\sim U(0,x)$，其中 $x>0$，求 X 与 Y 的联合密度函数.

7. 设 (X,Y) 在区域 G 上服从均匀分布，其中 G 是由直线 $y=-x$，$y=x$ 与 $x=2$ 围成. 试求：

(1) X 与 Y 的联合密度函数；
(2) 关于 X,Y 的边缘概率密度；
(3) 条件概率密度 $f_{X|Y}(x|1)$ 与 $f_{X|Y}(x|y)$.

8. 设随机变量 X 在区间 $(0,1)$ 上随机取值，当 X 取到 $x(0<x<1)$ 时，Y 在 $(x,1)$ 上随机地取值. 试求：

(1) (X,Y) 的概率密度；
(2) 关于 Y 的边缘概率密度；
(3) 在 $Y=y$ 条件下关于 X 的条件概率密度；
(4) $P(X+Y>1)$.

3.4 随机变量的独立性

多维随机变量各分量之间的取值有时会相互影响，但有时会毫无影响.当随机变量之间取值互不影响时，就称它们是相互独立的.

3.4.1 二维随机变量的独立性

二维随机变量 (X,Y) 的各分量的取值互不影响，可用事件间的关系描述为：对于任意两个区域 A,B，随机变量 X 在区域 A 取值与随机变量 Y 在区域 B 取值，这两个事件的发生互不影响(或相互独立)，可用概率语言表达为

3.4 随机变量的独立性

$$P(X \in A, Y \in B) = P(X \in A)P(Y \in B).$$

若 $A = (-\infty, x]$, $B = (-\infty, y]$, $x, y \in R$, 则上述表达式可以用分布函数表示为

$$F(x, y) = F_X(x) F_Y(y).$$

下面给出随机变量相互独立的定义.

定义 3.4.1 设二维随机变量 (X, Y) 的分布函数为 $F(x, y)$, 关于 X, Y 的边缘分布函数分别为 $F_X(x), F_Y(y)$. 如果对于任意的实数 x, y, 都有

$$P(X \leqslant x, Y \leqslant y) = P(X \leqslant x) P(Y \leqslant y), \tag{3.4.1}$$

即

$$F(x, y) = F_X(x) F_Y(y), \tag{3.4.2}$$

则称随机变量 X 与 Y **相互独立**.

例 3.4.1 讨论例 3.1.2 中随机变量 X 与 Y 的独立性.

解 由例 3.1.2 结果知, (X, Y) 的分布函数为

$$F(x, y) = \frac{1}{\pi^2} \left(\frac{\pi}{2} + \arctan \frac{x}{2} \right) \left(\frac{\pi}{2} + \arctan \frac{y}{3} \right), \quad -\infty < x < +\infty, -\infty < y < +\infty,$$

则边缘分布函数为

$$\begin{aligned} F_X(x) &= F(x, +\infty) \\ &= \lim_{y \to +\infty} \frac{1}{\pi^2} \left(\frac{\pi}{2} + \arctan \frac{x}{2} \right) \left(\frac{\pi}{2} + \arctan \frac{y}{3} \right) \\ &= \frac{1}{2} + \frac{1}{\pi} \arctan \frac{x}{2}, \quad -\infty < x < +\infty; \\ F_Y(y) &= F(+\infty, y) \\ &= \lim_{x \to +\infty} \frac{1}{\pi^2} \left(\frac{\pi}{2} + \arctan \frac{x}{2} \right) \left(\frac{\pi}{2} + \arctan \frac{y}{3} \right) \\ &= \frac{1}{2} + \frac{1}{\pi} \arctan \frac{y}{3}, \quad -\infty < y < +\infty. \end{aligned}$$

对任意的实数 x, y, 显然都有

$$F(x, y) = F_X(x) F_Y(y),$$

故 X 与 Y 相互独立. □

定理 3.4.1 设 (X, Y) 是二维离散型随机变量, 其所有可能值为 (x_i, y_j), $i, j = 1, 2, \cdots$, 则 X 与 Y 相互独立的充要条件是: 对于任何的 $i, j = 1, 2, \cdots$, 有

$$P(X = x_i, Y = y_j) = P(X = x_i) P(Y = y_j),$$

即

$$p_{ij} = p_{i \cdot} p_{\cdot j}, \tag{3.4.3}$$

这里 p_{ij} 是 (X, Y) 的分布列, $p_{i \cdot}, p_{\cdot j}$ 分别是 (X, Y) 关于 X, Y 的边缘分布列.

定理 3.4.2 设 (X, Y) 为二维连续型随机变量, 则 X 与 Y 相互独立的充要条件是: 对任意的实数 x 和 y 都有

$$f(x, y) = f_X(x) f_Y(y), \tag{3.4.4}$$

这里 $f(x, y)$ 是 (X, Y) 的概率密度, $f_X(x), f_Y(y)$ 分别是 (X, Y) 关于 X 和 Y 的边缘概率密度.

证明 必要性. 若 X 与 Y 相互独立, 则对任意实数 x, y, 有

$$F(x,y)=F_X(x)F_Y(y),$$

其中 $F(x,y)$ 是 (X,Y) 的分布函数，$F_X(x)$，$F_Y(y)$ 分别是 (X,Y) 关于 X 和 Y 的边缘分布函数. 又

$$F_X(x)F_Y(y)=\int_{-\infty}^{x}f_X(u)\mathrm{d}u\int_{-\infty}^{y}f_Y(v)\mathrm{d}v=\int_{-\infty}^{x}\int_{-\infty}^{y}f_X(u)f_Y(v)\mathrm{d}u\mathrm{d}v,$$

所以

$$F(x,y)=\int_{-\infty}^{x}\int_{-\infty}^{y}f_X(u)f_Y(v)\mathrm{d}u\mathrm{d}v,$$

并且 $f_X(x)f_Y(y)\geqslant 0$. 由二维连续型随机变量概率密度的定义知，$f_X(x)f_Y(y)$ 就是 (X,Y) 的概率密度，即

$$f(x,y)=f_X(x)f_Y(y).$$

充分性. 若对任意的实数 x,y，有

$$f(x,y)=f_X(x)f_Y(y),$$

则

$$F(x,y)=\int_{-\infty}^{x}\int_{-\infty}^{y}f(u,v)\mathrm{d}u\mathrm{d}v=\int_{-\infty}^{x}\int_{-\infty}^{y}f_X(u)f_Y(v)\mathrm{d}u\mathrm{d}v$$

$$=\left(\int_{-\infty}^{x}f_X(u)\mathrm{d}u\right)\left(\int_{-\infty}^{y}f_Y(v)\mathrm{d}v\right)$$

$$=F_X(x)F_Y(y),$$

由定义 3.4.1 知 X 与 Y 相互独立. □

例 3.4.2 设二维随机变量 (X,Y) 的分布列为

X	Y	
	1	2
1	$\frac{1}{3}$	$\frac{1}{6}$
2	a	$\frac{1}{9}$
3	b	$\frac{1}{18}$

试确定常数 a,b，使 X 与 Y 相互独立.

解 先求出 (X,Y) 关于 X,Y 的边缘分布列

X	Y		$p_i._$
	1	2	
1	$\frac{1}{3}$	$\frac{1}{6}$	$\frac{1}{2}$
2	a	$\frac{1}{9}$	$a+\frac{1}{9}$
3	b	$\frac{1}{18}$	$b+\frac{1}{18}$
$p._j$	$\frac{1}{3}+a+b$	$\frac{1}{3}$	

要使 X 与 Y 相互独立,由(3.4.3)式得
$$p_{ij}=p_{i.}\cdot p_{.j}, \quad i=1,2,3, j=1,2.$$
从而
$$P(X=2,Y=2)=P(X=2)P(Y=2),$$
$$P(X=3,Y=2)=P(X=3)P(Y=2),$$
即
$$\frac{1}{9}=\left(a+\frac{1}{9}\right)\times\frac{1}{3},$$
$$\frac{1}{18}=\left(b+\frac{1}{18}\right)\times\frac{1}{3},$$
解得 $a=\dfrac{2}{9}, b=\dfrac{1}{9}$.

经验证,此时 X 与 Y 相互独立. □

例 3.4.3 设二维随机变量 (X,Y) 在区域 $D=\{(x,y)\mid 0<x<1, x^2<y<\sqrt{x}\}$ 上服从均匀分布,令
$$U=\begin{cases}1, & X\leqslant Y,\\ 0, & X>Y.\end{cases}$$
判断 U 与 X 是否相互独立.

解 因为二维随机变量 (X,Y) 服从均匀分布,且区域 D 的面积 $S(D)=\int_0^1(\sqrt{x}-x^2)\mathrm{d}x=\dfrac{1}{3}$,所以 (X,Y) 的概率密度为
$$f(x,y)=\begin{cases}3, & x^2<y<\sqrt{x},\ 0<x<1,\\ 0, & \text{其他}.\end{cases}$$
X 的边缘概率密度为
$$f_X(x)=\int_{-\infty}^{+\infty}f(x,y)\mathrm{d}y=\int_{x^2}^{\sqrt{x}}3\mathrm{d}y=\begin{cases}3(\sqrt{x}-x^2), & 0<x<1,\\ 0, & \text{其他}.\end{cases}$$
对于 $0<t<1$,
$$P(U\leqslant 0, X\leqslant t)=P(U=0, X\leqslant t)=P(X>Y, X\leqslant t)$$
$$=\int_0^t\int_{x^2}^x 3\mathrm{d}y\mathrm{d}x=\frac{3}{2}t^2-t^3,$$
而
$$P(U\leqslant 0)=P(X>Y)=\frac{1}{2},$$
$$P(X\leqslant t)=\int_0^t\int_{x^2}^{\sqrt{x}}3\mathrm{d}y\mathrm{d}x=2t^{\frac{3}{2}}-t^3.$$
由于 $P(U\leqslant 0, X\leqslant t)\neq P(U\leqslant 0)P(X\leqslant t)$,所以 U 与 X 不相互独立. □

例 3.4.4 甲、乙两人到达同一地点的时刻分别为 X,Y,已知 $X\sim U(8,12)$,$Y\sim U(7,9)$ (单位:小时)且 X 与 Y 相互独立,求两时刻相差不超过 10 分钟的概率.

解 由于 $X \sim U(8,12), Y \sim U(7,9)$，所以

$$f_X(x) = \begin{cases} \dfrac{1}{4}, & 8 < x < 12, \\ 0, & \text{其他}, \end{cases} \qquad f_Y(y) = \begin{cases} \dfrac{1}{2}, & 7 < y < 9, \\ 0, & \text{其他}. \end{cases}$$

又因为 X 与 Y 相互独立，所以

$$f(x,y) = f_X(x) f_Y(y) = \begin{cases} \dfrac{1}{8}, & 8 < x < 12, 7 < y < 9, \\ 0, & \text{其他}. \end{cases}$$

由于 10 分钟 $= \dfrac{1}{6}$ 小时，所求概率为

$$P\left(|X-Y| \leqslant \dfrac{1}{6}\right) = \iint_{|X-Y| \leqslant \frac{1}{6}} f(x,y) \, \mathrm{d}x\,\mathrm{d}y = \iint_D \dfrac{1}{8} \mathrm{d}x\,\mathrm{d}y = \dfrac{1}{8} \iint_D \mathrm{d}x\,\mathrm{d}y,$$

其中区域 D 如图 3.4.1 所示，其面积为

$$\dfrac{1}{2} \times \left(\dfrac{7}{6}\right)^2 - \dfrac{1}{2} \times \left(\dfrac{5}{6}\right)^2 = \dfrac{1}{3}.$$

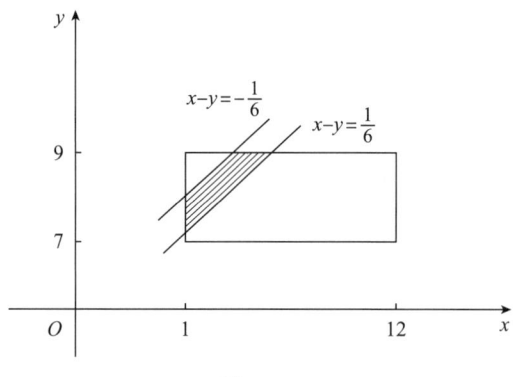

图 3.4.1

于是

$$P\left(|X-Y| \leqslant \dfrac{1}{6}\right) = \dfrac{1}{8} \times \dfrac{1}{3} = \dfrac{1}{24}. \qquad \square$$

例 3.4.5 设 $(X,Y) \sim N(\mu_1, \mu_2, \sigma_1^2, \sigma_2^2, \rho)$. 证明：$X$ 与 Y 相互独立的充要条件是 $\rho = 0$.

证明 充分性. 若 $\rho = 0$，则

$$f(x,y) = \dfrac{1}{2\pi\sigma_1\sigma_2} \mathrm{e}^{-\frac{1}{2}\left[\frac{(x-\mu_1)^2}{\sigma_1^2} + \frac{(y-\mu_2)^2}{\sigma_2^2}\right]}$$

$$= \dfrac{1}{\sqrt{2\pi}\sigma_1} \mathrm{e}^{-\frac{(x-\mu_1)^2}{2\sigma_1^2}} \cdot \dfrac{1}{\sqrt{2\pi}\sigma_2} \mathrm{e}^{-\frac{(y-\mu_2)^2}{2\sigma_2^2}}$$

$$= f_X(x) \cdot f_Y(y).$$

必要性. 若 X 与 Y 相互独立，则对任意实数 x 与 y，都有

$$f(x,y) = f_X(x) f_Y(y).$$

特别令 $x = \mu_1, y = \mu_2$，也有

$$f(\mu_1,\mu_2)=f_X(\mu_1)f_Y(\mu_2),$$

故

$$\frac{1}{2\pi\sigma_1\sigma_2\sqrt{1-\rho^2}}=\frac{1}{\sqrt{2\pi}\sigma_1}\cdot\frac{1}{\sqrt{2\pi}\sigma_2}.$$

从而 $\sqrt{1-\rho^2}=1$，即 $\rho=0$. □

3.4.2 多维随机变量的独立性

设 n 维随机变量 $(X_1,X_2,\cdots,X_n)$ 的分布函数为 $F(x_1,x_2,\cdots,x_n)$，概率密度为 $f(x_1,x_2,\cdots,x_n)$. 与二维情形相同，可得到 $(X_1,X_2,\cdots,X_n)$ 关于 $X_i(i=1,2,\cdots,n)$ 的边缘分布函数和边缘概率密度分别为

$$F_{X_i}(x_i)=P(X_i\leqslant x_i)=F(+\infty,+\infty,\cdots,+\infty,x_i,+\infty,\cdots,+\infty),$$

$$f_{X_i}(x_i)=\int_{-\infty}^{+\infty}\cdots\int_{-\infty}^{+\infty}f(x_1,x_2,\cdots,x_n)\mathrm{d}x_1\cdots\mathrm{d}x_{i-1}\mathrm{d}x_{i+1}\cdots\mathrm{d}x_n,\quad i=1,2,\cdots,n.$$

定义 3.4.2 设 n 维随机变量 $(X_1,X_2,\cdots,X_n)$ 的分布函数为 $F(x_1,x_2,\cdots,x_n)$，关于 X_i 的边缘分布函数为 $F_{X_i}(x_i)(i=1,2,\cdots,n)$，如果对任意的一组实数 $x_1,x_2,\cdots,x_n$，都有

$$F(x_1,x_2,\cdots,x_n)=F_{X_1}(x_1)F_{X_2}(x_2)\cdots F_{X_n}(x_n), \tag{3.4.5}$$

则称 $X_1,X_2,\cdots,X_n$ 相互独立.

类似于定理 3.4.1 和定理 3.4.2，有下列结论.

定理 3.4.3 设 $(X_1,X_2,\cdots,X_n)$ 为 n 维离散型随机变量，则 $X_1,X_2,\cdots,X_n$ 相互独立的充要条件是对 $(X_1,X_2,\cdots,X_n)$ 的任意一组可能取值 $(x_1,x_2,\cdots,x_n)$，有

$$P(X_1=x_1,X_2=x_2,\cdots,X_n=x_n)=P(X_1=x_1)P(X_2=x_2)\cdots P(X_n=x_n). \tag{3.4.6}$$

定理 3.4.4 设 $(X_1,X_2,\cdots,X_n)$ 为 n 维连续型随机变量，$f(x_1,x_2,\cdots,x_n)$ 是 $(X_1,X_2,\cdots,X_n)$ 的概率密度，$f_{X_1}(x_1),f_{X_2}(x_2),\cdots,f_{X_n}(x_n)$ 分别是关于 $X_1,X_2,\cdots,X_n$ 的边缘概率密度，则 $X_1,X_2,\cdots,X_n$ 相互独立的充要条件是对任意的一组数 $x_1,x_2,\cdots,x_n$，有

$$f(x_1,x_2,\cdots,x_n)=f_{X_1}(x_1)f_{X_2}(x_2)\cdots f_{X_n}(x_n). \tag{3.4.7}$$

在今后研究有关随机变量独立性的问题中，下述定义和定理是重要的.

定理 3.4.5 常数 C 与任一随机变量相互独立.

定理 3.4.6 设 $X_1,X_2,\cdots,X_n$ 是 n 个相互独立的随机变量，则其中任意 $k(2\leqslant k<n)$ 个随机变量也相互独立；它们的连续函数 $g_1(X_1),g_2(X_2),\cdots,g_n(X_n)$ 也是相互独立的随机变量.

例如 X 与 Y 相互独立，则 $aX+b$ 与 e^Y 也相互独立，其中 a,b 是常数；若 $X_1,X_2,\cdots,X_n$ 相互独立，则 $X_1^2,X_2^2,\cdots,X_n^2$ 也相互独立. □

定义 3.4.3 设 $(X_1,X_2,\cdots,X_m)$ 和 $(Y_1,Y_2,\cdots,Y_n)$ 分别是 m 维和 n 维随机变量，若对任意实数 $x_1,x_2,\cdots,x_m$ 和 $y_1,y_2,\cdots,y_n$ 有

$$F(x_1,x_2,\cdots,x_m,y_1,y_2,\cdots,y_n)=F_1(x_1,x_2,\cdots,x_m)F_2(y_1,y_2,\cdots,y_n),$$

则称 $(X_1,X_2,\cdots,X_m)$ 和 $(Y_1,Y_2,\cdots,Y_n)$ 相互独立，其中 F 是 $(X_1,\cdots,X_m,Y_1,\cdots,Y_n)$ 的分布函数；F_1 和 F_2 分别是 $(X_1,\cdots,X_m,Y_1,\cdots,Y_n)$ 关于 $(X_1,X_2,\cdots,X_m)$ 和 $(Y_1,Y_2,\cdots,Y_n)$ 的边缘分布函数.

定理 3.4.7 设 $X_1,X_2,\cdots,X_k,X_{k+1},\cdots,X_n$ 是 n 个相互独立的随机变量，则其部分

$(X_1,\cdots,X_k)$ 与 $(X_{k+1}\cdots,X_n)$ 也相互独立;它们的连续函数 $f(X_1,\cdots,X_k)$ 与 $g(X_{k+1}\cdots,X_n)$ 也是相互独立的随机变量.

例如,若 $X_1,X_2,\cdots,X_k,X_{k+1},\cdots,X_n$ 相互独立,则有 $\frac{1}{k}(X_1+\cdots+X_k)$ 与 $(X_{k+1}^2+\cdots+X_n^2)^{\frac{1}{2}}$ 相互独立. □

习 题 3.4

1. 设随机变量 X 与 Y 相互独立,且都服从区间 $(0,1)$ 上的均匀分布,则 $P(X^2+Y^2\leqslant1)$ 为( ).

(A) $\frac{1}{4}$ (B) $\frac{1}{2}$ (C) $\frac{\pi}{8}$ (D) $\frac{\pi}{4}$

2. 设随机变量 X 与 Y 相互独立,且都服从参数为 1 与参数为 4 的指数分布,则 $P(X<Y)$ 为( ).

(A) $\frac{1}{5}$ (B) $\frac{1}{3}$ (C) $\frac{2}{5}$ (D) $\frac{4}{5}$

3. 设随机变量 X 和 Y 相互独立,且 X 和 Y 的分布列分别为

X	0	1	2	3
$P(X=x_i)$	$\frac{1}{2}$	$\frac{1}{4}$	$\frac{1}{8}$	$\frac{1}{8}$

Y	-1	0	1
$P(Y=y_j)$	$\frac{1}{3}$	$\frac{1}{3}$	$\frac{1}{3}$

则 $P(X+Y=2)$ 为( ).

(A) $\frac{1}{12}$ (B) $\frac{1}{8}$ (C) $\frac{1}{6}$ (D) $\frac{1}{2}$

4. 设二维随机变量 (X,Y) 的分布列为

X	Y	
	0	1
0	0.4	a
1	b	0.1

已知随机事件 $\{X=0\}$ 与 $\{X+Y=1\}$ 相互独立,则( ).

(A) $a=0.2, b=0.3$ (B) $a=0.4, b=0.1$
(C) $a=0.3, b=0.2$ (D) $a=0.1, b=0.4$

5. 假设 (X,Y) 为二维随机变量,则下列结论正确的是( ).

(A) 如果 (X,Y) 服从二维正态分布,则 X 与 Y 一定独立
(B) 如果 (X,Y) 服从二维正态分布,则 X 与 Y 一定不独立
(C) 如果 (X,Y) 不服从二维正态分布,则 X 与 Y 一定都不服从正态分布
(D) 如果 (X,Y) 不服从二维正态分布,则 X 与 Y 不一定都不服从正态分布

6. 设二维随机变量(X,Y)服从正态分布$N(1,0,1,1,0)$,求概率$P(XY-Y<0)$.

7. 设随机变量X与Y相互独立,且
$$P(X=1)=P(Y=1)=p>0,$$
$$P(X=0)=P(Y=0)=1-p.$$

令
$$Z=\begin{cases}1, & X+Y\text{为偶数},\\ 0, & X+Y\text{为奇数}.\end{cases}$$

要使X与Z相互独立,求p.

8. 设随机变量X与Y相互独立,且
$$X\sim N(\mu,v^2),\quad Y\sim U(-b,b),$$
求(X,Y)的概率密度和条件概率密度.

9. 设X与Y相互独立,$X\sim U(0,1)$,Y服从参数为$\lambda=\dfrac{1}{2}$的指数分布.

(1) 求(X,Y)的概率密度;

(2) 求关于t的一元二次方程$t^2+2Xt+Y=0$有实根的概率.

10. 已知随机变量X与Y相互独立,下表给出了二维随机变量(X,Y)的分布列中的部分数值,试计算出表中空白处的8个数值并填入下表中.

X	Y			$P(X=x_i)$
	y_1	y_2	y_3	
x_1	$\dfrac{1}{8}$	$\dfrac{3}{8}$	$\dfrac{1}{4}$	
x_2			$\dfrac{1}{12}$	
$P(Y=y_j)$				

11. 设在一段时间内进入某一商店的顾客人数X服从参数为λ的泊松分布,每个顾客购买某种物品的概率为p,并且各个顾客是否购买该种物品是相互独立的,用Y表示进入商店购买该种物品的顾客人数.

(1) 求在进入商店的人数为n个的条件下购买该种物品有m个的概率分布;

(2) 求(X,Y)的分布列及Y的分布列.

3.5　二维随机变量函数的分布

在许多实际问题中,我们要研究的问题往往会受多个随机因素的影响.比如某年瓜农的收入情况会受到产量和价格因素的影响;一个国家的国内生产总值受到消费,投资,政府的购买和净出口的影响.这就需要我们研究多个随机变量函数的分布.类似于一维随机变量函数的分布,下面我们来讨论多维随机变量函数的分布,不同的情境下有不同的求解方法,这里以离散、连续以及混合型二维随机变量的典型函数为例来讲述这些方法.

3.5.1 离散型随机变量函数的分布

设 (X,Y) 为二维离散型随机变量,则函数 $Z=g(X,Y)$ 是一维离散型随机变量,它的分布列如何求? 下面通过例子说明.

例 3.5.1 设 (X,Y) 的分布列为

X	Y	
	-1	1
-1	$\frac{1}{4}$	$\frac{1}{8}$
1	$\frac{1}{4}$	$\frac{3}{8}$

求下列情形下随机变量 Z 的分布:(1) $Z=X+Y$;(2) $Z=\dfrac{Y}{X}$.

解 (1) Z 的可能取值是 $-2,0,2$,且

$$P(Z=-2)=P(X+Y=-2)=P(X=-1,Y=-1)=\frac{1}{4},$$

$$P(Z=0)=P(X+Y=0)=P(X=-1,Y=1)+P(X=1,Y=-1)=\frac{3}{8},$$

$$P(Z=2)=P(X+Y=2)=P(X=1,Y=1)=\frac{3}{8},$$

即

$Z=X+Y$	-2	0	2
$P(Z=z_k)$	$\frac{1}{4}$	$\frac{3}{8}$	$\frac{3}{8}$

(2) $Z=\dfrac{Y}{X}$ 的可能取值是 $-1,1$,且

$$P(Z=-1)=P\left(\frac{Y}{X}=-1\right)=P(X=-1,Y=1)+P(X=1,Y=-1)=\frac{3}{8},$$

$$P(Z=1)=P\left(\frac{Y}{X}=1\right)=P(X=-1,Y=-1)+P(X=1,Y=1)=\frac{5}{8},$$

即

$Z=\dfrac{Y}{X}$	-1	1
$P(Z=z_k)$	$\frac{3}{8}$	$\frac{5}{8}$

例 3.5.2 设二维随机变量 (X,Y) 的分布列为

X	Y		
	1	2	3
0	0.05	0.15	0.20
1	0.07	0.11	0.22
2	0.04	0.07	0.09

试分别求 $U=\max\{X,Y\}$ 和 $V=\min\{X,Y\}$ 的分布列.

解 因为
$$P(U=1)=P(X=0,Y=1)+P(X=1,Y=1)=0.05+0.07=0.12,$$
$$P(U=2)=P(X=0,Y=2)+P(X=1,Y=2)+P(X=2,Y=2)+P(X=2,Y=1)$$
$$=0.15+0.11+0.07+0.04=0.37,$$
$$P(U=3)=P(X=0,Y=3)+P(X=1,Y=3)+P(X=2,Y=3)$$
$$=0.20+0.22+0.09=0.51.$$

故 U 的分布列为

U	0	1	2
P	0.12	0.37	0.51

因为
$$P(V=0)=P(X=0,Y=1)+P(X=0,Y=2)+P(X=0,Y=3)$$
$$=0.05+0.15+0.20=0.40,$$
$$P(V=1)=P(X=1,Y=1)+P(X=1,Y=2)+P(X=1,Y=3)+P(X=2,Y=1)$$
$$=0.07+0.11+0.22+0.04=0.44,$$
$$P(V=2)=P(X=2,Y=2)+P(X=2,Y=3)=0.07+0.09=0.16.$$

故 V 的分布列为

V	0	1	2
P	0.40	0.44	0.16

□

3.5.2 连续型随机变量函数的分布

设 (X,Y) 为二维连续型随机变量,若其函数 $Z=g(X,Y)$ 是连续型随机变量,则其概率密度 $f_Z(z)$ 可按下列步骤去求.

第一步:求出 $Z=g(X,Y)$ 的分布函数,有
$$F_Z(z)=P(Z\leqslant z)=P(g(X,Y)\leqslant z)=P((X,Y)\in G)$$
$$=\iint\limits_G f(x,y)\mathrm{d}x\mathrm{d}y,$$

其中 $f(x,y)$ 是 X 与 Y 的联合密度函数，$G=\{(x,y)|g(x,y)\leqslant z\}$. 简记 $G=\{g(x,y)\leqslant z\}$，则上式可写为

$$F_Z(z)=P(g(x,y)\leqslant z)=\iint\limits_{g(x,y)\leqslant z} f(x,y)\mathrm{d}x\mathrm{d}y.$$

第二步：对分布函数 $F_Z(z)$ 关于 z 求导数，就可得到 $f_Z(z)$.

下面，我们来举例说明该过程.

例 3.5.3 设随机变量 X 与 Y 相互独立，且概率密度分别为

$$f_X(x)=\begin{cases}\dfrac{2}{\sqrt{\pi}}\mathrm{e}^{-x^2}, & 0<x<+\infty,\\ 0, & \text{其他},\end{cases}\quad f_Y(y)=\begin{cases}\dfrac{2}{\sqrt{\pi}}\mathrm{e}^{-y^2}, & 0<y<+\infty,\\ 0, & \text{其他}.\end{cases}$$

求 $Z=\sqrt{X^2+Y^2}$ 的概率密度.

解 由于 X 与 Y 相互独立，所以 X 与 Y 的联合密度函数为

$$f(x,y)=f_X(x)\cdot f_Y(y)=\begin{cases}\dfrac{4}{\pi}\mathrm{e}^{-(x^2+y^2)}, & 0<x<+\infty,0<y<+\infty,\\ 0, & \text{其他}.\end{cases}$$

当 $z\leqslant 0$ 时，

$$F_Z(z)=P(Z\leqslant z)=P(\sqrt{X^2+Y^2}\leqslant z)=0.$$

由图 3.5.1，当 $z>0$ 时，

$$\begin{aligned}F_Z(z)&=P(Z\leqslant z)=P(\sqrt{X^2+Y^2}\leqslant z)=P(X^2+Y^2\leqslant z^2)\\ &=\iint\limits_{X^2+Y^2\leqslant z^2} f(x,y)\mathrm{d}x\mathrm{d}y\\ &=\iint\limits_{\substack{X^2+Y^2\leqslant z^2\\ x>0,y>0}} \dfrac{4}{\pi}\mathrm{e}^{-(x^2+y^2)}\mathrm{d}x\mathrm{d}y\\ &=\dfrac{4}{\pi}\int_0^{\frac{\pi}{2}}\mathrm{d}\theta\int_0^z \mathrm{e}^{-\rho^2}\rho\mathrm{d}\rho\\ &=1-\mathrm{e}^{-z^2}.\end{aligned}$$

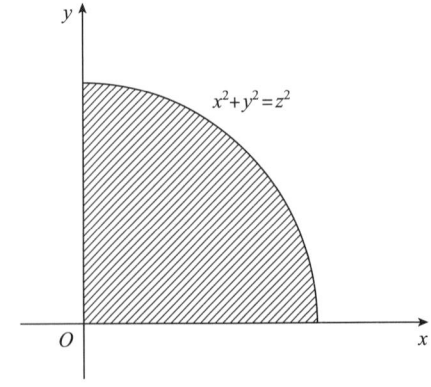

图 3.5.1

故 $Z=\sqrt{X^2+Y^2}$ 的概率密度为

$$f_Z(z)=F'_Z(z)=\begin{cases}2z\mathrm{e}^{-z^2}, & z>0,\\ 0, & z\leqslant 0.\end{cases}$$

□

下面我们对二维随机变量几种典型函数的分布进行讨论.

一、和的分布

设 (X,Y) 的概率密度为 $f(x,y)$，由图 3.5.2，$Z=X+Y$ 的分布函数为

$$F_Z(z)=P(Z\leqslant z)=P(X+Y\leqslant z)=\int_{-\infty}^{+\infty}\left[\int_{-\infty}^{z-y}f(x,y)\mathrm{d}x\right]\mathrm{d}y=\iint_{x+y\leqslant z}f(x,y)\mathrm{d}x\mathrm{d}y.$$

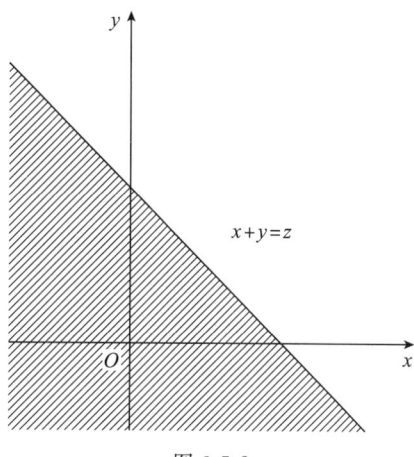

图 3.5.2

令 $x=u-y$，则

$$\int_{-\infty}^{z-y}f(x,y)\mathrm{d}x=\int_{-\infty}^{z}f(u-y,y)\mathrm{d}u,$$

于是

$$F_Z(z)=\int_{-\infty}^{+\infty}\left[\int_{-\infty}^{z}f(u-y,y)\mathrm{d}u\right]\mathrm{d}y$$
$$=\int_{-\infty}^{z}\left[\int_{-\infty}^{+\infty}f(u-y,y)\mathrm{d}y\right]\mathrm{d}u.$$

Z 的概率密度为

$$f_Z(z)=\int_{-\infty}^{+\infty}f(z-y,y)\mathrm{d}y. \tag{3.5.1}$$

由 X,Y 的对称性知，$f_Z(z)$ 也可表示为

$$f_Z(z)=\int_{-\infty}^{+\infty}f(x,z-x)\mathrm{d}x. \tag{3.5.2}$$

若 X 与 Y 相互独立，则有

$$f_Z(z)=\int_{-\infty}^{+\infty}f_X(z-y)f_Y(y)\mathrm{d}y, \tag{3.5.3}$$

$$f_Z(z)=\int_{-\infty}^{+\infty}f_X(x)f_Y(z-x)\mathrm{d}x. \tag{3.5.4}$$

(3.5.3)和(3.5.4)式称为独立和分布的**卷积公式**.

例 3.5.4 设 X 和 Y 是相互独立的随机变量,它们都服从 $N(0,1)$ 分布,求 $Z=X+Y$ 的概率密度.

解 由于 X 和 Y 相互独立,根据卷积公式(3.5.4)得

$$f_Z(z)=\int_{-\infty}^{+\infty}f_X(x)f_Y(z-x)\mathrm{d}x=\frac{1}{2\pi}\int_{-\infty}^{+\infty}\mathrm{e}^{-\frac{x^2}{2}}\mathrm{e}^{-\frac{(z-x)^2}{2}}\mathrm{d}x=\frac{1}{2\pi}\mathrm{e}^{-\frac{z^2}{4}}\int_{-\infty}^{+\infty}\mathrm{e}^{-\left(x-\frac{z}{2}\right)^2}\mathrm{d}x.$$

令 $t=x-\dfrac{z}{2}$ 得

$$f_Z(z)=\frac{1}{2\pi}\mathrm{e}^{-\frac{z^2}{4}}\int_{-\infty}^{+\infty}\mathrm{e}^{-t^2}\mathrm{d}t=\frac{1}{2\sqrt{\pi}}\mathrm{e}^{-\frac{z^2}{4}},\quad -\infty<z<+\infty.$$

可见,$Z=X+Y$ 服从 $N(0,2)$ 分布. □

一般地,可以证明:

若 X,Y 相互独立,$X\sim N(\mu_1,\sigma_1^2)$,$Y\sim N(\mu_2,\sigma_2^2)$,则

$$X+Y\sim N(\mu_1+\mu_2,\sigma_1^2+\sigma_2^2). \tag{3.5.5}$$

用数学归纳法可进一步证明:

若 $X_1,X_2,\cdots,X_n$ 相互独立,$X_i\sim N(\mu_i,\sigma_i^2)$,$i=1,2,\cdots,n$,则

$$X_1+X_2+\cdots+X_n\sim N(\mu_1+\mu_2+\cdots+\mu_n,\sigma_1^2+\sigma_2^2+\cdots+\sigma_n^2). \tag{3.5.6}$$

还有更一般的结论:

设 $X_1,X_2,\cdots,X_n$ 相互独立,$X_i\sim N(\mu_i,\sigma_i^2)$,$i=1,2,\cdots,n$,任意常数 $a_1,a_2,\cdots,a_n$ 不全为零,则有

$$\sum_{i=1}^n a_iX_i\sim N\left(\sum_{i=1}^n a_i\mu_i,\sum_{i=1}^n a_i^2\sigma_i^2\right), \tag{3.5.7}$$

即有限个相互独立的正态随机变量的线性组合仍是正态随机变量.这些结论非常重要,在今后的学习中将要用到.

二、积的分布

设 (X,Y) 的概率密度为 $f(x,y)$,则 $Z=XY$ 的分布函数为

$$F_Z(z)=P(Z\leqslant z)=P(XY\leqslant z)=\iint_{xy\leqslant z}f(x,y)\mathrm{d}x\mathrm{d}y$$
$$=\int_{-\infty}^0\left[\int_{\frac{z}{x}}^{+\infty}f(x,y)\mathrm{d}y\right]\mathrm{d}x+\int_0^{+\infty}\left[\int_{-\infty}^{\frac{z}{x}}f(x,y)\mathrm{d}y\right]\mathrm{d}x.$$

Z 的概率密度为

$$f_Z(z)=\int_0^{+\infty}\left[f\left(x,\frac{z}{x}\right)\cdot\frac{1}{x}\right]\mathrm{d}x-\int_{-\infty}^0\left[f\left(x,\frac{z}{x}\right)\cdot\frac{1}{x}\right]\mathrm{d}x,$$

即

$$f_Z(z)=\int_{-\infty}^{+\infty}\frac{1}{|x|}f\left(x,\frac{z}{x}\right)\mathrm{d}x. \tag{3.5.8}$$

若 X 与 Y 相互独立,则有

$$f_Z(z)=\int_{-\infty}^{+\infty}\frac{1}{|x|}f_X(x)f_Y\left(\frac{z}{x}\right)\mathrm{d}x. \tag{3.5.9}$$

例 3.5.5 设二维随机变量 (X,Y) 在矩形
$$G = \{(x,y) \mid 0 \leqslant x \leqslant 2, 0 \leqslant y \leqslant 1\}$$
上服从均匀分布,试求边长分别为 X 和 Y 的矩形面积 Z 的概率密度.

解 因为 (X,Y) 服从矩形 G 上的均匀分布,所以 (X,Y) 的概率密度为
$$f(x,y) = \begin{cases} \dfrac{1}{2}, & 0 \leqslant x \leqslant 2, 0 \leqslant y \leqslant 1, \\ 0, & \text{其他}. \end{cases}$$

当 $z \leqslant 0$ 时,$F_Z(z) = 0$;

当 $0 < z < 2$ 时,
$$F_Z(z) = \int_0^z \mathrm{d}x \int_0^1 \frac{1}{2} \mathrm{d}y + \int_z^2 \mathrm{d}x \int_0^{\frac{z}{x}} \frac{1}{2} \mathrm{d}y$$
$$= \int_0^z \frac{1}{2} \mathrm{d}x + \int_z^2 \frac{z}{2x} \mathrm{d}x$$
$$= \frac{z}{2} + \frac{z}{2} \ln x \Big|_z^2 = \frac{z}{2} + \frac{z}{2} (\ln 2 - \ln z);$$

当 $z \geqslant 2$ 时,$F_Z(z) = 1$.

故矩形面积 $Z = XY$ 的概率密度为
$$f_Z(z) = F_Z'(z) = \begin{cases} \dfrac{1}{2}(\ln 2 - \ln z), & 0 < z < 2, \\ 0, & \text{其他}. \end{cases} \qquad \square$$

三、商的分布

设 (X,Y) 的概率密度为 $f(x,y)$,由图 3.5.3,$Z = \dfrac{X}{Y}$ 的分布函数为
$$F_Z(z) = P(Z \leqslant z) = P\left(\frac{X}{Y} \leqslant z\right) = \iint_{\frac{x}{y} \leqslant z} f(x,y) \mathrm{d}x \mathrm{d}y$$
$$= \iint_{\substack{x \leqslant yz \\ y > 0}} f(x,y) \mathrm{d}x \mathrm{d}y + \iint_{\substack{x \geqslant zy \\ y < 0}} f(x,y) \mathrm{d}x \mathrm{d}y$$
$$= \int_0^{+\infty} \left[\int_{-\infty}^{zy} f(x,y) \mathrm{d}x\right] \mathrm{d}y + \int_{-\infty}^0 \left[\int_{zy}^{+\infty} f(x,y) \mathrm{d}x\right] \mathrm{d}y.$$

令 $u = \dfrac{x}{y}$,则
$$F_Z(z) = \int_0^{+\infty} \left[\int_{-\infty}^z y f(yu, y) \mathrm{d}u\right] \mathrm{d}y - \int_{-\infty}^0 \left[\int_{-\infty}^z y f(yu, y) \mathrm{d}u\right] \mathrm{d}y$$
$$= \int_{-\infty}^z \left[\int_0^{+\infty} y f(yu, y) \mathrm{d}y\right] \mathrm{d}u - \int_{-\infty}^z \left[\int_{-\infty}^0 y f(yu, y) \mathrm{d}y\right] \mathrm{d}u$$
$$= \int_{-\infty}^z \left[\int_0^{+\infty} y f(yu, y) \mathrm{d}y - \int_{-\infty}^0 y f(yu, y) \mathrm{d}y\right] \mathrm{d}u.$$

Z 的概率密度为

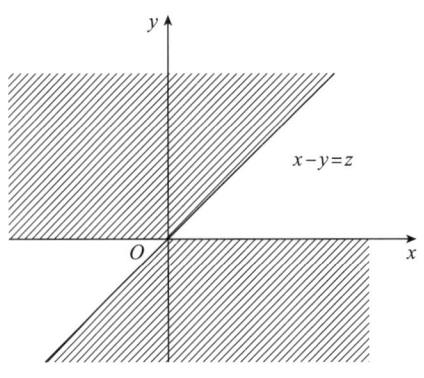

图 3.5.3

$$f_Z(z) = \int_0^{+\infty} y f(yz, y) \mathrm{d}y - \int_{-\infty}^0 y f(yz, y) \mathrm{d}y,$$

即

$$f_Z(z) = \int_{-\infty}^{+\infty} |y| f(yz, y) \mathrm{d}y. \tag{3.5.10}$$

若 X 与 Y 相互独立,则有

$$f_Z(z) = \int_{-\infty}^{+\infty} |y| f_X(yz) f_Y(y) \mathrm{d}y. \tag{3.5.11}$$

例 3.5.6 设 X,Y 分别表示两只不同型号灯泡的寿命,且 X 与 Y 相互独立,它们的概率密度依次为

$$f_X(x) = \begin{cases} \mathrm{e}^{-x}, & x>0, \\ 0, & \text{其他,} \end{cases} \qquad f_Y(y) = \begin{cases} 2\mathrm{e}^{-2y}, & y>0, \\ 0, & \text{其他.} \end{cases}$$

求 $Z = \dfrac{X}{Y}$ 的概率密度 $f_Z(z)$.

解 由(3.5.11)式,可知:

当 $z>0$ 时,

$$f_Z(z) = \int_0^{+\infty} y \mathrm{e}^{-yz} \cdot 2\mathrm{e}^{-2y} \mathrm{d}y = \int_0^{+\infty} 2y \mathrm{e}^{-y(2+z)} \mathrm{d}y = \frac{2}{(2+z)^2};$$

当 $z \leqslant 0$ 时,$f_Z(z) = 0$,即

$$f_Z(z) = \begin{cases} \dfrac{2}{(2+z)^2}, & z>0, \\ 0, & z \leqslant 0. \end{cases} \qquad \square$$

四、最大值、最小值的分布

在例 3.5.2 中我们给出了离散型随机变量求最大值、最小值分布的方法,下面我们讨论当两个分量都是连续型随机变量时,该如何求最大值、最小值的分布.

设 X,Y 是两个相互独立的随机变量,它们的分布函数分别为 $F_X(x), F_Y(y)$,现求 $\max\{X,Y\}$ 及 $\min\{X,Y\}$ 的分布函数:

$$F_{\max}(z) = P(\max(X,Y) \leqslant z) = P(X \leqslant z, Y \leqslant z) = P(X \leqslant z) P(Y \leqslant z),$$

即

$$F_{\max}(z) = F_X(z) \cdot F_Y(z); \tag{3.5.12}$$

类似地有
$$F_{\min}(z) = P(\min(X,Y) \leqslant z) = 1 - P(\min(X,Y) > z)$$
$$= 1 - P(X > z, Y > z)$$
$$= 1 - P(X > z)P(Y > z),$$

即
$$F_{\min}(z) = 1 - [1 - F_X(z)][1 - F_Y(z)]. \tag{3.5.13}$$

以上结论容易推广到 n 个相互独立的随机变量情形.

设 $X_1, X_2, \cdots, X_n$ 是 n 个相互独立的随机变量,它们的分布函数分别为 $F_{X_1}(x_1)$, $F_{X_2}(x_2), \cdots, F_{X_n}(x_n)$,则 $\max(X_1, X_2, \cdots, X_n)$ 及 $\min(X_1, X_2, \cdots, X_n)$ 的分布函数分别为
$$F_{\max}(z) = F_{X_1}(z) F_{X_2}(z) \cdots F_{X_n}(z), \tag{3.5.14}$$
$$F_{\min}(z) = 1 - [1 - F_{X_1}(z)][1 - F_{X_2}(z)] \cdots [1 - F_{X_n}(z)]. \tag{3.5.15}$$

特别地,当 $X_1, X_2, \cdots, X_n$ 相互独立且有相同分布函数 $F(x)$ 时,有
$$F_{\max}(z) = [F(z)]^n, \tag{3.5.16}$$
$$F_{\min}(z) = 1 - [1 - F(z)]^n. \tag{3.5.17}$$

例 3.5.7 设系统 L 由 n 个相互独立的子系统 $L_1, L_2, \cdots, L_n$(见图 3.5.4)串联而成,已知 n 个子系统的寿命分别为 $X_1, X_2, \cdots, X_n$,具有相同的概率密度
$$f(x) = \begin{cases} \lambda e^{-\lambda x}, & x > 0, \\ 0, & x \leqslant 0, \end{cases}$$
其中参数 $\lambda > 0$.求系统 L 的寿命的分布函数与概率密度.

—— L_1 —— L_2 —— $\cdots$ —— L_n ——

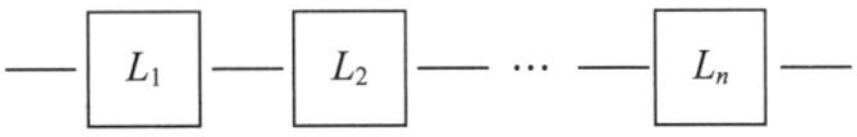

图 3.5.4

解 在串联情况下,$L_1, L_2, \cdots, L_n$ 中有一个损坏时,系统 L 就失效,所以 L 的寿命为
$$Z = \min(X_1, X_2, \cdots, X_n).$$
由于 $X_i (i = 1, 2, \cdots, n)$ 的分布函数为
$$F(x) = \begin{cases} 1 - e^{-\lambda x}, & x > 0, \\ 0, & x \leqslant 0. \end{cases}$$
由(3.5.15)式知 L 的寿命的分布函数与概率密度分别为
$$F_{\min}(z) = \begin{cases} 1 - (e^{-\lambda z})^n, & z > 0 \\ 0, & z \leqslant 0 \end{cases} = \begin{cases} 1 - e^{-\lambda n z}, & z > 0, \\ 0, & z \leqslant 0. \end{cases}$$
$$f_{\min}(z) = \begin{cases} \lambda n e^{-\lambda n z}, & z > 0, \\ 0, & z \leqslant 0. \end{cases}$$

3.5.3 混合型随机变量函数的分布

上一小节我们讨论了求连续型随机变量函数分布的"分布函数法".实际上,若二维随机变量中,一个分量为离散型,另一分量为连续型,该方法仍然适用.下面我们对求解这种混合型随机变量的函数的分布给出两个例子.

例 3.5.8 设随机变量 X,Y 相互独立,且 X 的分布列为 $P(X=0)=P(X=2)=\dfrac{1}{2}$,$Y$ 的概率密度为 $f_Y(y)=\begin{cases}2y, & 0<y<1,\\ 0, & \text{其他}.\end{cases}$ 求 $Z=X+Y$ 的概率密度.

解 Z 的分布函数记为 $F_Z(z)$,那么
$$\begin{aligned}F_Z(z)&=P(Z\leqslant z)\\&=P(X+Y\leqslant z)\\&=P(X=0)P(X+Y\leqslant z\mid X=0)+P(X=2)P(X+Y\leqslant z\mid X=2)\\&=\frac{1}{2}P(Y\leqslant z)+\frac{1}{2}P(Y\leqslant z-2).\end{aligned}$$

当 $z<0$ 时,$F_Z(z)=0$;

当 $0\leqslant z<1$ 时,$F_Z(z)=\dfrac{1}{2}P(Y\leqslant z)=\dfrac{z^2}{2}$;

当 $1\leqslant z<2$ 时,$F_Z(z)=\dfrac{1}{2}$;

当 $2\leqslant z<3$ 时,$F_Z(z)=\dfrac{1}{2}+\dfrac{1}{2}P(Y\leqslant z-2)=\dfrac{1}{2}+\dfrac{1}{2}(z-2)^2$;

当 $z\geqslant 3$ 时,$F_Z(z)=1$.

所以,Z 的概率密度为
$$f_Z(z)=\begin{cases}z, & 0<z<1,\\ z-2, & 2<z<3,\\ 0, & \text{其他}.\end{cases}$$
□

例 3.5.9 设随机变量 X 与 Y 相互独立,X 服从参数为 1 的指数分布,Y 的分布列为 $P(Y=-1)=p$,$P(Y=1)=1-p$.令 $Z=XY$,求 Z 的概率密度.

解 随机变量 X 的分布函数为
$$F_X(x)=\begin{cases}1-\mathrm{e}^{-x}, & x\geqslant 0,\\ 0, & x<0,\end{cases}$$
则有
$$\begin{aligned}F_Z(z)&=P(Z\leqslant z)=P(XY\leqslant z)\\&=P(X\leqslant z,Y=1)+P(X\geqslant -z,Y=-1)\\&=(1-p)F_X(z)+p(1-F_X(-z)).\end{aligned}$$

当 $z<0$ 时,$F_Z(z)=p(1-F_X(-z))=p\mathrm{e}^z$;

当 $z\geqslant 0$ 时,$F_Z(z)=(1-p)F_X(z)+p(1-F_X(-z))=(1-p)(1-\mathrm{e}^{-z})+p$.

所以,Z 的概率密度为
$$f_Z(z)=\begin{cases}(1-p)\mathrm{e}^{-z}, & z>0,\\ p\mathrm{e}^z, & z\leqslant 0.\end{cases}$$
□

习 题 3.5

1. 设随机变量 X 与 Y 相互独立,且 X 服从标准正态分布,Y 的概率分布为 $P(Y=0)=P(Y=1)=\dfrac{1}{2}$. 记 $F_Z(z)$ 为随机变量 $Z=XY$ 的分布函数,则函数 $F_Z(z)$ 的间断点个数为(　　).

　(A) 0　　　　　　(B) 1　　　　　　(C) 2　　　　　　(D) 3

2. 设随机变量 X 与 Y 的分布列分别为

X	0	1
$P(X=x_i)$	$\dfrac{1}{3}$	$\dfrac{2}{3}$

Y	-1	0	1
$P(Y=y_j)$	$\dfrac{1}{3}$	$\dfrac{1}{3}$	$\dfrac{1}{3}$

且 $P(X^2=Y^2)=1$.

(1) 求二维随机变量 (X,Y) 的分布列;

(2) 求 $Z=XY$ 的分布列.

3. 设随机变量 X 与 Y 相互独立,且都服从参数 $p=\dfrac{1}{2}$ 的 $(0-1)$ 分布,随机变量 $U=\max\{X,Y\}$,$V=\min\{X,Y\}$,求 U 与 V 的联合分布列.

4. 设随机变量 X 与 Y 相互独立,且都服从参数为 1 的指数分布,记 $V=\min\{X,Y\}$,求 V 的概率密度 $f_V(v)$.

5. 设 (X,Y) 的概率密度为
$$f(x,y)=\begin{cases}6(1+x+y)^{-4}, & x>0,y>0,\\ 0, & \text{其他}.\end{cases}$$

(1) 判断 X 与 Y 是否相互独立;

(2) 设 $Z=X+Y$,求 Z 的分布函数与概率密度;

(3) 求 $P(Z>1)$.

6. 设 X,Y 相互独立,都服从 $(0,2)$ 上的均匀分布,令 $Z=|X-Y|$,求 Z 的分布函数和概率密度.

7. 设 (X,Y) 的概率密度为
$$f(x,y)=\begin{cases}\mathrm{e}^{-y}, & 0<x<1,y>0,\\ 0, & \text{其他}.\end{cases}$$

(1) 求 $Z=2X+Y$ 的分布函数和概率密度;

(2) 求 $P(Z>3)$.

8. 设 X,Y 相互独立,且有相同的分布,其中
$$f_X(x)=\begin{cases}\dfrac{1000}{x^2}, & x>1000,\\ 0, & x\leqslant 1000.\end{cases}$$

令 $Z=\dfrac{Y}{X}$,求 Z 的分布函数和概率密度.

9. 设 X,Y 是相互独立的随机变量,它们分别服从参数为 λ_1,λ_2 的泊松分布,证明: $X+Y$ 服从参数为 $\lambda_1+\lambda_2$ 的泊松分布.

10. 设 $X、Y$ 是相互独立的随机变量,它们都服从参数为 n,p 的二项分布.证明: $X+Y$ 服从参数为 $2n,p$ 的二项分布.

本章思维导图

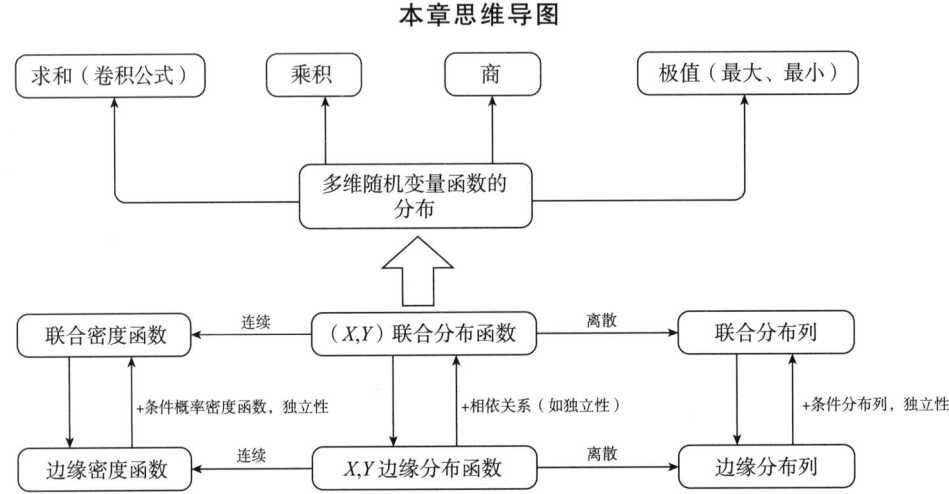

第四章 随机变量的数字特征

随机变量的分布函数、分布列和概率密度虽然能完整地描述随机变量的概率规律,但在许多实际问题的研究中,并不需要了解随机变量分布规律的全貌,只需要关注它的某些数字特征即可. 所谓随机变量的数字特征是指能刻画随机变量某些方面特征的数值. 例如,考察电子元件的质量时,常常关注的是它们的平均寿命,这说明随机变量的平均值是一个重要的数字特征;又例如,在证券投资方面,不仅要关心股票的平均收益率,而且还要关心股票的收益率与平均收益率的偏离程度,偏离程度越小风险就越小,这说明随机变量与其平均值偏离的程度也是一个重要的数字特征. 随机变量的数字特征在理论和实践中都具有重要的意义. 本章将介绍常用的随机变量的数字特征:数学期望、方差、协方差、相关系数等以及它们的实际应用.

4.1 随机变量的数学期望

为了说明什么是数学期望,我们先从一个实际例子入手.

例 4.1.1 甲、乙两个工人用相同的设备生产同一种产品,设两人各生产 10 组产品,每组中出现的废品件数分别记为 X,Y,废品件数与相应的组数记录如下:

甲:

废品件数 X	0	1	2	3
组数	4	3	2	1

乙:

废品件数 Y	0	1	2
组数	3	5	2

问甲、乙两人谁的技术更好?

解 从上面的统计表很难立即看出结果,我们可以从两人的平均废品数来评定其技术优劣.

甲的平均废品数为

$$\frac{0\times 4+1\times 3+2\times 2+3\times 1}{10}=0\times 0.4+1\times 0.3+2\times 0.2+3\times 0.1$$
$$=1(件),$$

乙的平均废品数为

$$\frac{0\times 3+1\times 5+2\times 2}{10}=0\times 0.3+1\times 0.5+2\times 0.2=0.9(件),$$

乙的平均废品数小于甲的平均废品数,因此乙的技术优于甲. □

以甲的计算为例:$0.4,0.3,0.2,0.1$ 是事件 $\{X=k\}(k=0,1,2,3)$ 在 10 次试验中发生的频率,当试验次数相当大时,这个频率接近于事件 $\{X=k\}$ 在一次试验中发生的概率 p_k,则上述平均废品数可表示为 $\sum_{k=0}^{3}kp_k$. 由此我们引入随机变量平均值的一般概念——数学期望.

4.1.1 随机变量的数学期望

定义 4.1.1 设离散型随机变量 X 的分布列为

$$P(X=x_k)=p_k,\quad k=1,2,\cdots,$$

如果级数 $\sum_{k=1}^{\infty}|x_k|p_k$ 收敛,则称 $\sum_{k=1}^{\infty}x_k p_k$ 为随机变量 X 的**数学期望**,简称**期望**或**均值**,记为 $E(X)$,即

$$E(X)=\sum_{k=1}^{\infty}x_k p_k. \tag{4.1.1}$$

注 上述定义中要求级数绝对收敛的目的在于使数学期望唯一. 因为随机变量 X 的取值可正可负,取值次序可先可后,而其数学期望 $E(X)$ 完全是由 X 的分布列确定的,而不应受 X 的可能取值的排列次序的影响. 由无穷级数的理论可知,如果此无穷级数绝对收敛,则可保证其和不受次序变动的影响.

数学期望的定义可推广到连续型随机变量,只需要将求和改为求积分即可.

定义 4.1.2 设连续型随机变量 X 的概率密度为 $f(x)$,如果积分 $\int_{-\infty}^{+\infty}|x|f(x)\mathrm{d}x$ 收敛,则称 $\int_{-\infty}^{+\infty}xf(x)\mathrm{d}x$ 为随机变量 X 的**数学期望**,简称**期望**或**均值**,记为 $E(X)$,即

$$E(X)=\int_{-\infty}^{+\infty}xf(x)\mathrm{d}x. \tag{4.1.2}$$

例 4.1.2 某运输员与工厂约定,把一箱货物按期无损地运到目的地可得佣金 15 元,若不按期倒扣 5 元,若货物有损则扣 8 元,若不按期又有损坏则扣 18 元. 推销员按他的经验认为,一箱货物按期无损地运到目的地有 60% 的把握,不按期到达占 20%,货物有损占 12%,不按期又有损占 8%. 试问推销员运送货物时,每箱期望得到多少钱?

解 设 X 表示该推销员运送货物时每箱可得的钱数,则 X 的分布列如下表所示:

X	15	10	7	-3
P	0.6	0.2	0.12	0.08

因此,

$$E(X)=15\times 0.6+10\times 0.2+7\times 0.12-3\times 0.08=11.6(元).$$

故推销员每箱期望得到 11.6 元. □

例 4.1.3 设随机变量 X 概率密度为 $f(x)=\begin{cases} x, & 0<x\leqslant 1, \\ \dfrac{3-x}{4}, & 1<x\leqslant 3, \\ 0, & \text{其他}, \end{cases}$ 求 $E(X)$.

解 由定义 4.1.2 有

$$E(X)=\int_{-\infty}^{+\infty}xf(x)\mathrm{d}x=\int_0^1 x^2\mathrm{d}x+\int_1^3\frac{x(3-x)}{4}\mathrm{d}x$$
$$=\frac{1}{3}x^3\Big|_0^1+\left(\frac{3}{8}x^2-\frac{1}{12}x^3\right)\Big|_1^3=\frac{7}{6}.$$

例 4.1.4 设随机变量 X 服从柯西分布,即概率密度为

$$f(x)=\frac{1}{\pi(1+x^2)},\quad -\infty<x<+\infty,$$

试证 $E(X)$ 不存在.

证明

$$\int_{-\infty}^{+\infty}|x|f(x)\mathrm{d}x=\int_{-\infty}^{+\infty}|x|\cdot\frac{1}{\pi(1+x^2)}\mathrm{d}x$$
$$=\frac{2}{\pi}\int_0^{+\infty}\frac{x}{1+x^2}\mathrm{d}x=\frac{1}{\pi}\ln(1+x^2)\Big|_0^{+\infty}.$$

由于 $\lim\limits_{x\to+\infty}\dfrac{1}{\pi}\ln(1+x^2)$ 不存在,故 $E(X)$ 不存在.

在新冠疫情防控中,有时需要对某地区进行全员核酸检测.为了提高筛查效率,尽快尽早地发现阳性病例,普遍采用了"10 合 1 混采"检测技术,检测效率提升了 10 倍,大幅节约了时间、人力、物力及试剂等检测成本.所谓的"10 合 1 混采"检测技术就是将采集自 10 个人的 10 支拭子样本集合于 1 个采集管中进行核酸检测,混检筛查中一旦发现阳性,将会立即通知相关部门对该混采管的 10 个受试者暂时单独隔离,并重新采集单管拭子进行复核,再确定这 10 个人当中到底哪一个是阳性;如果检测结果是阴性,意味着这 10 份样本全部都是阴性,混检的 10 个人都是安全的."混采"检测技术是有科学依据的,它是华罗庚"优选法"的具体应用.下面通过这个例子加以说明.

例 4.1.5 在一个总人数为 N 的地区进行全员核酸检测,为此要采集 N 个人的拭子进行检测,可以用两种方法进行:(1)将每个人的拭子分别去检测,这就需要检测 N 次.(2)按 k 个人一组进行分组,把同组 k 个人的拭子混合后检测,如果混合拭子呈阴性,就说明 k 个人拭子都呈阴性,这样,这 k 个人拭子就只需检测 1 次;若呈阳性,则再对这 k 个人的拭子分别进行检测,这样,k 个人的拭子总共需要检测 $k+1$ 次.假设每个人检测呈阳性的概率为 p,且这些人的检测反应是相互独立的.试说明当 p 较小时,选取适当的 k,按第二种方法可以减少检测的次数,并说明 k 取什么值时最适宜.

解 由题意知,每人检测呈阴性的概率为 $q=1-p$,因而 k 个人的拭子呈阴性的概率为 q^k,呈阳性的概率为 $1-q^k$.

设以 k 个人为一组时,组内每人检测的次数为 X,则 X 是一个随机变量,它的可能取值只有两种情况:若 k 个人的拭子混合在一起检验结果是阴性,则 $X=1/k$,否则 $X=(k+1)/k$,且有

$$P\left(X=\frac{1}{k}\right)=q^k, \quad P\left(X=\frac{k+1}{k}\right)=1-q^k.$$

一个人的检测次数是个随机变量,直接作为目标函数是不合适的. X 的数学期望描述了 X 取值的平均,表示一个人的平均检测次数,因此我们可以以 X 的期望作为目标函数. 根据期望的定义,X 的期望为

$$E(X)=\frac{1}{k}q^k+\frac{k+1}{k}(1-q^k)=1+\frac{1}{k}-q^k.$$

显然当 q 固定时,$E(X)$ 是 k 的函数,只要满足 $\frac{1}{k}-q^k<0$ 则分组将比单独检测更优.

不妨设 $p=0.012$,则 $q=0.988$,利用 Matlab 可以求出当 $k=10$ 时平均检测次数达到最小值 0.2137,此时采用"10 合 1 混采"检测技术可以节约 78% 以上的人力和物力. □

4.1.2 随机变量函数的数学期望

在实际问题中,常常需要求出随机变量函数的数学期望,例如飞机某部位受到的压力 $F=kV^2$(其中 V 是风速,$k>0$ 是常数),如何利用 V 的分布求出 F 的期望? 一种方法是先求出 F 的分布,再根据期望定义求出 $E(F)$,但这种求法一般比较复杂. 那么,是否可以不求 F 的分布,而直接由 V 的分布得到 $E(F)$? 下面的定理提供了另一种求 $E(F)$ 的方法,我们不加证明地给出该定理.

定理 4.1.1 设 $Y=g(X)$ 是随机变量 X 的函数,且 $E[g(X)]$ 存在.

(1) 若 X 为离散型随机变量,其分布列为 $P(X=x_k)=p_k, k=1,2,\cdots$,则

$$E(Y)=E[g(X)]=\sum_{k=1}^{\infty}g(x_k)p_k; \tag{4.1.3}$$

(2) 若 X 为连续型随机变量,其概率密度为 $f(x)$,则

$$E(Y)=E[g(X)]=\int_{-\infty}^{+\infty}g(x)f(x)\mathrm{d}x. \tag{4.1.4}$$

由定理 4.1.1 可知,在求 $Y=g(X)$ 的数学期望时,不需要知道 Y 的分布,只需知道 X 的分布即可,这为求随机变量函数的数学期望带来很大方便. 该定理还可以推广到二维或二维以上随机变量的函数的情况.

定理 4.1.2 设 $Z=g(X,Y)$ 是二维随机向量 (X,Y) 的函数,且 $E[g(X,Y)]$ 存在.

(1) 若 (X,Y) 为离散型随机变量,其分布列为

$$P(X=x_i,Y=y_j)=p_{ij}, \quad i,j=1,2,\cdots,$$

则

$$E(Z)=E[g(X,Y)]=\sum_{i=1}^{\infty}\sum_{j=1}^{\infty}g(x_i,y_j)p_{ij}; \tag{4.1.5}$$

(2) 若 (X,Y) 为连续型随机变量,其概率密度为 $f(x,y)$,则

$$E(Z)=E[g(X,Y)]=\int_{-\infty}^{+\infty}\int_{-\infty}^{+\infty}g(x,y)f(x,y)\mathrm{d}x\mathrm{d}y. \tag{4.1.6}$$

例 4.1.6 设随机变量 X 的分布列为

X	-1	0	1	2
P	0.3	0.2	0.4	0.1

求 $E(2X+1), E(X^2)$.

解
$$E(2X+1) = [2\times(-1)+1]\times 0.3 + (2\times 0+1)\times 0.2 + (2\times 1+1)$$
$$\times 0.4 + (2\times 2+1)\times 0.1$$
$$= (-1)\times 0.3 + 1\times 0.2 + 3\times 0.4 + 5\times 0.1 = 1.6;$$
$$E(X^2) = (-1)^2\times 0.3 + 0^2\times 0.2 + 1^2\times 0.4 + 2^2\times 0.1 = 1.1.$$

例 4.1.7 设风速 V 是一个随机变量,它服从 $(0,a)$ 上的均匀分布,而飞机某部位受到的压力 F 是风速 V 的函数: $F=kV^2$ (常数 $k>0$),求 F 的数学期望.

解 因为 V 服从 $(0,a)$ 上的均匀分布,则其概率密度为
$$f(v) = \begin{cases} \dfrac{1}{a}, & 0<v<a, \\ 0, & 其他, \end{cases}$$
则
$$E(F) = E(kV^2) = \int_{-\infty}^{+\infty} kv^2 f(v)\mathrm{d}v = \int_0^a kv^2 \frac{1}{a}\mathrm{d}v = \frac{1}{3}ka^2.$$

例 4.1.8 设二维随机变量 (X,Y) 的分布列为

X	Y	
	1	2
1	0.25	0.32
2	0.08	0.35

求 $E(X^2+Y)$.

解 $E(X^2+Y) = \sum_i \sum_j (x_i^2 + y_j) p_{ij}$
$$= (1^2+1)\cdot 0.25 + (1^2+2)\cdot 0.32 + (2^2+1)\cdot 0.08 + (2^2+2)\cdot 0.35$$
$$= 3.96.$$

例 4.1.9 设二维随机变量 (X,Y) 的概率密度为
$$f(x,y) = \begin{cases} x+y, & 0\leqslant x\leqslant 1, 0\leqslant y\leqslant 1, \\ 0, & 其他, \end{cases}$$
求 $E(X), E(Y), E(XY)$.

解
$$E(X) = \int_{-\infty}^{+\infty}\int_{-\infty}^{+\infty} xf(x,y)\mathrm{d}x\mathrm{d}y = \int_0^1 \mathrm{d}x\int_0^1 x(x+y)\mathrm{d}y = \frac{7}{12};$$
$$E(Y) = \int_{-\infty}^{+\infty}\int_{-\infty}^{+\infty} yf(x,y)\mathrm{d}x\mathrm{d}y = \int_0^1 \mathrm{d}y\int_0^1 y(x+y)\mathrm{d}x = \frac{7}{12};$$
$$E(XY) = \int_{-\infty}^{+\infty}\int_{-\infty}^{+\infty} xyf(x,y)\mathrm{d}x\mathrm{d}y = \int_0^1 \mathrm{d}x\int_0^1 xy(x+y)\mathrm{d}y = \frac{1}{3}.$$

4.1.3 数学期望的性质

定理 4.1.3 数学期望具有下列性质：
(1) 设 C 为常数，则 $E(C)=C$；
(2) 设 C 为常数，X 为随机变量，则 $E(CX)=CE(X)$；
(3) 设 X,Y 为任意两个随机变量，则 $E(X+Y)=E(X)+E(Y)$；
(4) 设 X,Y 为相互独立的随机变量，则 $E(XY)=E(X)E(Y)$.

证明 (1) 把常数 C 当作随机变量 X，则是一个离散型随机变量，它只有一个可能取值 C，且 $P(X=C)=1$. 因此
$$E(X)=E(C)=C\times 1=C.$$

(2) 当 X 为离散型随机变量，其分布列为 $P(X=x_k)=p_k, k=1,2,\cdots$，则
$$E(CX)=\sum_{k=1}^{\infty}Cx_k p_k = C\sum_{k=1}^{\infty}x_k p_k = CE(X);$$

当 X 为连续型随机变量，其概率密度为 $f(x)$，则
$$E(CX)=\int_{-\infty}^{+\infty}Cxf(x)\mathrm{d}x = C\int_{-\infty}^{+\infty}xf(x)\mathrm{d}x = CE(X).$$

以下仅对连续型随机变量的情况给出证明，离散型的情况，只需将积分换为相应的求和即可.

(3) 设 (X,Y) 的概率密度为 $f(x,y)$，关于 X,Y 的边缘概率密度为 $f_X(x), f_Y(y)$，则
$$\begin{aligned}E(X+Y) &= \int_{-\infty}^{+\infty}\int_{-\infty}^{+\infty}(x+y)f(x,y)\mathrm{d}x\mathrm{d}y \\ &= \int_{-\infty}^{+\infty}\int_{-\infty}^{+\infty}xf(x,y)\mathrm{d}x\mathrm{d}y + \int_{-\infty}^{+\infty}\int_{-\infty}^{+\infty}yf(x,y)\mathrm{d}x\mathrm{d}y \\ &= \int_{-\infty}^{+\infty}xf_X(x)\mathrm{d}x + \int_{-\infty}^{+\infty}yf_Y(y)\mathrm{d}y \\ &= E(X)+E(Y).\end{aligned}$$

(4) 因为 X 与 Y 相互独立，所以概率密度与边缘概率密度满足
$$f(x,y)=f_X(x)\cdot f_Y(y),$$

则有
$$\begin{aligned}E(XY) &= \int_{-\infty}^{+\infty}\int_{-\infty}^{+\infty}xyf(x,y)\mathrm{d}x\mathrm{d}y \\ &= \int_{-\infty}^{+\infty}\int_{-\infty}^{+\infty}xyf_X(x)f_Y(y)\mathrm{d}x\mathrm{d}y \\ &= \int_{-\infty}^{+\infty}xf_X(x)\mathrm{d}x \cdot \int_{-\infty}^{+\infty}yf_Y(y)\mathrm{d}y \\ &= E(X)E(Y).\end{aligned}$$

熟练掌握以上性质，对于求随机变量的期望，在某些场合下，可降低计算难度和复杂度.

例 4.1.10 一民航大巴载有 20 位旅客自机场开出，有 10 个车站供旅客下车，如果到达某一车站没人下车就不停车，以 X 表示停车次数，求 $E(X)$（设每位旅客在各个车站下车是等可能的，并设各旅客是否下车相互独立）.

解 引入随机变量 $X_i = \begin{cases} 0, & \text{在第 } i \text{ 站没人下车}, \\ 1, & \text{在第 } i \text{ 站有人下车}, \end{cases} i=1,2,\cdots,10$，则 $X=X_1+X_2+\cdots+X_{10}$.

由题意，任一旅客在第 i 站不下车的概率为 $\dfrac{9}{10}$，因此 20 位旅客均不在第 i 站下车的概率为 $\left(\dfrac{9}{10}\right)^{20}$，在第 i 站有人下车的概率为 $1-\left(\dfrac{9}{10}\right)^{20}$，即

$$P(X_i=0)=\left(\dfrac{9}{10}\right)^{20}, \quad P(X_i=1)=1-\left(\dfrac{9}{10}\right)^{20}, \quad i=1,2,\cdots,10.$$

于是 $E(X_i)=1-\left(\dfrac{9}{10}\right)^{20}$，所以

$$\begin{aligned} E(X) &= E(X_1+X_2+\cdots+X_{10}) = E(X_1)+E(X_2)+\cdots+E(X_{10}) \\ &= 10\left[1-\left(\dfrac{9}{10}\right)^{20}\right] \approx 8.784(\text{次}). \end{aligned}$$

例 4.1.11 设一电路中电流 I(安)与电阻 R(欧)是两个相互独立的随机变量，其概率密度分别为

$$f_I(x)=\begin{cases} 2x, & 0\leqslant x\leqslant 1, \\ 0, & \text{其他}, \end{cases} \qquad f_R(y)=\begin{cases} \dfrac{y^2}{9}, & 0\leqslant y\leqslant 3, \\ 0, & \text{其他}, \end{cases}$$

试求电压 $V=IR$ 的数学期望.

解 因为 I 与 R 相互独立，所以根据数学期望的性质，有

$$\begin{aligned} E(V) &= E(IR) = E(I)\cdot E(R) = \int_{-\infty}^{+\infty} xf_I(x)\mathrm{d}x \cdot \int_{-\infty}^{+\infty} yf_R(y)\mathrm{d}y \\ &= \int_0^1 2x^2\mathrm{d}x \cdot \int_0^3 \dfrac{y^3}{9}\mathrm{d}y = \dfrac{3}{2}(\text{伏}). \end{aligned}$$

习 题 4.1

1. 设离散型随机变量 X 的分布列为

X	-2	0	2
P	0.4	0.3	0.3

试求 $E(X), E(3X+5), E(X^2)$.

2. 某地区一个月内发生重大交通事故数 X 服从如下分布：

X	0	1	2	3	4	5	6
P	0.301	0.362	0.216	0.087	0.026	0.006	0.002

试求该地区发生重大交通事故的月平均数.

3. 某厂推土机发生故障后的维修时间 T 是一个随机变量(单位:h)，其概率密度为

$$f(t) = \begin{cases} 0.02e^{-0.02t}, & t>0, \\ 0, & t \leq 0, \end{cases}$$

试求平均维修时间.

4. 设轮船横向摇摆的随机振幅 X 的概率密度为

$$f(x) = \begin{cases} \dfrac{1}{\sigma^2} e^{-\frac{x^2}{2\sigma^2}}, & x>0, \\ 0, & \text{其他,} \end{cases}$$

试求平均振幅.

5. 设二维随机变量 (X,Y) 的分布列为

X	Y	
	0	1
0	$\dfrac{1}{3}$	0
1	$\dfrac{1}{2}$	$\dfrac{1}{6}$

求 $E(2X+3Y)$，$E(XY)$.

6. 设随机变量 (X,Y) 在区域 A 上服从均匀分布，其中 A 为 x 轴，y 轴和直线 $x+y+1=0$ 所围成的区域. 求 $E(X), E(XY)$.

7. 设随机变量 X,Y 相互独立，概率密度分别为

$$f_X(x) = \begin{cases} 2x, & 0 \leq x \leq 1, \\ 0, & \text{其他,} \end{cases} \qquad f_Y(y) = \begin{cases} e^{-(y-5)}, & y>5, \\ 0, & \text{其他,} \end{cases}$$

求 $E(XY)$.

8. 已知甲、乙两箱中装有同种产品，其中甲箱中装有 3 件合格品和 3 件次品，乙箱中仅装有 3 件合格品. 从甲箱中任取 3 件产品放入乙箱后，求：

（1）乙箱中次品件数的数学期望；

（2）从乙箱中任取一件产品是次品的概率.

9. 设随机变量 X 的概率密度为 $f(x) = \begin{cases} \dfrac{x}{2}, & 0<x<2, \\ 0, & \text{其他,} \end{cases}$ $F(x)$ 为 X 的分布函数，$E(X)$ 为 X 的数学期望，试求 $P(F(X) > E(X)-1)$.

10. 设随机变量 X 的分布列为 $P(X=k) = \dfrac{1}{2^k}, k=1,2,\cdots$，$Y$ 表示 X 被 3 整除的余数，试求 $E(Y)$.

11. 设随机变量 X 的分布列为 $P(X=k) = \dfrac{C}{k!}, k=0,1,2,\cdots$，求 $E(X^2)$.

12. 设某种商品每周的需求量 X 服从区间 $(10,30)$ 上的均匀分布，而经销商店进货数量为区间 $(10,30)$ 中的某一整数，商店每销售一单位商品可获利 500 元. 若供大于求，则削价处理，每处理一单位商品亏损 100 元；若供不应求，则可从外部调剂供应，此时每一单位商品仅

获利300元,为使商店所获利润的期望值不小于9 280,试确定最少进货量.

13. 设随机变量 X 与 Y 相互独立,且都服从参数为1的指数分布,记
$$U=\max\{X,Y\}, \quad V=\min\{X,Y\}.$$
(1) 求 V 的概率密度 $f_V(v)$；

(2) 求 $E(U+V)$.

14. 设随机变量 X 的概率密度为
$$f(x)=\begin{cases} 2^{-x}\ln 2, & x>0, \\ 0, & x\leqslant 0. \end{cases}$$
对 X 进行独立重复的观测,直到第2个大于3的观测值出现时停止,记 Y 为观测次数,求 $E(Y)$.

4.2 随机变量的方差

随机变量的数学期望体现了随机变量取值的平均水平,它是随机变量的重要数字特征. 但在刻画随机变量的性质时,仅仅知道数学期望是不够的.例如:

例 4.2.1 甲、乙两名射击手,每次射击命中的环数分别为 X,Y,已知 X,Y 的分布列如下:

X	8	9	10
P	0.2	0.6	0.2

Y	8	9	10
P	0.1	0.8	0.1

问甲、乙两人谁的射击技术更高?

先考察数学期望,很容易求得 $E(X)=E(Y)=9$(环),可见两人的平均成绩相同. 那么,在平均成绩相同的情况下,怎么比较谁的射击技术更高? 很显然,可以比较谁的技术更稳定,即比较谁的得分与均值的偏离程度更小. 然而,用什么量去表示这种偏离程度呢? 我们自然想到了用随机变量 $|X-E(X)|$ 的平均值 $E[|X-E(X)|]$ 来表示,其中取绝对值是为了克服差值的正、负项相抵消. 但是,绝对值 $|X-E(X)|$ 在运算中不方便,因此改用 $[X-E(X)]^2$,这样既能克服差值正、负项的抵消,又能使运算变得方便了. 此时再求期望 $E\{[X-E(X)]^2\}$,用它来表示 X 与 $E(X)$ 的平均偏离程度. 这就是下面要给出的方差的概念.

4.2.1 随机变量的方差

定义 4.2.1 设 X 为随机变量,若 $E[X-E(X)]^2$ 存在,则称它为 X 的**方差**,记为 $D(X)$,即
$$D(X)=E[X-E(X)]^2. \tag{4.2.1}$$
称 $\sqrt{D(X)}$ 为 X 的**标准差**或**均方差**,记为 $\sigma(X)$.

由定义可知,随机变量的方差 $D(X)$ 刻画了 X 的取值与其数学期望的偏离程度,也就是 X 取值的分散程度, $D(X)$ 越小, X 取值越集中, $D(X)$ 越大, X 取值越分散. 因此,方差 $D(X)$ 是刻画 X 取值分散程度的一个数字特征.

$D(X)$ 与 $\sigma(X)$ 均度量了 X 与 $E(X)$ 的偏离程度,但 $D(X)$ 的单位是 X 单位的平方,而 $\sigma(X)$ 的单位与 X 的单位是一样的,故在实际应用中经常采用标准差 $\sigma(X)$.

因为方差是随机变量 X 的函数的数学期望,故若 X 为离散型随机变量,设其分布列为

$$P(X=x_k)=p_k, \quad k=1,2,\cdots,$$

则有

$$D(X)=E[X-E(X)]^2=\sum_{k=1}^{\infty}[x_k-E(X)]^2 p_k. \qquad (4.2.2)$$

若 X 为连续型随机变量，其概率密度为 $f(x)$，则

$$D(X)=E[X-E(X)]^2=\int_{-\infty}^{+\infty}[x-E(X)]^2 f(x)\mathrm{d}x. \qquad (4.2.3)$$

下面通过方差的定义来分析引例 4.2.1. 由于

$$D(X)=E[X-E(X)]^2=0.2\times(8-9)^2+0.6\times(9-9)^2+0.2\times(10-9)^2=0.4,$$
$$D(Y)=E[Y-E(Y)]^2=0.1\times(8-9)^2+0.8\times(9-9)^2+0.1\times(10-9)^2=0.2.$$

由此可见，乙的技术更高一些.

在计算方差时，常用下面更为简便的公式：

$$D(X)=E(X^2)-[E(X)]^2. \qquad (4.2.4)$$

实际上，

$$D(X)=E[X-E(X)]^2=E\{X^2-2XE(X)+[E(X)]^2\}$$
$$=E(X^2)-2E(X)E(X)+[E(X)]^2$$
$$=E(X^2)-[E(X)]^2.$$

例 4.2.2 设 X 为掷一颗骰子出现的点数，试求 X 的方差 $D(X)$.

解 X 为离散型随机变量，且有

$$E(X)=\frac{1}{6}(1+2+3+4+5+6)=\frac{7}{2},$$
$$E(X^2)=\frac{1}{6}(1^2+2^2+3^2+4^2+5^2+6^2)=\frac{91}{6},$$

所以，$D(X)=E(X^2)-[E(X)]^2=\frac{91}{6}-\frac{49}{4}=\frac{35}{12}$. □

例 4.2.3 设随机变量 X 的概率密度为

$$f(x)=\begin{cases}2x, & 0<x<1,\\ 0, & \text{其他}.\end{cases}$$

求 $D(X)$.

解 $$E(X)=\int_0^1 x\cdot 2x\mathrm{d}x=\frac{2}{3}, E(X^2)=\int_0^1 x^2\cdot 2x\mathrm{d}x=\frac{1}{2},$$

于是 $$D(X)=E(X^2)-[E(X)]^2=\frac{1}{2}-\left(\frac{2}{3}\right)^2=\frac{1}{18}.$$ □

例 4.2.4 甲、乙两台机床同时加工某种零件，它们每生产 1 000 件产品所出现的次品数分别用 X_1, X_2 表示，其分布列如下，问哪一台机床加工质量较好？

X_1, X_2	0	1	2	3
$P(X_1)$	0.7	0.2	0.06	0.04
$P(X_2)$	0.8	0.06	0.04	0.1

解 因为
$$E(X_1)=0\times0.7+1\times0.2+2\times0.06+3\times0.04=0.44,$$
$$E(X_2)=0\times0.8+1\times0.06+2\times0.04+3\times0.1=0.44,$$
从平均次品数来看,甲、乙两台机床加工的平均水平相同.而
$$D(X_1)=E(X_1^2)-[E(X_1)]^2=0.606\ 4,$$
$$D(X_2)=E(X_2^2)-[E(X_2)]^2=0.926\ 4,$$
由 $D(X_1)<D(X_2)$ 可以看出,甲机床的加工质量更好. □

4.2.2 方差的性质

以下均假定随机变量的方差是存在的,由方差的定义,很容易得到方差的下列性质:
(1) 设 C 为常数,则 $D(C)=0$;
(2) 设 X 为随机变量,C 为常数,则有 $D(CX)=C^2D(X)$;
(3) 设随机变量 X 与 Y 相互独立,则有 $D(X+Y)=D(X)+D(Y)$.

该性质可推广到有限多个相互独立的随机变量之和的情形,即若 $X_1,X_2,\cdots X_n$ 相互独立,则有
$$D(X_1+X_2+\cdots+X_n)=D(X_1)+D(X_2)+\cdots+D(X_n).$$

证明 (1) $D(C)=E[C-E(C)]^2=E[C-C]^2=0.$
(2) $D(CX)=E[CX-E(CX)]^2=E[CX-CE(X)]^2$
$=E\{C^2[X-E(X)]^2\}=C^2E\{[X-E(X)]^2\}$
$=C^2D(X).$
(3) $D(X+Y)=E[(X+Y)-E(X+Y)]^2=E\{[X-E(X)]+[Y-E(Y)]\}^2$
$=E[X-E(X)]^2+2E\{[X-E(X)][Y-E(Y)]\}+E[Y-E(Y)]^2.$

因为 X 与 Y 相互独立,所以 $X-E(X)$ 与 $Y-E(Y)$ 也相互独立,则
$$E\{[X-E(X)][Y-E(Y)]\}=E[X-E(X)]\cdot E[Y-E(Y)]=0,$$
从而,
$$D(X+Y)==E[X-E(X)]^2+E[Y-E(Y)]^2=D(X)+D(Y).\quad\square$$

例 4.2.5 设随机变量 X_1,X_2,X_3,X_4,X_5 相互独立,且有
$$E(X_i)=i,\quad D(X_i)=6-i,\quad i=1,2,3,4,5.$$
设 $Y=\sum_{i=1}^{5}iX_i$,试求 $E(Y)$ 和 $D(Y)$.

解
$$E(Y)=E\left(\sum_{i=1}^{5}iX_i\right)=\sum_{i=1}^{5}iE(X_i)=\sum_{i=1}^{5}i^2=55.$$

因为 X_1,X_2,X_3,X_4,X_5 相互独立,故有
$$D(Y)=D\left(\sum_{i=1}^{5}iX_i\right)=\sum_{i=1}^{5}i^2D(X_i)=\sum_{i=1}^{5}i^2(6-i)=105. \quad\square$$

例 4.2.6 设随机变量 X 的期望和方差都存在,且 $D(X)>0$,令 $Y=\dfrac{X-E(X)}{\sqrt{D(X)}}$,证明: $E(Y)=0,D(Y)=1.$

证明 由数学期望和方差的性质,可得

$$E(Y) = E\left[\frac{X-E(X)}{\sqrt{D(X)}}\right] = \frac{E(X)-E(X)}{\sqrt{D(X)}} = 0,$$

$$D(Y) = D\left[\frac{X-E(X)}{\sqrt{D(X)}}\right] = \frac{D[X-E(X)]}{D(X)} = \frac{D(X)}{D(X)} = 1. \qquad \Box$$

本例中 Y 称为对应于 X 的**标准化随机变量**,它是无量纲的,用它可把不同单位的量进行加减、比较.

4.2.3 切比雪夫不等式

下面给出概率论中一个重要的不等式.

定理 4.2.1(切比雪夫不等式) 设随机变量 X 的数学期望与方差都存在,则对任意常数 $\varepsilon>0$,有

$$P(|X-E(X)|\geqslant \varepsilon) \leqslant \frac{D(X)}{\varepsilon^2}. \tag{4.2.5}$$

证明 仅对 X 是连续型随机变量的情况予以证明. 设 X 的概率密度为 $f(x)$,则对任意 $\varepsilon>0$,有

$$\begin{aligned}
P(|X-E(X)|\geqslant \varepsilon) &= \int_{|x-E(X)|\geqslant \varepsilon} f(x)\mathrm{d}x \\
&\leqslant \int_{|x-E(X)|\geqslant \varepsilon} \frac{[x-E(X)]^2}{\varepsilon^2} f(x)\mathrm{d}x \\
&\leqslant \frac{1}{\varepsilon^2} \int_{-\infty}^{+\infty} [x-E(X)]^2 f(x)\mathrm{d}x \\
&= \frac{D(X)}{\varepsilon^2}. \qquad \Box
\end{aligned}$$

定理 4.2.2 若随机变量 X 的方差存在,则 $D(X)=0$ 的充要条件是 X 以概率 1 取常数 $E(X)$,即

$$P(X=E(X))=1.$$

证明 充分性. 设 $P(X=E(X))=1$,则有 $P(X^2=[E(X)]^2)=1$,于是
$$D(X)=E(X^2)-[E(X)]^2=0.$$

必要性. 用反证法,假设 $P\{X=E(X)\}<1$,则存在某一数 $\varepsilon>0$,有
$$P(|X-E(X)|\geqslant \varepsilon)>0,$$
但由切比雪夫不等式,对于任意的 $\varepsilon>0$,有
$$P(|X-E(X)|\geqslant \varepsilon) \leqslant \frac{D(X)}{\varepsilon^2}=0.$$

矛盾,于是 $P(X=E(X))=1$. $\qquad \Box$

例 4.2.7 已知某厂一周的产量是均值等于 50 的随机变量,若已知周产量的方差等于 25,则这一周的产量将在 40 到 60 之间的概率至少有多大?

解 设 X 为周产量,则 X 在 40 到 60 之间的概率为
$$P(40<X<60)=P(|X-50|<10)=1-P(|X-50|\geqslant 10),$$
由切比雪夫不等式,得

$$P(|X-50|\geqslant 10)\leqslant \frac{D(X)}{10^2}=\frac{1}{4}.$$

因此

$$P(40<X<60)\geqslant 1-\frac{1}{4}=\frac{3}{4},$$

即这一周的产量将在 40 到 60 之间的概率至少为 0.75. □

习 题 4.2

1. 设随机变量 X 的分布列为

X	-2	0	2
P	0.4	0.3	0.3

求 $D(X), D(\sqrt{10}X-5)$.

2. 已知随机变量 X 的分布函数为

$$F(x)=\begin{cases} 0, & x\leqslant 0 \\ \dfrac{x}{4}, & 0<x\leqslant 4, \\ 1, & x>4 \end{cases}$$

求 $E(X), D(X)$.

3. 已知 $E(2X)=1, D(3X)=1$,求 $E(X^2)$.

4. 在相同条件下,用甲、乙两种仪器检测某种成分的含量,检测结果分别用 X_1, X_2 表示,由以往大量检测结果得知,X_1, X_2 的分布列如下,试比较哪一种仪器的检测精度较高?

X_1, X_2	48	49	50	51	52
$P(X_1)$	0.1	0.1	0.6	0.1	0.1
$P(X_2)$	0.2	0.2	0.2	0.2	0.2

5. 设随机变量 $X_1, X_2, \cdots, X_n$ 独立同分布,其数学期望 $E(X_i)=\mu$,方差 $D(X_i)=\sigma^2$, $i=1,2,\cdots,n$. 令 $\overline{X}=\dfrac{1}{n}\sum_{i=1}^{n}X_i$,求 $E(\overline{X}), D(\overline{X})$.

6. 某流水生产线上每个产品不合格的概率为 $p(0<p<1)$,各产品合格与否相互独立. 当出现一个不合格品时,即停机检修. 设开机后第一次停机时已生产的产品个数为 X,求 X 的数学期望 $E(X)$ 和方差 $D(X)$.

7. 设随机变量 X 的概率分布为 $P(X=-2)=\dfrac{1}{2}, P(X=1)=a, P(X=3)=b$. 若 $E(X)=0$,求 $D(X)$.

8. 设随机变量 X 的概率密度为

$$f(x) = \begin{cases} ax + bx^2, & 0 < x < 1, \\ 0, & \text{其他}, \end{cases}$$

如果已知 $E(X) = 0.5$,计算 $D(X)$.

9. 设 X 为随机变量,C 为常数,证明:$D(X) \leqslant E[(X-C)^2]$.

10. 已知正常成人男性每升血液中的白细胞数平均是 7.3×10^9,标准差是 0.7×10^9.试利用切比雪夫不等式估计每升血液中的白细胞数在 5.2×10^9 至 9.4×10^9 之间的概率的下界.

4.3 常见分布的数学期望和方差

4.3.1 二项分布

设随机变量 $X \sim B(n, p)$,即

$$P(X = k) = C_n^k p^k q^{n-k}, \quad k = 0, 1, \cdots, n, \; 0 < p < 1, \; q = 1 - p.$$

则

$$E(X) = \sum_{k=0}^{n} kP(X=k) = \sum_{k=0}^{n} k C_n^k p^k q^{n-k} = \sum_{k=1}^{n} k \frac{n!}{k!(n-k)!} p^k q^{n-k}$$

$$= np \sum_{k=0}^{n-1} C_{n-1}^k p^k q^{n-1-k} = np (p+q)^{n-1} = np,$$

$$E(X^2) = \sum_{k=0}^{n} k^2 p_k = \sum_{k=0}^{n} k^2 C_n^k p^k q^{n-k} = \sum_{k=1}^{n} k \frac{n!}{(k-1)!(n-k)!} p^k q^{n-k}$$

$$= \sum_{k=1}^{n} (k-1) \frac{n!}{(k-1)!(n-k)!} p^k q^{n-k} + \sum_{k=1}^{n} \frac{n!}{(k-1)!(n-k)!} p^k q^{n-k}$$

$$= np[(n-1)p + 1].$$

由 $D(X) = E(X^2) - [E(X)]^2$,得

$$D(X) = npq.$$

特别地,当 $X \sim (0-1)$ 分布时,

$$E(X) = p, \quad D(X) = pq.$$

4.3.2 泊松分布

设随机变量 $X \sim P(\lambda)$,即其分布列为

$$P(X = k) = \frac{\lambda^k e^{-\lambda}}{k!}, \quad k = 0, 1, 2, \cdots,$$

则

$$E(X) = \sum_{k=0}^{\infty} k p_k = \sum_{k=0}^{\infty} k \frac{\lambda^k}{k!} e^{-\lambda} = e^{-\lambda} \lambda \sum_{k=1}^{\infty} \frac{\lambda^{k-1}}{(k-1)!} = \lambda e^{-\lambda} e^{\lambda} = \lambda,$$

$$E(X^2) = \sum_{k=0}^{\infty} k^2 p_k = \lambda \sum_{k=1}^{\infty} k e^{-\lambda} \frac{\lambda^{k-1}}{(k-1)!} = \lambda \sum_{k=0}^{\infty} (k+1) e^{-\lambda} \frac{\lambda^k}{k!}$$

$$= \lambda \left(e^{-\lambda} \sum_{k=0}^{\infty} k \frac{\lambda^k}{k!} + e^{-\lambda} \sum_{k=0}^{\infty} \frac{\lambda^k}{k!} \right) = \lambda(\lambda + 1) = \lambda^2 + \lambda,$$

从而
$$D(X)=E(X^2)-[E(X)]^2=\lambda.$$

4.3.3 均匀分布

设随机变量 $X \sim U(a,b)$,即其概率密度为
$$f(x)=\begin{cases}\dfrac{1}{b-a}, & a<x<b, \\ 0, & \text{其他}.\end{cases}$$

则有
$$E(X)=\int_{-\infty}^{+\infty}xf(x)\mathrm{d}x=\int_a^b\frac{x}{b-a}\mathrm{d}x=\frac{a+b}{2},$$
$$E(X^2)=\int_{-\infty}^{+\infty}x^2f(x)\mathrm{d}x=\int_a^b\frac{x^2}{b-a}\mathrm{d}x=\frac{b^2+ab+a^2}{3},$$

从而
$$D(X)=E(X^2)-[E(X)]^2=\frac{(b-a)^2}{12}.$$

4.3.4 指数分布

设随机变量 $X \sim E(\lambda)$,即其概率密度为
$$f(x)=\begin{cases}\lambda\mathrm{e}^{-\lambda x}, & x>0, \\ 0, & \text{其他},\end{cases}$$
$$E(X)=\int_{-\infty}^{+\infty}xf(x)\mathrm{d}x=\int_0^{+\infty}\lambda x\mathrm{e}^{-\lambda x}\mathrm{d}x=-\int_0^{+\infty}x\mathrm{d}\mathrm{e}^{-\lambda x}$$
$$=[-x\mathrm{e}^{-\lambda x}]_0^{+\infty}+\int_0^{+\infty}\mathrm{e}^{-\lambda x}\mathrm{d}x=\frac{1}{\lambda},$$

则有
$$E(X^2)=\int_{-\infty}^{+\infty}x^2f(x)\mathrm{d}x=\int_0^{+\infty}\lambda x^2\mathrm{e}^{-\lambda x}\mathrm{d}x=-\int_0^{+\infty}x^2\mathrm{d}\mathrm{e}^{-\lambda x}$$
$$=[-x^2\mathrm{e}^{-\lambda x}]_0^{+\infty}+\int_0^{+\infty}2x\mathrm{e}^{-\lambda x}\mathrm{d}x=\frac{2}{\lambda}\int_0^{+\infty}\lambda x\mathrm{e}^{-\lambda x}\mathrm{d}x=\frac{2}{\lambda^2}.$$

于是
$$D(X)=E(X^2)-[E(X)]^2=\frac{1}{\lambda^2}.$$

4.3.5 正态分布

设随机变量 $X \sim N(\mu,\sigma^2)$,即其概率密度为
$$f(x)=\frac{1}{\sqrt{2\pi}\sigma}\mathrm{e}^{-\frac{(x-\mu)^2}{2\sigma^2}}, \quad -\infty<x<+\infty,$$

则

$$E(X) = \int_{-\infty}^{+\infty} x f(x) \mathrm{d}x = \frac{1}{\sqrt{2\pi}\sigma} \int_{-\infty}^{+\infty} x \mathrm{e}^{-\frac{1}{2}\left(\frac{x-\mu}{\sigma}\right)^2} \mathrm{d}x$$

$$= \frac{1}{\sqrt{2\pi}} \int_{-\infty}^{+\infty} (\sigma t + \mu) \mathrm{e}^{-\frac{t^2}{2}} \mathrm{d}t = \frac{1}{\sqrt{2\pi}} \int_{-\infty}^{+\infty} \sigma t \mathrm{e}^{-\frac{t^2}{2}} \mathrm{d}t + \frac{\mu}{\sqrt{2\pi}} \int_{-\infty}^{+\infty} \mathrm{e}^{-\frac{t^2}{2}} \mathrm{d}t$$

$$= \frac{\mu}{\sqrt{2\pi}} \cdot \sqrt{2\pi} = \mu,$$

$$D(X) = \int_{-\infty}^{+\infty} (x-\mu)^2 f(x) \mathrm{d}x = \int_{-\infty}^{+\infty} (x-\mu)^2 \frac{1}{\sqrt{2\pi}\sigma} \mathrm{e}^{-\frac{1}{2}\left(\frac{x-\mu}{\sigma}\right)^2} \mathrm{d}x$$

$$= \frac{\sigma^2}{\sqrt{2\pi}} \int_{-\infty}^{+\infty} t^2 \mathrm{e}^{-\frac{t^2}{2}} \mathrm{d}t = \frac{1}{\sqrt{2\pi}} \sigma^2 \sqrt{2\pi} = \sigma^2.$$

本节末列出了多种常用的随机变量的数学期望和方差,供读者查用.下面我们再给出几个常用随机变量数字特征应用的举例.

例 4.3.1 设随机变量$(X,Y) \sim N(a,b,\sigma_1^2,\sigma_2^2,\rho)$,求 $E(3X-6Y+2)$.

解 因为$(X,Y) \sim N(a,b,\sigma_1^2,\sigma_2^2,\rho)$,所以 $X \sim N(a,\sigma_1^2)$,$Y \sim N(b,\sigma_2^2)$,且 $E(X)=a$,$E(Y)=b$.由数学期望的性质得

$$E(3X-6Y+2) = 3E(X) - 6E(Y) + 2 = 3a - 6b + 2. \quad \Box$$

例 4.3.2 设 X_1, X_2, X_3 相互独立,且 $X_1 \sim U(0,6)$,$X_2 \sim E\left(\frac{1}{2}\right)$,$X_3 \sim P(3)$,记 $Y = X_1 - 2X_2 + 3X_3$,求 $E(Y)$ 和 $D(Y)$.

解 因为 $X_1 \sim U(0,6)$,$X_2 \sim E\left(\frac{1}{2}\right)$,$X_3 \sim P(3)$,所以

$$E(X_1) = \frac{0+6}{2} = 3, \quad E(X_2) = \frac{1}{1/2} = 2, \quad E(X_3) = 3.$$

由数学期望的性质得

$$E(Y) = E(X_1 - 2X_2 + 3X_3) = E(X_1) - 2E(X_2) + 3E(X_3)$$
$$= 3 - 2 \times 2 + 3 \times 3 = 8.$$

又有

$$D(X_1) = \frac{6^2}{12} = 3, \quad D(X_2) = 2^2 = 4, \quad D(X_3) = 3.$$

由于 X_1, X_2, X_3 相互独立,所以根据方差的性质得

$$D(Y) = D(X_1 - 2X_2 + 3X_3) = D(X_1) + 4D(X_2) + 9D(X_3)$$
$$= 3 + 4 \times 4 + 9 \times 3 = 46. \quad \Box$$

例 4.3.3 设随机变量 X 的分布函数为 $F(x) = 0.3\Phi(x) + 0.7\Phi\left(\frac{x-1}{2}\right)$,其中 $\Phi(x)$ 为标准正态分布函数,试求 $E(X)$.

解 $f(x) = F'(x) = 0.3\Phi'(x) + \frac{0.7}{2}\Phi'\left(\frac{x-1}{2}\right),$

$$E(X) = \int_{-\infty}^{+\infty} x f(x) \mathrm{d}x = 0.3 \int_{-\infty}^{+\infty} x \Phi'(x) \mathrm{d}x + 0.35 \int_{-\infty}^{+\infty} x \Phi'\left(\frac{x-1}{2}\right) \mathrm{d}x,$$

由于 $\Phi(x)$ 为标准正态分布函数,所以

$$\int_{-\infty}^{+\infty} x \Phi'(x) \mathrm{d}x = 0,$$

$$\int_{-\infty}^{+\infty} x \Phi'\left(\frac{x-1}{2}\right) \mathrm{d}x \xrightarrow{\frac{x-1}{2}=u} 2\int_{-\infty}^{+\infty} (2u+1)\Phi'(u)\mathrm{d}u = 2,$$

$$E(X) = 0 + 0.35 \times 2 = 0.7. \qquad \square$$

表 4.3.1　几种常见分布的数学期望与方差

分布	参数	分布律或概率密度	数学期望	方差
0—1 分布	$0<p<1$	$P(X=k)=p^k(1-p)^{1-k}$ $k=0,1$	p	$p(1-p)$
二项分布	$n\geqslant 1$ $0<p<1$	$P(X=k)=C_n^k p^k(1-p)^{n-k}$ $k=0,1,\cdots,n$	np	$np(1-p)$
泊松分布	$\lambda>0$	$P(X=k)=\dfrac{\lambda^k \mathrm{e}^{-\lambda}}{k!}$ $k=0,1,\cdots$	λ	λ
几何分布	$0<p<1$	$P(X=k)=p(1-p)^{k-1}$ $k=1,2,\cdots$	$\dfrac{1}{p}$	$\dfrac{1-p}{p^2}$
超几何分布	N,M,n $(n\leqslant M)$	$P(X=k)=\dfrac{C_M^k C_{N-M}^{n-k}}{C_N^n}$	$\dfrac{nM}{N}$	$\dfrac{nM}{N}\left(1-\dfrac{M}{N}\right)\left(\dfrac{N-n}{N-1}\right)$
均匀分布	$a<b$	$f(x)=\begin{cases}\dfrac{1}{b-a}, & a\leqslant x\leqslant b\\ 0, & \text{其他}\end{cases}$	$\dfrac{a+b}{2}$	$\dfrac{(b-a)^2}{12}$
正态分布	μ $\sigma>0$	$f(x)=\dfrac{1}{\sqrt{2\pi}\sigma}\mathrm{e}^{-\frac{(x-\mu)^2}{2\sigma^2}}$	μ	σ^2
指数分布	$\lambda>0$	$f(x)=\begin{cases}\lambda\mathrm{e}^{-\lambda x}, & x>0\\ 0, & \text{其他}\end{cases}$	$\dfrac{1}{\lambda}$	$\dfrac{1}{\lambda^2}$

习　题　4.3

1. 设随机变量 $X\sim B(n,p)$，已知 $E(X)=5, D(X)=2.5$，则求 n,p 的值.

2. 设 X 表示 10 次独立重复掷硬币的试验中正面出现的次数，假设硬币质地均匀，求 $E(X^2)$ 的值.

3. 设随机变量 $X\sim E(1)$，求 $E(X+\mathrm{e}^{-2X})$ 的值.

4. 设 X,Y 是两个相互独立的随机变量，$X\sim E(1), Y\sim U(0,1)$，则求 $E(XY)$ 的值.

5. 设随机变量 $X\sim E(\lambda)$，求 $P(X>\sqrt{D(X)})$.

6. 设随机变量 X_1, X_2, X_3 相互独立，其中 $X_1\sim E(3), X_2\sim N(0,2^2), X_3\sim P(3)$，令 $Y=3X_1+X_2+2X_3$，求 $E(Y), D(Y)$ 的值.

7. 设随机变量 X 服从标准正态分布 $X\sim N(0,1)$，求 $E(X\mathrm{e}^{2X})$ 的值.

8. 设随机变量 X,Y 独立,且 $X \sim N(1,2), Y \sim N(1,4)$,求 $D(XY)$ 的值.

9. 设随机变量 X 的概率分布列为 $P(X=1)=P(X=2)=\dfrac{1}{2}$,在给定 $X=i$ 的条件下,随机变量 Y 服从均匀分布 $U(0,i)(i=1,2)$. 求 $E(Y)$.

4.4 协方差和相关系数

通过前面的学习,我们知道对任意二维随机变量 (X,Y),有 $D(X+Y)=D(X)+D(Y)+2E\{[X-E(X)][Y-E(Y)]\}$.这意味着,$X$ 与 Y 总和的波动性除了受各自波动性的影响外,还受 X 与 Y 之间交互作用的影响,其中描述 X 与 Y 取值关联程度的项 $E\{[X-E(X)][Y-E(Y)]\}$,正是我们本节要引入的新数字特征——X 与 Y 的协方差.

4.4.1 协方差

定义 4.4.1 设 (X,Y) 是二维随机变量,若
$$E\{[X-E(X)][Y-E(Y)]\}$$
存在,则称它为随机变量 X 与 Y 的**协方差**,记为 $\mathrm{Cov}(X,Y)$,即
$$\mathrm{Cov}(X,Y)=E\{[X-E(X)][Y-E(Y)]\}. \tag{4.4.1}$$
显然,$\mathrm{Cov}(X,X)=D(X)$.

协方差实质上是二维随机变量函数 $g(X,Y)=[X-E(X)][Y-E(Y)]$ 的期望,一般可按 (4.1.5) 式或 (4.1.6) 式计算.但是,实际计算时用得更多的是以下公式
$$\mathrm{Cov}(X,Y)=E(XY)-E(X)E(Y). \tag{4.4.2}$$
这是因为
$$\begin{aligned}\mathrm{Cov}(X,Y)&=E\{[X-E(X)][Y-E(Y)]\}\\&=E[XY-XE(Y)-YE(X)+E(X)E(Y)]\\&=E(XY)-E(X)E(Y).\end{aligned}$$

- 若 $\mathrm{Cov}(X,Y)>0$,称 X 与 Y 正相关,意味着 X 与 Y 有同时增加或减少的倾向.
- 若 $\mathrm{Cov}(X,Y)<0$,称 X 与 Y 负相关,这时有 X 增加而 Y 减少的倾向,或有 Y 增加而 X 减少的倾向.
- 若 $\mathrm{Cov}(X,Y)=0$,称 X 与 Y 不相关,这时可能由两类情况导致:一类是 X 与 Y 的取值毫无关联,另一类是 X 与 Y 间存有某种非线性关系.

例 4.4.1 设二维离散型随机变量 (X,Y) 的分布列为

X	Y		
	0	1	2
0	$\dfrac{1}{4}$	0	$\dfrac{1}{4}$
1	0	$\dfrac{1}{3}$	0
2	$\dfrac{1}{12}$	0	$\dfrac{1}{12}$

求 X 与 Y 的协方差 $\text{Cov}(X,Y)$.

解 由 X 与 Y 的联合分布列可得 X,Y,XY 的分布列分别为

X	0	1	2
P	$\frac{1}{2}$	$\frac{1}{3}$	$\frac{1}{6}$

Y	0	1	2
P	$\frac{1}{3}$	$\frac{1}{3}$	$\frac{1}{3}$

XY	0	1	4
P	$\frac{7}{12}$	$\frac{1}{3}$	$\frac{1}{12}$

故

$$E(X)=0\times\frac{1}{2}+1\times\frac{1}{3}+2\times\frac{1}{6}=\frac{2}{3},$$

$$E(Y)=0\times\frac{1}{3}+1\times\frac{1}{3}+2\times\frac{1}{3}=1,$$

$$E(XY)=0\times\frac{7}{12}+1\times\frac{1}{3}+4\times\frac{1}{12}=\frac{2}{3}.$$

由(4.4.2)式得

$$\text{Cov}(X,Y)=E(XY)-E(X)E(Y)=\frac{2}{3}-\frac{2}{3}\times 1=0.$$

例 4.4.2 设 $(X,Y)\sim N(\mu_1,\mu_2,\sigma_1^2,\sigma_2^2,\rho)$,求 $\text{Cov}(X,Y)$.

解

$$\text{Cov}(X,Y)=\int_{-\infty}^{+\infty}\int_{-\infty}^{+\infty}[x-E(X)][y-E(Y)]f(x,y)\text{d}x\text{d}y$$

$$=\int_{-\infty}^{+\infty}\int_{-\infty}^{+\infty}(x-\mu_1)(y-\mu_2)\frac{1}{2\pi\sigma_1\sigma_2\sqrt{1-\rho^2}}\text{e}^{-\frac{1}{2(1-\rho^2)}\left[\frac{(x-\mu_1)^2}{\sigma_1^2}-2\rho\frac{(x-\mu_1)(y-\mu_2)}{\sigma_1\sigma_2}+\frac{(y-\mu_2)^2}{\sigma_2^2}\right]}\text{d}x\text{d}y$$

令 $u=\dfrac{x-\mu_1}{\sigma_1},v=\dfrac{y-\mu_2}{\sigma_2}$,则

$$\text{Cov}(X,Y)=\frac{\sigma_1\sigma_2}{2\pi\sqrt{1-\rho^2}}\int_{-\infty}^{+\infty}\int_{-\infty}^{+\infty}uv\text{e}^{-\frac{1}{2(1-\rho^2)}(u^2-2\rho uv+v^2)}\text{d}u\text{d}v$$

$$=\frac{\sigma_1\sigma_2}{2\pi\sqrt{1-\rho^2}}\int_{-\infty}^{+\infty}\int_{-\infty}^{+\infty}uv\text{e}^{-\frac{1}{2(1-\rho^2)}\left[(u-\rho v)^2+(1-\rho^2)v^2\right]}\text{d}u\text{d}v$$

$$=\frac{\sigma_1\sigma_2}{\sqrt{2\pi}}\int_{-\infty}^{+\infty}v\text{e}^{-\frac{v^2}{2}}\text{d}v\frac{1}{\sqrt{2\pi(1-\rho^2)}}\int_{-\infty}^{+\infty}u\text{e}^{-\frac{1}{2(1-\rho^2)}(u-\rho v)^2}\text{d}u$$

$$=\frac{\sigma_1\sigma_2}{\sqrt{2\pi}}\int_{-\infty}^{+\infty}\rho v^2\text{e}^{-\frac{v^2}{2}}\text{d}v$$

$$=\rho\sigma_1\sigma_2.$$

定理 4.4.1 协方差具有下述性质:

(1) $\mathrm{Cov}(X,Y) = \mathrm{Cov}(Y,X)$;

(2) $\mathrm{Cov}(X_1+X_2,Y) = \mathrm{Cov}(X_1,Y) + \mathrm{Cov}(X_2,Y)$;

(3) $\mathrm{Cov}(aX,bY) = ab\mathrm{Cov}(X,Y)$，其中 a,b 为常数;

(4) $D(X \pm Y) = D(X) + D(Y) \pm 2\mathrm{Cov}(X,Y)$;

(5) 若 X,Y 相互独立，则 $\mathrm{Cov}(X,Y) = 0$.

上面各式所提及的协方差，方差都假定存在.

证明 (1)是显然的.

(2)
$$\begin{aligned}\mathrm{Cov}(X_1+X_2,Y) &= E\{[X_1+X_2-E(X_1+X_2)][Y-E(Y)]\} \\ &= E\{[X_1-E(X_1)][Y-E(Y)]\} \\ &\quad + E\{[X_2-E(X_2)][Y-E(Y)]\} \\ &= \mathrm{Cov}(X_1,Y) + \mathrm{Cov}(X_2,Y).\end{aligned}$$

(3)
$$\begin{aligned}\mathrm{Cov}(aX,bY) &= E\{[aX-E(aX)][bY-E(bY)]\} \\ &= abE\{[X-E(X)][Y-E(Y)]\} \\ &= ab\mathrm{Cov}(X,Y).\end{aligned}$$

(4)
$$\begin{aligned}D(X \pm Y) &= E[(X \pm Y)-E(X \pm Y)]^2 \\ &= E\{[X-E(X)] \pm [Y-E(Y)]\}^2 \\ &= E[X-E(X)]^2 \pm 2E\{[X-E(X)][Y-E(Y)]\} + E[Y-E(Y)]^2 \\ &= D(X) \pm 2\mathrm{Cov}(X,Y) + D(Y).\end{aligned}$$

(5) 由方差性质(3)推导过程及定义 4.4.1 可得. □

协方差 $\mathrm{Cov}(X,Y)$ 是有量纲的量，譬如 X 表示人的身高，单位是米(m)，Y 表示人的体重，单位是千克(kg)，则 $\mathrm{Cov}(X,Y)$ 带有量纲(m·kg).为了消除量纲的影响，我们对协方差进行标准化处理：先将变量标准化为

$$X^* = \frac{X-E(X)}{\sqrt{D(X)}}, \quad Y^* = \frac{Y-E(Y)}{\sqrt{D(Y)}},$$

经过标准化后的随机变量 X^* 与 Y^* 的协方差 $\mathrm{Cov}(X^*,Y^*)$ 是一个无量纲量.这样，我们就得到了相关系数的概念.

4.4.2 相关系数

定义 4.4.2 设 (X,Y) 是二维随机变量，当 $D(X) > 0, D(Y) > 0$ 时，称 $E\left\{\dfrac{[X-E(X)]}{\sqrt{D(X)}}\dfrac{[Y-E(Y)]}{\sqrt{D(Y)}}\right\}$ 为 X 与 Y 的(线性)**相关系数**，记作 ρ_{XY}，即

$$\rho_{XY} = E\left\{\frac{[X-E(X)]}{\sqrt{D(X)}} \frac{[Y-E(Y)]}{\sqrt{D(Y)}}\right\} = \frac{\mathrm{Cov}(X,Y)}{\sqrt{D(X)D(Y)}}. \tag{4.4.3}$$

例 4.4.3 设随机变量 X、Y 的概率分布相同，X 的分布列为 $P(X=0) = \dfrac{1}{3}, P(X=1) =$

$\frac{2}{3}$,且 X、Y 的相关系数 $\rho_{XY} = \frac{1}{2}$,求二维随机变量(X,Y)的分布列.

解 由于 X、Y 的概率分布相同,故

$$P(X=0) = \frac{1}{3}, \ P(X=1) = \frac{2}{3}, \ P(Y=0) = \frac{1}{3}, \ P(Y=1) = \frac{2}{3},$$

显然

$$E(X) = E(Y) = \frac{2}{3}, \ D(X) = D(Y) = \frac{2}{9},$$

$$\rho_{XY} = \frac{1}{2} = \frac{\operatorname{Cov}(X,Y)}{\sqrt{D(X)}\sqrt{D(Y)}} = \frac{E(XY) - E(X)E(Y)}{\sqrt{D(X)}\sqrt{D(Y)}} = \frac{E(XY) - \frac{4}{9}}{\frac{2}{9}},$$

所以 $E(XY) = \frac{5}{9}$. 而 $E(XY) = 1 \times 1 \times P(X=1, Y=1)$,所以 $P(X=1, Y=1) = \frac{5}{9}$,从而得到$(X, Y)$的分布列为

$$P(X=1, Y=1) = \frac{5}{9},$$

$$P(X=0, Y=1) = \frac{1}{9},$$

$$P(X=1, Y=0) = \frac{1}{9},$$

$$P(X=0, Y=0) = \frac{2}{9},$$

即

X	Y		
	0	1	$P(X=i)$
0	$\frac{2}{9}$	$\frac{1}{9}$	$\frac{1}{3}$
1	$\frac{1}{9}$	$\frac{5}{9}$	$\frac{2}{3}$
$P(Y=j)$	$\frac{1}{3}$	$\frac{2}{3}$	

例 4.4.4 在例 4.4.2 中,求 ρ_{XY}.

解 由例 4.4.2 知

$$\operatorname{Cov}(X,Y) = \rho \sigma_1 \sigma_2,$$

故

$$\rho_{XY} = \frac{\operatorname{Cov}(X,Y)}{\sqrt{D(X)D(Y)}} = \frac{\rho \sigma_1 \sigma_2}{\sqrt{\sigma_1^2 \sigma_2^2}} = \rho.$$

这给出了二维正态分布的概率密度中参数 ρ 的概率意义. □

引理 4.4.1 (施瓦茨(Schwarz)不等式) 对任意二维随机变量(X,Y),若 X 与 Y 的方差都存在,且记 $\sigma_X^2 = D(X)$, $\sigma_Y^2 = D(Y)$, 则有

$$[\text{Cov}(X,Y)]^2 \leqslant \sigma_X^2 \sigma_Y^2. \tag{4.4.4}$$

证明 不妨设 $\sigma_X^2 > 0$, 因为当 $\sigma_X^2 = 0$ 时, 则 X 以概率 1 为常数, 因而其与 Y 的协方差亦为零, 从而(4.4.4)式两端皆为零, 结论成立. 若 $\sigma_X^2 > 0$ 成立, 考虑 t 的如下二次函数

$$g(t) = E[t(X-E(X))+(Y-E(Y))]^2$$
$$= t^2 \sigma_X^2 + 2t \cdot \text{Cov}(X,Y) + \sigma_Y^2.$$

由于上述的二次三项式非负, 平方项系数 σ_X^2 为正, 所以其判别式小于或等于零, 即

$$[2\text{Cov}(X,Y)]^2 - 4\sigma_X^2 \sigma_Y^2 \leqslant 0.$$

移项后即得施瓦茨不等式. □

注 施瓦茨不等式还有下面常用形式

$$[E(XY)]^2 \leqslant E(X^2)E(Y^2).$$

定理 4.4.2 设 ρ_{XY} 是 X 与 Y 的相关系数, 则有

(1) $|\rho_{XY}| \leqslant 1$;

(2) $|\rho_{XY}| = 1$ 的充要条件是 X 与 Y 以概率 1 有线性关系, 即存在常数 $a \neq 0$ 和 b, 使 $P(Y=aX+b)=1$.

证明 (1) 用施瓦茨不等式易得 $|\rho_{XY}| \leqslant 1$.

(2) 充分性. 若存在 $a \neq 0$ 和 b, 使 $P(Y=aX+b)=1$, 则

$$\rho_{XY} = \frac{\text{Cov}(X,Y)}{\sqrt{D(X)}\sqrt{D(Y)}} = \frac{\text{Cov}(X,aX+b)}{\sqrt{D(X)}\sqrt{D(Y)}}$$
$$= \frac{a\text{Cov}(X,X)}{\sqrt{a^2[D(X)]^2}} = \begin{cases} 1, & a>0, \\ -1, & a<0, \end{cases}$$

即 $|\rho_{XY}| = 1$.

必要性. 当 $\rho_{XY} = 1$ 时, 由(1)的证明知

$$D\left[\frac{Y}{\sqrt{D(Y)}} - \frac{X}{\sqrt{D(X)}}\right] = 2 - 2\rho_{XY} = 0.$$

由方差的性质可知, 存在常数 C, 使

$$P\left(\frac{Y}{\sqrt{D(Y)}} - \frac{X}{\sqrt{D(X)}} = C\right) = 1,$$

即

$$P\left(Y = \sqrt{\frac{D(Y)}{D(X)}} X + C\sqrt{D(Y)}\right) = 1.$$

取 $a = \sqrt{\frac{D(Y)}{D(X)}}$, $b = C\sqrt{D(Y)}$, 则 $P(Y=aX+b)=1$.

当 $\rho_{XY} = -1$ 时, 类似可证, 只是这时的

$$a = -\sqrt{\frac{D(Y)}{D(X)}} < 0.$$

□

定理 4.4.2 表明，X 与 Y 的相关系数刻画了 X 与 Y 之间线性关系的强弱.

- 当 $|\rho_{XY}|=1$ 时，X 与 Y 以概率 1 有线性关系.特别地当 $\rho_{XY}=1$ 时，Y 随 X 的增大而线性增大，此时称 X 与 Y 完全正相关；当 $\rho_{XY}=-1$ 时，Y 随 X 增大而线性减小，此时称 X 与 Y 完全负相关.
- 当 $|\rho_{XY}|<1$ 时，称 X 与 Y 有"一定程度"的线性关系，ρ_{XY} 越接近于零时，X 与 Y 线性相关程度越低.
- 特别地，当 $\rho_{XY}=0$ 时，随机变量 X 与 Y 不相关.

需要注意的是，随机变量 X 与 Y 不相关，是指 X 与 Y 之间不存在线性关系，并不等于说 X 与 Y 之间不存在其他形式的函数关系.

例如，$X \sim U[-\pi,\pi]$，$Y=X^2$，则

$$E(X)=\int_{-\pi}^{\pi}\frac{x}{2\pi}dx=0,$$

$$E(XY)=E(X^3)=\int_{-\pi}^{\pi}\frac{x^3}{2\pi}dx=0,$$

$$\text{Cov}(X,Y)=E(XY)-E(X)E(Y)=0.$$

那么 $\rho_{XY}=0$，即 X 与 Y 不相关，但显然 Y 和 X 间存在着函数关系 $Y=X^2$.

独立性和相关性都是随机变量间联系程度的一种反映.独立性是指 X,Y 的概率规律之间没有任何联系，不相关性指的是 X,Y 间没有线性关系.由协方差性质知，当 X 与 Y 独立时，$\text{Cov}(X,Y)=0$，从而一定有 $\rho_{XY}=0$，即 X 与 Y 不相关；但反过来不一定成立.请看下例.

例 4.4.5 设 (X,Y) 的概率密度为

$$f(x,y)=\begin{cases} \dfrac{1}{\pi}, & x^2+y^2 \leqslant 1, \\ 0, & x^2+y^2>1. \end{cases}$$

证明：(1) X 与 Y 不相关；(2) X 与 Y 不独立.

证明 （1）

$$f_X(x)=\int_{-\infty}^{+\infty}f(x,y)dy=\begin{cases} \dfrac{1}{\pi}\int_{-\sqrt{1-x^2}}^{\sqrt{1-x^2}}dy=\dfrac{2}{\pi}\sqrt{1-x^2}, & -1 \leqslant x \leqslant 1, \\ 0, & \text{其他.} \end{cases}$$

同理

$$f_Y(y)=\begin{cases} \dfrac{2}{\pi}\sqrt{1-y^2}, & -1 \leqslant y \leqslant 1, \\ 0, & \text{其他.} \end{cases}$$

由于 $f_X(x),f_Y(y)$ 均为偶函数，故 $E(X)=E(Y)=0$，而

$$E(XY)=\iint_{x^2+y^2 \leqslant 1}\frac{1}{\pi}xy\,dx\,dy=0,$$

故

$$\rho_{XY}=\frac{\text{Cov}(X,Y)}{\sqrt{D(X)}\sqrt{D(Y)}}=\frac{E(XY)-E(X)E(Y)}{\sqrt{D(X)}\sqrt{D(Y)}}=0.$$

所以 X 与 Y 不相关.

(2) 由于 $f(x,y) \neq f_X(x) f_Y(y)$，所以 X 与 Y 不独立. □

对于二维正态随机变量 (X,Y) 来说，X 与 Y 的独立性和不相关性是等价的，这就是下述定理.

定理 4.4.3 若 $(X,Y) \sim N(\mu_1, \mu_2, \sigma_1^2, \sigma_2^2, \rho)$，则 X 与 Y 相互独立的充要条件是 X 与 Y 不相关.

证明 因为 $(X,Y) \sim N(\mu_1, \mu_2, \sigma_1^2, \sigma_2^2, \rho)$，由例 3.4.5 知 X 与 Y 相互独立的充要条件是 $\rho=0$，由例 4.4.4 知 $\rho_{XY} = \rho$.

因此，X 与 Y 相互独立的充要条件是 $\rho_{XY} = 0$，即 X 与 Y 不相关. □

习 题 4.4

1. 将长度为 1 m 的木棒随机地截成两段，则两段长度的相关系数为（　　）.

(A) 1　　　　(B) $\dfrac{1}{2}$　　　　(C) $-\dfrac{1}{2}$　　　　(D) -1

2. 随机试验 E 有三种两两不相容的结果 A_1, A_2, A_3，且三种结果发生的概率均为 $\dfrac{1}{3}$，将试验 E 独立重复做 2 次，X 表示 2 次试验中结果 A_1 发生的次数，Y 表示 2 次试验中结果 A_2 发生的次数，则 X 与 Y 的相关系数为（　　）.

(A) $-\dfrac{1}{2}$　　　　(B) $-\dfrac{1}{3}$　　　　(C) $\dfrac{1}{2}$　　　　(D) $\dfrac{1}{3}$

3. 设随机变量 (X,Y) 服从二维正态分布 $N\left(0, 0, 1, 4, -\dfrac{1}{2}\right)$，下列随机变量中服从标准正态分布且与 X 独立的是（　　）.

(A) $\dfrac{\sqrt{5}}{5}(X+Y)$　　　　　　　(B) $\dfrac{\sqrt{5}}{5}(X-Y)$

(C) $\dfrac{\sqrt{3}}{3}(X+Y)$　　　　　　　(D) $\dfrac{\sqrt{3}}{3}(X-Y)$

4. 设随机变量 X 服从 $\left(-\dfrac{\pi}{2}, \dfrac{\pi}{2}\right)$ 上的均匀分布，$Y = \sin X$，求 $\mathrm{Cov}(X,Y)$.

5. 已知随机变量 X, Y 以及 XY 的分布列如下表所示，

X	0	1	2
$P(X=x_i)$	$\dfrac{1}{2}$	$\dfrac{1}{3}$	$\dfrac{1}{6}$

Y	0	1	2
$P(Y=y_j)$	$\dfrac{1}{3}$	$\dfrac{1}{3}$	$\dfrac{1}{3}$

XY	0	1	2	4
P	$\dfrac{7}{12}$	$\dfrac{1}{3}$	0	$\dfrac{1}{12}$

(1) 求 $P(X=2Y)$；

(2) 求 $\text{Cov}(X-Y,Y)$ 与 ρ_{XY}.

6. 设二维随机变量 (X,Y) 在区域 $D=\{(x,y)|0<y<\sqrt{1-x^2}\}$ 上服从均匀分布，令

$$Z_1=\begin{cases}1, & X-Y>0,\\ 0, & X-Y\leqslant 0,\end{cases} \quad Z_2=\begin{cases}1, & X+Y>0,\\ 0, & X+Y\leqslant 0.\end{cases}$$

(1) 求二维随机变量 (Z_1,Z_2) 的分布列；

(2) 求 Z_1 与 Z_2 的相关系数.

7. 设随机变量 X 与 Y 相互独立，X 的概率分布 $P(X=1)=P(X=-1)=\dfrac{1}{2}$，$Y$ 服从参数为 λ 的泊松分布，令 $Z=XY$.

(1) 求 $\text{Cov}(X,Z)$；

(2) 求 Z 的概率分布.

8. 设二维随机变量 (X,Y) 的概率密度为

$$f(x,y)=\begin{cases}A\sin(x+y), & 0\leqslant x\leqslant\dfrac{\pi}{2},0\leqslant y\leqslant\dfrac{\pi}{2},\\ 0, & \text{其他}.\end{cases}$$

(1) 求系数 A；

(2) 求 X 与 Y 的相关系数 ρ_{XY}.

9. 假设随机变量 X,Y,Z 两两不相关，方差相等且不为零，求 $X+Y$ 与 $Y+Z$ 的相关系数.

10. 设 (X,Y) 的概率密度为

$$f(x,y)=\begin{cases}2-x-y, & 0\leqslant x\leqslant 1,0\leqslant y\leqslant 1,\\ 0, & \text{其他}.\end{cases}$$

试判断 X,Y 是否独立，是否相关.

4.5 矩和协方差矩阵

除了期望，方差，协方差和相关系数以外，还有其他多种不同类型的数字特征来描述随机变量的取值特征或它们之间的关系.在本节，我们主要讨论统计学部分经常使用的数字特征——矩和协方差矩阵.

4.5.1 矩

粗略地讲，矩就是随机变量幂函数的期望，一般地，我们有：

定义 4.5.1 设 X 与 Y 是随机变量.

若 $E(X^k)(k=1,2,\cdots)$ 存在，则称它为 X 的 k 阶**原点矩**；

若 $E[X-E(X)]^k(k=1,2,\cdots)$ 存在，则称它为 X 的 k 阶**中心矩**；

若 $E[X^kY^l](k,l=1,2,\cdots)$ 存在，则称它为 X 与 Y 的 $k+l$ 阶**联合原点矩**；

若 $E\{[X-E(X)]^k[Y-E(Y)]^l\}(k,l=1,2,\cdots)$ 存在，则称它为 X 与 Y 的 $k+l$ 阶**联合中心矩**.

显然 X 的数学期望 $E(X)$ 是 X 的一阶原点矩;方差 $D(X)$ 是 X 的二阶中心矩;协方差 $\mathrm{Cov}(X,Y)$ 是 X 与 Y 的 $1+1$ 阶联合中心矩.

4.5.2 协方差矩阵

对于二维随机变量 (X_1,X_2),记
$$C_{11}=D(X_1)=E\{[X_1-E(X_1)]^2\},$$
$$C_{22}=D(X_2)=E\{[X_2-E(X_2)]^2\},$$
$$C_{12}=\mathrm{Cov}(X_1,X_2)=E\{[X_1-E(X_1)][X_2-E(X_2)]\},$$
$$C_{21}=\mathrm{Cov}(X_2,X_1)=E\{[X_2-E(X_2)][X_1-E(X_1)]\},$$

其中 $C_{12}=C_{21}$,它们排成的矩阵
$$\begin{bmatrix} C_{11} & C_{12} \\ C_{21} & C_{22} \end{bmatrix}$$

称为 (X_1,X_2) 的**协方差矩阵**.

例如,$(X_1,X_2)\sim N(\mu_1,\mu_2,\sigma_1^2,\sigma_2^2,\rho)$,则 (X_1,X_2) 的协方差矩阵为
$$\begin{bmatrix} \sigma_1^2 & \rho\sigma_1\sigma_2 \\ \rho\sigma_1\sigma_2 & \sigma_2^2 \end{bmatrix}.$$

一般地,对于 n 维随机变量 $(X_1,X_2,\cdots,X_n)$,若 X_i 与 X_j 的 $1+1$ 阶联合中心矩
$$C_{ij}=\mathrm{Cov}(X_i,X_j)=E\{[X_i-E(X_i)][X_j-E(X_j)]\} \quad (i,j=1,2,\cdots,n)$$
都存在,则称矩阵
$$\begin{bmatrix} C_{11} & C_{12} & \cdots & C_{1n} \\ C_{21} & C_{22} & \cdots & C_{2n} \\ \vdots & \vdots & & \vdots \\ C_{n1} & C_{n2} & \cdots & C_{nn} \end{bmatrix}$$

为 n 维随机变量 $(X_1,X_2,\cdots,X_n)$ 的协方差矩阵,简记为 C.

例 4.5.1 设随机变量 X 与 Y 相互独立且都服从参数为 λ 的泊松分布,令 $U=2X+Y$,$V=2X-Y$,求相关系数 ρ_{UV} 及 (U,V) 的协方差矩阵.

解 由于 $E(X)=E(Y)=\lambda$,$D(X)=D(Y)=\lambda$,所以
$$E(X^2)=E(Y^2)=D(X)+[E(X)]^2=\lambda+\lambda^2,$$
$$E(U)=E(2X+Y)=2E(X)+E(Y)=3\lambda,$$
$$E(V)=E(2X-Y)=2E(X)-E(Y)=\lambda,$$
$$D(U)=D(V)=4D(X)+D(Y)=5\lambda,$$
$$E(UV)=E[(2X+Y)(2X-Y)]=E(4X^2-Y^2)$$
$$=4E(X^2)-E(Y^2)=3\lambda+3\lambda^2,$$
$$\mathrm{Cov}(U,V)=E(UV)-E(U)E(V)=3\lambda.$$

从而
$$\rho_{UV}=\frac{\mathrm{Cov}(U,V)}{\sqrt{D(U)D(V)}}=\frac{3\lambda}{5\lambda}=\frac{3}{5},$$
$$C=\begin{bmatrix} 5\lambda & 3\lambda \\ 3\lambda & 5\lambda \end{bmatrix}.$$

例 4.5.2 设随机变量 X 与 Y 相互独立,X 的分布列为 $P(X=1)=P(X=-1)=\dfrac{1}{2}$,$Y$ 服从参数为 λ 的泊松分布,令 $Z=XY$.求 (X,Z) 的协方差矩阵.

解 由题意知
$$E(X)=(-1)\times\dfrac{1}{2}+1\times\dfrac{1}{2}=0,$$
故
$$E(X^2)=(-1)^2\times\dfrac{1}{2}+1^2\times\dfrac{1}{2}=1,\quad D(X)=E(X^2)-[E(X)]^2=1.$$
由于 X 与 Y 相互独立,故有
$$E(Z)=E(XY)=E(X)E(Y)=0,$$
$$E(XZ)=E(X^2Y)=E(X^2)E(Y)=\lambda,$$
所以
$$\mathrm{Cov}(X,Z)=E(XZ)-E(X)E(Z)=\lambda.$$
由于 Y 服从参数为 λ 的泊松分布,所以
$$E(Y)=\lambda,$$
$$D(Y)=E(Y^2)-[E(Y)]^2=\lambda,$$
$$E(Y^2)=\lambda+[E(Y)]^2=\lambda+\lambda^2.$$
则
$$E(Z^2)=E(X^2Y^2)=E(X^2)E(Y^2)=\lambda+\lambda^2,$$
$$D(Z)=E(Z^2)-[E(Z)]^2=\lambda+\lambda^2.$$
所以 (X,Z) 的协方差矩阵为
$$C=\begin{bmatrix} D(X) & \mathrm{Cov}(X,Z) \\ \mathrm{Cov}(Z,X) & D(Z) \end{bmatrix}=\begin{bmatrix} 1 & \lambda \\ \lambda & \lambda+\lambda^2 \end{bmatrix}.$$

习 题 4.5

1. 设随机变量 (X_1,X_2) 的协方差矩阵 $C=\begin{bmatrix} C_{11} & C_{12} \\ C_{21} & C_{22} \end{bmatrix}$,其中
$$C_{ij}=\mathrm{Cov}(X_i,X_j),\quad i,j=1,2.$$
如果 X_1 与 X_2 的相关系数为 ρ,那么行列式 $|C|=0$ 的充要条件是( ).

(A) $\rho=0$ (B) $|\rho|=\dfrac{1}{3}$ (C) $|\rho|=\dfrac{1}{2}$ (D) $|\rho|=1$

2. 二维随机变量 (X,Y) 的分布列为

X	Y	
	0	1
0	0.1	0.3
1	0.2	0.4

求 $E(X), E(Y), D(X), D(Y), \text{Cov}(X,Y), \rho_{XY}$ 及协方差矩阵.

本章思维导图

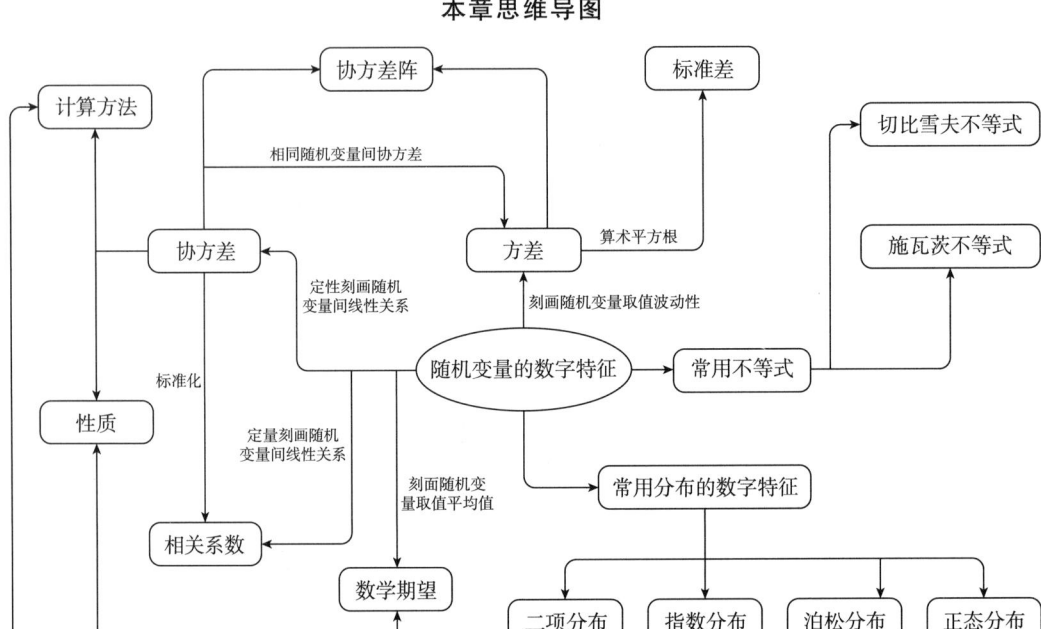

第五章 大数定律与中心极限定理

> 极限定理是概率论的基本理论之一,在概率论与数理统计的理论研究和应用中发挥着重要的作用.例如在前面的章节中提到的独立重复试验中事件发生的频率具有稳定性,很多实际问题中的随机变量服从或近似服从正态分布等都可以利用极限定理予以解释.在后面的章节中我们将会以极限定理为理论基础研究大样本下的统计推断方法.本章简要介绍最基本也是最重要的两类极限定理:大数定律和中心极限定理.

5.1 大数定律

在第一章中曾讲过,大量试验证实随机事件发生的频率具有稳定性,即当试验次数充分大时,事件发生的频率非常"接近"某一定值.我们自然想到利用极限的概念描述这种稳定性.但由于频率本质上是一个随机变量,所以不能直接利用数列或者函数极限来刻画,而是需要引入随机变量序列依概率收敛的定义.

定义 5.1.1 设 $\{X_n\}$ 是一随机变量序列,如果存在常数 C,使得对任意 $\varepsilon > 0$,有

$$\lim_{n \to \infty} P(|X_n - C| < \varepsilon) = 1, \qquad (5.1.1)$$

则称随机变量序列 $\{X_n\}$ **依概率收敛**于 C,记作 $X_n \xrightarrow{P} C$.

依概率收敛的含义是:X_n 与 C 的绝对偏差 $|X_n - C|$ 小于任一给定值的可能性随着 n 的增大越来越接近 1.(5.1.1)式的等价表达式为

$$\lim_{n \to \infty} P(|X_n - C| \geqslant \varepsilon) = 0.$$

依概率收敛的随机变量序列具有下述简单性质.

定理 5.1.1 如果 $X_n \xrightarrow{P} a, Y_n \xrightarrow{P} b$,函数 $g(x, y)$ 在 (a, b) 处连续,则

$$g(X_n, Y_n) \xrightarrow{P} g(a, b).$$

证明略.

由定理 5.1.1 可知,若 $X_n \xrightarrow{P} a, Y_n \xrightarrow{P} b$,则有 $X_n \pm Y_n \xrightarrow{P} a \pm b$,$X_n \times Y_n \xrightarrow{P} a \times b$.

有了依概率收敛的定义,我们就可以给出大数定律的一般形式.

定义 5.1.2 设 $\{X_n\}$ 是一随机变量序列,令

$$\overline{X}_n = \frac{1}{n}\sum_{i=1}^{n} X_i, \quad n=1,2,\cdots.$$

若存在常数列 $\{a_n\}$，使得对任意 $\varepsilon > 0$，有

$$\lim_{n\to\infty} P(|\overline{X}_n - a_n| < \varepsilon) = 1, \tag{5.1.2}$$

则称序列 $\{X_n\}$ 服从大数定律.

显然随机变量序列 $\{X_n\}$ 服从大数定律与 $\overline{X}_n - a_n \xrightarrow{P} 0$ 等价，因此把有关依概率收敛的结论统称为大数定律. 定义 5.1.2 中的 a_n 通常取作 $E(\overline{X}_n)$. 下面介绍几个基本的大数定律.

定理 5.1.2（切比雪夫大数定律） 设 $\{X_n\}$ 为相互独立的随机变量序列，每个随机变量的方差存在且具有公共上界，即存在常数 C，使得 $D(X_n) \leq C (n=1,2,\cdots)$，则对任意 $\varepsilon > 0$，有

$$\lim_{n\to\infty} P\left(\left|\frac{1}{n}\sum_{i=1}^{n} X_i - \frac{1}{n}\sum_{i=1}^{n} E(X_i)\right| < \varepsilon\right) = 1. \tag{5.1.3}$$

证明 令 $Y_n = \frac{1}{n}\sum_{i=1}^{n} X_i$. 由于 $X_1, X_2, \cdots$ 相互独立且 $D(X_n) \leq C$，所以

$$E(Y_n) = \frac{1}{n}\sum_{i=1}^{n} E(X_i), \quad D(Y_n) = \frac{1}{n^2}\sum_{i=1}^{n} D(X_i) \leq \frac{C}{n}.$$

由切比雪夫不等式，对任意 $\varepsilon > 0$，有

$$P(|Y_n - E(Y_n)| < \varepsilon) \geq 1 - \frac{D(Y_n)}{\varepsilon^2} \geq 1 - \frac{C}{n\varepsilon^2},$$

又

$$P(|Y_n - E(Y_n)| < \varepsilon) \leq 1.$$

所以

$$1 - \frac{C}{n\varepsilon^2} \leq P(|Y_n - E(Y_n)| < \varepsilon) \leq 1,$$

令 $n \to \infty$，得

$$\lim_{n\to\infty} P(|Y_n - E(Y_n)| < \varepsilon) = 1.$$

将 $Y_n = \frac{1}{n}\sum_{i=1}^{n} X_i$ 代入上式，有

$$\lim_{n\to\infty} P\left(\left|\frac{1}{n}\sum_{i=1}^{n} X_i - \frac{1}{n}\sum_{i=1}^{n} E(X_i)\right| < \varepsilon\right) = 1. \quad \Box$$

当定理 5.1.2 中的随机变量序列具有相同的期望和方差时，我们有如下的推论.

推论 设 $\{X_n\}$ 为相互独立的随机变量序列，且有相同的期望和方差. 若 $E(X_n) = \mu$，$D(X_n) = \sigma^2$，$n=1,2,\cdots$，则对任意 $\varepsilon > 0$，有

$$\lim_{n\to\infty} P\left(\left|\frac{1}{n}\sum_{i=1}^{n} X_i - \mu\right| < \varepsilon\right) = 1. \tag{5.1.4}$$

下面的定理也可以看作切比雪夫大数定律的一个特殊情形.

定理 5.1.3（伯努利大数定律） 记 μ_n 为 n 重伯努利试验中事件 A 出现的次数，设每次试验事件 A 出现的概率为 $p(0 < p < 1)$，则对任意 $\varepsilon > 0$，有

$$\lim_{n\to\infty} P\left(\left|\frac{\mu_n}{n} - p\right| < \varepsilon\right) = 1. \tag{5.1.5}$$

证明 令
$$X_n = \begin{cases} 1, & \text{第 } n \text{ 次试验中事件 } A \text{ 发生}, \\ 0, & \text{第 } n \text{ 次试验中事件 } A \text{ 不发生}, \end{cases} \quad n=1,2,\cdots,$$
则 $X_1, X_2, \cdots$ 是相互独立的,且
$$E(X_n) = p, \quad D(X_n) = p(1-p), \quad n=1,2,\cdots,$$
而 $\mu_n = X_1 + X_2 + \cdots + X_n$,由切比雪夫大数定律,对任意 $\varepsilon > 0$,有
$$\lim_{n \to \infty} P\left(\left| \frac{\mu_n}{n} - p \right| < \varepsilon \right) = \lim_{n \to \infty} P\left(\left| \frac{1}{n}\sum_{i=1}^{n} X_i - \frac{1}{n}\sum_{i=1}^{n} E(X_i) \right| < \varepsilon \right) = 1. \qquad \Box$$

伯努利大数定律表明,对于独立重复试验,当试验次数 n 越来越大时,随机事件 A 发生的频率 $\dfrac{\mu_n}{n}$ 与其发生的概率 p 有较大偏差的可能性越来越小.这就给出了频率的稳定性严格的数学解释,也证明了在实际应用中用频率估计概率的合理性.

伯努利大数定律在一定程度上说明了"实践出真知",因此在学习和工作中要学会思考,注重实践,唯有多实践方能出真知.

定理 5.1.2 和定理 5.1.3 都要求随机变量序列的方差满足一定的条件.但是当随机变量序列独立且同分布时,并不需要这些要求.对于这种情形,我们有如下的大数定律.

定理 5.1.4(辛钦大数定律) 设 $\{X_n\}$ 是相互独立同分布的随机变量序列,且数学期望存在.若 $E(X_n) = \mu \ (n=1,2,\cdots)$,则对任意 $\varepsilon > 0$,有
$$\lim_{n \to \infty} P\left(\left| \frac{1}{n}\sum_{i=1}^{n} X_i - \mu \right| < \varepsilon \right) = 1. \tag{5.1.6}$$

证明略.

在独立重复试验中,记随机变量 X 的第 i 次观察为 X_i,由辛钦大数定律可知,前 n 次观察的算术平均值 $\dfrac{1}{n}\sum_{i=1}^{n} X_i$ 依概率收敛于 X 的期望 $E(X)$.这就为估计分布未知的随机变量的期望提供了一种切实可行的方法.例如,为估计一批产品的使用寿命 X 的期望 $E(X)$,可随机地从中抽取 n 件产品观测其寿命,记为 $x_1, x_2, \cdots, x_n$.当 n 足够大时,把观测的平均值 $\dfrac{1}{n}\sum_{i=1}^{n} x_i$ 作为 $E(X)$ 的近似值.在第七章中我们将更加具体地介绍基于辛钦大数定律的参数估计方法.

例 5.1.1 设随机变量序列 $\{X_n\}$ 相互独立同分布,且 $E(X_n)=0, D(X_n)=\sigma^2$ 存在.证明:$\{X_n^2\}$ 服从大数定律.

证明 由于 $X_1, X_2, \cdots$ 是相互独立同分布的随机变量,所以 $X_1^2, X_2^2, \cdots$ 也是相互独立同分布的随机变量.又因为
$$E(X_n) = 0, \quad D(X_n) = \sigma^2,$$
所以
$$E(X_n^2) = D(X_n) + [E(X_n)]^2 = \sigma^2, \quad n=1,2,\cdots.$$
由辛钦大数定律得,对任意 $\varepsilon > 0$,有
$$\lim_{n \to \infty} P\left(\left| \frac{1}{n}\sum_{i=1}^{n} X_i^2 - \sigma^2 \right| < \varepsilon \right) = 1,$$

即 $\{X_n^2\}$ 服从大数定律. □

习　题　5.1

1. 设 $X_1, X_2, \cdots, X_n, \cdots$ 是相互独立的随机变量序列，X_n 服从参数为 n 的指数分布 $(n \geqslant 1)$，则下列随机变量序列中不服从切比雪夫大数定律的是（　　）.

(A) $X_1, \dfrac{1}{2}X_2, \cdots, \dfrac{1}{n}X_n, \cdots$　　　　(B) $X_1, X_2, \cdots, X_n, \cdots$

(C) $X_1, 2X_2, \cdots, nX_n, \cdots$　　　　(D) $X_1, 2^2 X_2, \cdots, n^2 X_n, \cdots$

2. 设 $X_1, X_2, \cdots, X_n$ 独立同服从区间 $(1, 3)$ 上的均匀分布，则当 $n \to \infty$ 时，$\dfrac{1}{n} \sum\limits_{i=1}^{n} (X_i + X_i^3)$ 依概率收敛于_____.

3. 将一枚骰子重复掷 n 次，则当 $n \to \infty$ 时，n 次掷出点数的算术平均值 $\overline{X}_n$ 依概率收敛于_____.

4. 设 $\{X_i\}$ 相互独立且均服从参数为 λ 的指数分布，记 $\overline{X}_n = \dfrac{1}{n} \sum\limits_{i=1}^{n} X_i$，则当 $n \to \infty$ 时，$\overline{X}_n$ 依概率收敛于_____，$\dfrac{1}{n} \sum\limits_{i=1}^{n} X_i^2$ 依概率收敛于_____，$\dfrac{1}{n} \sum\limits_{i=1}^{n} (X_i - \overline{X}_n)^2$ 依概率收敛于_____.

5. 设随机变量序列 $\{\xi_n\}$ 同时依概率收敛于随机变量 ξ 与 η. 证明：$P(\xi = \eta) = 1$.

6. 在伯努利试验中，事件 A 出现的概率为 p，令
$$\xi_n = \begin{cases} 1, & \text{若在第 } n \text{ 次及第 } n+1 \text{ 次试验中 } A \text{ 出现}, \\ 0, & \text{其他}. \end{cases}$$
证明：$\{\xi_n\}$ 服从大数定律.

5.2　中心极限定理

在实际中有许多随机现象是由大量相互独立的随机因素共同影响的结果，而其中每一个因素在总的影响中所起的作用都是微小的. 如果联系于这个随机现象的随机变量为 X，那么它可以看作许多相互独立的因素 X_i 的和 $\sum\limits_{i} X_i$. 这种随机变量通常近似地服从正态分布. 下面这个有趣的例子具体地说明了这种现象.

例 5.2.1（高尔顿钉板试验）　图 5.2.1 中的每一黑点表示钉在板上的一颗钉子，它们彼此的距离均相等，上一层的每一颗的水平位置恰好位于下一层的两颗正中间. 从入口处放进一个直径略小于两颗钉子之间的距离的小圆玻璃球，在小圆球向下降落的过程中，碰到钉子后皆以 $\dfrac{1}{2}$ 的概率向左或向右滚下，于是又碰到下一层的钉子. 如此继续下去，直到滚到底板的一个格子内为止. 把许许多多相同大小的小球不断从入口处放下，只要球的数目相当大，它们在底板将堆成近似于正态 $N(0, n)$ 的密度函数图形，如图 5.2.1 所示，其中 n 为钉子的层数.

5.2 中心极限定理

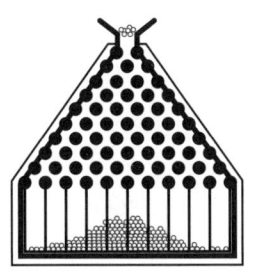

图 5.2.1　高尔顿钉板试验

我们初步分析一下这个试验结果. 令 ξ_k 表示某一个小球在第 k 次碰到钉子后向左或向右落下这一随机现象所联系的随机变量,即 $\xi_k=1$ 表示向右落下, $\xi_k=-1$ 表示向左落下. 由题意可知, $\xi_1,\xi_2,\cdots$ 相互独立,且对任意的 $k=1,2,\cdots,\xi_k$ 的分布列为:

ξ_k	1	-1
p_k	$\dfrac{1}{2}$	$\dfrac{1}{2}$

从而
$$E(\xi_k)=0,\quad D(\xi_k)=1,\quad k=1,2,\cdots.$$
令
$$\zeta_n=\sum_{k=1}^n \xi_k,$$
则 ζ_n 表示这个小球第 n 次碰钉后的位置. 试验表明 $\zeta_n=\sum_{k=1}^n \xi_k$ 近似地服从正态分布.

为从理论上严格证明这个试验结果,就要研究无穷多个随机变量和的极限分布. 我们把判定随机变量和的极限分布是正态分布的定理,统称为中心极限定理. 本节将不加证明地介绍几个最简单且常用的中心极限定理.

定理 5.2.1 (林德伯格-莱维(Lindeberg-Levy)中心极限定理)　设 $\{X_n\}$ 为相互独立同分布的随机变量序列,且有期望和方差. 若
$$E(X_n)=\mu,\quad D(X_n)=\sigma^2\neq 0,\quad n=1,2,\cdots,$$
则随机变量
$$Y_n=\frac{\sum_{i=1}^n X_i - n\mu}{\sqrt{n}\sigma}$$
的分布函数 $F_n(x)$,对任意的实数 x,有
$$\lim_{n\to\infty}F_n(x)=\lim_{n\to\infty}P\left(\frac{\sum_{i=1}^n X_i - n\mu}{\sqrt{n}\sigma}\leqslant x\right)=\frac{1}{\sqrt{2\pi}}\int_{-\infty}^x e^{-\frac{t^2}{2}}dt. \tag{5.2.1}$$

因为
$$E\left(\sum_{i=1}^n X_i\right)=n\mu,\quad D\left(\sum_{i=1}^n X_i\right)=n\sigma^2,$$

所以 Y_n 是标准化随机变量. 定理 5.2.1 表明,若 $X_1, X_2, \cdots$ 相互独立且同分布,则当 n 充分大时,我们有

$$Y_n = \frac{\sum_{i=1}^{n} X_i - n\mu}{\sqrt{n}\sigma} \stackrel{\text{近似地}}{\sim} N(0,1).$$

等价地,

$$\sum_{i=1}^{n} X_i \stackrel{\text{近似地}}{\sim} N(n\mu, n\sigma^2).$$

从而高尔顿钉板试验的结果就可以很容易地从理论上加以证明,请感兴趣的读者自证之. 定理 5.2.1 也揭示了"量变引起质变"的哲学原理.

例 5.2.2 设例 5.2.1 中钉板的层数 $n=16$. 若在入口处放入 1 000 个小球,问大约有多少个小球落入底板最中间的两个格子.

解 设 X_i 为第 i 个小球第 n 次碰钉后的位置. 由例 5.2.1 知, X_i 近似服从 $N(0,n)$. 又 $n=16$, 所以 $E(X_i)=0, D(X_i)=16$. 则小球落入底板最中间的两个格子的概率为

$$P(-1 < X_i < 1) = P\left(\frac{-1-\mu}{\sigma} < \frac{X_i - \mu}{\sigma} < \frac{1-\mu}{\sigma}\right)$$

$$= P\left(-\frac{1}{4} < \frac{X_i - \mu}{\sigma} < \frac{1}{4}\right)$$

$$\approx 2\Phi\left(\frac{1}{4}\right) - 1 = 0.197\,4.$$

由 $1\,000 \times 0.197\,4 = 197.4$ 得大约有 200 个小球落入底板最中间的两个格子. □

例 5.2.3 计算机在进行加法运算时对每个加数取整数(取最为接近于它的整数). 设所有的取整误差是相互独立的,且它们都服从 $(-0.5, 0.5)$ 上的均匀分布.

(1) 若将 1 500 个数相加,求误差总和的绝对值超过 15 的概率;

(2) 最多几个数加在一起可使得误差总和的绝对值小于 10 的概率不小于 90%?

解 记 X_i 为第 i 个加数的取整误差,则 $X_i \sim U(-0.5, 0.5)$,且

$$E(X_i) = 0, \quad D(X_i) = \frac{1}{12}.$$

(1) 由 $E\left(\sum_{i=1}^{1\,500} X_i\right) = 0, D\left(\sum_{i=1}^{1\,500} X_i\right) = \frac{1\,500}{12} = 125$, 得所求概率为

$$P\left(\left|\sum_{i=1}^{1\,500} X_i\right| > 15\right) \approx 2 - 2\Phi\left(\frac{15}{\sqrt{125}}\right) = 2 - 2\Phi(1.34) = 0.180\,2.$$

(2) 要求最大的 n,使得不等式

$$P\left(\left|\sum_{i=1}^{n} X_i\right| < 10\right) \geq 0.90$$

成立. 由林德伯格-莱维中心极限定理,上式等价于

$$2\Phi\left(\frac{10}{\sqrt{n/12}}\right) - 1 \geq 0.90,$$

即 $\Phi\left(\frac{20\sqrt{3}}{\sqrt{n}}\right) \geq 0.95$, 查表得

$$\frac{20\sqrt{3}}{\sqrt{n}} \geqslant 1.645,$$

由此得 $n \leqslant 443.45$. 这表明至多 443 个数相加,才能使它们的误差总和的绝对值小于 10 的概率不小于 90%. □

若令定理 5.2.1 中的随机变量序列服从(0—1)分布,就可以得到棣莫佛-拉普拉斯中心极限定理.这是中心极限定理最早也最简单的一种形式.

定理 5.2.2(棣莫弗-拉普拉斯(De Moivre-Laplace)中心极限定理) 设 μ_n 是 n 重伯努利试验中事件 A 发生的次数,$p(0<p<1)$ 是事件 A 在每次试验中发生的概率,则对任意的实数 x,有

$$\lim_{n\to\infty} P\left(\frac{\mu_n - np}{\sqrt{np(1-p)}} \leqslant x\right) = \frac{1}{\sqrt{2\pi}} \int_{-\infty}^{x} e^{-\frac{t^2}{2}} dt. \tag{5.2.2}$$

证明 由定理 5.1.3 的证明过程可知,μ_n 可表示为 n 个相互独立且服从参数为 p 的 (0—1)分布的随机变量 $X_1, X_2, \cdots, X_n$ 的和,即

$$\mu_n = X_1 + X_2 + \cdots + X_n,$$

而 $E(X_i) = p$, $D(X_i) = p(1-p)$, $i = 1, 2, \cdots, n$,于是由定理 5.2.1 有

$$\lim_{n\to\infty} P\left(\frac{\mu_n - np}{\sqrt{np(1-p)}} \leqslant x\right) = \frac{1}{\sqrt{2\pi}} \int_{-\infty}^{x} e^{-\frac{t^2}{2}} dt. \qquad \Box$$

定理 5.2.2 告诉我们,当 n 充分大时,

$$\mu_n \xrightarrow{\text{近似地}} N(np, np(1-p)).$$

这表明二项分布的极限分布为正态分布.从而有如下的近似计算公式:

$$P(a < \mu_n \leqslant b) = \sum_{k=a+1}^{b} C_n^k p^k (1-p)^{n-k}$$

$$= P\left(\frac{a-np}{\sqrt{np(1-p)}} < \frac{\mu_n - np}{\sqrt{np(1-p)}} \leqslant \frac{b-np}{\sqrt{np(1-p)}}\right)$$

$$\approx \Phi\left(\frac{b-np}{\sqrt{np(1-p)}}\right) - \Phi\left(\frac{a-np}{\sqrt{np(1-p)}}\right). \tag{5.2.3}$$

当 n 很大时,对任意的 k, $P(\mu_n = k)$ 都非常小.因此 $P(a \leqslant \mu_n \leqslant b)$,$P(a \leqslant \mu_n < b)$,$P(a < \mu_n < b)$ 均可用(5.2.3)式近似计算.

例 5.2.4 一船舶在某海区航行,已知每遭受一次波浪的冲击,纵摇角大于 3° 的概率为 $p = \frac{1}{3}$,若船舶遭受了 90 000 次波浪冲击,问其中有 29 500~30 500 次纵摇角度大于 3° 的概率是多少.

解 我们将船舶每遭受一次波浪冲击看做一次试验,并假定各次试验是独立的. 在 90 000 次波浪冲击中纵摇角度大于 3° 的次数记为 X,则 X 是一个随机变量,且有 $X \sim b(90\ 000, 1/3)$,其分布列为

$$P(X=k) = C_{90\ 000}^{k} \left(\frac{1}{3}\right)^k \left(\frac{2}{3}\right)^{90\ 000-k}, \quad k = 0, 1, \cdots, 90\ 000.$$

所求概率为

$$P(29\ 500 \leqslant X \leqslant 30\ 500) = \sum_{k=29\ 500}^{30\ 500} C_{90\ 000}^{k} \left(\frac{1}{3}\right)^k \left(\frac{2}{3}\right)^{90\ 000-k}.$$

要直接计算是麻烦的,我们可以利用棣莫弗-拉普拉斯中心极限定理来求近似值.即有

$$P(29\ 500 \leqslant X \leqslant 30\ 500) = P\left(\frac{29\ 500-np}{\sqrt{np(1-p)}} \leqslant \frac{X-np}{\sqrt{np(1-p)}} \leqslant \frac{30\ 500-np}{\sqrt{np(1-p)}}\right)$$

$$\approx \Phi\left(\frac{30\ 500-np}{\sqrt{np(1-p)}}\right) - \Phi\left(\frac{29\ 500-np}{\sqrt{np(1-p)}}\right),$$

其中 $n=90\ 000, p=1/3$.所以

$$P(29\ 500 \leqslant X \leqslant 30\ 500) \approx \Phi\left(\frac{5\sqrt{2}}{2}\right) - \Phi\left(-\frac{5\sqrt{2}}{2}\right) = 0.999\ 5.\qquad\square$$

例 5.2.5 某螺丝钉厂的不合格品率为 0.01,问一盒中应装多少只螺丝钉才能使其中含有 100 只合格品的概率不小于 0.95.

解 设 n 为一盒中装有螺丝钉的个数,其中合格品数记为 X,则 X 是一个随机变量,且有 $X \sim b(n, 0.99)$.要求 n,使得不等式

$$P(X \geqslant 100) \geqslant 0.95, \quad \text{即} \quad P(X<100) \leqslant 0.05$$

成立.由棣莫弗-拉普拉斯中心极限定理,

$$P(X<100) = P\left(\frac{X-np}{\sqrt{np(1-p)}} < \frac{100-np}{\sqrt{np(1-p)}}\right) \approx \Phi\left(\frac{100-np}{\sqrt{np(1-p)}}\right) \leqslant 0.05,$$

其中 $p=0.99$,查表得 $\Phi(-1.65)=0.05$,即有

$$\frac{100-0.99n}{\sqrt{0.009\ 9n}} \leqslant -1.65,$$

故 $n \geqslant 103$.所以一盒中应装 103 只螺丝钉才能使其中含有 100 只合格品的概率不小于 0.95.

$\square$

习 题 5.2

1. 设 $X_1, X_2, \cdots, X_{100}$ 独立同分布,且都服从参数 $p=\frac{1}{2}$ 的 (0-1) 分布,$\Phi(x)$ 为标准正态分布的分布函数,利用中心极限定理可得 $P\left(\sum_{i=1}^{100} X_i \leqslant 55\right)$ 近似值为( ).

   (A) $1-\Phi(1)$ (B) $\Phi(1)$ (C) $1-\Phi(0.2)$ (D) $\Phi(0.2)$

2. 一食品店有三种蛋糕出售,由于售出哪一种蛋糕是随机的,因而售出一只蛋糕的价格是一个随机变量,它取 1 元、1.2 元、1.5 元各个值的概率分别为 0.3, 0.2, 0.5. 若售出 300 只蛋糕,则求:

   (1) 收入至少 400 元的概率;

   (2) 售出价格为 1.2 元的蛋糕多于 60 只的概率.

3. 假设一批种子的良种率为 $\frac{1}{6}$,在其中任选 600 粒,求这 600 粒种子中,良种所占的比例值与 $\frac{1}{6}$ 之差的绝对值不超过 0.02 的概率.

（1）用切比雪夫不等式估计；

（2）用中心极限定理计算近似值.

4. 某种电子器件的寿命（小时）具有数学期望 μ（未知），方差 $\sigma^2=400$. 为了估计 μ，随机地取 n 只这种器件，在时刻 $t=0$ 投入测试（测试是相互独立的）直到失效，测得其寿命为 X_1，$X_2,\cdots,X_n$，以 $\overline{X}=\dfrac{1}{n}\sum_{i=1}^{n}X_i$ 作为 μ 的估计，为使 $P(|\overline{X}-\mu|<1)\geqslant 0.95$，问 n 至少为多少？

5. 如果要估计抛掷一枚图钉时尖头朝上的概率，为了有 95% 以上的把握保证所观察到的频率与概率 p 的差小于 $p/10$，问至少应该做多少次试验？

6. 银行为支付某日即将到期的债券需准备一笔现金，设这批债券共发放了 500 张，每张债券到期之日需支付本息 1000 元，若持券人（一人一券）于债券到期之日到银行领取本息的概率为 0.4，问银行于该日应至少准备多少现金才能以 99.9% 的把握满足持券人的兑换？

7. 有一批建筑房屋用的木柱，其中 80% 的长度不小于 3 m，现从这批木柱中随机地取出 100 根，问其中至少有 30 根短于 3 m 的概率是多少？

8. 进行独立重复试验，每次试验中事件 A 发生的概率为 0.25. 试问能以 95% 的把握保证 1000 次试验中事件 A 发生的频率与概率相差多少？此时 A 发生的次数在什么范围内？

9. 某保险公司接受了 10000 辆电动自行车的保险，每辆每年的保费为 12 元. 若车丢失，则车主获得赔偿 1000 元. 假设车的丢失率为 0.006，对于此项业务，求保险公司：

（1）亏损的概率 α；

（2）一年所获利润不少于 40000 元的概率 β.

10. 设某商品在市场上每日的价格变化 X_n 是一个随机变量，若用 Y_n 表示第 n 天商品的价格，则有 $Y_n=Y_{n-1}+X_n(n\geqslant 1)$，其中 $X_1,X_2,\cdots,X_n$ 是独立同分布的随机变量，$E(X_n)=0$，$D(X_n)=1$，假定该商品的最初价格为 a 元，求 10 周后（即第 71 天）该商品价格在 $a-10$ 与 $a+10$ 之间的概率.（已知 $\Phi(1.19)=0.883$.）

11. 假设 $X_1,X_2,\cdots,X_n$ 为独立同分布的随机变量序列，已知 $E(X_i^k)=a_k(k=1,2,3,4)$，记 $Z_n=\dfrac{1}{n}\sum_{i=1}^{n}X_i^2$. 证明：当 n 充分大时，Z_n 近似服从正态分布，并指出其分布参数.

本章思维导图

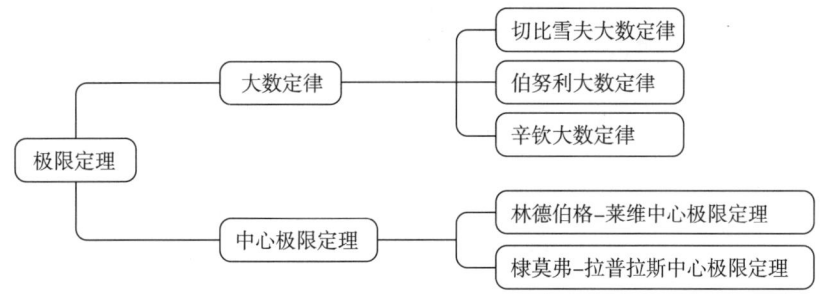

第六章 数理统计的基本概念

> 本书的前五章介绍的是概率论的基本内容.从中我们认识到随机变量及其分布全面地描述了随机现象的统计规律性.在概率论的许多问题中,随机变量的分布通常是已知的,我们研究的是随机变量分布的性质、数字特征及其应用.但在实际问题中,情况往往并非如此,与随机现象联系的随机变量的分布是未知的,或者是不完全知道的.如果我们要对这些问题或者相关问题进行探讨,首先要明确它们的分布或者其中的参数.这就属于数理统计学的研究范畴.
>
> 总的来说,数理统计是以概率论为理论基础,研究如何有效地收集、整理和分析数据资料,从而对研究对象做出尽可能精确、可靠的估计和推断.数理统计的内容丰富,应用广泛.受篇幅所限,本书的后四章只介绍参数估计、假设检验、方差分析和回归分析等基本内容.
>
> 本章我们介绍总体、随机样本以及统计量等基本概念,并讨论几个常用的统计量和抽样分布.

6.1 总体与样本

6.1.1 总体、个体与样本

在数理统计中,把研究对象的全体称为**总体**,把总体中的每一个对象称为**个体**.在实际问题中,我们关心的往往是表征研究对象的某个数量指标.因此,也可以把每个研究对象的这个数量指标看作个体,它们的全体看作总体.例如,要研究某厂生产的一批灯泡质量,表征灯泡质量的主要数量指标是它的使用寿命.此时每个灯泡的使用寿命就是个体,而所有灯泡使用寿命的全体就是总体.又如,要了解某城市家庭的月收入情况,则每个家庭的月收入就是个体,而所有家庭月收入的全体就是总体.这样看来,若抛开实际背景,总体就是一堆数.这堆数中有大有小,有的出现的机会大,有的出现的机会小.因此用一个分布去描述总体是恰当的,而其数量指标就是服从这个分布的随机变量.今后我们不再区分总体和相应的随机变量.总体就是指分布未知,或至少是某些参数未知的随机变量,一般用 X,Y 表示.总体中所含个体的数目称为**总体容量**.总体容量有限的总体称为**有限总体**,总体容量无限的总体称为**无限总体**. 当有限总体的总体容量很大时,可近似地将它看成无限总体.

要判断总体服从何种分布或估计未知参数的取值,最理想的方法是对其中的每个个体进行观察或测试,但这样做往往是不允许的. 例如,测试灯泡使用寿命的试验是破坏性的,调查某个城市全部家庭的月收入是不现实的. 我们只可能从总体中抽取一部分个体进行研究. 所谓从总体中抽取一个个体,就是对总体 X 进行一次观察或测试并记录其结果. 结果显然是随机的,可以用一个随机变量表示. 因此,对总体进行 n 次测试,其结果可以用一组随机变量 $X_1, X_2, \cdots, X_n$ 表示. 这组随机变量就称为总体的一个**样本**,n 为**样本容量**. 在实际问题中,当我们完成对总体的 n 次测试,就可以得到 n 个确定的数据 $x_1, x_2, \cdots, x_n$,称为样本 $X_1, X_2, \cdots, X_n$ 的一组**观测值**或**样本值**.

从总体中抽取样本可以有许多不同的方法. 为了能通过样本对总体做出较可靠的推断,就希望样本能较好地代表总体. 今后本书所涉及的样本均为如下定义的简单随机样本:

定义 6.1.1 设 $X_1, X_2, \cdots, X_n$ 是来自总体 X 的容量为 n 的样本,若:

(1) $X_1, X_2, \cdots, X_n$ 相互独立;

(2) $X_i (i=1,2,\cdots,n)$ 与 X 同分布,

则称 $X_1, X_2, \cdots, X_n$ 为总体 X 的一个**简单随机样本**,简称**样本**.

由定义 6.1.1 可知,样本 $X_1, X_2, \cdots, X_n$ 相互独立且与总体 X 同分布. 因此,若总体 X 的分布函数为 $F(x)$,则 $X_1, X_2, \cdots, X_n$ 的联合分布函数为

$$F(x_1, x_2, \cdots, x_n) = F(x_1) F(x_2) \cdots F(x_n) = \prod_{i=1}^{n} F(x_i).$$

若总体 X 的概率密度为 $f(x)$,则 $X_1, X_2, \cdots, X_n$ 的联合密度函数为

$$f(x_1, x_2, \cdots, x_n) = f(x_1) f(x_2) \cdots f(x_n) = \prod_{i=1}^{n} f(x_i).$$

对于总体是离散型随机变量的情形,其样本联合分布列可类似得到.

例 6.1.1 设总体 $X \sim B(1, p)$,$X_1, X_2, \cdots, X_n$ 是取自 X 的样本. 求 $(X_1, X_2, \cdots, X_n)$ 的分布列.

解 因为 $P(X=x_i) = p^{x_i}(1-p)^{1-x_i}, x_i = 0, 1, i=1, 2, \cdots, n$. 所以 $(X_1, X_2, \cdots, X_n)$ 的分布列为:

$$P(X_1 = x_1, X_2 = x_2, \cdots, X_n = x_n) = \prod_{i=1}^{n} p^{x_i} (1-p)^{1-x_i}$$
$$= p^{\sum_{i=1}^{n} x_i} (1-p)^{n - \sum_{i=1}^{n} x_i}. \qquad \square$$

6.1.2 统计量和样本矩

样本来自总体,因此含有总体各方面的信息,但这些信息比较分散. 为使这些分散在样本中的有关总体的信息集中起来,反映总体的各种特征,就需要对样本进行加工. 一种有效的方法是构造样本的函数,不同的样本函数反映总体的不同特征. 这种样本的函数称为**统计量**.

定义 6.1.2 设 $X_1, X_2, \cdots, X_n$ 是来自总体 X 的容量为 n 的样本,如果样本函数 $g(X_1,$

$X_2,\cdots,X_n$)中不含任何未知参数,则称 $g(X_1,X_2,\cdots,X_n)$ 是一个**统计量**.

例 6.1.2 设 X_1,X_2,X_3 是取自正态总体 $X\sim N(\mu,\sigma^2)$ 的样本,其中 μ 已知,σ^2 未知,问下列样本函数中哪些是统计量,哪些不是统计量:

$$X_1,\ X_2+1,\ \frac{1}{3}(X_1+X_2+X_3),$$

$$\sum_{i=1}^{3}(X_i-\mu)^2,\ \sum_{i=1}^{3}\left(\frac{X_i-\mu}{\sigma}\right)^2,\ \max\{X_1,X_2,X_3\}.$$

解 $X_1,X_2+1,\frac{1}{3}(X_1+X_2+X_3),\max\{X_1,X_2,X_3\}$ 都是统计量.因为他们都是样本的函数,且不含未知参数.$\sum_{i=1}^{3}(X_i-\mu)^2$ 也是统计量,因为 μ 是已知量.而 $\sum_{i=1}^{3}\left(\frac{X_i-\mu}{\sigma}\right)^2$ 不是统计量,因为 σ 是未知参数. □

若 $x_1,x_2,\cdots,x_n$ 是样本 $X_1,X_2,\cdots,X_n$ 的观测值,则称 $g(x_1,x_2,\cdots,x_n)$ 是统计量 $g(X_1,X_2,\cdots,X_n)$ 的观测值.下面介绍两类基本的统计量:样本矩和顺序统计量.

定义 6.1.3 设 $X_1,X_2,\cdots,X_n$ 是取自总体 X 的容量为 n 的样本,$x_1,x_2,\cdots,x_n$ 是这一样本的观测值,称

$$\overline{X}=\frac{1}{n}\sum_{i=1}^{n}X_i \tag{6.1.1}$$

为**样本均值**;称

$$S^2=\frac{1}{n-1}\sum_{i=1}^{n}(X_i-\overline{X})^2=\frac{1}{n-1}\Big(\sum_{i=1}^{n}X_i^2-n\overline{X}^2\Big) \tag{6.1.2}$$

为**样本方差**;称

$$S=\sqrt{S^2}=\sqrt{\frac{1}{n-1}\sum_{i=1}^{n}(X_i-\overline{X})^2}$$

为**样本标准差**;称

$$A_k=\frac{1}{n}\sum_{i=1}^{n}X_i^k,\quad k=1,2,\cdots \tag{6.1.3}$$

为**样本 k 阶原点矩**;称

$$B_k=\frac{1}{n}\sum_{i=1}^{n}(X_i-\overline{X})^k,\quad k=1,2,\cdots \tag{6.1.4}$$

为**样本 k 阶中心矩**.

它们的观测值

$$\overline{x}=\frac{1}{n}\sum_{i=1}^{n}x_i,$$

$$s^2=\frac{1}{n-1}\sum_{i=1}^{n}(x_i-\overline{x})^2,$$

$$s=\sqrt{s^2}=\sqrt{\frac{1}{n-1}\sum_{i=1}^{n}(x_i-\overline{x})^2},$$

$$a_k=\frac{1}{n}\sum_{i=1}^{n}x_i^k,\quad k=1,2,\cdots,$$

$$b_k = \frac{1}{n}\sum_{i=1}^{n}(x_i-\bar{x})^k, \quad k=1,2,\cdots$$

仍分别称为样本均值、样本方差、样本标准差、样本 k 阶原点矩和样本 k 阶中心矩.

在定义 6.1.3 中,B_2 是一个常用的统计量,记作

$$S_n^2 = \frac{1}{n}\sum_{i=1}^{n}(X_i-\bar{X})^2.$$

相应地,

$$S_n = \sqrt{\frac{1}{n}\sum_{i=1}^{n}(X_i-\bar{X})^2}.$$

样本矩有如下的几个基本性质:

定理 6.1.1 设 $X_1, X_2, \cdots, X_n$ 是取自总体 X 的容量为 n 的样本,若 X 具有期望 $E(X)=\mu$ 和方差 $D(X)=\sigma^2$,则:

(1) $E(\bar{X})=\mu, D(\bar{X})=\dfrac{\sigma^2}{n}$;

(2) $E(S^2)=\sigma^2, E(S_n^2)=\dfrac{n-1}{n}\sigma^2$;

(3) 当 $n\to\infty$ 时,$\bar{X}\xrightarrow{P}\mu$;

(4) 当 $n\to\infty$ 时,$S^2\xrightarrow{P}\sigma^2, S_n^2\xrightarrow{P}\sigma^2$.

证明 (1) 由于 $X_1, X_2, \cdots, X_n$ 是独立同分布的随机变量,且 $E(X_i)=E(X)=\mu$,$D(X_i)=D(X)=\sigma^2, i=1,2,\cdots,n$,因此

$$E(\bar{X}) = \frac{1}{n}\sum_{i=1}^{n}E(X_i) = \frac{1}{n}n\mu = \mu,$$

$$D(\bar{X}) = \frac{1}{n^2}\sum_{i=1}^{n}D(X_i) = \frac{1}{n^2}n\sigma^2 = \frac{\sigma^2}{n}.$$

(2) 因为

$$E\left[\sum_{i=1}^{n}(X_i-\bar{X})^2\right] = E\left(\sum_{i=1}^{n}X_i^2 - n\bar{X}^2\right)$$

$$= \sum_{i=1}^{n}E(X_i^2) - nE(\bar{X}^2)$$

$$= \sum_{i=1}^{n}\{D(X_i)+[E(X_i)]^2\} - n\{D(\bar{X})+[E(\bar{X})]^2\}$$

$$= n(\sigma^2+\mu^2) - n\left(\frac{\sigma^2}{n}+\mu^2\right) = (n-1)\sigma^2,$$

所以

$$E(S^2) = \frac{1}{n-1}E\left[\sum_{i=1}^{n}(X_i-\bar{X})^2\right] = \sigma^2,$$

$$E(S_n^2) = \frac{1}{n}E\left[\sum_{i=1}^{n}(X_i-\bar{X})^2\right] = \frac{n-1}{n}\sigma^2.$$

(3) 由辛钦大数定律(定理 5.1.4)可得,当 $n\to\infty$ 时,

$$\overline{X} \xrightarrow{P} \mu.$$

(4) 由于 $X_1^2, X_2^2, \cdots, X_n^2$ 也是独立同分布的随机变量,且
$$E(X_i^2) = D(X_i) + [E(X_i)]^2 = \sigma^2 + \mu^2, \quad i = 1, 2, \cdots.$$
由定理 5.1.4 可得,当 $n \to \infty$ 时,
$$\frac{1}{n} \sum_{i=1}^{n} X_i^2 \xrightarrow{P} \sigma^2 + \mu^2.$$
再由定理 5.1.1 可得
$$S_n^2 = \frac{1}{n} \left(\sum_{i=1}^{n} X_i^2 - n\overline{X}^2 \right)$$
$$= \frac{1}{n} \sum_{i=1}^{n} X_i^2 - \overline{X}^2 \xrightarrow{P} (\sigma^2 + \mu^2) - \mu^2 = \sigma^2,$$
$$S^2 = \frac{n}{n-1} S_n^2 \xrightarrow{P} \sigma^2. \qquad \square$$

例 6.1.3 在例 6.1.1 中,求:

(1) $\sum_{i=1}^{n} X_i$ 的分布列;

(2) $E(\overline{X}), D(\overline{X}), E(S^2)$.

解 (1) 因为 $X_1, X_2, \cdots, X_n$ 是来自总体 X 的一个样本,且 $X \sim B(1, p)$,所以 $X_i \sim B(1, p), i = 1, 2, \cdots, n$,由二项分布的可加性,得 $\sum_{i=1}^{n} X_i \sim B(n, p)$.用 k 表示 $\sum_{i=1}^{n} X_i$ 的取值,则 $\sum_{i=1}^{n} X_i$ 的分布列为
$$P\left(\sum_{i=1}^{n} X_i = k \right) = C_n^k p^k (1-p)^{n-k}, \quad k = 0, 1, \cdots, n.$$

(2) 由 $X \sim B(1, p)$,得 $E(X) = p, D(X) = p(1-p)$. 由定理 6.1.1 得
$$E(\overline{X}) = E(X) = p,$$
$$D(\overline{X}) = \frac{D(X)}{n} = \frac{p(1-p)}{n},$$
$$E(S^2) = D(X) = p(1-p). \qquad \square$$

定义 6.1.4 设 $x_1, x_2, \cdots, x_n$ 是样本 $X_1, X_2, \cdots, X_n$ 的一组观测值,将 $x_1, x_2, \cdots, x_n$ 按递增顺序排列成
$$x_1^* \leqslant x_2^* \leqslant \cdots \leqslant x_n^*.$$
记 X_k^* 是这样的随机变量:当 $X_1, X_2, \cdots, X_n$ 取值为 $x_1, x_2, \cdots, x_n$ 时,X_k^* 取值 $x_k^*, k = 1, 2, \cdots, n$,则称 $X_1^*, X_2^*, \cdots, X_n^*$ 为样本 $X_1, X_2, \cdots, X_n$ 的**顺序统计量**,称 X_k^* 为**第 k 位顺序统计量**,称
$$\widetilde{X} = \begin{cases} X_{\frac{n+1}{2}}^*, & n \text{ 为奇数}, \\ \dfrac{X_{\frac{n}{2}}^* + X_{\frac{n}{2}+1}^*}{2}, & n \text{ 为偶数} \end{cases}$$
为**样本中位数**,称 $R = X_n^* - X_1^*$ 为**样本极差**.

例 6.1.4 设 X_1, X_2, X_3 是总体 X 的一个样本,它们的三次观测值如下表:

序号	样本		
	X_1	X_2	X_3
1	1	0	1
2	3	1	0
3	1	2	0

求样本顺序统计量 X_1^*, X_2^*, X_3^* 相应观测值及样本极差的观测值.

解 将三组样本观测值分别按递增次序排序,待样本顺序统计量 X_1^*, X_2^*, X_3^* 相应观测值列表如下:

序号	样本		
	X_1^*	X_2^*	X_3^*
1	0	1	1
2	0	1	3
3	0	1	2

样本极差相应观测值为 $r_1 = 1-0 = 1, r_2 = 3-0 = 3, r_3 = 2-0 = 2$. □

6.1.3 经验分布函数

由定理 6.1.1 可知,样本均值和样本方差与总体期望和方差相联系.我们还可以做出与总体分布函数 $F(x)$ 相对应的统计量,即经验分布函数.

定义 6.1.5 从总体 X 中抽取容量为 n 的样本 $X_1, X_2, \cdots, X_n$. 当顺序统计量 $X_1^*, X_2^*, \cdots, X_n^*$ 的值为 $x_1^*, x_2^*, \cdots, x_n^*$ 时,对任意的实数 x,定义函数 $F_n(x)$:

$$F_n(x) = \begin{cases} 0, & x < x_1^*, \\ \dfrac{k}{n}, & x_k^* \leqslant x < x_{k+1}^*, k=1,2,\cdots,n-1, \\ 1, & x \geqslant x_n^*. \end{cases}$$

称 $F_n(x)$ 为总体 X 的**经验分布函数**.

对任意给定的实数 x, $F_n(x)$ 是事件 $\{X \leqslant x\}$ 发生的频率.从而对每一正整数 n, $F_n(x)$ 都是一个随机变量.由伯努利大数定律,当 n 越来越大时,$F_n(x)$ 依概率收敛于 $F(x)$. 更深刻的结果由格利文科在 1933 年给出.下面我们不加证明的予以介绍.

定理 6.1.2(格利文科(Glivenko)定理) 设 $X_1, X_2, \cdots, X_n$ 是取自总体分布函数为 $F(x)$ 的样本,$F_n(x)$ 是其经验分布函数.则当 $n \to \infty$ 时,有

$$P\left(\sup_{-\infty < x < \infty} |F_n(x) - F(x)| \to 0\right) = 1.$$

定理 6.1.2 表明,当 n 充分大时,经验分布函数 $F_n(x)$ 是总体分布函数 $F(x)$ 的一个良好的近似.经典统计学中一切统计推断都以样本为依据,其原因就在于此.

第六章　数理统计的基本概念

习　题　6.1

1. 设总体 $X \sim N(\mu,\sigma^2)$，其中 μ 已知，σ^2 未知，$X_1,\cdots,X_n$ 为取自总体 X 的简单随机样本，则下列表达式中不是统计量的是(　　).

(A) $\dfrac{1}{n}\sum\limits_{i=1}^{n}X_i$ 　　　　　　　　　(B) $\min\limits_{1\leqslant i\leqslant n}\{X_i\}$

(C) $\sum\limits_{i=1}^{n}\left(\dfrac{X_i-\mu}{\sigma}\right)^2$ 　　　　　　　(D) $\dfrac{1}{n}\sum\limits_{i=1}^{n}(X_i-\mu)^2$

2. 设总体 $X \sim B(m,\theta)$，$X_1,\cdots,X_n$ 为来自该总体的简单随机样本，$\overline{X}$ 为样本均值，则 $E\left[\sum\limits_{i=1}^{n}(X_i-\overline{X})^2\right]=(\quad)$.

(A) $(m-1)n\theta(1-\theta)$ 　　　　　(B) $m(n-1)\theta(1-\theta)$

(C) $(m-1)(n-1)\theta(1-\theta)$ 　　(D) $mn\theta(1-\theta)$

3. 已知总体 X 的期望 $E(X)=0$，方差 $D(X)=\sigma^2$，从总体 X 中抽取容量为 n 的样本，样本均值、方差分别为 $\overline{X},S^2$，记

$$S_k^2 = \dfrac{n}{k}\overline{X}^2 + \dfrac{1}{k}S^2 \quad (k=1,2,3,4),$$

则(　　).

(A) $E(S_1^2)=\sigma^2$ 　　　　　　　(B) $E(S_2^2)=\sigma^2$

(C) $E(S_3^2)=\sigma^2$ 　　　　　　　(D) $E(S_4^2)=\sigma^2$

4. 设总体 X 服从参数为 $\lambda(\lambda>0)$ 的泊松分布，$X_1,X_2,\cdots,X_n(n\geqslant 2)$ 为来自总体 X 的简单随机样本，则对应的统计量 $T_1=\dfrac{1}{n}\sum\limits_{i=1}^{n}X_i$，$T_2=\dfrac{1}{n-1}\sum\limits_{i=1}^{n-1}X_i+\dfrac{1}{n}X_n$，有(　　).

(A) $E(T_1)>E(T_2),D(T_1)>D(T_2)$

(B) $E(T_1)>E(T_2),D(T_1)<D(T_2)$

(C) $E(T_1)<E(T_2),D(T_1)>D(T_2)$

(D) $E(T_1)<E(T_2),D(T_1)<D(T_2)$

5. 设有容量为 n 的样本 A，它的样本均值为 $\overline{x}_A$，样本标准差为 s_A，样本极差为 R_A，样本中位数为 m_A. 现对样本中每一个观察值施行变换

$$y=ax+b.$$

如此得到样本 B，试写出样本 B 的均值、标准差、极差和中位数.

6. 记 $\overline{x}_n=\dfrac{1}{n}\sum\limits_{i=1}^{n}x_i$，$s_n^2=\dfrac{1}{n-1}\sum\limits_{i=1}^{n}(x_i-\overline{x}_n)^2$，$n=1,2,\cdots$. 证明：

$$\overline{x}_{n+1}=\overline{x}_n+\dfrac{1}{n+1}(x_{n+1}-\overline{x}_n), \quad s_{n+1}^2=\dfrac{n-1}{n}s_n^2+\dfrac{1}{n+1}(x_{n+1}-\overline{x}_n)^2.$$

7. 设总体 X 服从参数为 $\lambda(\lambda>0)$ 的指数分布.

(1) 写出样本 $X_1,X_2,\cdots,X_n$ 的联合概率密度；

(2) 求样本均值的数学期望和方差.

6.2 三个常用分布

我们很快将会看到,有很多统计推断基于总体服从正态分布的假设.本节介绍的三个连续型随机变量就是以标准正态随机变量构造的,且在实际中有广泛的应用.由于推导这些随机变量分布的密度函数需要较多的理论知识,我们主要给出常用的结论,详细的证明过程可参见文献[1].

6.2.1 χ^2 分布

定义 6.2.1 设 $X_1, X_2, \cdots, X_n$ 是独立同分布的随机变量,且都服从 $N(0,1)$,称随机变量
$$Y = \sum_{i=1}^{n} X_i^2$$
所服从的分布为自由度为 n 的 χ^2 **分布**,记作 $Y \sim \chi^2(n)$.

χ^2 分布的概率密度为

$$f(x) = \begin{cases} \dfrac{1}{2^{\frac{n}{2}} \Gamma\left(\dfrac{n}{2}\right)} x^{\frac{n}{2}-1} e^{-\frac{x}{2}}, & x \geqslant 0, \\ 0, & x < 0, \end{cases} \tag{6.2.1}$$

其中 $\Gamma\left(\dfrac{n}{2}\right)$ 是 Γ 函数 $\Gamma(x) = \int_0^{+\infty} t^{x-1} e^{-t} dt$ 在 $x = \dfrac{n}{2}$ 处的值.

χ^2 分布的概率密度与自由度 n 有关. 图 6.2.1 给出了当 $n=1,4,10,20$ 时 $\chi^2(n)$ 分布的概率密度曲线.

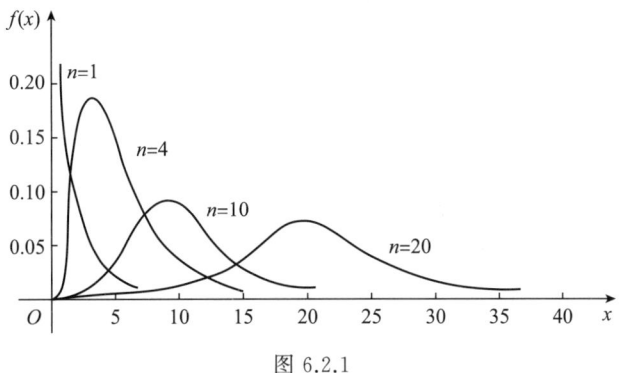

图 6.2.1

由定义,易知 χ^2 分布具有如下的性质:

(1) 设 $Y_1 \sim \chi^2(m), Y_2 \sim \chi^2(n)$,且 Y_1 与 Y_2 相互独立,则
$$Y_1 + Y_2 \sim \chi^2(m+n);$$

(2) 设 $Y \sim \chi^2(n)$,则 $E(Y) = n, D(Y) = 2n$.

证明 (1) 由 χ^2 分布的定义,记
$$Y_1 = \sum_{i=1}^{m} X_i^2, \quad Y_2 = \sum_{i=m+1}^{m+n} X_i^2,$$

其中 $X_1,\cdots,X_{m+n}$ 是独立同分布的随机变量，且都服从 $N(0,1)$.从而
$$Y_1+Y_2=\sum_{i=1}^{m+n}X_i^2\sim\chi^2(m+n).$$

(2) 由于 $Y=\sum_{i=1}^{n}X_i^2$，其中 $X_1,\cdots,X_n$ 相互独立且都服从 $N(0,1)$，所以
$$E(Y)=E\Big(\sum_{i=1}^{n}X_i^2\Big)=\sum_{i=1}^{n}E(X_i^2)=\sum_{i=1}^{n}D(X_i)=n,$$
$$E(X_i^4)=\frac{1}{\sqrt{2\pi}}\int_{-\infty}^{+\infty}x^4e^{-\frac{x^2}{2}}dx=3, \quad i=1,2,\cdots,n,$$
$$D(Y)=D\Big(\sum_{i=1}^{n}X_i^2\Big)=\sum_{i=1}^{n}D(X_i^2)=\sum_{i=1}^{n}\{E(X_i^4)-[E(X_i^2)]^2\}=2n. \quad\square$$

下面我们引入分布的上侧 α 分位数的概念.

定义 6.2.2 设随机变量 X 的概率密度为 $f(x)$，对给定的 $\alpha(0<\alpha<1)$，称满足条件
$$P(X>x_\alpha)=\int_{x_\alpha}^{+\infty}f(x)dx=\alpha \tag{6.2.2}$$
的实数 x_α 为 X 分布的**上侧 α 分位数**.

利用 χ^2 分布的概率密度(6.2.1)式计算概率或得到分位数显然是困难的.因此我们编制了 χ^2 分布的上侧分位数表以供查用.附表 4 中的表值是按
$$P(X>\chi_\alpha^2(n))=\int_{\chi_\alpha^2(n)}^{+\infty}f(x)dx=\alpha$$
给出的，其中 $X\sim\chi^2(n)$，$\chi_\alpha^2(n)$ 是它的上侧 α 分位数，如图 6.2.2 所示.

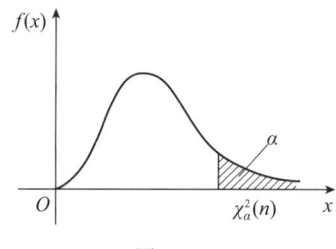

图 6.2.2

但附表 4 只详列到 $n=45$ 为止.费希尔(R.A.Fisher)曾证明，当 n 充分大时，$\sqrt{2\chi^2(n)}$ 近似地服从正态分布 $N(\sqrt{2n-1},1)$.一般地，当 $n>45$ 时，$\chi_\alpha^2(n)$ 可由近似公式
$$\chi_\alpha^2(n)\approx\frac{1}{2}(u_\alpha+\sqrt{2n-1})^2$$
得到，其中 u_α 是标准正态分布的上侧 α 分位数，其值由附表 3 给出.

例 6.2.1 设 $X\sim\chi^2(15)$，试确定 x 的值，使 $P(X\leqslant x)=0.95$.

解 由题意，所求 x 满足 $P(X>x)=1-0.95=0.05$，即 $x=\chi_{0.05}^2(15)$.
由 $n=15,\alpha=0.05$，查附表 4 得 $x=24.996$. $\quad\square$

例 6.2.2 设 $X_1,X_2,\cdots,X_{10}$ 是来自正态总体 $N(0,0.3^2)$ 的一个样本，求 $P\Big(\sum_{i=1}^{10}X_i^2>1.44\Big)$.

解 因为 $X_i \sim N(0, 0.3^2)$，所以 $\dfrac{X_i}{0.3} \sim N(0,1), i=1,2,\cdots,10$ 且它们相互独立，故
$$\sum_{i=1}^{10} \left(\frac{X_i}{0.3}\right)^2 \sim \chi^2(10).$$
所以
$$P\left(\sum_{i=1}^{10} X_i^2 > 1.44\right) = P\left(\sum_{i=1}^{10}\left(\frac{X_i}{0.3}\right)^2 > \frac{1.44}{0.3^2}\right) = P(\chi^2(10) > 16) = 0.1. \qquad \square$$

6.2.2　t 分布

定义 6.2.3　设随机变量 X 与 Y 相互独立，且 $X \sim N(0,1), Y \sim \chi^2(n)$，称随机变量
$$T = \frac{X}{\sqrt{\dfrac{Y}{n}}}$$
所服从的分布为自由度为 n 的 t 分布，记作 $T \sim t(n)$.

t 分布的概率密度为
$$f(x) = \frac{\Gamma\left(\dfrac{n+1}{2}\right)}{\sqrt{n\pi}\,\Gamma\left(\dfrac{n}{2}\right)} \left(1 + \frac{x^2}{n}\right)^{-\frac{n+1}{2}}, \quad -\infty < x < +\infty. \tag{6.2.3}$$

t 分布的概率密度为偶函数，关于 y 轴对称，且 $\lim\limits_{x \to \infty} f(x) = 0$. 另外，$t$ 分布的概率密度与 n 有关，图 6.2.3 给出了当 $n=1,5,\infty$ 时 $t(n)$ 分布的概率密度曲线.

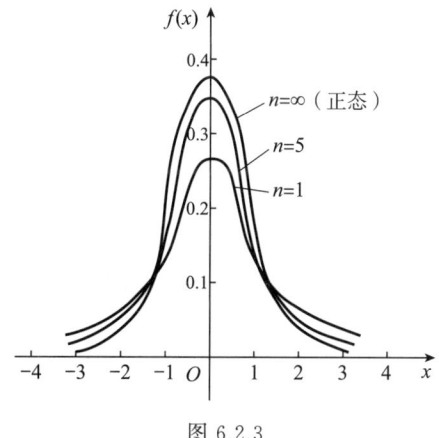

图 6.2.3

我们可以看到，当 n 很大时，t 分布接近于标准正态分布. 然而，当 n 较小时，t 分布与标准正态分布之间有一定的差异. t 分布尾部的概率比标准正态分布的大一些.

t 分布是统计学中的一类重要分布，它与标准正态分布的微小差别是由英国统计学家戈塞特(Gosset)发现的. 在 1908 年以前，统计学的主要用武之地先是社会统计，尤其是人口统计，后来加入生物统计问题. 这些问题的特点是，数据一般都是大量的、自然采集的，所用的方法多以中心极限定理为依据，总是归结到正态，皮尔逊(K.Pearson)就是此时统计界的权威，他认为正态分布是上帝赐给人们唯一正确的分布. 但到了 20 世纪，受人工控制的试验条

件下所得数据的统计分析问题日渐引人注意.此时的数据量一般不大.故那种仅依赖于中心极限定理的传统方法开始受到质疑.这个方向的先驱就是戈塞特和费希尔.

戈塞特年轻时在牛津大学学习数学和化学,1899 年开始在一家酿酒厂担任酿酒化学技师,从事试验和数据分析工作.由于戈塞特接触的样本容量都较小,只有 4,5 个,通过大量试验数据的积累,戈塞特发现 $t=\sqrt{n}(\overline{X}-\mu)/S$ 的分布与传统认为的 $N(0,1)$ 分布并不同,特别是尾部概率相差较大,表 6.2.1 列出了标准正态分布 $N(0,1)$ 和自由度为 4 的 t 分布的一些尾部概率.

表 6.2.1 $N(0,1)$ 和 $t(4)$ 的尾部概率 $P(|\overline{X}|>c)$

	$c=2$	$c=2.5$	$c=3$	$c=3.5$
$X\sim N(0,1)$	0.045 5	0.012 4	0.002 7	0.000 465
$X\sim t(4)$	0.116 1	0.066 8	0.039 9	0.024 9

由此,戈塞特怀疑是否有另一个分布族存在,但他的统计学功底不足以解决他发现的问题,于是,戈塞特于 1906 年到 1907 年到皮尔逊那里学习统计学,并着重研究少量数据的统计分析问题,1908 年他在 *Biometrics* 杂志上以笔名 Student(工厂不允许其发表论文)发表了使他名垂统计史册的论文:均值的或然误差.在这篇文章中,他提出了如下结果:设 $X_1,\cdots,X_n$ 是来自 $N(\mu,\sigma^2)$ 的独立同分布样本,μ,σ^2 均未知,则 $\dfrac{\sqrt{n}(\overline{X}-\mu)}{S}$ 服从自由度为 $n-1$ 的 t 分布.可以说,t 分布的发现在统计学史上具有划时代的意义,打破了正态分布一统天下的局面,开创了小样本统计推断的新纪元,小样本统计分析由此引起了广大统计科研工作者的重视.事实上,戈塞特的证明存在着漏洞,费希尔注意到这个问题并于 1922 年给出了此问题的完整证明,并编制了 t 分布的分位数表.

戈塞特的故事告诉我们:无论在什么境况下,都要有大胆质疑的勇气和敢于创新的精神,保持对知识的求知欲,通过不断学习提升自己.

附表 5 即为 t 分布的分位数表,表值是按
$$P(T>t_\alpha(n))=\alpha$$
给出的,其中 $T\sim t(n)$,$t_\alpha(n)$ 是它的上侧 α 分位数,如图 6.2.4 所示.由 t 分布的概率密度函数的对称性可知

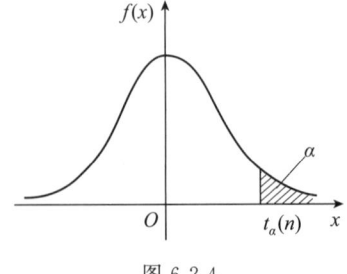

图 6.2.4

$$t_{1-\alpha}(n)=-t_\alpha(n).$$

当 $n>45$ 时,$t_\alpha(n)\approx u_\alpha$,其中 u_α 是标准正态分布的上侧 α 分位数.

例 6.2.3 已知 $T \sim t(15)$,求 x,使 $P(|T|>x)=0.1$.

解 由题意要求 $P(|T|>x)=0.1$ 及 t 分布的对称性可知 $P(T>x)=\dfrac{0.1}{2}=0.05$,即 $x=t_{0.05}(15)$.

由 $n=15, \alpha=0.05$,查附表 5 得 $x=1.7531$. □

例 6.2.4 设随机变量 X, Y_1, Y_2, Y_3, Y_4 相互独立,且 $X \sim N(2,1), Y_i \sim N(0,4), i=1,2,3,4$. 令

$$Z = \frac{4(X-2)}{\sqrt{\sum_{i=1}^{4} Y_i^2}},$$

试求 Z 的分布.

解 由于 $X-2 \sim N(0,1), \dfrac{Y_i}{2} \sim N(0,1), i=1,2,3,4$,所以由 t 分布定义知

$$Z = \frac{4(X-2)}{\sqrt{\sum_{i=1}^{4} Y_i^2}} = \frac{X-2}{\sqrt{\sum_{i=1}^{4}\left(\dfrac{Y_i}{2}\right)^2 \Big/ 4}} \sim t(4),$$

即 Z 服从自由度为 4 的 t 分布. □

6.2.3 F 分布

定义 6.2.4 设随机变量 X 与 Y 相互独立,且 $X \sim \chi^2(m), Y \sim \chi^2(n)$,称随机变量

$$F = \frac{\dfrac{X}{m}}{\dfrac{Y}{n}}$$

所服从的分布为第一自由度为 m、第二自由度为 n 的 F **分布**,记作 $F \sim F(m,n)$.

F 分布的概率密度为

$$f(x) = \begin{cases} \dfrac{\Gamma\left(\dfrac{m+n}{2}\right)}{\Gamma\left(\dfrac{m}{2}\right)\Gamma\left(\dfrac{n}{2}\right)} m^{\frac{m}{2}} n^{\frac{n}{2}} x^{\frac{m}{2}-1} (n+mx)^{-\frac{m+n}{2}}, & x>0, \\ 0, & x \leqslant 0. \end{cases} \quad (6.2.4)$$

F 分布的概率密度与 m, n 都有关. 图 6.2.5 给出了 (m,n) 分别为 $(20,10), (20,25), (20, \infty)$ 时的 $F(m,n)$ 分布的概率密度曲线.

由定义立即可得 F 分布的下述两个性质:

(1) 若 $X \sim t(n)$,则 $X^2 \sim F(1,n)$;

(2) 若 $X \sim F(m,n)$,则 $\dfrac{1}{X} \sim F(n,m)$.

我们亦编制了 F 分布的上侧分位数表以供查用. 附表 6 中的表值是按

$$P(F > F_\alpha(m,n)) = \alpha$$

给出的,其中 $F \sim F(m,n), F_\alpha(m,n)$ 是它的上侧 α 分位数,如图 6.2.6 所示.

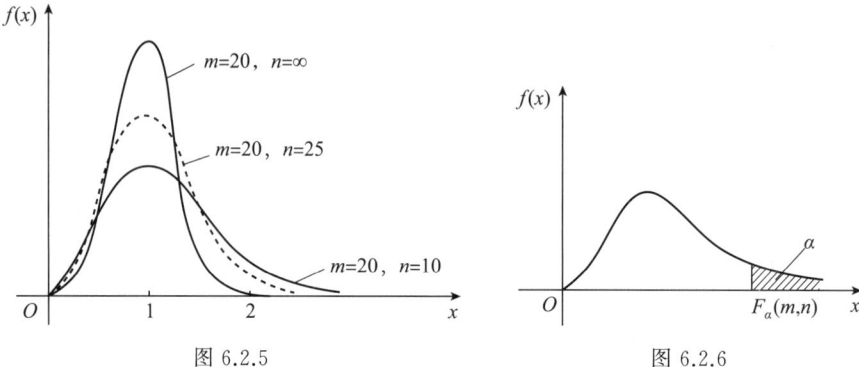

图 6.2.5   图 6.2.6

可以证明，对于给定的 α，$F_\alpha(m,n)$ 和 $F_{1-\alpha}(n,m)$ 之间有如下关系：

$$F_{1-\alpha}(m,n) = \frac{1}{F_\alpha(n,m)}. \tag{6.2.5}$$

(6.2.5)式常用于计算 F 分布表中没有列出的值。

例 6.2.5 设 $F \sim F(24,15)$，求 F_1, F_2, F_3，使得分别满足 $P(F > F_1) = 0.025$，$P(F < F_2) = 0.025$，$P(F > F_3) = 0.95$。

解 (1) 由 $m = 24, n = 15, \alpha = 0.025$ 查附表 6 得

$$F_1 = F_{0.025}(24,15) = 2.70.$$

(2) 对于 $P(F < F_2) = 0.025$ 无法直接查表，但

$$P(F < F_2) = P\left(\frac{1}{F} > \frac{1}{F_2}\right) = 0.025.$$

由 F 分布性质(2)知 $\frac{1}{F} \sim F(15,24)$，查附表 6 得

$$\frac{1}{F_2} = F_{0.025}(15,24) = 2.44,$$

即

$$P\left(F < \frac{1}{2.44}\right) = 0.025.$$

所以

$$F_2 = \frac{1}{2.44} \approx 0.41.$$

(3) 对于 $P(F > F_3) = 0.95$，$F_3 = F_{0.95}(24,15)$ 不能直接从表中查得，由(6.2.5)式有

$$F_{0.95}(24,15) = \frac{1}{F_{1-0.95}(15,24)}.$$

先从附表 6 中查得 $F_{1-0.95}(15,24) = 2.11$，故有

$$F_3 = \frac{1}{2.11} \approx 0.474. \quad \square$$

例 6.2.6 设 $X_1, X_2, \cdots, X_{15}$ 是总体 $N(0, \sigma^2)$ 的一个样本，求

$$Y = \frac{X_1^2 + X_2^2 + \cdots + X_{10}^2}{2(X_{11}^2 + X_{12}^2 + \cdots + X_{15}^2)}$$

的分布.

解 由于 X_i/σ 为独立同分布的 $N(0,1)$ 随机变量,故

$$\frac{1}{\sigma^2}(X_1^2+X_2^2+\cdots+X_{10}^2) \sim \chi^2(10),$$

$$\frac{1}{\sigma^2}(X_{11}^2+X_{12}^2+\cdots+X_{15}^2) \sim \chi^2(5),$$

且两者相互独立,故

$$Y=\frac{\frac{1}{\sigma^2}(X_1^2+X_2^2+\cdots+X_{10}^2)/10}{\frac{1}{\sigma^2}(X_{11}^2+X_{12}^2+\cdots+X_{15}^2)/5} \sim F(10,5).\qquad\square$$

习 题 6.2

1. 设随机变量 X 服从标准正态分布,X_1,X_2,X_3,X_4 为来自总体 X 的简单随机样本,设 $Y=\dfrac{X_1^2+X_2^2}{X_3^2+X_4^2}$,对给定的 $\alpha(0<\alpha<1)$,y_α 满足 $P(Y>y_\alpha)=\alpha$,则有( ).

(A) $y_\alpha y_{1-\alpha}=1$　　(B) $y_\alpha y_{1-\frac{\alpha}{2}}=1$　　(C) $y_{\frac{\alpha}{2}} y_{1-\alpha}=1$　　(D) $y_{\frac{\alpha}{2}} y_{1-\frac{\alpha}{2}}=1$

2. 设随机变量 X 和 Y 都服从标准正态分布,则( ).

(A) $X+Y$ 服从正态分布　　　　　　(B) X^2+Y^2 服从 χ^2 分布

(C) X^2 和 Y^2 都服从 χ^2 分布　　(D) $\dfrac{X^2}{Y^2}$ 服从 F 分布

3. 设 X_1,X_2,X_3,X_4 是来自总体 $N(1,\sigma^2)(\sigma>0)$ 的简单随机样本,则统计量 $\dfrac{X_1-X_2}{|X_3+X_4-2|}$ 的分布为( ).

(A) $N(0,1)$　　(B) $t(1)$　　(C) $\chi^2(1)$　　(D) $F(1,1)$

4. 设随机变量 $X\sim t(n)$,$Y\sim F(1,n)$,给定 $\alpha(0<\alpha<0.5)$,常数 c 满足 $P(X>c)=\alpha$,则 $P(Y>c^2)=($).

(A) α　　(B) $1-\alpha$　　(C) 2α　　(D) $1-2\alpha$

5. 设总体 $X\sim\chi^2(n)$,$X_1,X_2,\cdots,X_{10}$ 是来自 X 的样本,求 $E(\bar{X}),D(\bar{X}),E(S^2)$.

6. 设 X_1,X_2,X_3,X_4 是来自正态总体 $N(0,4)$ 的样本.已知

$$Y=a(X_1-2X_2)^2+b(3X_3-4X_4)^2$$

服从自由度为 2 的 χ^2 分布,求 a,b 的值.

7. 设 $X_1,X_2,\cdots,X_{10}$ 是来自标准正态总体的一组简单随机样本,统计量

$$Y=\frac{1}{2}\sum_{i=1}^{10}X_i^2+\sum_{i=1}^{5}X_{2i-1}X_{2i}.$$

(1) 求 $E(Y)$;

(2) 统计量 Y 服从什么分布?

8. 已知随机变量 $Y\sim\chi^2(n)$.

(1) 求 $\chi^2_{0.99}(12)$ 和 $\chi^2_{0.01}(12)$;

(2) 当 $n=10$ 时,求 C,使 $P(Y>C)=0.05$,并把 C 用分位数记号表示出来.

9. 已知随机变量 $T \sim t(n)$.

(1) 求 $t_{0.99}(12)$ 和 $t_{0.01}(12)$;

(2) 当 $n=10$ 时,求 C,使 $P(T>C)=0.05$,并把 C 用分位数记号表示出来.

10. 设总体 $X \sim N(0,1)$,$X_1,X_2,\cdots,X_5$ 为总体的一个样本. 确定常数 c,使

$$Y = \frac{c(X_1+X_2)}{\sqrt{X_3^2+X_4^2+X_5^2}} \sim t(3).$$

6.3 抽样分布

统计量是样本的函数,因此它是随机变量. 统计量的分布称为**抽样分布**. 在利用统计量进行统计推断时通常需要知道它的分布. 当总体的分布函数已知时,抽样分布就是确定的,但是想要得到统计量分布的具体形式,一般来说是困难的. 本节主要给出正态总体的几个常用统计量的分布. 对非正态总体下的抽样分布仅做简单介绍.

6.3.1 正态总体的情形

对于单个正态总体的样本均值和方差的分布,我们有如下两个主要结论.

定理 6.3.1 设 $X_1,X_2,\cdots,X_n$ 是取自正态总体 $N(\mu,\sigma^2)$ 的一个样本,$\overline{X}$ 和 S^2 分别为样本均值和样本方差,则:

(1) $\overline{X} \sim N(\mu, \frac{\sigma^2}{n})$;

(2) $\frac{(n-1)S^2}{\sigma^2} = \frac{nS_n^2}{\sigma^2} = \frac{1}{\sigma^2}\sum_{i=1}^{n}(X_i-\overline{X})^2 \sim \chi^2(n-1)$;

(3) $\overline{X}$ 与 S^2 相互独立,其中

$$\overline{X} = \frac{1}{n}\sum_{i=1}^{n}X_i,$$

$$S^2 = \frac{1}{n-1}\sum_{i=1}^{n}(X_i-\overline{X})^2,$$

$$S_n^2 = \frac{1}{n}\sum_{i=1}^{n}(X_i-\overline{X})^2.$$

证明见本章附录.

例 6.3.1 设 $X_1,X_2,\cdots,X_n$ 为来自总体 $X \sim N(\mu,4)$ 的一个样本,$\overline{X}$ 为样本均值,若已知 $P(|\overline{X}-\mu|<0.5) \geqslant 0.95$,试求最小的样本容量 n.

解 由于 $\frac{\overline{X}-\mu}{\sigma/\sqrt{n}} \sim N(0,1)$,其中 $\sigma=2$,因此

$$P(|\overline{X}-\mu|<0.5) = P\left(\left|\frac{\overline{X}-\mu}{\sigma/\sqrt{n}}\right| < \frac{0.5}{\sigma/\sqrt{n}}\right) = \Phi\left(\frac{0.5}{\sigma/\sqrt{n}}\right) - \Phi\left(-\frac{0.5}{\sigma/\sqrt{n}}\right)$$

$$= 2\Phi\left(\frac{0.5}{\sigma/\sqrt{n}}\right) - 1 \geqslant 0.95.$$

于是 $\Phi\left(\dfrac{0.5}{\sigma/\sqrt{n}}\right) \geqslant 0.975$,查附表 3 可得 $\dfrac{0.5}{\sigma/\sqrt{n}} \geqslant 1.96$,即 $n \geqslant 61.46$,故最小的样本容量应取 62. □

例 6.3.2 设 $X_1, X_2, \cdots, X_n$ 是取自正态总体 $N(\mu, \sigma^2)$ 的一个样本,S^2 为样本方差,证明:$D(S^2) = \dfrac{2\sigma^4}{n-1}$.

证明 由于 $X \sim N(\mu, \sigma^2)$,因此 $\dfrac{(n-1)S^2}{\sigma^2} \sim \chi^2(n-1)$,根据 χ^2 分布的性质,有

$$D\left[\dfrac{(n-1)S^2}{\sigma^2}\right] = 2(n-1),$$

因此 $\dfrac{(n-1)^2}{\sigma^4} D(S^2) = 2(n-1)$,于是 $D(S^2) = \dfrac{2\sigma^4}{n-1}$. □

定理 6.3.2 设 $X_1, X_2, \cdots, X_n$ 是取自正态总体 $N(\mu, \sigma^2)$ 的一个样本,则

$$\dfrac{\overline{X} - \mu}{S/\sqrt{n}} = \dfrac{\overline{X} - \mu}{S_n/\sqrt{n-1}} \sim t(n-1).$$

证明 由定理 6.3.1 中的(1)可知 $\overline{X} \sim N\left(\mu, \dfrac{\sigma^2}{n}\right)$,从而 $\dfrac{\overline{X} - \mu}{\sigma/\sqrt{n}} \sim N(0,1)$. 由定理 6.3.1 中的(3)与(2)可知 $\dfrac{\overline{X} - \mu}{\sigma/\sqrt{n}}$ 与 $\dfrac{(n-1)S^2}{\sigma^2}$ 相互独立,且

$$\dfrac{(n-1)S^2}{\sigma^2} \sim \chi^2(n-1).$$

从而由 t 分布的定义即得

$$T = \dfrac{\dfrac{\overline{X} - \mu}{\sigma/\sqrt{n}}}{\sqrt{\dfrac{(n-1)S^2}{\sigma^2(n-1)}}} = \dfrac{\overline{X} - \mu}{S/\sqrt{n}} \sim t(n-1). \quad □$$

例 6.3.3 设 $X_1, X_2, \cdots, X_{17}$ 是来自正态分布 $N(\mu, \sigma^2)$ 的一个样本,$\overline{X}$ 与 S^2 分别是样本均值与样本方差,求 k,使得 $P(\overline{X} > \mu + kS) = 0.95$.

解 在正态总体下,总有 $\dfrac{\sqrt{n}(\overline{X} - \mu)}{S} \sim t(n-1)$,所以

$$P(\overline{X} > \mu + kS) = P\left(\dfrac{\overline{X} - \mu}{S} > k\right) = P\left(\dfrac{\sqrt{n}(\overline{X} - \mu)}{S} > k\sqrt{n}\right) = 0.95,$$

故 $k\sqrt{n}$ 是 $t(n-1)$ 分布的 0.95 分位数,即 $k\sqrt{n} = t_{0.95}(n-1)$,无法直接查表. 由于 $t_{1-\alpha}(n-1) = -t_\alpha(n-1)$. 如今 $n=17$,查附表 5 可知 $t_{0.05}(16) = 1.7459$,从而 $t_{0.95}(16) = -1.7459$,$k = \dfrac{-1.7459}{\sqrt{17}} = -0.4234$. □

在实际问题中,有时会遇到两个总体的情形.例如,要比较两个工厂生产的相同产品的质量,那么每个工厂的产品就可以看作是一个总体.设 $X_1, X_2, \cdots, X_m$ 是取自总体 X 的一个样本,$Y_1, Y_2, \cdots, Y_n$ 是取自总体 Y 的一个样本.今后我们总假定取自不同总体的样本是相互独立的,即假定 $X_1, X_2, \cdots, X_m, Y_1, Y_2, \cdots, Y_n$ 是 $m+n$ 个相互独立的随机变量.下面是有关

两个正态总体的抽样分布的结果.

定理 6.3.3 设 $X_1,X_2,\cdots,X_m$ 是取自正态总体 $N(\mu_1,\sigma_1^2)$ 的一个样本,$Y_1,Y_2,\cdots,Y_n$ 是取自正态总体 $N(\mu_2,\sigma_2^2)$ 的一个样本,则

(1) $\dfrac{\overline{X}-\overline{Y}-(\mu_1-\mu_2)}{\sqrt{\dfrac{\sigma_1^2}{m}+\dfrac{\sigma_2^2}{n}}} \sim N(0,1)$;

(2) $\dfrac{\sum\limits_{i=1}^{m}(X_i-\mu_1)^2/m\sigma_1^2}{\sum\limits_{i=1}^{n}(Y_i-\mu_2)^2/n\sigma_2^2} \sim F(m,n)$;

(3) $\dfrac{S_1^2/\sigma_1^2}{S_2^2/\sigma_2^2} \sim F(m-1,n-1)$,

其中

$$\overline{X}=\frac{1}{m}\sum_{i=1}^{m}X_i, \quad S_1^2=\frac{1}{m-1}\sum_{i=1}^{m}(X_i-\overline{X})^2,$$

$$\overline{Y}=\frac{1}{n}\sum_{i=1}^{n}Y_i, \quad S_2^2=\frac{1}{n-1}\sum_{i=1}^{n}(Y_i-\overline{Y})^2.$$

证明 (1) 由于

$$E(\overline{X}-\overline{Y})=E(\overline{X})-E(\overline{Y})=\mu_1-\mu_2,$$

$$D(\overline{X}-\overline{Y})=D(\overline{X})+D(\overline{Y})=\frac{\sigma_1^2}{m}+\frac{\sigma_2^2}{n},$$

且 $\overline{X}-\overline{Y}$ 是相互独立的正态随机变量 $X_1,\cdots,X_m,Y_1,\cdots,Y_n$ 的线性函数,所以

$$\overline{X}-\overline{Y} \sim N\left(\mu_1-\mu_2,\frac{\sigma_1^2}{m}+\frac{\sigma_2^2}{n}\right),$$

故

$$\frac{\overline{X}-\overline{Y}-(\mu_1-\mu_2)}{\sqrt{\dfrac{\sigma_1^2}{m}+\dfrac{\sigma_2^2}{n}}} \sim N(0,1).$$

(2) 由 χ^2 分布的定义知

$$\sum_{i=1}^{m}\left(\frac{X_i-\mu_1}{\sigma_1}\right)^2 \sim \chi^2(m), \quad \sum_{i=1}^{n}\left(\frac{Y_i-\mu_2}{\sigma_2}\right)^2 \sim \chi^2(n),$$

且上述两个随机变量相互独立,故由 F 分布的定义可得

$$\frac{\sum\limits_{i=1}^{m}(X_i-\mu_1)^2/m\sigma_1^2}{\sum\limits_{i=1}^{n}(Y_i-\mu_2)^2/n\sigma_2^2} \sim F(m,n).$$

(3) 由定理 6.3.1 中的(2)可知

$$\frac{(m-1)S_1^2}{\sigma_1^2} = \frac{1}{\sigma_1^2}\sum_{i=1}^{m}(X_i-\overline{X})^2 \sim \chi^2(m-1),$$

$$\frac{(n-1)S_2^2}{\sigma_2^2} = \frac{1}{\sigma_2^2}\sum_{i=1}^{n}(Y_i-\overline{Y})^2 \sim \chi^2(n-1),$$

且上述两个随机变量相互独立,故由 F 分布的定义可得

$$\frac{(m-1)S_1^2/\sigma_1^2(m-1)}{(n-1)S_2^2/\sigma_2^2(n-1)} = \frac{S_1^2/\sigma_1^2}{S_2^2/\sigma_2^2} \sim F(m-1, n-1). \qquad \square$$

在定理 6.3.3 中,如果两个总体的方差相等,即 $\sigma_1^2 = \sigma_2^2 = \sigma^2$,则有如下的结论.

定理 6.3.4 设 $X_1, X_2, \cdots, X_m$ 是取自正态总体 $N(\mu_1, \sigma^2)$ 的一个样本,$Y_1, Y_2, \cdots, Y_n$ 是取自正态总体 $N(\mu_2, \sigma^2)$ 的一个样本,则

(1) $\dfrac{\overline{X}-\overline{Y}-(\mu_1-\mu_2)}{S_w\sqrt{\dfrac{1}{m}+\dfrac{1}{n}}} \sim t(m+n-2),$

其中

$$S_w = \sqrt{S_w^2}, \quad S_w^2 = \frac{(m-1)S_1^2+(n-1)S_2^2}{m+n-2};$$

(2) $\dfrac{S_1^2}{S_2^2} \sim F(m-1, n-1).$

证明 (1) 由定理 6.3.3 中的(1)可知

$$\frac{\overline{X}-\overline{Y}-(\mu_1-\mu_2)}{\sqrt{\dfrac{\sigma^2}{m}+\dfrac{\sigma^2}{n}}} \sim N(0,1),$$

而 $\dfrac{(m-1)S_1^2}{\sigma^2} \sim \chi^2(m-1), \dfrac{(n-1)S_2^2}{\sigma^2} \sim \chi^2(n-1)$,且两者相互独立,故由 χ^2 分布的可加性可得

$$\frac{(m-1)S_1^2+(n-1)S_2^2}{\sigma^2} \sim \chi^2(m+n-2).$$

从而由 t 分布的定义即得

$$\frac{\overline{X}-\overline{Y}-(\mu_1-\mu_2)}{S_w\sqrt{\dfrac{1}{m}+\dfrac{1}{n}}} = \frac{(\overline{X}-\overline{Y}-(\mu_1-\mu_2))\Big/\sqrt{\dfrac{\sigma^2}{m}+\dfrac{\sigma^2}{n}}}{\sqrt{\dfrac{(m-1)S_1^2+(n-1)S_2^2}{\sigma^2}}\cdot\sqrt{\dfrac{1}{m+n-2}}} \sim t(m+n-2).$$

(2) 是定理 6.3.3 中(3)的简单推论. $\qquad \square$

6.3.2 非正态总体的情形

由上一小节可知,正态总体的样本均值和方差的分布有较完善的结论.当总体不服从正态分布时,抽样分布问题就要复杂得多.这时我们常常借助中心极限定理得到统计量的近似分布.

定理 6.3.5 设 $X_1, X_2, \cdots, X_n$ 是取自期望为 μ,方差为 σ^2 的总体的一个样本,当 n 充分大时,有

(1) $\overline{X} \stackrel{\text{近似地}}{\sim} N\left(\mu, \dfrac{\sigma^2}{n}\right)$；

(2) $\dfrac{\overline{X}-\mu}{S/\sqrt{n}} \stackrel{\text{近似地}}{\sim} N(0,1)$.

由定理 5.2.1 易知(1)成立.(2)的证明超出本课程要求,故略去.

定理 6.3.5 表明,无论总体服从何种分布,只要它的期望和方差存在,则样本均值 $\overline{X}$ 和统计量 $\dfrac{\overline{X}-\mu}{S/\sqrt{n}}$ 都近似地服从正态分布.这在实际应用中是方便有效的.

例 6.3.4 某公司机器向瓶子里灌装液体洗净剂,规定每瓶装 μ 毫升,但实际灌装有一定的波动.假定灌装量的方差 $\sigma^2=1$,如果每箱装 25 瓶这样的洗涤剂,试问这 25 瓶洗涤剂的平均灌装量与标定值 μ 相差不超过 0.3 毫升的概率是多少?

解 记一箱中 25 瓶洗净剂灌装量为 $X_1, X_2, \cdots, X_{25}$,它们是来自期望为 μ,方差为 1 的总体中的样本.我们需要计算的是事件 $\{|\overline{X}-\mu|\leqslant 0.3\}$ 的概率.由定理 6.3.5 中的(1),有

$$P(|\overline{X}-\mu|\leqslant 0.3)=P(-0.3\leqslant \overline{X}-\mu \leqslant 0.3)$$

$$=P\left(\dfrac{-0.3}{\sigma/\sqrt{n}}\leqslant \dfrac{\overline{X}-\mu}{\sigma/\sqrt{n}}\leqslant \dfrac{0.3}{\sigma/\sqrt{n}}\right)$$

$$\approx \Phi\left(\dfrac{0.3}{\sigma/\sqrt{n}}\right)-\Phi\left(\dfrac{-0.3}{\sigma/\sqrt{n}}\right)=2\Phi\left(\dfrac{0.3}{\sigma/\sqrt{n}}\right)-1$$

$$=2\Phi(1.5)-1=0.8664.$$

这就是说,对于 25 瓶的一箱而言,平均每瓶灌装量与标定值不超过 0.3 毫升的概率近似为 86.64%.如果我们每箱装 50 瓶,不难验算

$$P(|\overline{X}-\mu|\leqslant 0.3)\approx 0.966.$$

可见,当每箱由 25 瓶增加到 50 瓶时,我们能以更大的概率保证厂家和商家都不吃亏. □

习 题 6.3

1. 设 $X_1, X_2, \cdots, X_n$ 是总体 $X \sim N(\mu, \sigma^2)$ 的简单随机样本,样本均值 $\overline{X}=\dfrac{1}{n}\sum\limits_{i=1}^{n}X_i$, $S_0^2=\dfrac{1}{n}\sum\limits_{i=1}^{n}(X_i-\mu)^2, S_1^2=\dfrac{1}{n}\sum\limits_{i=1}^{n}(X_i-\overline{X})^2, S^2=\dfrac{1}{n-1}\sum\limits_{i=1}^{n}(X_i-\overline{X})^2$,当样本量 $n>2$ 时,下列结论中正确的是( ).

(A) $D(S_1^2)>D(S_0^2)>D(S^2)$ (B) $D(S_0^2)>D(S^2)>D(S_1^2)$

(C) $D(S^2)>D(S_1^2)>D(S_0^2)$ (D) $D(S^2)>D(S_0^2)>D(S_1^2)$

2. 设总体 $X \sim N(0,\sigma^2)$,$\overline{X},S^2$ 分别为容量为 n 样本均值和方差,则服从自由度为 $n-1$ 的 t 分布是( ).

(A) $\dfrac{\sqrt{n}\,\overline{X}}{S}$ (B) $\dfrac{\sqrt{n}\,\overline{X}}{S^2}$ (C) $\dfrac{n\overline{X}}{S}$ (D) $\dfrac{n\overline{X}}{S^2}$

3. 设 $X_1, X_2, \cdots, X_n (n\geqslant 2)$ 是来自总体 $N(\mu,1)$ 的简单随机样本,记 $\overline{X}=\dfrac{1}{n}\sum\limits_{i=1}^{n}X_i$,则

习题 6.3

下列结论中不正确的是( ).

(A) $\sum_{i=1}^{n}(X_i-\mu)^2$ 服从 χ^2 分布 (B) $2(X_n-X_1)^2$ 服从 χ^2 分布

(C) $\sum_{i=1}^{n}(X_i-\overline{X})^2$ 服从 χ^2 分布 (D) $n(\overline{X}-\mu)^2$ 服从 χ^2 分布

4. 设 $X_1,X_2,\cdots,X_9$ 是来自总体 $N(1,\sigma^2)$ 的简单随机样本,$\overline{X}$ 为其样本均值,S^2 为其样本方差,记统计量 $T=\dfrac{3(\overline{X}-1)}{S}$,若 $P(-2<T<0)=0.3$,则 $P(T>2)=$( ).

(A) 0.1 (B) 0.2 (C) 0.3 (D) 0.4

5. 设总体 X 和 Y 相互独立,且都服从正态分布 $N(0,\sigma^2)$,$X_1,X_2,\cdots,X_n$ 和 $Y_1,Y_2,\cdots,Y_n$ 分别是来自总体 X 和 Y 且容量都为 n 的两个简单随机样本,样本均值、样本方差分别为 $\overline{X},S_X^2$ 和 $\overline{Y},S_Y^2$,则( ).

(A) $\overline{X}-\overline{Y}\sim N(0,\sigma^2)$ (B) $S_X^2+S_Y^2\sim\chi^2(2n-2)$

(C) $\dfrac{\overline{X}-\overline{Y}}{\sqrt{S_X^2+S_Y^2}}\sim t(2n-2)$ (D) $\dfrac{S_X^2}{S_Y^2}\sim F(n-1,n-1)$

6. 设总体 $X\sim N(0,\sigma^2)$,σ 已知,$X_1,\cdots,X_n$ 为来自总体 X 容量为 n 的样本,$\overline{X},S^2$ 分别为样本均值和方差,则统计量 $Y=\dfrac{n\overline{X}^2}{\sigma^2}+\dfrac{(n-1)S^2}{\sigma^2}$ 服从 _____ 分布,期望 $E(Y)=$ _____.

7. 在总体 $N(12,4)$ 中随机抽取容量为 5 的样本 X_1,X_2,X_3,X_4,X_5.
(1) 求样本均值与总体均值之差的绝对值大于 1 的概率;
(2) 求概率 $P(\max\{X_1,X_2,X_3,X_4,X_5\}>15)$;$P(\min\{X_1,X_2,X_3,X_4,X_5\}<10)$.

8. 设 $x_1,x_2,\cdots,x_{16}$ 是一组来自总体 $N(\mu,\sigma^2)$ 的样本观测值,经计算 $\overline{x}=9,s^2=5.32$,试求 $P(|\overline{x}-\mu|<0.6)$.

9. 设在总体 $N(\mu,\sigma^2)$ 中抽得一容量为 16 的样本,这里 μ,σ^2 均未知.
(1) 求 $P(S^2/\sigma^2\leqslant 2.041)$,其中 S^2 为样本方差;
(2) 求 $D(S^2)$.

10. 由正态总体 $N(100,4)$ 抽取两个独立样本,样本均值分别为 $\overline{X},\overline{Y}$,样本容量分别为 15,20,试求 $P(|\overline{X}-\overline{Y}|>0.2)$.

11. 利用切比雪夫不等式求抛均匀硬币多少次才能使正面朝上的频率落在 (0.4,0.6) 间的概率至少为 0.9. 如何才能更精确地计算这个次数?是多少?

12. 从正态总体 $N(3.4,6^2)$ 中抽取容量为 n 的样本,如果要求其样本均值位于区间 (1.4,5.4) 内的概率不小于 0.95,样本容量 n 至少应取多大?

13. 从一个正态总体中抽取容量为 10 的样本,假定有 2% 的样本均值与总体均值之差的绝对值在 4 以上,求总体标准差.

14. 设 $X_1,X_2,\cdots,X_{n+1}$ 为来自总体 $X\sim N(\mu,\sigma^2)$ 的一个样本. 记

$$\overline{X}_n=\frac{1}{n}\sum_{i=1}^{n}X_i,\quad S_n^2=\frac{1}{n-1}\sum_{i=1}^{n}(X_i-\overline{X})^2.$$

证明: $T = \sqrt{\dfrac{n}{n+1}} \cdot \dfrac{X_{n+1} - \overline{X}_n}{S_n} \sim t(n-1)$.

附　　录

定理 6.3.1 的证明

证明　(2) 令 $Z_i = \dfrac{X_i - \mu}{\sigma}, i=1,2,\cdots,n$，则由定理条件知，$Z_1, Z_2, \cdots, Z_n$ 相互独立，且都服从 $N(0,1)$ 分布，而

$$\overline{Z} = \frac{1}{n}\sum_{i=1}^{n} Z_i = \frac{\overline{X} - \mu}{\sigma},$$

$$\frac{(n-1)S^2}{\sigma^2} = \sum_{i=1}^{n}(X_i - \overline{X})^2/\sigma^2$$

$$= \sum_{i=1}^{n}\left[\frac{(X_i - \mu) - (\overline{X} - \mu)}{\sigma}\right]^2$$

$$= \sum_{i=1}^{n}(Z_i - \overline{Z})^2 = \sum_{i=1}^{n}Z_i^2 - n\overline{Z}^2.$$

取 n 阶正交矩阵 $\boldsymbol{A} = (a_{ij})$，其中第一行元素都等于 $\dfrac{1}{\sqrt{n}}$. 做正交变换

$$\boldsymbol{Y} = \boldsymbol{AZ},$$

其中

$$\boldsymbol{Y} = \begin{bmatrix} Y_1 \\ Y_2 \\ \vdots \\ Y_n \end{bmatrix}, \quad \boldsymbol{Z} = \begin{bmatrix} Z_1 \\ Z_2 \\ \vdots \\ Z_n \end{bmatrix}.$$

由于 $Y_i = \sum_{j=1}^{n} a_{ij}Z_j, i=1,2,\cdots,n$，故 $Y_1, Y_2, \cdots, Y_n$ 仍为正态变量. 由 $Z_i \sim N(0,1)$，$i=1,2,\cdots,n$，知

$$E(Y_i) = E\left(\sum_{j=1}^{n} a_{ij}Z_j\right) = \sum_{j=1}^{n} a_{ij}E(Z_j) = 0.$$

又由 $\text{Cov}(Z_i, Z_j) = \delta_{ij}, i,j=1,2,\cdots,n$，知

$$\text{Cov}(Y_i, Y_j) = \text{Cov}\left(\sum_{l=1}^{n} a_{il}Z_l, \sum_{k=1}^{n} a_{jk}Z_k\right)$$

$$= \sum_{l=1}^{n} a_{il}\sum_{k=1}^{n} a_{jk}\text{Cov}(Z_l, Z_k)$$

$$= \sum_{l=1}^{n} a_{il}a_{jk} = \delta_{ij}（由正交性质）.$$

故 $Y_1, Y_2, \cdots, Y_n$ 两两不相关. 又由于 n 维随机变量 $(Y_1, Y_2, \cdots, Y_n)$ 是由 n 维正态随机变量

$(X_1, X_2, \cdots, X_n)$ 经由线性变换得到的,因此,$(Y_1, Y_2, \cdots, Y_n)$ 也是 n 维正态随机变量.于是由 $Y_1, Y_2, \cdots, Y_n$ 两两不相关可推得 $Y_1, Y_2, \cdots, Y_n$ 相互独立,且有 $Y_i \sim N(0,1), i=1,2,\cdots,n$.而

$$Y_1 = \sum_{j=1}^{n} a_{1j} Z_j = \sum_{j=1}^{n} \frac{1}{\sqrt{n}} Z_j = \sqrt{n} \overline{Z},$$

$$\sum_{i=1}^{n} Y_i^2 = Y'Y = (AZ)'(AZ) = Z'(A'A)Z = Z'IZ = Z'Z = \sum_{i=1}^{n} Z_i^2.$$

于是

$$\frac{(n-1)S^2}{\sigma^2} = \sum_{i=1}^{n} Z_i^2 - n\overline{Z}^2 = \sum_{i=1}^{n} Y_i^2 - Y_1^2 = \sum_{i=2}^{n} Y_i^2,$$

由 $Y_1, Y_2, \cdots, Y_n$ 相互独立,且 $Y_i \sim N(0,1), i=1,2,\cdots,n$,知

$$\sum_{i=2}^{n} Y_i^2 \sim \chi^2(n-1),$$

从而证得

$$\frac{(n-1)S^2}{\sigma^2} \sim \chi^2(n-1).$$

(3) 由于 $\overline{X} = \sigma \overline{Z} + \mu = \frac{\sigma Y_1}{\sqrt{n}} + \mu$ 仅依赖于 Y_1,而 $S^2 = \frac{\sigma^2}{n-1} \sum_{i=2}^{n} Y_i^2$ 仅依赖于 $Y_2, Y_3, \cdots, Y_n$,故由 Y_1 与 $Y_2, Y_3, \cdots, Y_n$ 的独立性知 $\overline{X}$ 与 S^2 相互独立. □

本章思维导图

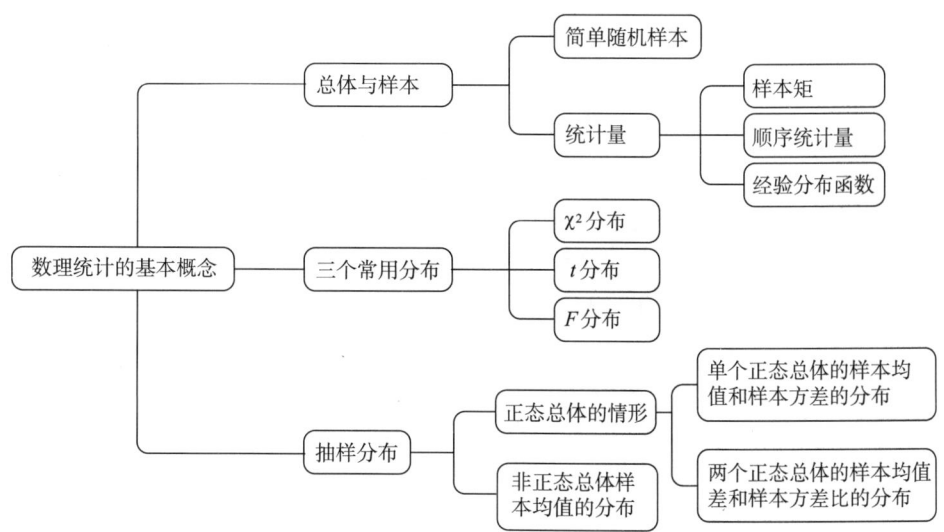

第七章 参数估计

> 在实际问题中,对于总体的分布,要么完全未知,要么只知道其类型,但其中的参数未知. 数理统计的任务就是根据样本所提供的信息,对总体的分布或分布中的某些未知参数做出统计推断. 统计推断主要包括参数估计和假设检验. 根据估计的形式,参数估计分为点估计和区间估计. 本章主要介绍参数点估计的方法,估计量的评价标准,正态总体和非正态总体参数的区间估计等内容.

7.1 点 估 计

参数估计问题是统计推断中的一类重要问题. 对此问题我们并不陌生,比如要估计某湖泊中鱼的数量、某地区的年平均降雨量、某厂生产的一批产品的不合格品率或者某地区 6~8 岁女童的平均身高等等,这些都是参数的估计问题.我们再看两个实例.

例 7.1.1 某建筑工地每天发生的事故数 X 是一个随机变量,有关理论表明,X 服从参数 $\lambda > 0$ 的泊松分布,其中 λ 未知. 现记录了该工地 200 天的安全生产情况,事故数记录如下:

一天发生的事故数	0	1	2	3	4	5	≥6
天数	102	59	30	8	0	1	0

如何估计参数 λ?

例 7.1.2 已知白炽灯泡寿命 $X \sim N(\mu, \sigma^2)$,μ 和 σ^2 均未知,今从一批这种灯泡中抽测 10 个,得寿命(单位:小时)观察值为

1 067   919   1 196   1 126   936   918   1 156   920   948   785

如何估计参数 μ, σ^2 和 $P(X > 1\ 100)$?

上述问题中,如何根据样本估计总体分布中的未知参数或未知参数的函数,这在统计学中称为参数估计问题.今后所说的参数是指如下三类未知参数:(1)总体分布类型已知,分布中所含的未知参数.如例 7.1.1 中泊松分布 $P(\lambda)$ 中的参数 λ,例 7.1.2 中正态分布 $N(\mu, \sigma^2)$ 中的参数 μ 和 σ^2. (2)分布中所含的未知参数的函数.如例 7.1.2 中的 $P(X > 1\ 100)$,实际上 $P(X > 1\ 100) = 1 - \Phi\left(\dfrac{1\ 100 - \mu}{\sigma}\right)$ 是未知参数 μ 和 σ 的函数,也是未知参数.(3)总体分布未知时,分布的各种数字特征.如期望 $E(X)$,方差 $D(X)$ 等也

都是未知参数.

一般常用 θ 表示参数,参数 θ 所有可能的取值范围称为参数空间,记为 Θ.例如,例7.1.1 中,参数 $\theta=\lambda$,参数空间 $\Theta=(0,+\infty)$;例 7.1.2 中,参数 $\theta=(\mu,\sigma^2)$,由于参数 μ 是灯泡寿命的期望,故参数空间 $\Theta=\{(\mu,\sigma^2)|\mu>0,\sigma^2>0\}$.

所谓参数的点估计,就是适当构造一个统计量,然后将样本观测值代入计算出该统计量的值,用此值作为参数的估计值.有如下的定义

定义 7.1.1 设 $X_1,X_2,\cdots,X_n$ 是来自总体 X 的样本,$x_1,x_2,\cdots,x_n$ 是相应的一组样本值,θ 是未知参数,用于估计未知参数 θ 的统计量 $\hat{\theta}=\hat{\theta}(X_1,X_2,\cdots,X_n)$ 称为 θ 的**点估计量**或**估计量**,把统计量 $\hat{\theta}$ 的观测值 $\hat{\theta}(x_1,x_2,\cdots,x_n)$ 称为 θ 的**点估计值**或**估计值**.

在不致混淆的情况下,把估计量和估计值统称为估计,并都简记为 $\hat{\theta}$.需要注意的是,估计量是样本 $X_1,X_2,\cdots,X_n$ 的函数,它是随机变量.而估计值是一个具体的数值,它是估计量在某一组样本观测值下的值,是参数空间中的一个点.因此,对于不同的样本值,θ 的估计值一般是不同的.

下面介绍两种常用的构造点估计量的方法:矩估计法和最大似然估计法.

7.1.1 矩估计法

矩估计法是求参数估计的方法之一,它由现代统计学的奠基者之一皮尔逊(K. Pearson)提出的,至今仍然是一种重要而常用的统计方法.

由辛钦大数定律可知,如果总体 X 具有 k 阶原点矩 $E(X^k)$,则样本 k 阶原点矩 $A_k=\frac{1}{n}\sum_{i=1}^{n}X_i^k$ 依概率收敛于 $E(X^k)$.因此,我们可以用样本矩去估计总体矩,然后再依此确定未知参数的估计,这种估计方法就是**矩估计法**.其思想实质是用样本矩去替换总体矩.以原点矩为例,具体如下:

设总体 X 的分布函数为 $F(x;\theta_1,\theta_1,\cdots,\theta_k)$,其中 $\theta_1,\theta_1,\cdots,\theta_k$ 为待估参数,$X_1,X_2,\cdots,X_n$ 是总体 X 的样本.假定总体 X 的 k 阶原点矩 $\mu_k=E(X^k)$ 存在,则 $\mu_j=E(X^j)(1\leqslant j\leqslant k)$ 都是 $\theta_1,\theta_1,\cdots,\theta_k$ 的函数,记为 $\mu_j=g_j(\theta_1,\theta_1,\cdots,\theta_k)$.样本的 j 阶原点矩记为 $A_j=\frac{1}{n}\sum_{i=1}^{n}X_i^j$,$j=1,2,\cdots,k$.令样本的 j 阶原点矩 A_j 等于总体的 j 阶原点矩 μ_j,$j=1,2,\cdots,k$,则可得 k 个方程,联立并解方程组就可得参数 $\theta_1,\theta_1,\cdots,\theta_k$ 的估计量.

因此,矩估计法的具体步骤为:

第一步 计算总体的前 k 阶原点矩 $\mu_j=E(X^j)=g_j(\theta_1,\theta_2,\cdots,\theta_k),j=1,2,\cdots,k$.

第二步 利用"总体矩=样本矩"列出方程组

$$\begin{cases} g_1(\theta_1,\theta_2,\cdots,\theta_k)=A_1, \\ g_2(\theta_1,\theta_2,\cdots,\theta_k)=A_2, \\ \cdots\cdots \\ g_k(\theta_1,\theta_2,\cdots,\theta_k)=A_k. \end{cases} \quad (7.1.1)$$

第三步 解上述方程组,得

$$\begin{cases} \hat{\theta}_1 = \theta_1(A_1, A_2, \cdots, A_k), \\ \hat{\theta}_2 = \theta_2(A_1, A_2, \cdots, A_k), \\ \cdots\cdots \\ \hat{\theta}_k = \theta_k(A_1, A_2, \cdots, A_k). \end{cases} \tag{7.1.2}$$

分别将 $\hat{\theta}_i = \theta_i(A_1, A_2, \cdots, A_k)$ 作为参数 $\theta_i, i=1,2,\cdots,k$ 的估计量,这种估计量称为**矩估计量**.矩估计量的观测值称为**矩估计值**.

例 7.1.1(续) **解** 因为 $X \sim P(\lambda)$,所以 $E(X) = \lambda$. 利用"总体矩=样本矩"得
$$\lambda = A_1,$$
解得
$$\hat{\lambda} = A_1 = \bar{X}.$$
所以 λ 的矩估计量为 $\hat{\lambda} = \bar{X}$.

将样本数据代入计算得 λ 的矩估计值
$$\hat{\lambda} = \frac{1}{200}(0 \times 102 + 1 \times 59 + 2 \times 30 + 3 \times 8 + 4 \times 0 + 5 \times 1) = 0.74. \qquad \Box$$

例 7.1.3 设总体 X 服从均匀分布 $U(a,b)$,a,b 未知,$X_1, X_2, \cdots, X_n$ 为 X 的样本,求 a,b 的矩估计量.

解 因为 $X \sim U(a,b)$,所以 $E(X) = \dfrac{a+b}{2}$,$D(X) = \dfrac{(b-a)^2}{12}$,进而
$$E(X^2) = D(X) + [E(X)]^2 = \frac{(b-a)^2}{12} + \frac{(a+b)^2}{4}.$$

利用"总体矩=样本矩",得
$$\begin{cases} \dfrac{a+b}{2} = A_1, \\ \dfrac{(b-a)^2}{12} + \dfrac{(a+b)^2}{4} = A_2. \end{cases}$$

整理得
$$\begin{cases} a+b = 2A_1, \\ b-a = \sqrt{12(A_2 - A_1^2)}. \end{cases}$$

解方程组可得
$$\begin{cases} \hat{a} = A_1 - \sqrt{3(A_2 - A_1^2)}, \\ \hat{b} = A_1 + \sqrt{3(A_2 - A_1^2)}. \end{cases}$$

因为 $A_1 = \bar{X}$,$A_2 = \dfrac{1}{n}\sum\limits_{i=1}^{n} X_i^2$,并注意到
$$A_2 - A_1^2 = \frac{1}{n}\sum_{i=1}^{n} X_i^2 - \bar{X}^2 = \frac{1}{n}\sum_{i=1}^{n}(X_i - \bar{X})^2 = S_n^2,$$

故 a,b 的矩估计量分别为
$$\hat{a} = \bar{X} - \sqrt{3 S_n^2} = \bar{X} - \sqrt{3} S_n,$$
$$\hat{b} = \bar{X} + \sqrt{3 S_n^2} = \bar{X} + \sqrt{3} S_n. \qquad \Box$$

例 7.1.4 设总体 X 的期望 μ 和方差 $\sigma^2 (\sigma^2 > 0)$ 都存在,且均未知,$X_1, X_2, \cdots, X_n$ 为 X

的样本,求 μ 和 σ^2 的矩估计量.

解 由于 $E(X)=\mu, D(X)=\sigma^2$,所以 $E(X^2)=D(X)+[E(X)]^2=\sigma^2+\mu^2$.

利用"总体矩＝样本矩",得

$$\begin{cases} \mu = A_1, \\ \sigma^2 + \mu^2 = A_2. \end{cases}$$

解之得

$$\begin{cases} \hat{\mu} = A_1 = \overline{X}, \\ \widehat{\sigma^2} = A_2 - A_1^2 = S_n^2. \end{cases}$$ □

注 例 7.1.4 的结果表明,只要总体的期望和方差存在,总体期望和方差的矩估计量的表达式与总体的具体分布无关.例如,$X \sim N(\mu, \sigma^2)$,μ 和 σ^2 均未知,则 μ 和 σ^2 的矩估计量为 $\hat{\mu} = \overline{X}, \widehat{\sigma^2} = S_n^2$.

例 7.1.5 某工程师为了解一台天平的精度,用该天平对一物体的质量做 n 次测量,该物体的质量 μ 是已知的.设 n 次测量结果 $X_1, X_2, \cdots, X_n$ 相互独立且均服从正态分布 $N(\mu, \sigma^2)$,该工程师记录的是 n 次测量的绝对误差 $Z_i = |X_i - \mu|$ ($i = 1, 2, \cdots, n$),求 σ 的矩估计量.

解 因为 $X_1, X_2, \cdots, X_n$ 独立同正态分布 $N(\mu, \sigma^2)$,所以 $Z_i = |X_i - \mu|$ ($i = 1, 2, \cdots, n$)也是独立同分布的,且 Z_i 分布函数为

$$F(z) = P(Z_i \leqslant z) = P(|X_i - \mu| \leqslant z) = \begin{cases} 2\Phi\left(\dfrac{z}{\sigma}\right) - 1, & z \geqslant 0, \\ 0, & z < 0, \end{cases}$$

所以 Z_i 的概率密度为

$$f(z; \sigma) = \begin{cases} \dfrac{2}{\sqrt{2\pi}\,\sigma} e^{-\frac{z^2}{2\sigma^2}}, & z \geqslant 0, \\ 0, & z < 0. \end{cases}$$

进而

$$E(Z_i) = \int_{-\infty}^{+\infty} z f(z; \sigma) dz = \frac{2}{\sqrt{2\pi}\,\sigma} \int_0^{+\infty} z e^{-\frac{z^2}{2\sigma^2}} dz = \frac{2}{\sqrt{2\pi}} \sigma.$$

利用"总体矩＝样本矩",得

$$\frac{2}{\sqrt{2\pi}} \sigma = \overline{Z}.$$

所以 σ 的矩估计量为

$$\hat{\sigma} = \frac{\sqrt{2\pi}}{2} \overline{Z}.$$ □

从例 7.1.4 可知,矩估计法可以不必知道总体的具体分布,因此它的适用面广.缺点是当总体分布的原点矩不存在时,矩估计法无法使用.另外,用矩估计法得到的估计不唯一.如泊松分布的样本均值 $\overline{X}$ 和样本方差 S_n^2 都是参数 λ 的矩估计.注意到矩估计法没有利用总体分布类型的信息,因此在总体分布类型已知时,矩估计不一定是好的估计.下面将介绍在总体

分布类型已知时常用的最大似然估计法.

7.1.2 最大似然估计法

最大似然估计法是建立在最大似然原理基础上的一种参数估计方法.最大似然原理的直观想法是：一个随机试验如有若干个可能结果 $A,B,C,\cdots$，若在一次试验中结果 A 出现了，则一般认为试验条件对 A 出现最有利，即 A 出现的概率最大.

例如，袋中有黑球和白球共 100 个，只知道两种颜色球的比例为 99∶1.为估计袋中的白球数，现从袋中任取一球，结果取到白球.据此人们有理由认为袋中的白球数为 99，黑球数为 1.理由如下：当白球数为 99 时，取出白球的概率为 99/100；而当白球数为 1 时，取出白球的概率为 1/100.现进行一次取球，结果取出白球，据最大似然原理，取到白球的概率应最大，即为 99/100.因此，推断袋中的白球数为 99.虽然本例假设的数据有点极端，但推断符合人们的实践经验.

将最大似然原理应用到参数估计：对于待估参数 θ，它可以取很多个值，基于样本观测结果，寻求使该样本结果出现的可能性最大的那个参数值作为参数 θ 的估计值.这就是参数的最大似然估计法.

以下分离散总体和连续总体两种情形进行讨论，并统一给出似然函数和最大似然估计的定义.

若总体 X 服从离散分布，其分布列为 $P(X=x)=p(x;\theta), \theta\in\Theta$，其中 θ 是一个未知参数或者几个未知参数组成的参数向量.设 $X_1,X_2,\cdots,X_n$ 为 X 的样本，$x_1,x_2,\cdots,x_n$ 是样本的一组观测值，则样本 $X_1,X_2,\cdots,X_n$ 取到 $x_1,x_2,\cdots,x_n$ 的概率，亦即事件$(X_1=x_1,X_2=x_2,\cdots,X_n=x_n)$发生的概率为

$$P(X_1=x_1,X_2=x_2,\cdots,X_n=x_n)=\prod_{i=1}^{n}P(X_i=x_i)=\prod_{i=1}^{n}p(x_i;\theta),$$

这一概率随 θ 的取值而变化，它是 θ 的函数.方便起见，令

$$L(\theta)=L(x_1,x_2,\cdots,x_n;\theta)=\prod_{i=1}^{n}p(x_i;\theta),\quad \theta\in\Theta.$$

既然现在我们取到了样本值 $x_1,x_2,\cdots,x_n$，根据最大似然原理知，取到这一样本值的概率 $L(\theta)$ 达到最大.于是，在 θ 取值的范围 Θ 内，挑选使 $L(\theta)$ 达到最大的参数值 $\hat{\theta}$ 作为参数 θ 的估计值，即取 $\hat{\theta}$，使得

$$L(x_1,x_2,\cdots,x_n;\hat{\theta})=\max_{\theta\in\Theta}L(x_1,x_2,\cdots,x_n;\theta).$$

这样得到的 $\hat{\theta}$ 与样本值 $x_1,x_2,\cdots,x_n$ 有关，常记为 $\hat{\theta}(x_1,x_2,\cdots,x_n)$，称为参数 θ 的最大似然估计值.

若总体 X 服从连续分布，其概率密度为 $f(x;\theta),\theta\in\Theta$，其中 θ 是一个未知参数或者几个未知参数组成的参数向量.设 $X_1,X_2,\cdots,X_n$ 为 X 的样本，$x_1,x_2,\cdots,x_n$ 是样本的一组观测值.由于连续型随机变量取任意一个单点值的概率为 0，但我们可用样本 $X_1,X_2,\cdots,X_n$ 的联合概率密度表示其在观测值 $x_1,x_2,\cdots,x_n$ 附近出现的可能性大小，故考虑

$$L(\theta)=L(x_1,x_2,\cdots,x_n;\theta)=\prod_{i=1}^{n}f(x_i;\theta)$$

的最大值点,即寻找 $\hat{\theta}$,使得
$$L(x_1,x_2,\cdots,x_n;\hat{\theta}) = \max_{\theta \in \Theta} L(x_1,x_2,\cdots,x_n;\theta).$$
$\hat{\theta}(x_1,x_2,\cdots,x_n)$ 就是参数 θ 的最大似然估计值.

综上分析,我们给出似然函数与最大似然估计的定义.

定义 7.1.2 设总体 X 的概率密度为 $f(x;\theta)$(当 X 为离散型时,$f(x;\theta)$ 表示 X 的概率分布列),$\theta=(\theta_1,\theta_1,\cdots,\theta_k)$ 是待估参数,Θ 是参数空间,$x_1,x_2,\cdots,x_n$ 是样本 $X_1,X_2,\cdots,X_n$ 的一组观测值,称

$$L(\theta) = L(x_1,x_2,\cdots,x_n;\theta) = \prod_{i=1}^{n} f(x_i;\theta) \tag{7.1.3}$$

为样本的**似然函数**.如果某个 $\hat{\theta}=\hat{\theta}(x_1,x_2,\cdots,x_n)$ 满足

$$L(x_1,x_2,\cdots,x_n;\hat{\theta}) = \max_{\theta \in \Theta} L(x_1,x_2,\cdots,x_n;\theta),$$

则称 $\hat{\theta}=\hat{\theta}(x_1,x_2,\cdots,x_n)$ 为 θ 的**最大似然估计值**,相应的统计量 $\hat{\theta}=\hat{\theta}(X_1,X_2,\cdots,X_n)$ 称为 θ 的**最大似然估计量**.在不引起混淆的情况下,它们统称为**最大似然估计**.

由定义和前面的讨论可知,似然函数 $L(x_1,x_2,\cdots,x_n;\theta)$ 的值反映了样本点 $x_1,x_2,\cdots,x_n$ 出现的可能性大小.不论离散总体还是连续总体,求总体分布中参数 θ 的最大似然估计的一般步骤可总结如下:

第一步 根据总体的分布和样本值,写出似然函数 $L(\theta)$;

第二步 求似然函数 $L(\theta)$ 的最大值点,得 θ 的最大似然估计值 $\hat{\theta}=\hat{\theta}(x_1,x_2,\cdots,x_n)$;

第三步 将样本值替换成样本,得 θ 的最大似然估计量 $\hat{\theta}=\hat{\theta}(X_1,X_2,\cdots,X_n)$.

显然,求似然函数 $L(\theta)$ 的最大值点是求最大似然估计的重要环节.由微分学知,若似然函数关于 $\theta_i (i=1,2,\cdots,k)$ 有连续偏导数,则最大值点一般可从方程组

$$\frac{\partial L(\theta)}{\partial \theta_i} = 0, \quad i=1,2,\cdots,k \tag{7.1.4}$$

解得.称(7.1.4)为**似然方程组**.由于 $L(\theta)$ 与 $\ln L(\theta)$ 有相同的最大值点,并且 $\ln L(\theta)$ 求偏导的运算更简单,因此人们更习惯于通过求方程组

$$\frac{\partial \ln L(\theta)}{\partial \theta_i} = 0, \quad i=1,2,\cdots,k \tag{7.1.5}$$

来寻求 θ 的最大似然估计.通常把 $\ln L(\theta)$ 称为**对数似然函数**,把(7.1.5)称为**对数似然方程组**.

例 7.1.1(续) 在例 7.1.1 中,求 λ 的最大似然估计值.

解 由于 $X \sim P(\lambda)$,故 X 的概率分布列为

$$p(x;\lambda) = P(X=x) = \frac{\lambda^x}{x!} e^{-\lambda}, \quad x=0,1,2,\cdots.$$

设 $x_1,x_2,\cdots,x_n$ 是样本 $X_1,X_2,\cdots,X_n$ 的一组观测值,则样本的似然函数

$$L(\lambda) = \prod_{i=1}^{n} p(x_i;\lambda) = \prod_{i=1}^{n}\left(\frac{\lambda^{x_i}}{x_i!}e^{-\lambda}\right) = \frac{\lambda^{\sum_{i=1}^{n}x_i}}{x_1!x_2!\cdots x_n!}e^{-n\lambda},$$

对数似然函数为

$$\ln L(\lambda) = \left(\sum_{i=1}^{n}x_i\right)\ln\lambda - n\lambda - \ln(x_1!x_2!\cdots x_n!).$$

对数似然方程为

$$\frac{\mathrm{d}\ln L(\lambda)}{\mathrm{d}\lambda} = \frac{\sum_{i=1}^{n} x_i}{\lambda} - n = 0.$$

解对数似然方程,得

$$\hat{\lambda} = \frac{1}{n}\sum_{i=1}^{n} x_i = \bar{x}.$$

又因为

$$\left.\frac{\mathrm{d}^2 \ln L(\lambda)}{\mathrm{d}\lambda^2}\right|_{\lambda=\hat{\lambda}} = -\frac{\sum_{i=1}^{n} x_i}{\hat{\lambda}^2} < 0,$$

所以 $\hat{\lambda} = \bar{x}$ 是 $\ln L(\lambda)$ 的最大值点,故 $\hat{\lambda} = \bar{x}$ 为参数 λ 的最大似然估计值. 将样本数据代入计算得

$$\hat{\lambda} = \frac{1}{200}(0 \times 102 + 1 \times 59 + 2 \times 30 + 3 \times 8 + 4 \times 0 + 5 \times 1) = 0.74.$$

易知 λ 的最大似然估计量为 $\hat{\lambda} = \frac{1}{n}\sum_{i=1}^{n} X_i = \bar{X}$,与矩估计量相同. □

例 7.1.4（续） 在例 7.1.4 中,求 σ 的最大似然估计量.

解 记 $z_1, z_2, \cdots, z_n$ 为 $Z_1, Z_2, \cdots, Z_n$ 的观测值,则似然函数为

$$L(\sigma) = \prod_{i=1}^{n} f(z_i; \sigma) = \left(\frac{2}{\sqrt{2\pi}}\right)^n \sigma^{-n} \mathrm{e}^{-\frac{1}{2\sigma^2}\sum_{i=1}^{n} z_i^2},$$

对数似然函数为

$$\ln L(\sigma) = n\ln\frac{2}{\sqrt{2\pi}} - n\ln\sigma - \frac{1}{2\sigma^2}\sum_{i=1}^{n} z_i^2.$$

对数似然方程为

$$\frac{\mathrm{d}\ln L(\sigma)}{\mathrm{d}\sigma} = -\frac{n}{\sigma} + \frac{1}{\sigma^3}\sum_{i=1}^{n} z_i^2 = 0.$$

解之得

$$\hat{\sigma} = \sqrt{\frac{1}{n}\sum_{i=1}^{n} z_i^2}.$$

由于

$$\left.\frac{\mathrm{d}^2 \ln L(\sigma)}{\mathrm{d}\sigma^2}\right|_{\sigma=\hat{\sigma}} = -\frac{2n}{(\hat{\sigma})^2} < 0.$$

故 σ 的最大似然估计值为

$$\hat{\sigma} = \sqrt{\frac{1}{n}\sum_{i=1}^{n} z_i^2}.$$

进而,σ 的最大似然估计量为

$$\hat{\sigma} = \sqrt{\frac{1}{n}\sum_{i=1}^{n} Z_i^2}.$$

□

例 7.1.6 设总体 $X \sim N(\mu, \sigma^2)$,μ, σ^2 均未知,$x_1, x_2, \cdots, x_n$ 是样本 $X_1, X_2, \cdots, X_n$ 的一组观测值,求 μ, σ^2 的最大似然估计量.

解 总体 X 的概率密度为
$$f(x;\mu,\sigma^2) = \frac{1}{\sqrt{2\pi}\sigma} e^{-\frac{(x-\mu)^2}{2\sigma^2}}, \quad -\infty < x < +\infty,$$

则样本的似然函数
$$L(\mu,\sigma^2) = \prod_{i=1}^{n} f(x_i;\mu,\sigma^2) = \prod_{i=1}^{n} \left(\frac{1}{\sqrt{2\pi}\sigma} e^{-\frac{(x_i-\mu)^2}{2\sigma^2}} \right) = (2\pi\sigma^2)^{-\frac{n}{2}} e^{-\frac{1}{2\sigma^2}\sum_{i=1}^{n}(x_i-\mu)^2}.$$

对数似然函数为
$$\ln L(\mu,\sigma^2) = -\frac{n}{2}\ln(2\pi\sigma^2) - \frac{1}{2\sigma^2}\sum_{i=1}^{n}(x_i-\mu)^2.$$

分别关于 μ, σ^2 求偏导,得对数似然方程组
$$\begin{cases} \dfrac{\partial \ln L(\mu,\sigma^2)}{\partial \mu} = \dfrac{1}{\sigma^2}\sum_{i=1}^{n}(x_i-\mu) = 0, \\ \dfrac{\partial \ln L(\mu,\sigma^2)}{\partial \sigma^2} = -\dfrac{n}{2\sigma^2} + \dfrac{1}{2\sigma^4}\sum_{i=1}^{n}(x_i-\mu)^2 = 0. \end{cases}$$

由第一个式子解得 $\hat{\mu} = \dfrac{1}{n}\sum_{i=1}^{n} x_i = \bar{x}$,将其代入第二式得 $\widehat{\sigma^2} = \dfrac{1}{n}\sum_{i=1}^{n}(x_i - \bar{x})^2 = s_n^2$. 故 μ, σ^2 的最大似然估计量分别为
$$\hat{\mu} = \frac{1}{n}\sum_{i=1}^{n} X_i = \bar{X}, \qquad \widehat{\sigma^2} = \frac{1}{n}\sum_{i=1}^{n}(X_i - \bar{X})^2 = S_n^2. \qquad \square$$

可以验证 $(\bar{x}, s_n^2)$ 是 $\ln L(\mu, \sigma^2)$ 的最大值点,此处略.

注 上题给出了正态总体中参数 μ, σ^2 均未知时的最大似然估计量.从上面的求解过程可知,不论方差 σ^2 是否已知,均值 μ 的最大似然估计量都是 $\bar{X}$;但若 μ 已知,求 σ^2 的最大似然估计,则只需列出 σ^2 的对数似然方程,此时 σ^2 的最大似然估计量为 $\widehat{\sigma^2} = \dfrac{1}{n}\sum_{i=1}^{n}(X_i - \mu)^2$.

例 7.1.7 设总体 X 服从均匀分布 $U(a,b)$,a,b 未知,$x_1, x_2, \cdots, x_n$ 是样本 $X_1, X_2, \cdots, X_n$ 的一组观测值,求 a, b 的最大似然估计量.

解 总体 X 的概率密度为
$$f(x;a,b) = \begin{cases} \dfrac{1}{b-a}, & a \leqslant x \leqslant b, \\ 0, & \text{其他}. \end{cases}$$

似然函数为
$$L(a,b) = \begin{cases} \dfrac{1}{(b-a)^n}, & a \leqslant x_1, x_2, \cdots, x_n \leqslant b, \\ 0, & \text{其他}. \end{cases}$$

显然,$L(a,b)$ 取到最大值当且仅当 $b-a$ 取到最小,即 b 尽可能地小,同时 a 尽可能地大,且 a, b 满足条件 $a \leqslant x_1, x_2, \cdots, x_n \leqslant b$. 由于 $a \leqslant x_1, x_2, \cdots, x_n \leqslant b$ 等价于 $a \leqslant x_{(1)} \leqslant x_{(n)} \leqslant b$,其中 $x_{(1)} = \min\{x_1, x_2, \cdots, x_n\}$,$x_{(n)} = \max\{x_1, x_2, \cdots, x_n\}$. 可见当 $a = x_{(1)}, b = x_{(n)}$ 时,

$b-a$ 达到最小,$L(a,b)$ 达到最大值.故 a,b 的最大似然估计值为
$$\hat{a}=x_{(1)}=\min\{x_1,x_2,\cdots,x_n\}, \quad \hat{b}=x_{(n)}=\max\{x_1,x_2,\cdots,x_n\}.$$
a,b 的最大似然估计量为
$$\hat{a}=X_{(1)}=\min\{X_1,X_2,\cdots,X_n\}, \quad \hat{b}=X_{(n)}=\max\{X_1,X_2,\cdots,X_n\}. \quad \square$$

注 本例中似然函数的最大值点不能由似然函数求导得到,因为似然方程组
$$\begin{cases}\dfrac{\partial L(a,b)}{\partial a}=\dfrac{n}{(b-a)^{n+1}}=0,\\[2mm]\dfrac{\partial L(a,b)}{\partial b}=-\dfrac{n}{(b-a)^{n+1}}=0\end{cases}$$
无解.因此,若似然方程组或对数似然方程组无解时,应根据似然函数的具体情况,按定义求出其最大值点.

最大似然估计有一个简单而有用的性质:若 $\hat{\theta}$ 为 θ 的最大似然估计量,$g(\theta)$ 为 θ 的单调函数,则 $g(\hat{\theta})$ 为 $g(\theta)$ 的最大似然估计量.该性质称为最大似然估计的**不变性**.利用该性质可容易获得一些复杂结构的参数的最大似然估计.

例 7.1.8 设 $X_1,X_2,\cdots,X_n$ 是来自总体 $X\sim N(\mu,\sigma^2)$ 的样本,
(1) 若 μ,σ^2 均未知,求标准差 σ 的最大似然估计量;
(2) 若 $\sigma^2=1,\mu$ 未知,求 $\theta=P(X>3)$ 的最大似然估计.

解 (1) 在例 7.1.6 中已求得 σ^2 的最大似然估计 $\widehat{\sigma^2}=\dfrac{1}{n}\sum\limits_{i=1}^{n}(X_i-\overline{X})^2=S_n^2$.而 $\sigma=g(\sigma^2)=\sqrt{\sigma^2}$ 是 σ^2 的单调增函数,根据最大似然估计的不变性,易得标准差 σ 的最大似然估计为
$$\hat{\sigma}=\sqrt{\widehat{\sigma^2}}=\sqrt{S_n^2}=S_n.$$
如果直接把 σ 看成未知参数去求它的最大似然估计,求得的结果与利用不变性得到的结果是一样的,但利用不变性的方法更简单.

(2) 在 $\sigma^2=1$ 时,μ 的最大似然估计 $\hat{\mu}=\overline{X}$,而
$$\theta=P(X>3)=1-P(X\leqslant 3)=1-\Phi(3-\mu)$$
是 μ 的单调增函数.由最大似然估计的不变性得 $\theta=P\{X>3\}$ 的最大似然估计为
$$\hat{\theta}=1-\Phi(3-\hat{\mu})=1-\Phi(3-\overline{X}). \quad \square$$

矩估计法和最大似然估计法是求参数点估计两种常用的方法.矩估计法可以不知道总体的分布,它只能估计与矩有关的参数,而最大似然估计法必须知道总体的分布,它不仅可估计与矩有关的参数,还可以估计其他复杂的参数.由于最大似然估计充分利用了总体分布的信息,因而它有许多优良性质.但有时求解似然方程或对数似然方程较为困难,需要借助数值方法求近似解.常用的算法是牛顿-拉弗森(Newton-Raphson)算法和拟牛顿算法,它们都是迭代算法,读者可参考有关的参考书.

习 题 7.1

1. 设总体的概率密度如下,$X_1,X_2,\cdots,X_n$ 为样本,试求未知参数 θ 的矩估计量.

(1) $f(x;\theta)=\begin{cases}(\theta+1)x^\theta, & 0<x<1,\\ 0, & \text{其他},\end{cases}$ 其中 $\theta>-1$ 为未知参数.

习题 7.1

(2) $f(x;\theta) = \begin{cases} \dfrac{1}{2\theta}, & 0<x<\theta, \\ \dfrac{1}{2(1-\theta)}, & \theta \leqslant x<1, \\ 0, & 其他, \end{cases}$ 其中 $0<\theta<1$ 为未知参数.

2. 设总体 X 的概率密度为 $f(x;\theta) = \begin{cases} \dfrac{2(\theta-x)}{\theta^2}, & 0<x<\theta, \\ 0, & 其他, \end{cases}$ 其中未知参数 $\theta>0$, $X_1, X_2, \cdots, X_n$ 为来自总体 X 的样本,试求 θ 的矩估计 $\hat{\theta}$,并求 $E(\hat{\theta})$ 和 $D(\hat{\theta})$.

3. 设总体 X 的概率分布列为

X	1	2	3
p	$\dfrac{1-\theta}{2}$	$\dfrac{1+\theta}{4}$	$\dfrac{1+\theta}{4}$

其中未知参数 $-1<\theta<1$,利用来自总体 X 的样本值 $1,3,2,2,1,3,1,2$,求 θ 的矩估计值和最大似然估计值.

4. 设总体 X 服从两点分布 $B(1,p)$, $0<p<1$, $X_1, X_2, \cdots, X_n$ 是来自该总体的一个样本,求参数 p 的最大似然估计量.

5. 已知总体 X 的概率密度为
$$f(x;\theta) = \begin{cases} 2e^{-2(x-\theta)}, & x>\theta, \\ 0, & x\leqslant\theta, \end{cases}$$
其中 $\theta>0$ 为未知参数,又设 $x_1, x_2, \cdots, x_n$ 是 X 的一组样本观测值,求参数 θ 的最大似然估计量.

6. 设某种元件的使用寿命 T 的分布函数为
$$F(t) = \begin{cases} 1-e^{-(\frac{t}{\theta})^m}, & t>0, \\ 0, & 其他, \end{cases}$$
其中 m, θ 为参数且大于 0.任取 n 个这种原件做寿命试验,测得它们的寿命分别为 $t_1, t_2, \cdots, t_n$,若 m 已知,求 θ 的最大似然估计值.

7. 设 $X_1, X_2, \cdots, X_n$ 为来自正态分布总体 $N(\mu_0, \sigma^2)$ 的样本,其中 μ_0 已知,$\sigma^2>0$ 未知.
(1) 求参数 σ^2 的最大似然估计 $\hat{\sigma}^2$;
(2) 计算 $E(\hat{\sigma}^2)$ 和 $D(\hat{\sigma}^2)$.

8. 设总体 X 的概率分布列为 $P(X=x) = \binom{m}{x}\theta^x(1-\theta)^{m-x}$, $x=0,1,\cdots,m$,其中 $0<\theta<1$ 为未知参数,$X_1, X_2, \cdots, X_n$ 是来自总体 X 的样本,试求参数 θ 和 $P(X=1)$ 的最大似然估计.

9. 设总体的概率密度如下,$X_1, X_2, \cdots, X_n$ 为样本,试求未知参数的矩估计量和最大似然估计量.

(1) $f(x;\theta) = \begin{cases} \dfrac{1}{\theta}, & \theta\leqslant x\leqslant 2\theta, \\ 0, & 其他, \end{cases}$ 其中 θ 为未知参数且 $\theta>0$;

(2) $f(x;\theta)=\begin{cases}\dfrac{1}{1-\theta}, & \theta\leqslant x\leqslant 1,\\ 0, & \text{其他},\end{cases}$ 其中 θ 为未知参数且 $\theta<1$;

(3) $f(x;\theta)=\begin{cases}\dfrac{\theta^2}{x^3}\mathrm{e}^{-\frac{\theta}{x}}, & x>0,\\ 0, & \text{其他},\end{cases}$ 其中 θ 为未知参数且 $\theta>0$;

(4) $f(x;\lambda)=\begin{cases}\lambda^2 x\mathrm{e}^{-\lambda x}, & x>0,\\ 0, & \text{其他},\end{cases}$ 其中 λ 为未知参数且 $\lambda>0$.

10. 设总体 X 的概率密度为 $f(x;\theta)=\begin{cases}\theta, & 0<x<1,\\ 1-\theta, & 1\leqslant x<2,\\ 0, & \text{其他},\end{cases}$ 其中 θ 是未知参数且 $0<\theta<1$,$X_1,X_2,\cdots,X_n$ 为来自总体 X 的样本,记 N 为样本值 $x_1,x_2,\cdots,x_n$ 中小于 1 的个数. 求 (1) θ 的矩估计量;(2) θ 的最大似然估计量.

11. 为了估计湖中有多少条鱼,从中捞出 1 000 条,标上记号后放回湖中,然后再捞出 150 条鱼,发现其中有 10 条鱼有记号. 问湖中有多少条鱼,才能使 150 条鱼中出现 10 条带记号的鱼的概率最大?

12. 一地质学家为研究密歇根湖的湖滩地区的岩石成分,随机地自该地区取 100 个样品,每个样品有 10 块石子,记录了每个样品中属石灰石的石子数. 假设这 100 次观察相互独立,该地质学家所得的数据如下表所示. 求这地区石子中石灰石的比例 p 的最大似然估计.

样本中的石子数	0	1	2	3	4	5	6	7	8	9	10
样品个数	0	1	6	7	23	26	21	12	3	1	0

7.2 估计量的评价标准

从上节的讨论可知,对于总体的同一未知参数,用不同的估计方法求出的估计量可能不同. 如均匀分布 $U(a,b)$,用矩估计法和最大似然估计法求出的参数 a,b 的估计量是不同的. 那么自然会问,究竟采用哪一个估计量更好呢? 为此需要有评价估计量好坏的标准,标准不同,答案也会有所不同. 本节介绍三个常用标准.

7.2.1 无偏性

我们知道估计量是随机变量,对于不同的样本值就会得到不同的估计值,这样,要评价一个估计量的好坏,就不能仅依据某次使用的结果来衡量,而应综合多次重复使用的结果来衡量. 一个合理的衡量标准就是无偏性,定义如下.

定义 7.2.1 设 $\hat{\theta}=\hat{\theta}(X_1,X_2,\cdots,X_n)$ 是未知参数 θ 的一个估计量,如果 $E(\hat{\theta})$ 存在,且
$$E(\hat{\theta})=\theta,$$
则称 $\hat{\theta}$ 为 θ 的**无偏估计量**,否则称 $\hat{\theta}$ 为 θ 的有偏估计量.

无偏估计要求估计量无系统偏差,也就是说尽管一次使用得到的估计值不一定恰好等

于参数真值,但在大量重复使用时,所得到的估计值平均起来应等于参数真值.若估计量不具有无偏性,则无论使用多少次,其平均值也会与参数真值有一定的距离,这个距离就是系统误差.

例 7.2.1 设总体 X 的期望 $E(X)=\mu$ 和方差 $D(X)=\sigma^2$ 存在,均未知,$X_1,X_2,\cdots,X_n$ 是 X 的样本,证明:样本均值 $\overline{X}$ 是 μ 的无偏估计量,样本方差 $S^2=\dfrac{1}{n-1}\sum\limits_{i=1}^{n}(X_i-\overline{X})^2$ 是 σ^2 的无偏估计量.

证 由定理 6.1.1 知:不论总体 X 服从什么分布,只要它的期望和方差存在,则
$$E(\overline{X})=E(X)=\mu,\quad E(S^2)=D(X)=\sigma^2,$$
所以样本均值 $\overline{X}$ 是 μ 的无偏估计量,样本方差 S^2 是 σ^2 的无偏估计量. □

据定理 6.1.1,因为
$$E(S_n^2)=\dfrac{n-1}{n}\sigma^2\neq\sigma^2,$$
所以 $S_n^2=\dfrac{1}{n}\sum\limits_{i=1}^{n}(X_i-\overline{X})^2$ 不是 σ^2 的无偏估计量.然而,当 $n\to\infty$ 时,有 $\lim\limits_{n\to\infty}E(S_n^2)=\sigma^2$,我们称 S_n^2 是 σ^2 的渐近无偏估计量.

由上面的讨论可知,不论总体 X 服从什么分布,只要它的期望和方差存在,样本均值 $\overline{X}$ 是总体均值 $E(X)$ 的无偏估计量,样本方差 S^2 是总体方差的无偏估计量,S_n^2 不是总体方差的无偏估计量,故一般采用 S^2 作为总体方差的估计量.

例 7.2.2 设总体 X 的 k 阶原点矩 $E(X^k)=\mu_k(k\geqslant 1)$ 存在,$X_1,X_2,\cdots,X_n$ 是 X 的样本,证明:样本 k 阶原点矩 $A_k=\dfrac{1}{n}\sum\limits_{i=1}^{n}X_i^k$ 是参数 μ_k 的无偏估计量.

证 由样本定义知 $X_1,X_2,\cdots,X_n$ 与总体 X 同分布,所以
$$E(X_i^k)=E(X^k)=\mu_k,\quad k\geqslant 1,i=1,2,\cdots,n.$$
故
$$E(A_k)=E\left(\dfrac{1}{n}\sum_{i=1}^{n}X_i^k\right)=\dfrac{1}{n}\sum_{i=1}^{n}E(X_i^k)=\dfrac{1}{n}\cdot n\cdot\mu_k=\mu_k,\quad k\geqslant 1.$$
即样本 k 阶原点矩 A_k 是总体 k 阶原点矩 μ_k 的无偏估计量. □

例 7.2.3 设总体 X 的概率密度为
$$f(x;\theta)=\begin{cases}\dfrac{2x}{3\theta^2}, & \theta<x<2\theta,\\ 0, & \text{其他},\end{cases}$$
其中 θ 是未知参数,$X_1,X_2,\cdots,X_n$ 是 X 的样本,若 $C\sum\limits_{i=1}^{n}X_i^2$ 是 θ^2 的无偏估计,求常数 C.

解 因为 $X_1,X_2,\cdots,X_n$ 是总体 X 的样本,故 $X_1,X_2,\cdots,X_n$ 独立,且与总体 X 有相同的分布.易求
$$E(X^2)=\int_{\theta}^{2\theta}x^2\cdot\dfrac{2x}{3\theta^2}\mathrm{d}x=\dfrac{5}{2}\theta^2,$$
所以

$$E\left(C\sum_{i=1}^{n}X_i^2\right)=C\sum_{i=1}^{n}E(X_i^2)=nCE(X^2)=nC\cdot\frac{5}{2}\theta^2.$$

由于 $C\sum_{i=1}^{n}X_i^2$ 是 θ^2 的无偏估计，所以 $E\left(C\sum_{i=1}^{n}X_i^2\right)=nC\cdot\frac{5}{2}\theta^2=\theta^2$，故 $C=\frac{2}{5n}$. □

值得注意的是，若 $\hat{\theta}$ 是 θ 的无偏估计量，$g(\theta)$ 是 θ 的函数，$g(\hat{\theta})$ 不一定是 $g(\theta)$ 的无偏估计量，除非 $g(\theta)$ 是 θ 的线性函数.

无偏性是对估计量的一个合理的要求.需要说明的是，有的参数不存在无偏估计，比如总体服从两点分布 $B(1,p)$，$0<p<1$，参数 $\frac{1}{p}$ 就没有无偏估计.另外，有的参数无偏估计不唯一，比如总体 X 服从泊松分布 $P(\lambda)$，$\lambda>0$，由于 $E(X)=D(X)=\lambda$，根据例 7.2.1 知 $\bar{X}$，S^2 都是 λ 的无偏估计.那么，当参数的无偏估计不唯一时，哪一个更好呢？这就需要给出评价估计量的另一个标准.

7.2.2 有效性

在许多情况下，参数的无偏估计量不唯一.对于参数 θ 的两个无偏估计量 $\hat{\theta}_1$ 和 $\hat{\theta}_2$，如果估计量 $\hat{\theta}_1$ 的取值较 $\hat{\theta}_2$ 更密集在参数真值 θ 的附近，即估计量 $\hat{\theta}_1$ 取值的波动比 $\hat{\theta}_2$ 小，那么作为 θ 的估计，$\hat{\theta}_1$ 较 $\hat{\theta}_2$ 更理想.而波动大小可以用方差来衡量，因此人们常用无偏估计的方差的大小作为度量无偏估计优劣的标准，这就是有效性.

定义 7.2.2 设 $\hat{\theta}_1$ 与 $\hat{\theta}_2$ 都是未知参数 θ 的无偏估计量，如果
$$D(\hat{\theta}_1)<D(\hat{\theta}_2),$$
则称 $\hat{\theta}_1$ 比 $\hat{\theta}_2$ 有效.

例 7.2.4 设总体 X 的期望 $E(X)=\mu$ 和方差 $D(X)=\sigma^2$ 均存在，$X_1,X_2,\cdots,X_n(n>2)$ 是 X 的样本，当用 $\hat{\mu}_1=\bar{X}$，$\hat{\mu}_2=\frac{X_1+X_n}{2}$ 估计 μ 时，哪一个更有效？

解 因为
$$E(\hat{\mu}_1)=E(\bar{X})=\mu,\quad E(\hat{\mu}_2)=E\left(\frac{X_1+X_n}{2}\right)=\mu,$$
所以 $\hat{\mu}_1$ 与 $\hat{\mu}_2$ 都是 μ 的无偏估计量，但
$$D(\hat{\mu}_1)=D(\bar{X})=\frac{1}{n}D(X)=\frac{\sigma^2}{n},\quad D(\hat{\mu}_2)=D\left(\frac{X_1+X_n}{2}\right)=\frac{\sigma^2}{2},$$
显然
$$D(\hat{\mu}_1)<D(\hat{\mu}_2),\quad n>2.$$
故 $\hat{\mu}_1$ 作为 μ 的估计量比 $\hat{\mu}_2$ 更有效. □

例 7.2.4 表明，用全部数据的平均估计总体均值要比只使用部分数据更有效.

例 7.2.5 设总体 $X\sim U(0,\theta)$，其中未知参数 $\theta>0$，$X_1,X_2,\cdots,X_n$ 是总体 X 的样本，令 $\hat{\theta}_1=2\bar{X}$，$\hat{\theta}_2=\frac{n+1}{n}\max_{1\leqslant i\leqslant n}\{X_i\}$，试证：当 $n>1$ 时，用 $\hat{\theta}_2$ 估计 θ 较 $\hat{\theta}_1$ 更有效.

证明 因为 $E(X)=\frac{\theta}{2}$，故 $E(\hat{\theta}_1)=E(2\bar{X})=2E(\bar{X})=2\cdot\frac{\theta}{2}=\theta$. 又

$$E(\hat{\theta}_2) = E\left(\frac{n+1}{n}\max_{1\leqslant i\leqslant n}\{X_i\}\right) = \frac{n+1}{n}E\left(\max_{1\leqslant i\leqslant n}\{X_i\}\right).$$

记 $Y = \max\limits_{1\leqslant i\leqslant n}\{X_i\}$，由于总体 X 的概率密度为

$$f(x;\theta) = \begin{cases} \dfrac{1}{\theta}, & 0 < x < \theta, \\ 0, & \text{其他}. \end{cases}$$

所以 Y 的概率密度为

$$f_Y(y) = n[F(y)]^{n-1}f(y) = \begin{cases} \dfrac{ny^{n-1}}{\theta^n}, & 0 < y < \theta, \\ 0, & \text{其他}. \end{cases}$$

于是

$$E(Y) = \int_0^\theta y \cdot \frac{ny^{n-1}}{\theta^n} \mathrm{d}y = \frac{n}{n+1}\theta,$$

所以有

$$E(\hat{\theta}_2) = \frac{n+1}{n}E(Y) = \theta,$$

即 $\hat{\theta}_1$ 和 $\hat{\theta}_2$ 都是 θ 的无偏估计量.

又

$$D(\hat{\theta}_2) = D\left(\frac{n+1}{n}Y\right) = \frac{(n+1)^2}{n^2}D(Y),$$

而

$$E(Y^2) = \int_0^\theta y^2 \cdot \frac{n}{\theta^n}y^{n-1}\mathrm{d}y = \frac{n}{n+2}\theta^2.$$

故

$$D(Y) = E(Y^2) - (EY)^2 = \frac{n}{n+2}\theta^2 - \left(\frac{n}{n+1}\right)^2\theta^2 = \frac{n}{(n+2)(n+1)^2}\theta^2,$$

所以

$$D(\hat{\theta}_2) = \frac{(n+1)^2}{n^2}D(Y) = \frac{\theta^2}{n(n+2)}.$$

又因为

$$D(\hat{\theta}_1) = D(2\overline{X}) = 4D(\overline{X}) = 4 \cdot \frac{D(X)}{n} = \frac{4}{n} \cdot \frac{\theta^2}{12} = \frac{\theta^2}{3n}.$$

显然，当 $n > 1$ 时，$\dfrac{1}{n(n+2)} < \dfrac{1}{3n}$，因此 $D(\hat{\theta}_2) < D(\hat{\theta}_1)$，即 $\hat{\theta}_2$ 比 $\hat{\theta}_1$ 更有效. □

7.2.3 相合性

无偏性、有效性都是在样本容量 n 固定的情况下讨论的. 但我们在讨论估计量的优良性时，总希望当样本容量 n 无限增大时，估计量能在某种意义下充分接近被估计参数的真值，这就是估计量的相合性，又称为一致性.

定义 7.2.3 设 $\hat{\theta}_n = \hat{\theta}_n(X_1, X_2, \cdots, X_n)$ 是未知参数 θ 的估计量，n 是样本容量，如果 $\hat{\theta}_n$

依概率收敛于 θ，即对任意的 $\varepsilon > 0$，均有
$$\lim_{n \to \infty} P(|\hat{\theta}_n - \theta| < \varepsilon) = 1,$$
则称 $\hat{\theta}_n$ 为 θ 的**相合估计量**或**一致估计量**.

估计量的相合性是在大样本下提出的一种评价标准，所以它不适用于小样本的情况. 证明估计量的相合性一般可用大数定律或直接按定义去证.

例 7.2.6 设总体 X 的 k 阶原点矩 $E(X^k) = \mu_k (k \geq 1)$ 存在，$X_1, X_2, \cdots, X_n$ 是 X 的样本. 证明：样本 k 阶原点矩 $A_k = \dfrac{1}{n} \sum\limits_{i=1}^{n} X_i^k$ 是参数 μ_k 的相合估计量.

证 因为 $X_1, X_2, \cdots, X_n$ 相互独立且与 X 同分布，所以 $X_1^k, X_2^k, \cdots, X_n^k$ 相互独立且与 X^k 同分布，且
$$E(X_1^k) = E(X_2^k) = \cdots = E(X_n^k) = E(X^k) = \mu_k,$$
由辛钦大数定律知，对任意 $\varepsilon > 0$ 有
$$\lim_{n \to \infty} P\left(\left| \frac{1}{n} \sum_{i=1}^{n} X_i^k - \mu_k \right| < \varepsilon \right) = 1.$$
故样本 k 阶原点矩 A_k 是参数 μ_k 的相合估计量. □

下面给出一个判断无偏估计量是否具有相合性的充分条件.

定理 7.2.1 设 $\hat{\theta}_n = \hat{\theta}_n(X_1, X_2, \cdots, X_n)$ 未知参数 θ 的一个无偏估计量，如果
$$\lim_{n \to \infty} D(\hat{\theta}_n) = 0,$$
则 $\hat{\theta}_n$ 是 θ 的相合估计量.

证明 由于 $E(\hat{\theta}_n) = \theta$，因此由切比雪夫不等式推得，对任意 $\varepsilon > 0$ 有
$$P(|\hat{\theta}_n - \theta| < \varepsilon) \geq 1 - \frac{D(\hat{\theta}_n)}{\varepsilon^2}.$$
于是由
$$\lim_{n \to \infty} D(\hat{\theta}_n) = 0$$
得
$$\lim_{n \to \infty} P(|\hat{\theta}_n - \theta| < \varepsilon) = 1. \qquad \Box$$

例 7.2.7 设总体 X 的概率密度为
$$f(x; \sigma) = \frac{1}{2\sigma} e^{-\frac{|x|}{\sigma}}, \quad -\infty < x < +\infty,$$
其中 $\sigma \in (0, +\infty)$ 为未知参数，$X_1, X_2, \cdots, X_n$ 为 X 的样本.

(1) 求 σ 的最大似然估计量 $\hat{\sigma}$；

(2) 求 $E(\hat{\sigma})$ 和 $D(\hat{\sigma})$，并讨论 $\hat{\sigma}$ 的无偏性和相合性.

解 (1) 设 $x_1, x_2, \cdots, x_n$ 为样本观测值，则似然函数为
$$L(\sigma) = \prod_{i=1}^{n} f(x_i; \sigma) = \frac{1}{2^n \sigma^n} e^{-\frac{1}{\sigma} \sum\limits_{i=1}^{n} |x_i|}.$$
对数似然函数为

$$\ln L(\sigma) = -n\ln 2 - n\ln\sigma - \frac{1}{\sigma}\sum_{i=1}^{n}|x_i|.$$

对数似然方程

$$\frac{\mathrm{d}\ln L(\sigma)}{\mathrm{d}\sigma} = -\frac{n}{\sigma} + \frac{1}{\sigma^2}\sum_{i=1}^{n}|x_i| = 0,$$

解之得

$$\hat{\sigma} = \frac{1}{n}\sum_{i=1}^{n}|x_i|.$$

所以 σ 的最大似然估计量为 $\hat{\sigma} = \frac{1}{n}\sum_{i=1}^{n}|X_i|$.

(2) 由于

$$E(|X|) = \int_{-\infty}^{+\infty}|x|f(x;\sigma)\mathrm{d}x = \int_{-\infty}^{+\infty}|x|\frac{1}{2\sigma}\mathrm{e}^{-\frac{|x|}{\sigma}}\mathrm{d}x = \frac{1}{\sigma}\int_{0}^{+\infty}x\mathrm{e}^{-\frac{x}{\sigma}}\mathrm{d}x = \sigma,$$

所以

$$E(\hat{\sigma}) = \frac{1}{n}\sum_{i=1}^{n}E(|X_i|) = E(|X|) = \sigma,$$

则 $\hat{\sigma}$ 是 σ 的无偏估计量.

又因为

$$E(|X|^2) = E(X^2) = \int_{-\infty}^{+\infty}x^2 f(x;\sigma)\mathrm{d}x = \int_{-\infty}^{+\infty}x^2\frac{1}{2\sigma}\mathrm{e}^{-\frac{|x|}{\sigma}}\mathrm{d}x = \frac{1}{\sigma}\int_{0}^{+\infty}x^2\mathrm{e}^{-\frac{x}{\sigma}}\mathrm{d}x = 2\sigma^2,$$

所以

$$D(|X|) = E(|X|^2) - (E|X|)^2 = \sigma^2.$$

进而

$$D(\hat{\sigma}) = \frac{1}{n^2}\sum_{i=1}^{n}D(|X_i|) = \frac{D(|X|)}{n} = \frac{\sigma^2}{n}.$$

显然

$$\lim_{n\to\infty}D(\hat{\sigma}) = 0,$$

由定理 7.2.1 知 $\hat{\sigma}$ 是 σ 的相合估计. $\hat{\sigma}$ 的相合性也可以直接由辛钦大数定律得到. □

以上讨论了三种评价估计量好坏的标准:无偏性、有效性和相合性.需要指出的是,相合性被认为是对估计量的一个最基本要求,也就是说,如果估计量不具有相合性,那么不论样本量 n 取多大,它都不能把被估计参数估计得足够准确,这样的估计量是不考虑的.如果一个估计量同时满足上述三个标准,自然它就是一个好的估计量.

习 题 7.2

1. 设 $(X_1,Y_1),(X_2,Y_2),\cdots,(X_n,Y_n)$ 为来自总体 $N(\mu_1,\mu_2,\sigma_1^2,\sigma_2^2,\rho)$ 的简单随机样本,令 $\theta = \mu_1 - \mu_2$, $\overline{X} = \frac{1}{n}\sum_{i=1}^{n}X_i$, $\overline{Y} = \frac{1}{n}\sum_{i=1}^{n}Y_i$, $\hat{\theta} = \overline{X} - \overline{Y}$, 则

(A) $\hat{\theta}$ 是 θ 无偏估计, $D(\hat{\theta}) = \frac{\sigma_1^2 + \sigma_2^2}{n}$

(B) $\hat{\theta}$ 不是 θ 无偏估计，$D(\hat{\theta}) = \dfrac{\sigma_1^2 + \sigma_2^2}{n}$

(C) $\hat{\theta}$ 是 θ 无偏估计，$D(\hat{\theta}) = \dfrac{\sigma_1^2 + \sigma_2^2 - 2\rho\sigma_1\sigma_2}{n}$

(D) $\hat{\theta}$ 不是 θ 无偏估计，$D(\hat{\theta}) = \dfrac{\sigma_1^2 + \sigma_2^2 - 2\rho\sigma_1\sigma_2}{n}$

2. 设 $X_1, X_2, \cdots, X_m$ 为来自二项分布总体 $B(n,p)$ 的简单随机样本，$\overline{X}$ 和 S^2 分别为样本均值和样本方差，若 $\overline{X} + kS^2$ 为 np^2 的无偏估计量，求 k.

3. 设总体 X 的概率分布列为：

X	1	2	3
P	$1-\theta$	$\theta - \theta^2$	θ^2

其中未知参数 $\theta \in (0,1)$，以 N_i 表示来自总体 X 的样本（样本容量为 n）中等于 i 的个数 $(i=1,2,3)$，试求常数 a_1, a_2, a_3，使 $T = \sum_{i=1}^{n} a_i N_i$ 为 θ 的无偏估计量，并求 $D(T)$.

4. 设总体 X 的概率密度为 $f(x;\theta) = \begin{cases} \dfrac{3x^2}{\theta^3}, & 0 < x < \theta, \\ 0, & \text{其他}. \end{cases}$ 其中 $\theta \in (0, +\infty)$ 为未知参数，X_1, X_2, X_3 为来自总体 X 的简单随机样本，令 $T = \max(X_1, X_2, X_3)$. 确定 a，使得 aT 为 θ 的无偏估计.

5. 设总体 X 的概率密度为

$$f(x;\theta) = \begin{cases} \dfrac{1}{2\theta}, & 0 < x < \theta, \\ \dfrac{1}{2(1-\theta)}, & \theta \leq x < 1, \\ 0, & \text{其他}. \end{cases}$$

$X_1, X_2, \cdots X_n$ 是来自总体 X 的样本，$\overline{X}$ 是样本均值. 判断 $4\overline{X}^2$ 是否为 θ^2 的无偏估计量，并说明理由.

6. 设 $X_1, X_2, \cdots, X_n$ 为来自总体 $N(\mu, \sigma^2)$ 的简单随机样本，记

$$\overline{X} = \frac{1}{n}\sum_{i=1}^{n} X_i, \quad S^2 = \frac{1}{n-1}\sum_{i=1}^{n}(X_i - \overline{X})^2, \quad T = \overline{X}^2 - \frac{1}{n}S^2.$$

(1) 证明：T 是 μ^2 的无偏估计量；

(2) 当 $\mu = 0, \sigma = 1$ 时，求 $D(T)$.

7. 设从均值为 μ，方差为 $\sigma^2 > 0$ 的总体中，分别抽取容量为 n_1, n_2 的两独立样本. $\overline{X}_1$ 和 $\overline{X}_2$ 分别是两样本的样本均值. 试证：对于任意常数 a, b 且 $a + b = 1$，$Y = a\overline{X}_1 + b\overline{X}_2$ 都是 μ 的无偏估计，并确定常数 a, b，使 $D(Y)$ 达到最小.

8. 设随机变量 X 与 Y 相互独立且分别服从正态分布 $N(\mu, \sigma^2)$ 与 $N(\mu, 2\sigma^2)$，其中 σ 是未知参数且 $\sigma > 0$. 设 $Z = X - Y$.

(1) 求 Z 的概率密度 $f(z;\sigma^2)$；

(2) 设 $Z_1, Z_2, \cdots, Z_n$ 为来自总体 Z 的样本,求 σ^2 的最大似然估计量 $\hat{\sigma}^2$;

(3) 证明: $\hat{\sigma}^2$ 为 σ^2 的无偏估计量.

9. 设 $X_1, X_2, \cdots X_n$ 是来自总体 X 的一个样本,设 $E(X) = \mu, D(X) = \sigma^2$.

(1) 确定常数 c,使 $c\sum_{i=1}^{n-1}(X_{i+1} - X_i)^2$ 为 σ^2 的无偏估计;

(2) 确定常数 c,使 $(\overline{X})^2 - cS^2$ 是 μ^2 的无偏估计($\overline{X}, S^2$ 是样本均值和样本方差).

10. 设 $X_1, X_2, \cdots X_n$ 来自总体 $X \sim N(\mu, \sigma^2)$,证明:样本方差 S^2 为 σ^2 的相合估计.

11. 设总体 X 的概率密度为

$$f(x;\theta) = \begin{cases} \dfrac{6x(\theta - x)}{\theta^3}, & 0 < x < \theta, \\ 0, & 其他, \end{cases}$$

其中 θ 为未知参数,$X_1, X_2, \cdots, X_n$ 是来自总体 X 的样本.(1) 求 θ 的矩估计量 $\hat{\theta}$;(2) $\hat{\theta}$ 是 θ 的无偏估计吗?(3) $\hat{\theta}$ 是 θ 的相合估计吗?

12. 设总体 X 的分布函数

$$F(x;\theta) = \begin{cases} 1 - e^{-\frac{x^2}{\theta}}, & x \geqslant 0, \\ 0, & x < 0, \end{cases}$$

其中 $\theta > 0$ 为未知参数,$X_1, X_2, \cdots, X_n$ 为来自总体的样本.

(1) 求 θ 的最大似然估计量 $\hat{\theta}$;

(2) 是否存在实数 a,使得对任何 $\varepsilon > 0$,都有 $\lim_{n \to \infty} P(|\hat{\theta} - a| \geqslant \varepsilon) = 0$?

13. 设总体 X 的均值为 μ,方差为 σ^2,从总体中抽取样本 X_1, X_2, X_3,证明下列统计量:

$$\hat{\mu}_1 = \frac{X_1}{2} + \frac{X_2}{3} + \frac{X_3}{6}, \quad \hat{\mu}_2 = \frac{X_1}{2} + \frac{X_2}{4} + \frac{X_3}{4}, \quad \hat{\mu}_3 = \frac{X_1}{3} + \frac{X_2}{3} + \frac{X_3}{3}$$

都是总体均值 $E(X) = \mu$ 的无偏估计量,并确定哪个估计量更有效.

7.3 区间估计

通过前面的学习我们知道,参数 θ 的点估计通过构造一个估计量 $\hat{\theta} = \hat{\theta}(X_1, X_2, \cdots, X_n)$,对于给定的一组样本观测值 $x_1, x_2, \cdots, x_n$,用 $\hat{\theta}(x_1, x_2, \cdots, x_n)$ 作为未知参数 θ 的一个近似值,虽然有判断估计量优良性的若干标准,比如无偏性、相合性等,但我们还是无法知道该估计值与参数真值究竟相差多少,也不知道该估计值的可信程度.实际中,度量一个点估计的精度的最直观的方法就是给出未知参数的一个区间,这便产生了区间估计的概念.

下面先给出区间估计的有关概念,然后给出求区间估计的一般方法——枢轴量法.

7.3.1 置信区间

定义 7.3.1 设 θ 是总体 X 的未知参数,$X_1, X_2, \cdots, X_n$ 是取自总体 X 的样本,对于给定的 $\alpha(0 < \alpha < 1)$,若存在统计量 $\underline{\theta} = \underline{\theta}(X_1, X_2, \cdots, X_n)$ 和 $\overline{\theta} = \overline{\theta}(X_1, X_2, \cdots, X_n)$,满足

$$P(\underline{\theta} < \theta < \overline{\theta}) \geqslant 1 - \alpha, \tag{7.3.1}$$

则称随机区间 $(\underline{\theta}, \bar{\theta})$ 是 θ 的**置信度为 $1-\alpha$ 的置信区间**,而 $\underline{\theta}$ 和 $\bar{\theta}$ 分别称为置信度为 $1-\alpha$ 的双侧置信区间的**置信下限**和**置信上限**,$1-\alpha$ 称为**置信度**或**置信水平**.

置信度 $1-\alpha$ 是置信区间包含真值的概率,它给出了区间估计的可信程度.而对由样本观测值确定的一个具体区间而言,不能说该区间以 $1-\alpha$ 的概率包含 θ,只能说该区间属于那些包含 θ 的区间的可信程度为 $100(1-\alpha)\%$,或 "该区间包含 θ" 这一陈述的可信程度为 $100(1-\alpha)\%$.

置信度 $1-\alpha$ 有一个频率解释:在大量重复使用(每次的样本容量都是 n)θ 的置信区间 $(\underline{\theta}, \bar{\theta})$ 时,由于每次得到的样本观测值是不同的,从而每次得到的区间也是不一样的.对一次具体的样本观测值确定的区间而言,要么包含 θ 的真值,要么不包含 θ 的真值.平均而言,在这大量的区间中,包含 θ 真值的约有 $100(1-\alpha)\%$,不包含 θ 真值的约有 $100\alpha\%$.例如 $\alpha=0.1$,反复抽样 100 次,则在得到的 100 个区间中包含 θ 真值的约有 90 个,不包含 θ 真值的约有 10 个.

需要说明的是,对于定义 7.3.1 中给出的置信区间,当 X 为连续型总体时,对于给定的 $1-\alpha$,我们总是按 $P(\underline{\theta}<\theta<\bar{\theta})=1-\alpha$ 求置信区间.而当 X 为离散型总体时,对于给定的 $1-\alpha$,常常找不到区间 $(\underline{\theta}, \bar{\theta})$ 使得 $P(\underline{\theta}<\theta<\bar{\theta})=1-\alpha$,此时,我们是在满足 $P(\underline{\theta}<\theta<\bar{\theta}) \geqslant 1-\alpha$ 前提下寻找使 $P(\underline{\theta}<\theta<\bar{\theta})$ 尽可能地接近 $1-\alpha$ 的区间 $(\underline{\theta}, \bar{\theta})$.

例 7.3.1 设 $X_1, X_2, \cdots, X_n$ 是来自正态总体 $N(\mu, \sigma^2)$ 的一个样本,其中 $\sigma^2>0$ 未知,则期望 μ 置信度为 $1-\alpha$ 的置信区间为

$$\left(\bar{X}-\frac{S}{\sqrt{n}}t_{\alpha/2}(n-1), \bar{X}+\frac{S}{\sqrt{n}}t_{\alpha/2}(n-1)\right), \tag{7.3.2}$$

其中 $\bar{X}, S$ 分别为样本均值和样本标准差,$t_{\alpha/2}(n-1)$ 是自由度为 $(n-1)$ 的 t 分布的上侧 $\alpha/2$ 分位数.这个置信区间的由来将在 7.4 节介绍,这里用它来说明置信区间和置信度的含义.

若取 $\alpha=0.1, n=9$,则 $t_{0.05}(8)=1.8595$,上式化为

$$(\bar{X}-0.6198S, \bar{X}+0.6198S).$$

先假定 $\mu=2, \sigma^2=4$,我们利用随机模拟方法由 $N(2,4)$ 产生一个容量为 9 的样本观测值:

2.4205　2.8059　2.7490　2.7826　4.7058　1.5757　2.2043　$-$2.8786　4.8865
由该样本观测值可以计算出

$$\bar{x}=2.3613, \quad s=2.25.$$

从而得到 μ 的一个区间估计为 $(0.9668, 3.7559)$.该区间包含 μ 的真值 2.现重复这样的做法 100 次,进而得到 100 个区间,我们将这 100 个区间画在图 7.3.1 上.由图 7.3.1 可以看出,这 100 个区间中有 90 个包含真值 2,另外 10 个不包含真值 2. □

由于置信区间是随机区间,其平均长度反映了区间估计的精度,它与区间估计的置信度 $1-\alpha$ 相互制约.例如,由(7.3.2)易知 μ 的置信度为 $1-\alpha$ 的置信区间的平均长度为

$$L=\frac{2E(S)}{\sqrt{n}}t_{\alpha/2}(n-1). \tag{7.3.3}$$

显然,α 的值越大,L 的值就越小,区间就越短,其精度就越高.故在样本量 n 固定的情况下,为了提高置信度 $1-\alpha$,可减少 α 的值,从而扩大了区间,降低了精度.反过来,为了提高精度,可增大 α 的值,从而缩短了区间,降低了置信度.因此,置信度和区间估计的精度是相互制约的一对矛盾.故区间估计的一般做法是:在保证置信度的前提下,寻找平均长度尽可能短的区间.

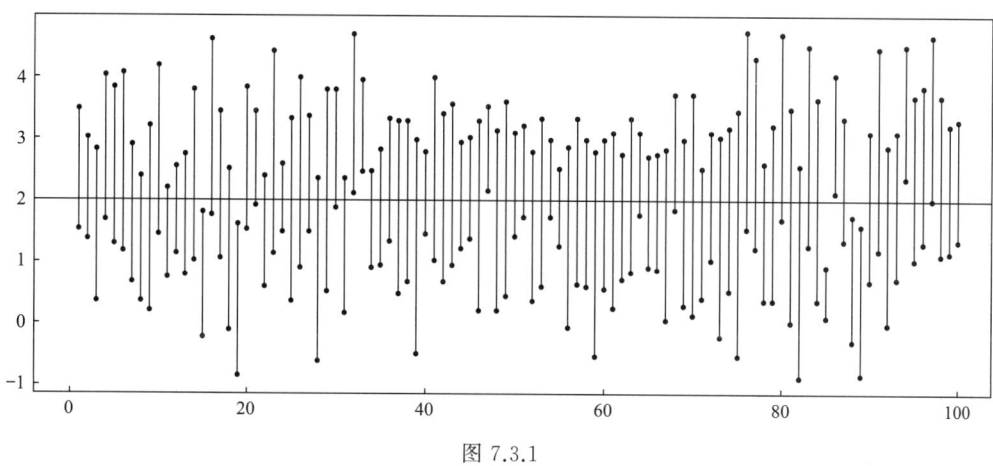

图 7.3.1

7.3.2 枢轴量法

这种方法的思想实质是借助于参数的点估计来构造置信区间,因为点估计最有可能接近参数真值 θ,围绕点估计的区间包含真值的可能性会大些. 下面从一个例子入手来介绍这种方法的实施步骤.

例 7.3.2 设总体 $X \sim N(\mu, \sigma^2)$,其中 σ^2 已知,$X_1, X_2, \cdots, X_n$ 是 X 的样本,求参数 μ 的置信度为 $1-\alpha$ 的置信区间.

解 我们知道 $\overline{X} = \frac{1}{n}\sum_{i=1}^{n} X_i$ 是 μ 的无偏估计量,且 $\overline{X} \sim N\left(\mu, \frac{\sigma^2}{n}\right)$,所以

$$G = \frac{\overline{X} - \mu}{\sigma/\sqrt{n}} \sim N(0,1). \tag{7.3.4}$$

$G = \frac{\overline{X} - \mu}{\sigma/\sqrt{n}}$ 的表达式含有未知参数 μ,但其分布完全已知,不依赖于任何未知参数. 故对于给定的 $\alpha(0<\alpha<1)$,查 $N(0,1)$ 分布表得 $u_{\alpha/2}$(见图 7.3.2),使得

$$P\left(\left|\frac{\overline{X} - \mu}{\sigma/\sqrt{n}}\right| < u_{\alpha/2}\right) = 1-\alpha,$$

即

$$P\left(-u_{\alpha/2} < \frac{\overline{X} - \mu}{\sigma/\sqrt{n}} < u_{\alpha/2}\right) = 1-\alpha. \tag{7.3.5}$$

(7.3.5)式等价于

$$P\left(\overline{X} - \frac{\sigma}{\sqrt{n}} u_{\alpha/2} < \mu < \overline{X} + \frac{\sigma}{\sqrt{n}} u_{\alpha/2}\right) = 1-\alpha.$$

由此得到 σ^2 已知时 μ 的置信度为 $1-\alpha$ 的置信区间

$$\left(\overline{X} - \frac{\sigma}{\sqrt{n}} u_{\alpha/2}, \overline{X} + \frac{\sigma}{\sqrt{n}} u_{\alpha/2}\right). \tag{7.3.6}$$

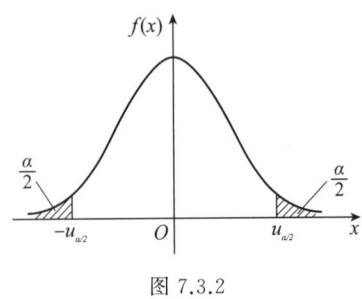

图 7.3.2

如果取 $\sigma=1, n=16, 1-\alpha=0.95$,则 $\alpha=0.05, u_{\alpha/2}=u_{0.025}=1.96$. 则 μ 的置信度为 0.95 的置信区间为 $(\overline{X}-0.49, \overline{X}+0.49)$.

上例求解过程中用到的方法就是枢轴量法,它是构造未知参数置信区间最常用的方法,其步骤可概括为如下三步:

第一步 设法构造样本 $X_1, X_2, \cdots, X_n$ 和待估参数 θ 的函数 $G=G(X_1, X_2, \cdots, X_n, \theta)$,使得 G 的分布不依赖于任何未知参数. 一般称具有这种性质的 G 为**枢轴量**.

第二步 对给定的置信度 $1-\alpha$,选择两个常数 c, d,使得
$$P(c < G(X_1, X_2, \cdots, X_n, \theta) < d) \geqslant 1-\alpha. \tag{7.3.7}$$
连续场合,上式"$\geqslant$"改为"$=$".

第三步 若能将 $c < G(X_1, X_2, \cdots, X_n, \theta) < d$ 等价变形为 θ 的不等式 $\underline{\theta}(X_1, X_2, \cdots, X_n) < \theta < \overline{\theta}(X_1, X_2, \cdots, X_n)$,则 $(\underline{\theta}, \overline{\theta})$ 就是 θ 的置信度为 $1-\alpha$ 的置信区间,其中 $\underline{\theta}=\underline{\theta}(X_1, X_2, \cdots, X_n), \overline{\theta}=\overline{\theta}(X_1, X_2, \cdots, X_n)$.

上述构造置信区间的关键在于构造枢轴量 G,故把这种方法称为**枢轴量法**. 枢轴量的寻找一般从参数 θ 的点估计出发.

注 满足 (7.3.7) 式的 c, d 可以有很多. 通常选择 c, d,使置信区间的平均长度最短. 如果枢轴量 G 的概率密度函数曲线是单峰且对称的,则当 $c=-d$ 时,置信区间的平均长度最短.

在例 7.3.2 中,由于 $G=\dfrac{\overline{X}-\mu}{\sigma/\sqrt{n}} \sim N(0,1), c=-d=-u_{\alpha/2}$,故当样本容量 n 固定时,(7.3.6) 式所示的置信区间是置信度为 $1-\alpha$ 的所有置信区间中长度最短的,因此我们用它作为 μ 的置信度为 $1-\alpha$ 的置信区间.

7.3.3 单侧置信区间

在定义 7.3.1 中,对于未知参数 θ,我们给出两个统计量 $\underline{\theta}, \overline{\theta}$,得到 θ 的双侧置信区间 $(\underline{\theta}, \overline{\theta})$,但在一些实际问题中,人们感兴趣的有时仅仅是未知参数的一个下限或一个上限. 譬如,对某种产品的平均寿命来说,我们希望其寿命越长越好,这时寿命的"下限"是一个很重要的指标. 而对于某种药物的毒性来讲,人们总希望毒性越小越好,这时药物毒性的"上限"便成了一个很重要的指标. 这就引出了单侧置信区间的概念.

定义 7.3.2 设 θ 是总体 X 的未知参数,$X_1, X_2, \cdots, X_n$ 是取自该总体 X 的样本,$\underline{\theta}=\underline{\theta}(X_1, X_2, \cdots, X_n)$ 是统计量,若对于给定的 $\alpha(0<\alpha<1)$,有

$$P(\underline{\theta} > \theta) \geqslant 1-\alpha,$$

则称随机区间 $(\underline{\theta}, +\infty)$ 是 θ 的置信度为 $1-\alpha$ 的**右侧置信区间**，$\underline{\theta}$ 称为 θ 的置信度为 $1-\alpha$ **单侧置信下限**. 若统计量 $\overline{\theta} = \overline{\theta}(X_1, X_2, \cdots, X_n)$，对于给定的 $\alpha(0 < \alpha < 1)$，有

$$P(\theta < \overline{\theta}) \geqslant 1-\alpha,$$

则称随机区间 $(-\infty, \overline{\theta})$ 是 θ 的置信度为 $1-\alpha$ 的**左侧置信区间**，$\overline{\theta}$ 称为 θ 的置信度为 $1-\alpha$ **单侧置信上限**.

不难看出，单侧置信区间是置信区间的特殊情形，因此求单侧置信区间的方法与求置信区间的方法类似. 具体地讲，只需将枢轴量法中的第二步分别变为：选择常数 c 或 d，使得

$$P(G(X_1, X_2, \cdots, X_n, \theta) > c) \geqslant 1-\alpha,$$
$$P(G(X_1, X_2, \cdots, X_n, \theta) < d) \geqslant 1-\alpha,$$

就可以得到 θ 的单侧置信上、下限. 在连续场合，上式 "$\geqslant$" 仍要改为 "$=$".

例 7.3.3 设总体 $X \sim N(\mu, \sigma^2)$，其中 σ^2 已知，$X_1, X_2, \cdots, X_n$ 是 X 的样本，求参数 μ 的置信度为 $1-\alpha$ 的右侧置信区间.

解 由例 7.3.2 知枢轴量为

$$G = \frac{\overline{X} - \mu}{\sigma/\sqrt{n}} \sim N(0,1).$$

对于给定的 $\alpha(0 < \alpha < 1)$，取分位点 u_α，满足

$$P\left(\frac{\overline{X}-\mu}{\sigma/\sqrt{n}} < u_\alpha\right) = 1-\alpha,$$

即

$$P\left(\mu > \overline{X} - \frac{\sigma}{\sqrt{n}}u_\alpha\right) = 1-\alpha.$$

所以 μ 的置信度为 $1-\alpha$ 的右侧置信区间为

$$\left(\overline{X} - \frac{\sigma}{\sqrt{n}}u_\alpha, +\infty\right). \tag{7.3.8}$$

μ 的置信度为 $1-\alpha$ 的单侧置信下限 $\underline{\mu} = \overline{X} - \frac{\sigma}{\sqrt{n}}u_\alpha$. □

若对于给定的 $\alpha(0 < \alpha < 1)$，取分位点 u_α，满足

$$P\left(\frac{\overline{X}-\mu}{\sigma/\sqrt{n}} > -u_\alpha\right) = 1-\alpha,$$

即

$$P\left(\mu < \overline{X} + \frac{\sigma}{\sqrt{n}}u_\alpha\right) = 1-\alpha.$$

所以 μ 的置信度为 $1-\alpha$ 的左侧置信区间为

$$\left(-\infty, \overline{X} + \frac{\sigma}{\sqrt{n}}u_\alpha\right). \tag{7.3.9}$$

μ 的置信度为 $1-\alpha$ 的单侧置信上限 $\overline{\mu} = \overline{X} + \frac{\sigma}{\sqrt{n}}u_\alpha$.

例 7.3.4 设某种清漆的 9 个样品，其干燥时间(以 h 计)分别为
$$6.0 \quad 5.7 \quad 5.8 \quad 6.5 \quad 7.0 \quad 6.3 \quad 5.6 \quad 6.1 \quad 5.0$$
设干燥时间总体服从正态分布 $N(\mu,\sigma^2)$，若由以往经验知 $\sigma=0.6(\text{h})$，

(1) 求 μ 的置信度为 0.95 的置信区间；

(2) 求 μ 的置信度为 0.95 的单侧置信上限。

解 (1) 因为 $1-\alpha=0.95, \alpha/2=0.025, u_{0.025}=1.96, \sigma=0.6, n=9$，由给出的数据算得 $\bar{x}=6$，由 (7.3.6) 式得 μ 的置信度为 0.95 的一个置信区间为
$$\left(6-\frac{0.6}{\sqrt{9}}\times 1.96, 6+\frac{0.6}{\sqrt{9}}\times 1.96\right),$$
即 $(5.608, 6.392)$。这就是说估计干燥时间的均值在 5.608 h 与 6.392 h 之间，这个估计的可信程度为 95%。

(2) 因为 μ 的置信度为 $1-\alpha$ 的单侧置信上限 $\bar{\mu}=\bar{X}+\frac{\sigma}{\sqrt{n}}u_\alpha$。这里 $1-\alpha=0.95, \alpha=0.05, u_{0.05}=1.64, \sigma=0.6, n=9$，由给出的数据算得 $\bar{x}=6$，代入得
$$\bar{\mu}=6+\frac{0.6}{\sqrt{9}}\times 1.64=6.328.$$
即 μ 的置信度为 0.95 的一个单侧置信上限为 6.328。 □

习 题 7.3

1. 设总体 $X \sim N(\mu,1)$，若样本容量 n 和置信度 $1-\alpha$ 保持不变，则随着样本均值 $\bar{x}$ 的增大，参数 μ 的置信度为 $1-\alpha$ 的置信区间的长度（　　）。

(A) 增大　　　(B) 减小　　　(C) 不变　　　(D) 无法确定

2. 何谓参数 θ 的置信区间？何谓参数 θ 的单侧置信区间？

3. 当获得参数 θ 的置信度为 $1-\alpha$ 的一个具体区间时，置信度 $1-\alpha$ 的含义是什么？

4. 对于给定的置信度 $1-\alpha$，对总体的参数进行区间估计时，如果样本容量 n 不变，置信区间的长度与置信度有何关系？

5. 已知一批零件的长度 X(单位：cm)服从正态分布 $N(\mu,1)$，从中随机地抽取 16 个零件，得到长度的平均值为 40 cm，求 μ 的置信度为 0.95 的置信区间。

7.4 正态总体参数的置信区间

基于上节给出的枢轴量法，本节讨论正态总体参数的置信区间。之所以选择正态分布，是因为与其他分布相比，正态分布是最常见的分布，应用也最广泛。下面分单个正态总体和两个正态总体分别讨论其参数的置信区间。

7.4.1 单个正态总体参数的置信区间

设总体 $X \sim N(\mu,\sigma^2)$，其中 μ,σ^2 为参数，$X_1,X_2,\cdots,X_n$ 是总体 X 的样本，$\bar{X}, S^2$ 分别

是样本均值和样本方差.

一、均值 μ 的置信区间

1. 方差 σ^2 已知时 μ 的置信区间

若总体 $X \sim N(\mu, \sigma^2)$,且 σ^2 已知,根据上节例 7.3.2 的讨论,则 μ 的置信度为 $1-\alpha$ 的置信区间

$$\left(\overline{X} - \frac{\sigma}{\sqrt{n}} u_{\alpha/2}, \overline{X} + \frac{\sigma}{\sqrt{n}} u_{\alpha/2}\right). \tag{7.4.1}$$

例 7.4.1 设总体 $X \sim N(\mu, 1)$,为得到 μ 的置信度为 0.95 的置信区间长度不超过 1.2,样本容量应为多大?

解 由(7.4.1)知 μ 的置信度为 $1-\alpha$ 的置信区间长度为 $2\sigma u_{\alpha/2}/\sqrt{n}$. 由于 $1-\alpha=0.95$, $\alpha=0.05$, $u_{0.025}=1.96$, $\sigma=1$,故区间长度为 $3.92/\sqrt{n}$,它仅依赖于样本容量 n,与样本的具体取值无关. 现要求 $\frac{3.92}{\sqrt{n}} \leqslant 1.2$,即 $n \geqslant \left(\frac{3.92}{1.2}\right)^2 \approx 10.67$,从而样本量至少为 11 才能使得 μ 的置信度为 0.95 的置信区间长度不超过 1.2. □

2. 方差 σ^2 未知时 μ 的置信区间

此时不能采用(7.4.1)式给出的区间,因为其中含未知参数 σ. 考虑到 S^2 是 σ^2 的无偏估计,将(7.3.4)式中 σ 的换成 $S=\sqrt{S^2}$,则根据定理 6.3.2,知

$$\frac{\overline{X}-\mu}{S/\sqrt{n}} \sim t(n-1). \tag{7.4.2}$$

上式右边的分布 $t(n-1)$ 不依赖于任何未知参数,因此当方差 σ^2 未知时,枢轴量为

$$G = \frac{\overline{X}-\mu}{S/\sqrt{n}}. \tag{7.4.3}$$

由于 $t(n-1)$ 分布也是关于原点对称,故对于给定的 α ($0<\alpha<1$),查 t 分布表,可得 $t(n-1)$ 分布的上侧 $\alpha/2$ 分位数 $t_{\alpha/2}(n-1)$,当 $c=-d=-t_{\alpha/2}(n-1)$ 时(见图 7.4.1),

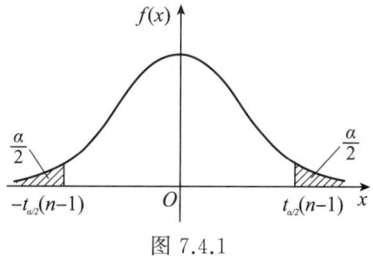

图 7.4.1

有

$$P\left(-t_{\alpha/2}(n-1) < \frac{\overline{X}-\mu}{S/\sqrt{n}} < t_{\alpha/2}(n-1)\right) = 1-\alpha,$$

即

$$P\left(\overline{X} - \frac{S}{\sqrt{n}} t_{\alpha/2}(n-1) < \mu < \overline{X} + \frac{S}{\sqrt{n}} t_{\alpha/2}(n-1)\right) = 1-\alpha.$$

由此得到 σ^2 未知时，μ 的置信度为 $1-\alpha$ 的置信区间为

$$\left(\overline{X}-\frac{S}{\sqrt{n}}t_{\alpha/2}(n-1),\overline{X}+\frac{S}{\sqrt{n}}t_{\alpha/2}(n-1)\right). \tag{7.4.4}$$

例 7.4.2 灯泡厂从某天生产的一批灯泡中随机抽取 10 只进行寿命测试，测得数据如下（单位：h）：

1 050　1 100　1 080　1 120　1 200　1 250　1 040　1 130　1 300　1 200

长期实践表明灯泡寿命服从正态分布 $N(\mu,\sigma^2)$，求总体均值 μ 的置信度为 0.95 的置信区间.

解 由数据可得样本均值 $\bar{x}=1\,147$，样本标准差 $s=87.056\,8$，由于 σ^2 未知，$1-\alpha=0.95$，$\alpha=0.05$，$t_{0.025}(9)=2.262\,2$. 故均值 μ 的置信度为 0.95 的一个置信区间为

$$\left(1\,147-\frac{87.056\,8}{\sqrt{10}}\times 2.262\,2,\quad 1\,147+\frac{87.056\,8}{\sqrt{10}}\times 2.262\,2\right),$$

即

$$(1\,084.722\,1,\,1\,209.277\,9). \qquad\Box$$

在实际问题中，总体方差 σ^2 未知的情况居多，故区间(7.4.4)较区间(7.4.1)有更大的实用价值.

二、方差 σ^2 的置信区间

对总体方差 σ^2 进行区间估计，也可以分均值 μ 已知和未知两种情况讨论，但在实际中，σ^2 未知时 μ 已知的情形是比较少见的，故这里只讨论 μ 未知的情况.

由定理 6.3.1 知，

$$\frac{(n-1)S^2}{\sigma^2}\sim\chi^2(n-1). \tag{7.4.5}$$

上式右边的分布 $\chi^2(n-1)$ 不依赖于任何未知参数，因此取枢轴量 $G=\dfrac{(n-1)S^2}{\sigma^2}$. 对于给定的 $\alpha(0<\alpha<1)$，由 χ^2 分布上侧分位数的定义，查 $\chi^2(n-1)$ 分布表得上侧分位数 $\chi^2_{\alpha/2}(n-1)$ 和 $\chi^2_{1-\alpha/2}(n-1)$，使得

$$P\left(\chi^2_{1-\alpha/2}(n-1)<\frac{(n-1)S^2}{\sigma^2}<\chi^2_{\alpha/2}(n-1)\right)=1-\alpha, \tag{7.4.6}$$

即

$$P\left(\frac{(n-1)S^2}{\chi^2_{\alpha/2}(n-1)}<\sigma^2<\frac{(n-1)S^2}{\chi^2_{1-\alpha/2}(n-1)}\right)=1-\alpha.$$

从而方差 σ^2 的置信度为 $1-\alpha$ 的置信区间为

$$\left(\frac{(n-1)S^2}{\chi^2_{\alpha/2}(n-1)},\frac{(n-1)S^2}{\chi^2_{1-\alpha/2}(n-1)}\right). \tag{7.4.7}$$

由(7.4.7)式，可以得到标准差 σ 的置信度为 $1-\alpha$ 的置信区间为

$$\left(\frac{\sqrt{n-1}S}{\sqrt{\chi^2_{\alpha/2}(n-1)}},\frac{\sqrt{n-1}S}{\sqrt{\chi^2_{1-\alpha/2}(n-1)}}\right). \tag{7.4.8}$$

值得说明的是，当枢轴量 G 的概率密度函数曲线不对称时，如 χ^2 分布和 F 分布，求最短置信区间的计算太繁杂，习惯上仍取使两个尾部概率各为 $\alpha/2$ 的分位点（如图 7.4.2 中的分位数 $\chi^2_{1-\alpha/2}(n-1)$ 与 $\chi^2_{\alpha/2}(n-1)$）来确定置信区间，但这样确定的置信区间的长度并不是最短的. 通常采用(7.4.7)与(7.4.8)来估计方差与标准差的置信度为 $1-\alpha$ 的置信区间.

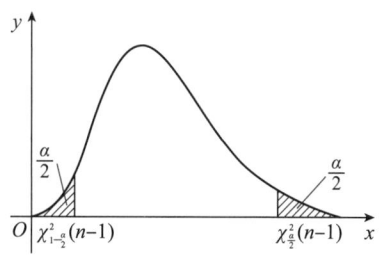

图 7.4.2

例 7.4.3 某厂生产的零件重量服从正态分布 $N(\mu,\sigma^2)$,现从该厂生产的零件中抽取 9 个,测得其质量(单位:g)为:

$$45.3 \quad 45.4 \quad 45.1 \quad 45.3 \quad 45.5 \quad 45.7 \quad 45.4 \quad 45.3 \quad 45.6$$

试求总体方差 σ^2 和标准差 σ 的置信度为 0.95 的置信区间.

解 由数据可算得 $s^2=0.0325,(n-1)s^2=8\times 0.0325=0.26$,这里 $\alpha=0.05$,查表知 $\chi^2_{0.975}(8)=2.180, \chi^2_{0.025}(8)=17.535$,代入公式可得 σ^2 的置信度为 0.95 的一个置信区间为

$$\left(\frac{0.26}{17.535},\frac{0.26}{2.180}\right)=(0.0148,0.1193).$$

进而,σ 的置信度为 0.95 的一个置信区间为

$$(\sqrt{0.0148},\sqrt{0.1193})=(0.1217,0.3454). \qquad \Box$$

7.4.2 两个正态总体均值差与方差比的置信区间

设 $X_1,X_2,\cdots,X_m$ 是总体 $X\sim N(\mu_1,\sigma_1^2)$ 的样本,$Y_1,Y_2,\cdots,Y_n$ 是总体 $Y\sim N(\mu_2,\sigma_2^2)$ 的样本,且这两个样本相互独立,$\bar{X},\bar{Y}$ 分别是上述两个样本的样本均值,S_1^2 和 S_2^2 分别是样本方差.对于给定的置信度 $1-\alpha$,有时候需要考虑两个正态总体均值差 $\mu_1-\mu_2$ 或方差比 σ_1^2/σ_2^2 的置信区间问题.

一、均值差 $\mu_1-\mu_2$ 的置信区间

1. σ_1^2 与 σ_2^2 都已知的情形

由于 $\bar{X}$ 和 $\bar{Y}$ 分别是 μ_1 和 μ_2 的无偏估计,故 $\bar{X}-\bar{Y}$ 是 $\mu_1-\mu_2$ 的无偏估计.由于 $\bar{X}$ 与 $\bar{Y}$ 相互独立且 $\bar{X}\sim N(\mu_1,\sigma_1^2/m),\bar{Y}\sim N(\mu_2,\sigma_2^2/n)$,得

$$\bar{X}-\bar{Y}\sim N\left(\mu_1-\mu_2,\frac{\sigma_1^2}{m}+\frac{\sigma_2^2}{n}\right).$$

将 $\bar{X}-\bar{Y}$ 标准化得

$$\frac{\bar{X}-\bar{Y}-(\mu_1-\mu_2)}{\sqrt{\frac{\sigma_1^2}{m}+\frac{\sigma_2^2}{n}}}\sim N(0,1). \qquad (7.4.9)$$

因此取枢轴量 $G=\dfrac{\bar{X}-\bar{Y}-(\mu_1-\mu_2)}{\sqrt{\dfrac{\sigma_1^2}{m}+\dfrac{\sigma_2^2}{n}}}$,类似于单个正态总体方差已知时均值 μ 的置信区间的推导,易知 $\mu_1-\mu_2$ 的置信度为 $1-\alpha$ 的置信区间为

$$\left(\overline{X} - \overline{Y} - u_{\alpha/2}\sqrt{\frac{\sigma_1^2}{m} + \frac{\sigma_2^2}{n}}, \overline{X} - \overline{Y} + u_{\alpha/2}\sqrt{\frac{\sigma_1^2}{m} + \frac{\sigma_2^2}{n}}\right). \tag{7.4.10}$$

例 7.4.4 1990 年在某地区分行业调查职工平均工资情况:已知体育、卫生、社会福利事业职工工资 X(单位:元)$\sim N(\mu_1, 218^2)$;文教、艺术、广播事业职工工资 Y(单位:元)$\sim N(\mu_2, 227^2)$. 从总体 X 中调查 25 人,平均工资 1 286 元,从总体 Y 中调查 30 人,平均工资 1 272 元. 求这两大类行业职工平均工资之差的置信度为 0.95 的置信区间.

解 由于两个正态总体方差已知,所以可用(7.4.10)式求 $\mu_1 - \mu_2$ 的置信区间.

由 $1 - \alpha = 0.95, \alpha = 0.05$,查正态分布表得 $u_{\alpha/2} = u_{0.025} = 1.96$,又 $m = 25, n = 30, \sigma_1^2 = 218^2, \sigma_2^2 = 227^2, \bar{x} = 1\ 286, \bar{y} = 1\ 272$,将这些数据代入(7.4.10)式,得 $\mu_1 - \mu_2$ 的置信度为 0.95 的一个置信区间为:

$$\left(1\ 286 - 1\ 272 - 1.96\sqrt{\frac{218^2}{25} + \frac{227^2}{30}},\ 1\ 286 - 1\ 272 + 1.96\sqrt{\frac{218^2}{25} + \frac{227^2}{30}}\right),$$

即 $(-103.90, 131.90)$. □

2. σ_1^2 与 σ_2^2 都未知,但 $\sigma_1^2 = \sigma_2^2 = \sigma^2$ 的情形

由定理 6.3.4(1)知

$$\frac{\overline{X} - \overline{Y} - (\mu_1 - \mu_2)}{S_w\sqrt{\frac{1}{m} + \frac{1}{n}}} \sim t(m + n - 2),$$

其中 $S_w^2 = \dfrac{(m-1)S_1^2 + (n-1)S_2^2}{m+n-2}, S_w = \sqrt{S_w^2}$,分布 $t(m+n-2)$ 不依赖于任何未知参数,故枢轴量 $G = \dfrac{\overline{X} - \overline{Y} - (\mu_1 - \mu_2)}{S_w\sqrt{\frac{1}{m} + \frac{1}{n}}}$. 类似于单个正态总体方差未知时均值 μ 的置信区间推导,易知 $\mu_1 - \mu_2$ 的置信度为 $1 - \alpha$ 的置信区间为

$$\left(\overline{X} - \overline{Y} - t_{\alpha/2}(m+n-2)S_w\sqrt{\frac{1}{m} + \frac{1}{n}},\ \overline{X} - \overline{Y} + t_{\alpha/2}(m+n-2)S_w\sqrt{\frac{1}{m} + \frac{1}{n}}\right). \tag{7.4.11}$$

例 7.4.5 为比较两个小麦品种的产量,选择 18 块条件相似的试验田,采用相同的耕作方法做试验,结果播种甲品种的 8 块试验田的单位面积产量和播种乙品种的 10 块试验田的单位面积产量(单位:kg)分别为:

甲品种: 628 583 510 554 612 523 530 615
乙品种: 535 433 398 470 567 480 498 560 503 426

假定每个品种的单位面积产量均服从正态分布且方差相等,试求这两个品种平均单位面积产量差的置信度为 0.95 的置信区间.

解 以 $x_1, x_2, \cdots, x_8$ 记甲品种的单位面积产量, $y_1, y_2, \cdots, y_{10}$ 记乙品种的单位面积产量,由样本数据可计算得到

$$\bar{x} = 569.38,\ s_x^2 = 2\ 140.55,\ m = 8,$$
$$\bar{y} = 487.00,\ s_y^2 = 3\ 256.22,\ n = 10.$$

7.4 正态总体参数的置信区间

由于两个品种单位面积产量的方差相等,则可采用(7.4.11)式求置信区间.此处

$$s_w = \sqrt{\frac{(m-1)s_x^2+(n-1)s_y^2}{m+n-2}} = \sqrt{\frac{7\times 2\,140.55+9\times 3\,256.22}{16}} = 52.612\,9,$$

$$t_{\alpha/2}(m+n-2) = t_{0.025}(16) = 2.119\,9,$$

$$t_{\alpha/2}(m+n-2)s_w\sqrt{\frac{1}{m}+\frac{1}{n}} = 2.119\,9\times 52.612\,9\times\sqrt{\frac{1}{8}+\frac{1}{10}} = 52.91,$$

故 $\mu_1-\mu_2$ 的置信度为 0.95 的一个置信区间为

$$(569.38-487-52.91,\ 569.38-487+52.91) = (29.47,\ 135.29).\qquad\square$$

二、两个正态总体方差比 σ_1^2/σ_2^2 的置信区间

我们仅讨论 μ_1 和 μ_2 均未知的情况.由定理 6.3.3(3)知,

$$\frac{S_1^2/\sigma_1^2}{S_2^2/\sigma_2^2} \sim F(m-1,n-1),$$

分布 $F(m-1,n-1)$ 不依赖于任何未知参数,故枢轴量 $G = \dfrac{S_1^2/\sigma_1^2}{S_2^2/\sigma_2^2}$. 对于给定的 $1-\alpha$,取 F 分布的上侧分位数 $F_{1-\alpha/2}(m-1,n-1)$ 和 $F_{\alpha/2}(m-1,n-1)$(具体见图 7.4.3),

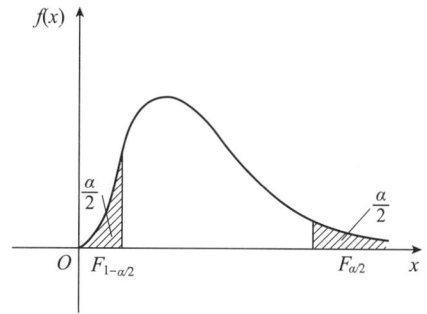

图 7.4.3

有

$$P\left(F_{1-\alpha/2}(m-1,n-1) < \frac{S_1^2/\sigma_1^2}{S_2^2/\sigma_2^2} < F_{\alpha/2}(m-1,n-1)\right) = 1-\alpha,$$

即

$$P\left(\frac{S_1^2}{S_2^2}\cdot\frac{1}{F_{\alpha/2}(m-1,n-1)} < \frac{\sigma_1^2}{\sigma_2^2} < \frac{S_1^2}{S_2^2}\cdot\frac{1}{F_{1-\alpha/2}(m-1,n-1)}\right) = 1-\alpha.$$

故 σ_1^2/σ_2^2 的置信度为 $1-\alpha$ 的置信区间为

$$\left(\frac{S_1^2}{S_2^2}\cdot\frac{1}{F_{\alpha/2}(m-1,n-1)},\ \frac{S_1^2}{S_2^2}\cdot\frac{1}{F_{1-\alpha/2}(m-1,n-1)}\right). \tag{7.4.12}$$

例 7.4.6 甲、乙两位化验员各自独立地用相同的方法对某种聚合物的含氯量各做 10 次测量,分别求得测定值的样本方差 $s_1^2=0.541\,9, s_2^2=0.606\,5$,设测定值总体分别服从正态分布 $N(\mu_1,\sigma_1^2), N(\mu_2,\sigma_2^2)$,试求方差比 σ_1^2/σ_2^2 的置信度为 0.95 的置信区间.

解 由于 $s_1^2=0.541\,9, s_2^2=0.606\,5, m=n=10, 1-\alpha=0.95, \dfrac{\alpha}{2}=0.025, F_{0.025}(9,9)=$

$4.03, F_{0.975}(9,9) = \dfrac{1}{F_{0.025}(9,9)} = \dfrac{1}{4.03}$，将这些数据代入(7.4.12)式，得 σ_1^2/σ_2^2 的置信度为 0.95 的一个置信区间为

$$\left(\frac{s_1^2}{s_2^2} \frac{1}{F_{0.025}(9,9)}, \frac{s_1^2}{s_2^2} \frac{1}{F_{0.975}(9,9)}\right) = (0.221\,7, 3.600\,8). \quad \square$$

表 7.4.1 单个正态总体参数的区间估计表

总体	待估参数	条件	枢轴量及其分布		置信区间
$N(\mu,\sigma^2)$	μ	σ^2 已知	$\dfrac{\overline{X}-\mu}{\sigma/\sqrt{n}} \sim N(0,1)$	双侧	$\left(\overline{X}-\dfrac{\sigma}{\sqrt{n}}u_{\alpha/2}, \overline{X}+\dfrac{\sigma}{\sqrt{n}}u_{\alpha/2}\right)$
				单侧	$\left(\overline{X}-\dfrac{\sigma}{\sqrt{n}}u_{\alpha}, +\infty\right), \left(-\infty, \overline{X}+\dfrac{\sigma}{\sqrt{n}}u_{\alpha}\right)$
		σ^2 未知	$\dfrac{\overline{X}-\mu}{S/\sqrt{n}} \sim t(n-1)$	双侧	$\left(\overline{X}-\dfrac{S}{\sqrt{n}}t_{\alpha/2}(n-1), \overline{X}+\dfrac{S}{\sqrt{n}}t_{\alpha/2}(n-1)\right)$
				单侧	$\left(\overline{X}-\dfrac{S}{\sqrt{n}}t_{\alpha}(n-1), +\infty\right), \left(-\infty, \overline{X}+\dfrac{S}{\sqrt{n}}t_{\alpha}(n-1)\right)$
	σ^2	μ 已知	$\dfrac{\sum_{i=1}^{n}(X_i-\mu)^2}{\sigma^2} \sim \chi^2(n)$	双侧	$\left(\dfrac{\sum_{i=1}^{n}(X_i-\mu)^2}{\chi^2_{\alpha/2}(n)}, \dfrac{\sum_{i=1}^{n}(X_i-\mu)^2}{\chi^2_{1-\alpha/2}(n)}\right)$
				单侧	$\left(\dfrac{\sum_{i=1}^{n}(X_i-\mu)^2}{\chi^2_{\alpha}(n)}, +\infty\right), \left(0, \dfrac{\sum_{i=1}^{n}(X_i-\mu)^2}{\chi^2_{1-\alpha}(n)}\right)$
		μ 未知	$\dfrac{(n-1)S^2}{\sigma^2} \sim \chi^2(n-1)$	双侧	$\left(\dfrac{(n-1)S^2}{\chi^2_{\alpha/2}(n-1)}, \dfrac{(n-1)S^2}{\chi^2_{1-\alpha/2}(n-1)}\right)$
				单侧	$\left(\dfrac{(n-1)S^2}{\chi^2_{\alpha}(n-1)}, +\infty\right), \left(0, \dfrac{(n-1)S^2}{\chi^2_{1-\alpha}(n-1)}\right)$

7.4 正态总体参数的置信区间

表 7.4.2 两个正态总体均值差的区间估计表

总体	待估参数	条件		枢轴量及其分布	置信区间
$N(\mu_1,\sigma_1^2)$ $N(\mu_2,\sigma_2^2)$	$\mu_1-\mu_2$	σ_1^2,σ_2^2 均已知	双侧	$\dfrac{\overline{X}-\overline{Y}-(\mu_1-\mu_2)}{\sqrt{\dfrac{\sigma_1^2}{m}+\dfrac{\sigma_2^2}{n}}}$ $\sim N(0,1).$	$\left(\overline{X}-\overline{Y}-u_{\alpha/2}\sqrt{\dfrac{\sigma_1^2}{m}+\dfrac{\sigma_2^2}{n}},\right.$ $\left.\overline{X}-\overline{Y}+u_{\alpha/2}\sqrt{\dfrac{\sigma_1^2}{m}+\dfrac{\sigma_2^2}{n}}\right)$
			单侧		$\left(\overline{X}-\overline{Y}-u_{\alpha}\sqrt{\dfrac{\sigma_1^2}{m}+\dfrac{\sigma_2^2}{n}},+\infty\right)$ $\left(-\infty,\overline{X}-\overline{Y}+u_{\alpha}\sqrt{\dfrac{\sigma_1^2}{m}+\dfrac{\sigma_2^2}{n}}\right).$
		$\sigma_1^2=\sigma_2^2$ 但未知	双侧	$\dfrac{\overline{X}-\overline{Y}-(\mu_1-\mu_2)}{S_w\sqrt{\dfrac{1}{m}+\dfrac{1}{n}}}$ $\sim t(m+n-2),$ $S_w=$ $\sqrt{\dfrac{(m-1)S_1^2+(n-1)S_2^2}{m+n-2}}$	$\left(\overline{X}-\overline{Y}-t_{\alpha/2}(m+n-2)S_w\sqrt{\dfrac{1}{m}+\dfrac{1}{n}},\right.$ $\left.\overline{X}-\overline{Y}+t_{\alpha/2}(m+n-2)S_w\sqrt{\dfrac{1}{m}+\dfrac{1}{n}}\right)$
			单侧		$\left(\overline{X}-\overline{Y}-t_{\alpha}(m+n-2)S_w\sqrt{\dfrac{1}{m}+\dfrac{1}{n}},+\infty\right)$ $\left(-\infty,\overline{X}-\overline{Y}+t_{\alpha}(m+n-2)S_w\sqrt{\dfrac{1}{m}+\dfrac{1}{n}}\right)$

表 7.4.3 两个正态总体方差比的区间估计表

总体	待估参数	条件		枢轴量及其分布	置信区间
$N(\mu_1,\sigma_1^2)$ $N(\mu_2,\sigma_2^2)$	$\dfrac{\sigma_1^2}{\sigma_2^2}$	μ_1,μ_2 均已知	双侧	$\dfrac{\sum\limits_{i=1}^{m}(X_i-\mu_1)^2/m\sigma_1^2}{\sum\limits_{j=1}^{n}(Y_j-\mu_2)^2/n\sigma_2^2}$ $\sim F(m,n)$	$\left(\dfrac{n\sum\limits_{i=1}^{m}(X_i-\mu_1)^2}{m\sum\limits_{j=1}^{n}(Y_j-\mu_2)^2}\cdot\dfrac{1}{F_{\alpha/2}(m,n)},\right.$ $\left.\dfrac{n\sum\limits_{i=1}^{m}(X_i-\mu_1)^2}{m\sum\limits_{j=1}^{n}(Y_j-\mu_2)^2}\cdot\dfrac{1}{F_{1-\alpha/2}(m,n)}\right)$

(续表)

总体	待估参数	条件		枢轴量及其分布	置信区间
$N(\mu_1,\sigma_1^2)$ $N(\mu_2,\sigma_2^2)$	$\dfrac{\sigma_1^2}{\sigma_2^2}$	μ_1,μ_2 均已知	单侧		$\left[\dfrac{n\sum\limits_{i=1}^{m}(X_i-\mu_1)^2}{m\sum\limits_{j=1}^{n}(Y_j-\mu_2)^2}\cdot\dfrac{1}{F_\alpha(m,n)},+\infty\right)$ $\left[0,\dfrac{n\sum\limits_{i=1}^{m}(X_i-\mu_1)^2}{m\sum\limits_{j=1}^{n}(Y_j-\mu_2)^2}\cdot\dfrac{1}{F_{1-\alpha}(m,n)}\right]$
		μ_1,μ_2 均未知	双侧	$\dfrac{S_1^2/\sigma_1^2}{S_2^2/\sigma_2^2}$ $\sim F(m-1,n-1)$	$\left(\dfrac{S_1^2}{S_2^2}\cdot\dfrac{1}{F_{\alpha/2}(m-1,n-1)},\dfrac{S_1^2}{S_2^2}\cdot\dfrac{1}{F_{1-\alpha/2}(m-1,n-1)}\right)$
			单侧		$\left(\dfrac{S_1^2}{S_2^2}\cdot\dfrac{1}{F_\alpha(m-1,n-1)},+\infty\right)$ $\left(0,\dfrac{S_1^2}{S_2^2}\cdot\dfrac{1}{F_{1-\alpha}(m-1,n-1)}\right)$

习 题 7.4

1. 设一批零件的长度服从正态分布 $N(\mu,\sigma^2)$,其中 μ,σ 均未知,现从中随机抽取 16 个零件,测得样本均值 $\bar{x}=20$(cm),样本标准差 $s=1$(cm).则 μ 的置信度为 0.90 的置信区间是( ).

(A) $\left(20-\dfrac{1}{4}t_{0.05}(16),20+\dfrac{1}{4}t_{0.05}(16)\right)$ (B) $\left(20-\dfrac{1}{4}t_{0.1}(16),20+\dfrac{1}{4}t_{0.1}(16)\right)$

(C) $\left(20-\dfrac{1}{4}t_{0.05}(15),20+\dfrac{1}{4}t_{0.05}(15)\right)$ (D) $\left(20-\dfrac{1}{4}t_{0.1}(15),20+\dfrac{1}{4}t_{0.1}(15)\right)$

2. 设 $x_1,x_2,\cdots,x_n$ 为来自总体 $N(\mu,\sigma^2)$ 的样本观测值,样本均值 $\bar{x}=9.5$,参数 μ 的置信度为 0.95 的双侧置信区间的置信上限为 10.8,求 μ 的置信度为 0.95 的双侧置信区间.

3. 设有一批机器零件,其长度 $X\sim N(\mu,\sigma^2)$,现从中随机抽取了 9 个样品,测得样本均值 $\bar{x}=6.8$(单位:cm).

(1) 若已知 $\sigma=0.6$(单位:cm),试求 μ 的置信度为 0.95 的置信区间;

(2) 若 σ^2 未知,测得样本标准差 $s=0.6$,试求 μ 的置信度为 0.95 的置信区间.

4. 设总体 $X\sim N(\mu,\sigma_0^2)$,其中 σ_0 已知,$X_1,X_2,\cdots,X_n$ 为该总体的样本,为使得总体均值 μ 的置信度为 $1-\alpha$ 的置信区间的长度不大于给定的 L,试问样本容量 n 至少要多少?

5. 已知某种材料的抗压强度 $X \sim N(\mu,\sigma^2)$，现随机地抽取 10 个试件进行抗压试验，测得数据如下：

    482 493 457 471 510 446 435 418 394 469

(1) 求平均抗压强度 μ 的置信度为 0.95 的置信区间；

(2) 若已知 $\sigma=30$，求平均抗压强度 μ 的置信度为 0.95 信区间；

(3) 求 σ 的置信度为 0.95 置信区间.

6. 从汽车轮胎厂生产的某种轮胎中抽取 10 个样品进行磨损试验，直至轮胎行驶到磨坏为止，测得它们的行驶路程(单位：km)如下：

    41 250 41 010 42 650 38 970 40 200

    42 550 43 500 40 400 41 870 39 800

设汽车轮胎行驶路程服从正态分布 $N(\mu,\sigma^2)$，求：

(1) μ 的置信度为 0.95 的单侧置信下限；

(2) σ 的置信度为 0.95 的单侧置信上限.

7. 研究两种固体燃料的燃烧率，设两者分别服从正态分布 $N(\mu_1,0.05^2)$ 和 $N(\mu_2,0.05^2)$，取样本容量各为 20 的两组独立样本，得燃烧率的样本均值分别为 18 cm/s 和 24 cm/s，求两种燃烧率总体均值差 $\mu_1-\mu_2$ 的置信度为 0.99 的置信区间.

8. 设有甲、乙两种安眠药，随机变量 X,Y 分别表示患者服用甲、乙药后睡眠时间的延长数，并假设 $X \sim N(\mu_1,\sigma^2)$，$Y \sim N(\mu_2,\sigma^2)$. 为比较两种药品的疗效，随机地从服用两种药的患者中均选取 10 人，分别测得睡眠延长时间的均值与方差：$\bar{x}=2.35, s_x^2=5.44$；$\bar{y}=1.77$，$s_y^2=3.62$. 试求 $\mu_1-\mu_2$ 的置信度为 0.95 置信区间.

9. 某饮料加工厂生产一批新投产的饮料，为了检测两条独立流水线的生产情况，现从两条流水线上分别抽取了样本容量为 8 和 10 的样本，测得 $\bar{x}=495$(单位：mL)，标准差 $s_1=4.2$；$\bar{y}=506$(单位：mL)，标准差 $s_2=3.0$；假设两条流水线生产的饮料容量服从正态分布 $N(\mu_1,\sigma_1^2)$ 和 $N(\mu_2,\sigma_2^2)$.

(1) 若 $\sigma_1^2=\sigma_2^2$，试求 $\mu_1-\mu_2$ 的置信度为 0.90 的置信区间；

(2) 试求 σ_1^2/σ_2^2 置信度为 0.90 的置信区间.

10. 设总体 $X \sim N(\mu_1,\sigma_1^2)$，$Y \sim N(\mu_2,\sigma_2^2)$，且 X 和 Y 相互独立，现从两总体中分别抽取了样本容量为 9 和 16 的两组样本，测得样本标准差 $s_x=6.18$，$s_y=7.26$，试求：

(1) σ_1^2/σ_2^2 的置信度为 0.90 的置信区间；

(2) σ_1^2/σ_2^2 的置信度为 0.90 的单侧置信上限.

7.5 非正态总体参数的置信区间

若总体 X 不服从正态分布，在有些场合下，寻找枢轴量及其分布比较困难，但在样本量充分大时，可用渐近分布来构造近似的置信区间.

7.5.1 单个非正态总体均值的置信区间

设 $X_1,X_2,\cdots,X_n$ 是来自总体 X 的样本，且 $\mu=E(X),\sigma^2=D(X)$ 分别是总体期望与总

体方差.对于较大的样本容量 n,由定理 6.3.5(1)知

$$\frac{\overline{X}-\mu}{\sigma/\sqrt{n}} \stackrel{\text{近似地}}{\sim} N(0,1).$$

若 σ 已知,枢轴量 $G=\dfrac{\overline{X}-\mu}{\sigma/\sqrt{n}}$,对于给定的置信度 $1-\alpha$,有

$$P\left(\left|\frac{\overline{X}-\mu}{\sigma/\sqrt{n}}\right|<u_{\alpha/2}\right)\approx 1-\alpha.$$

所以在 σ 已知时,总体均值 μ 的置信度为 $1-\alpha$ 的近似置信区间为

$$\left(\overline{X}-\frac{\sigma}{\sqrt{n}}u_{\alpha/2},\overline{X}+\frac{\sigma}{\sqrt{n}}u_{\alpha/2}\right). \tag{7.5.1}$$

若 σ 未知,用样本标准差 S 代替总体标准差 σ.由定理 6.3.5(2)知

$$\frac{\overline{X}-\mu}{S/\sqrt{n}} \stackrel{\text{近似地}}{\sim} N(0,1).$$

所以在 σ 未知时,均值 μ 的置信度为 $1-\alpha$ 的近似置信区间为

$$\left(\overline{X}-\frac{S}{\sqrt{n}}u_{\alpha/2},\overline{X}+\frac{S}{\sqrt{n}}u_{\alpha/2}\right). \tag{7.5.2}$$

例 7.5.1 在研究年龄与血液中的各种成分之间的关系时,通过随机抽样调查了 30 个 30 岁健康公民的血小板数,测得数据如下(单位:万/mm³):

26 19 18 16 26 17 20 20 19 21 19 12 29 15 21
19 27 25 28 24 35 28 19 23 31 30 23 30 16 22

用 μ 表示 30 岁健康公民的血小板数的总体均值,对于置信度 0.95,求 μ 的置信区间.

解 血小板的分布一般不认为服从正态分布,但可以认为被选到的个体的血小板数是独立同分布的.由已知数据经计算得 $\bar{x}=22.6, s=5.499\,8$,由于 $n=30, 1-\alpha=0.95, \alpha/2=0.025, u_{0.025}=1.96$,将数据代入(7.5.2)式,得到 μ 的置信度为 0.95 的一个近似置信区间为

$$\left(22.6-\frac{5.499\,8}{\sqrt{30}}\times 1.96, 22.6+\frac{5.499\,8}{\sqrt{30}}\times 1.96\right),$$

即(20.63,24.57). □

7.5.2 两个非正态总体均值差的置信区间

设有两个独立的总体 X,Y,其期望 $E(X)=\mu_1, E(Y)=\mu_2$,方差 $D(X)=\sigma_1^2, D(Y)=\sigma_2^2$ 均存在,但都未知.现从两个总体中分别抽取样本容量为 m,n 的样本 $X_1,X_2,\cdots,X_m$ 与 $Y_1,Y_2,\cdots,Y_n$,$\overline{X}$ 与 $\overline{Y}$ 及 S_1^2 与 S_2^2 分别为这两个样本的样本均值及样本方差.可以证明:当 m,n 充分大时,有

$$\frac{\overline{X}-\overline{Y}-(\mu_1-\mu_2)}{\sqrt{\dfrac{S_1^2}{m}+\dfrac{S_2^2}{n}}} \stackrel{\text{近似地}}{\sim} N(0,1).$$

由此可知,两个非正态总体均值差 $\mu_1-\mu_2$ 的置信度为 $1-\alpha$ 的近似置信区间为

$$\left(\overline{X}-\overline{Y}-u_{\alpha/2}\sqrt{\frac{S_1^2}{m}+\frac{S_2^2}{n}}, \overline{X}-\overline{Y}+u_{\alpha/2}\sqrt{\frac{S_1^2}{m}+\frac{S_2^2}{n}}\right). \tag{7.5.3}$$

例 7.5.2 从某大学随机选取男、女学生各 100 名,测量并计算得到男学生身高的样本均值为 1.72 m,样本标准差为 0.035 m,女学生身高的样本均值为 1.64 m,样本标准差为 0.038 m,试求男、女学生身高平均值之差的置信度为 0.95 的置信区间.

解 设男学生身高为 X,女学生身高为 Y,可以认为 X,Y 相互独立. 由于 $m=n=100$, $\bar{x}=1.72,\bar{y}=1.64,s_1=0.035,s_2=0.038,1-\alpha=0.95,u_{\alpha/2}=u_{0.025}=1.96$.将以上数据代入 (7.5.3)得

$$\bar{x}-\bar{y}-u_{\alpha/2}\sqrt{\frac{s_1^2}{n}+\frac{s_2^2}{m}}=1.72-1.64-1.96\times\sqrt{\frac{0.035^2+0.038^2}{100}}\approx 0.069\,9,$$

$$\bar{x}-\bar{y}+u_{\alpha/2}\sqrt{\frac{s_1^2}{n}+\frac{s_2^2}{m}}=1.72-1.64+1.96\times\sqrt{\frac{0.035^2+0.038^2}{100}}\approx 0.090\,1.$$

故男、女学生身高平均值之差的置信度为 0.95 的一个置信区间为 $(0.069\,9,0.090\,1)$. □

7.5.3 比率 p 的置信区间

比率是在总体中具有某种特征的个体所占的比例. 例如,一批产品中的不合格率、新生儿中男婴的出生率、某项政策的支持率、某市成年人中的吸烟率等. 在这一类问题中,可以认为所涉及的总体服从两点分布 $b(1,p)$,其中 p 就是相应问题中的比率.

若总体 $X\sim b(1,p)(0<p<1),X_1,X_2,\cdots,X_n$ 是来自总体 X 的样本,$\bar{X}$ 为样本均值. 因为 $E(X)=p,D(X)=p(1-p)$,所以 $E(\bar{X})=p,D(\bar{X})=p(1-p)/n$. 由中心极限定理知,当样本容量 n 足够大时,

$$\frac{\sum_{i=1}^{n}X_i-np}{\sqrt{np(1-p)}}=\frac{\bar{X}-p}{\sqrt{p(1-p)/n}}\overset{\text{近似地}}{\sim}N(0,1).$$

故对于给定的置信度 $1-\alpha$,有

$$P\left(\frac{|\bar{X}-p|}{\sqrt{p(1-p)/n}}<u_{\frac{\alpha}{2}}\right)\approx 1-\alpha.$$

将不等式

$$\frac{|\bar{X}-p|}{\sqrt{p(1-p)/n}}<u_{\frac{\alpha}{2}}$$

两边平方整理,可得

$$g(p)\triangleq\left(1+\frac{1}{n}u_{\alpha/2}^2\right)p^2-\left(2\bar{X}+\frac{1}{n}u_{\alpha/2}^2\right)p+\bar{X}^2<0.$$

显然上式左侧的 $g(p)$ 是 p 的二次三项式,其判别式

$$\left(2\bar{X}+\frac{1}{n}u_{\alpha/2}^2\right)^2-4\left(1+\frac{1}{n}u_{\alpha/2}^2\right)\bar{X}^2=\frac{4\bar{X}(1-\bar{X})}{n}u_{\alpha/2}^2+\frac{1}{n^2}u_{\alpha/2}^4>0.$$

故 $g(p)$ 的曲线是一条开口向上的抛物线,其与横坐标轴的交点 $\hat{p}_1,\hat{p}_2$ 分别是

$$\hat{p}_1=\frac{\bar{X}+\frac{1}{2n}u_{\alpha/2}^2-\sqrt{\frac{\bar{X}(1-\bar{X})}{n}u_{\alpha/2}^2+\frac{1}{4n^2}u_{\alpha/2}^4}}{1+\frac{1}{n}u_{\alpha/2}^2},$$

$$\hat{p}_2 = \frac{\overline{X} + \frac{1}{2n}u_{\alpha/2}^2 + \sqrt{\frac{\overline{X}(1-\overline{X})}{n}u_{\alpha/2}^2 + \frac{1}{4n^2}u_{\alpha/2}^4}}{1 + \frac{1}{n}u_{\alpha/2}^2}.$$

由于

$$\{p \in (\hat{p}_1, \hat{p}_2)\} = \{g(p) < 0\} = \left\{\frac{|\overline{X} - p|}{\sqrt{p(1-p)/n}} < u_{\alpha/2}\right\},$$

从而有 $P(\hat{p}_1 < p < \hat{p}_2) \approx 1-\alpha$，由此得到比率 p 的置信度为 $1-\alpha$ 的近似置信区间为

$$\left(\frac{\overline{X} + \frac{1}{2n}u_{\alpha/2}^2 - \sqrt{\frac{\overline{X}(1-\overline{X})}{n}u_{\alpha/2}^2 + \frac{1}{4n^2}u_{\alpha/2}^4}}{1 + \frac{1}{n}u_{\alpha/2}^2}, \frac{\overline{X} + \frac{1}{2n}u_{\alpha/2}^2 + \sqrt{\frac{\overline{X}(1-\overline{X})}{n}u_{\alpha/2}^2 + \frac{1}{4n^2}u_{\alpha/2}^4}}{1 + \frac{1}{n}u_{\alpha/2}^2}\right). \tag{7.5.4}$$

由于 n 比较大时，在实际应用中通常略去 $\frac{1}{n}u_{\alpha/2}^2$，于是可将 (7.5.4) 近似为

$$\left(\overline{X} - u_{\alpha/2}\sqrt{\frac{\overline{X}(1-\overline{X})}{n}}, \overline{X} + u_{\alpha/2}\sqrt{\frac{\overline{X}(1-\overline{X})}{n}}\right). \tag{7.5.5}$$

注 对于泊松分布 $P(\lambda)$，当样本量 n 充分大时，利用上述类似的方法可得参数 λ 的置信度为 $1-\alpha$ 的近似置信区间为

$$\left(\overline{X} + \frac{1}{2n}u_{\alpha/2}^2 - \sqrt{\frac{1}{n}\overline{X} \cdot u_{\alpha/2}^2 + \frac{1}{4n^2}u_{\alpha/2}^4}, \overline{X} + \frac{1}{2n}u_{\alpha/2}^2 + \sqrt{\frac{1}{n}\overline{X} \cdot u_{\alpha/2}^2 + \frac{1}{4n^2}u_{\alpha/2}^4}\right).$$

在使用中，通常用 $(\overline{X} - u_{\alpha/2}\sqrt{\overline{X}/n}, \overline{X} + u_{\alpha/2}\sqrt{\overline{X}/n})$ 作为 λ 的近似置信区间.

例 7.5.3 在一大批产品中抽取容量为 100 的样本，经检验发现 20 个次品，求这批货物次品率 p 的置信度为 0.95 的置信区间.

解 令 $X = \begin{cases} 1, & \text{产品为次品}, \\ 0, & \text{产品是正品}, \end{cases}$ 则 $X \sim b(1, p)$，其中 p 为这批货物的次品率.

此处 $n = 100, \bar{x} = \frac{20}{100} = 0.2, 1-\alpha = 0.95, u_{\alpha/2} = u_{0.025} = 1.96$，将上述数据代入 (7.5.5)，得

$$\overline{X} - u_{\alpha/2}\sqrt{\frac{\overline{X}(1-\overline{X})}{n}} = 0.2 - 1.96 \times \sqrt{\frac{0.2 \times 0.8}{100}} = 0.2 - 0.0784 = 0.1216,$$

$$\overline{X} + u_{\alpha/2}\sqrt{\frac{\overline{X}(1-\overline{X})}{n}} = 0.2 + 1.96 \times \sqrt{\frac{0.2 \times 0.8}{100}} = 0.2 + 0.0784 = 0.2784.$$

由此得到次品率 p 的置信度为 0.95 的一个近似置信区间为 $(0.1216, 0.2784)$. □

习 题 7.5

1. 某商店某种商品的月销售量服从泊松分布，为合理进货，必须了解销售情况，现记录了该商店过去 48 个月的销售量，数据如下：

月销售量	9	10	11	12	13	14	15	16
月份数	1	6	13	12	9	4	2	1

求平均月销售量的置信度为 0.95 的置信区间.

2. 在 150 次射击中,有 84 次命中目标,试求命中率 p 的置信度为 0.95 的置信区间.

3. 某传媒公司欲调查电视台某综艺节目的收视率 p,随机调查了 600 名电视观众,发现经常收看该节目的有 228 人,求收视率 p 的置信度为 0.95 的置信区间.

4. 在一大批产品中随机抽取容量为 100 的样本,经检验发现有 80 个一级品,求这批产品的一级品率 p 的置信度为 0.99 的置信区间.

5. 为了比较两种子弹 A,B 的速度,在相同的条件下进行速度测定,每种子弹均进行 110 次的试验,算得样本均值为 $\bar{x}_A = 2\,805$,$\bar{y}_B = 2\,680$,样本标准差为 $s_A = 120.40$,$s_B = 105.00$,求这两种子弹的平均速度之差的置信度为 0.95 的置信区间.

本章思维导图

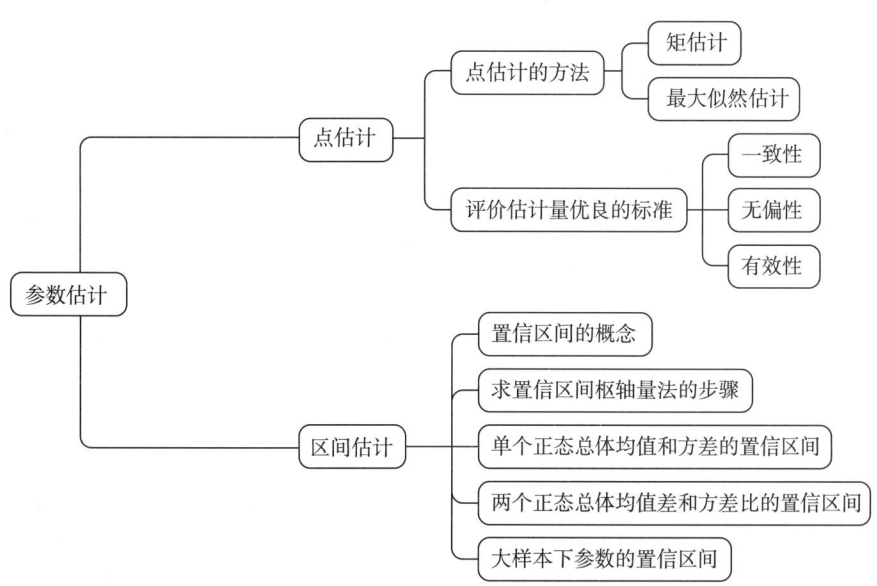

第八章 假设检验

> 本章将介绍统计推断的另一类重要问题——假设检验(hypothesis test).统计学检验是一种基于概率判断"某种想法或结论"是否正确的方法.该检验方法是由皮尔逊(K.Pearson)于20世纪初提出,之后费希尔(Fisher)基于样本分布论创建了统计性检验理论,最终由奈曼(Neyman)和皮尔逊(E.Pearson)提出了较完整的假设检验理论.
>
> 本章主要介绍假设检验的基本概念、给出参数的假设检验、非参数的假设检验以及 p 值检验法.参数的假设检验将讨论单个、两个正态总体参数的假设检验及大样本下总体均值的假设检验.非参数的假设检验将简要介绍分布的 χ^2 拟合检验.

8.1 假设检验的基本概念

8.1.1 问题的提出

参数估计和假设检验是统计推断的两个组成部分,都是利用样本对总体进行某种推断,但推断的角度不同.参数估计讨论的是用样本统计量估计总体参数的方法,总体参数在估计前是未知的.而参数假设检验,则是先对参数的取值提出一个假设,然后利用随机抽样获得的样本信息去判断这个假设是否成立.现实生活中,有大量的事例可归结为假设检验的问题,我们看以下几个实例.

例 8.1.1 某化学日用品有限责任公司用包装机包装洗衣粉,包装机在正常工作时,装包量(单位:g) $X \sim N(500, 2^2)$.每天开工后,需先检验包装机工作是否正常.某天开工后,在装好的洗衣粉中任取 9 袋,称得重量的平均值 $\overline{X} = 502(g)$,假设总体方差 $\sigma^2 = 2^2$ 不变,试问这天包装机工作是否正常?

该例中,当天包装机的工作正常与否并不完全知道,由题意可假设这天装包重量 $X \sim N(\mu, 2^2)$.若包装机工作正常,则这天与以往装包量服从的分布应该一样,即 $X \sim N(500, 2^2)$.从而检验包装机工作是否正常的问题就转化为由抽样结果来判断假设" $\mu = 500$ "是否成立的问题.

例 8.1.2 为调查化学教学中,启发式教学法是否真正提高了高二学生化学的学习能力.从该年级随机地抽取两个小组,实验组使用启发式教学法,对照组使用传统讲授法.后期统一测验,实验组的成绩为 64,58,65,56,58,45,55,63,66,69;对照组的成绩为 60,59,57,41,38,52,46,51,49,58.请问两种教学法是否有差异?(根据过去的经验知道启发式教学法优于传统讲授法.)

本问题关心的是启发式教学法是否优于传统讲授法.设 μ_1,μ_2 分别为实验组和对照组学习成绩的均值,若启发式教学法优于传统教学法,则实验组学习成绩 μ_1 应高于对照组的学习成绩 μ_2.于是,问题就转化为由抽样结果来判断假设"$\mu_1>\mu_2$"是否正确的问题.

例 8.1.3 某城市一年(365 天)各天报火警的次数记录如下:

一天报火警的次数	0	1	2	3	$\geqslant 4$
天数	151	118	77	19	0

问一天报火警的次数 X 服从泊松分布吗?

假设一天报火警的次数 X 的分布函数为 $F(x)$,对于已知的泊松分布 $P(\lambda_0)$(当 λ_0 未知时,可以进行参数估计),其分布函数设为 $F_0(x)$,若 X 服从泊松分布 $P(\lambda_0)$,则必有 $F(x)=F_0(x)$,于是一天报火警的次数 X 是否服从泊松分布 $P(\lambda_0)$ 就转化为由抽样结果来判断假设"$F(x)=F_0(x)$"是否成立的问题.

上述例子都不是参数估计问题.它们共同的特点就是根据问题的题意或者对总体分布的未知参数作出假设(如例 8.1.1 中的 $\mu=500$;例 8.1.2 中的 $\mu_1>\mu_2$),或者对总体分布的形式作出假设(如例 8.1.3 中的 $F(x)=F_0(x)$),然后由抽样结果来检验对总体的假设是否成立.这种先有一个假设,再检验我们的假设对不对的思路其实就是假设检验.在数理统计学中,称根据样本提供的信息,来检验总体的分布参数或分布形式是否具有指定的特征的过程为**假设检验**.

在假设检验中,通常把所作的那个需要判断是否为真的假设称为**原假设**或**零假设**,用 H_0 表示.事实上,当我们提出零假设时,也同时给出了另外一个假设,即提供给我们选择的**备择假设**,用 H_1 表示.H_0 与 H_1 是互不相容的.通过样本对一个假设做出"对"或"不对"的具体判断规则称为该假设的一个**检验**或**检验法则**.如果原假设 H_0 是关于总体参数的,则称它为**参数假设**,检验参数假设的问题称为**参数检验**.一般地,对一个未知参数 θ 考虑假设检验时,经常遇到下列三种类型的假设:

$$\mathrm{I}: H_0:\theta=\theta_0, H_1:\theta\neq\theta_0;$$
$$\mathrm{II}: H_0:\theta\leqslant\theta_0, H_1:\theta>\theta_0;$$
$$\mathrm{III}: H_0:\theta\geqslant\theta_0, H_1:\theta<\theta_0;$$

其中 θ_0 是已知常数,称假设 I 为**双侧假设**,后两类假设 II 和 III 称为**单侧假设**,对其所作的检验分别叫做**双侧检验**和**单侧检验**.如果原假设 H_0 是关于总体分布类型的,则称它为**分布假设**,检验分布假设的问题称为**分布检验**或**非参数检验**.

8.1.2 假设检验的基本原理

如何对零假设 H_0 进行检验?假设检验的基本原理又是什么?我们通过下例进行说明.

例 8.1.4 一种奶茶由牛奶与茶按一定比例混合而成,有位女士声称:"冲泡的顺序对于奶茶的风味有影响.是先把茶加进牛奶里,还是先把牛奶加进茶里,我可以辨别出来."周围品茶的人对此产生了议论,在场的费希尔先生觉得很有意思,他提议做一项实验来检验一下.他准备了8杯调制好的奶茶,让该女士品尝,结果她竟然正确的分辨出了每一杯的冲泡顺序.这时该如何做出判断?

该例中,如果这位女士不具备这种鉴别能力,只靠猜测猜对的概率为 $(1/2)^8 = 0.003\,906$,这是一个非常小的概率,这与小概率事件在一次试验中实际不可能发生的原理相矛盾,不得不怀疑我们先提出的假设"H_0:这位女士不具备这种鉴别能力"的正确性.也就是说"如果在某些假设下碰巧发生了小概率事件,则应该拒绝此假设".

在上述对 H_0 作出的判断中,实际上运用了人们在实践中总结出来又被普遍应用的一条小概率事件原理:在一次试验中,小概率事件实际上不可能发生.在判断过程中的基本思想包含了反证法的思想,但它不同于一般的反证法,是带有概率性质的反证法.一般的反证法要求在原假设下导出的结论是绝对成立的,如果事实与之矛盾,则可以认为原假设确实不真.而我们对 H_0 做判断的过程中由原假设下导出的结论只是一个很大的概率事件,它几乎必然成立,但也还有很小的概率不成立(如例 8.1.4,事件"女士不能正确的分辨出每一杯的冲泡顺序"发生的概率为 $0.996\,094$,即不能正确的分辨出每一杯的冲泡顺序几乎必然发生,但也还有 $0.003\,906$ 的概率不成立).由小概率事件原理,小概率事件竟然在一次试验中发生了,只能归结到原假设不成立,即否定原假设.

8.1.3 两类错误

一般地,构造小概率事件用的统计量称为**检验统计量**,记为 Q.当统计量的观测值落入某个区域 W 中时,我们拒绝 H_0,则称区域 W 为**拒绝域**,称区域 $\overline{W}(\overline{W}=R-W)$ 为**接受域**,拒绝域的边界点称为**临界点**.

根据检验法则作出判断依据的是样本信息,由于样本的随机性,由部分来推断总体不可避免地会出现误判而犯错误.也就是说,统计检验是基于概率的判断,判断结果也不是绝对的,从而存在误判的可能性.当 H_0 为真时,仍可能作出拒绝 H_0 的判断,因而犯了错误,称为**第一类错误**,也称为"弃真"错误.再看例 8.1.4,小概率 $(1/2)^8 = 0.003\,906$ 是该女士无鉴别能力靠猜测而正确辨别8杯奶茶的冲泡次序的概率.如果这是事实,而我们却根据"一次实验中,小概率事件不可能发生"拒绝了这一事实,这就是"弃真"错误.当 H_0 不真时,也可能作出接受 H_0 的判断,这样所犯的错误称为**第二类错误**,也称为"取伪"错误.人们自然希望犯这两类错误的概率都很小,然而当样本容量 n 固定时,犯两类错误的概率是相互制约的.因为若犯第一类错误的概率变小,则拒绝域 W 范围变小,于是接受域 $\overline{W}$ 范围就变大,从而导致犯第二类错误的概率增大;反过来若犯第二类错误的概率变小,则接受域 $\overline{W}$ 范围变小,于是拒绝域 W 范围增大,从而导致犯第一类错误的概率增大.所以同时减小犯两类错误的概率是不可能的,若想同时减小犯两类错误的概率,只有增大样本容量 n,而这在实际中既不经济又不现实.因此作检验时,通常是控制犯第一类错误的概率,而不考虑犯第二类错误的概率,这样的检验称为**费希尔显著性检验**.在检验中控制犯第一类错误的概率的常数 α 称为**显著性水平**或简称**水平**.通常 α 取 $0.01, 0.05$ 或 0.1.本章所讨论的检验都是显著性检验.

在实际问题中,由于显著性检验仅仅控制犯第一类错误的概率,那么在选用哪个假设为零假设 H_0 时必须谨慎.一般地应掌握以下原则:一是当我们的目的是希望从样本观测值取得对某论断强有力的支持时,把这论断的否定作为零假设 H_0;二是尽量使后果严重的错误成为第一类错误;三是把历史资料所提供的论断作为零假设H_0.这样,当检验的结论为拒绝H_0时,由于犯第一类错误被控制而显得有说服力或危害小.

8.1.4 假设检验的基本步骤

由上述假设检验的基本原理,可概括出假设检验的步骤如下:

第一步 根据问题的性质和要求,提出零假设H_0和备择假设H_1.

如例 8.1.1,我们把机器工作是否正常归结为检验假设
$$H_0: \mu = \mu_0 = 500, \quad H_1: \mu \neq \mu_0$$
是否成立的问题.

第二步 构造一个合适的检验统计量Q,它必须与假设有关,而且在H_0成立的情况下,统计量Q的分布是已知的.

在例 8.1.1 中,当天机器装包量均值μ是否为 500 不知道,仅是假设它为$\mu_0 = 500$而已.对于未知的μ,我们已知样本均值$\overline{X}$是它的无偏估计.故当H_0成立时,$\overline{X}$的取值集中在μ_0的附近,因此$\overline{X}$与μ_0的偏差$|\overline{X} - \mu_0|$应比较小,或等价地$\left|\dfrac{\overline{X} - \mu_0}{\sigma/\sqrt{n}}\right|$较小.由于当$H_0$成立时,$\overline{X} \sim N\left(\mu_0, \dfrac{\sigma^2}{n}\right)$,这里$\mu_0 = 500, \sigma^2 = 2^2$为已知常数,所以选择统计量为$\dfrac{\overline{X} - \mu_0}{\sigma/\sqrt{n}}$,且分布已知,即
$$\frac{\overline{X} - \mu_0}{\sigma/\sqrt{n}} \sim N(0,1).$$

若$\left|\dfrac{\overline{X} - \mu_0}{\sigma/\sqrt{n}}\right|$较大,我们就认为$\overline{X}$与$\mu_0$有显著差异,从而应当怀疑$H_0$是不正确的而拒绝$H_0$.由于样本的随机性,我们该如何给出一个明确的数量界限,以便衡量$\left|\dfrac{\overline{X} - \mu_0}{\sigma/\sqrt{n}}\right|$较大呢?接下来我们讨论如何确定拒域$W = \left\{\left|\dfrac{\overline{X} - \mu_0}{\sigma/\sqrt{n}}\right| \geq C\right\}$中临界值$C$的具体取值.

第三步 给定显著性水平α,确定H_0的拒绝域W.

对于给定的显著性水平α,我们控制犯第一类错误的概率,可以确定临界值C,使得当原假设H_0成立时,检验统计量的取值落在拒绝域里的概率小于等于α,即$P(Q \in W) \leq \alpha$.

例如双侧检验例 8.1.1,由于当H_0成立时,有$\mu = \mu_0$成立,所以只需要$P(Q \in W) = P\left(\left|\dfrac{\overline{X} - \mu_0}{\sigma/\sqrt{n}}\right| \geq C\right) = \alpha$即可.又由于当$H_0$成立时,统计量$\dfrac{\overline{X} - \mu_0}{\sigma/\sqrt{n}} \sim N(0,1)$,通常记标准正态变量为$U$(或$Z$),则$\alpha = P(|U| \geq C) = 2(1 - \Phi(C))$,可得临界值$C$的具体值为标准正态分布的$\alpha/2$分位数$u_{\alpha/2}$(或$z_{\alpha/2}$).由于$\alpha$是一个较小的数,所以事件
$$\{|U| \geq u_{\alpha/2}\} = \left\{\left|\dfrac{\overline{X} - \mu_0}{\sigma/\sqrt{n}}\right| \geq u_{\alpha/2}\right\}$$
是一个由样本$X_1, \cdots, X_n$构成的小概率事件,$u_{\alpha/2}$就是根据样本观测值确认小概率事件是

第八章　假设检验

否已发生的数量界限．

第四步　由样本观测值计算出检验统计量 Q 的值 Q_0．

例 8.1.1 中，根据样本观测值计算统计量 U 的值 $u_0 = \dfrac{\bar{x} - \mu_0}{\sigma/\sqrt{n}}$，将 $|u_0|$ 与 $u_{\alpha/2}$ 比较．

第五步　对假设 H_0 作出判断：若统计量的值落入拒绝域 W 内，则拒绝 H_0，否则接受 H_0．

当统计量的值落入拒绝域 W 内时，说明小概率事件发生了，这与小概率事件在一次试验中实际不可能发生的原理相矛盾，这就不能不对假设 H_0 的成立表示怀疑，这种情况下，拒绝 H_0 是比较合理的；若统计量的值没有落入拒绝域 W 内，则一次试验的结果与 H_0 为真并无矛盾，因此没有理由拒绝 H_0，于是接受 H_0．

例 8.1.1 中，若给定 $\alpha = 0.05$，查附表 3 得 $u_{\alpha/2} = 1.96$，又已知 $\bar{x} = 502, n = 9, \sigma = 2$，因而

$$|u_0| = \left|\frac{\bar{x} - \mu_0}{\sigma/\sqrt{n}}\right| = \left|\frac{502 - 500}{2/3}\right| = 3 > 1.96,$$

即样本观测值使得统计量 U 的值 $u_0 = \dfrac{\bar{x} - \mu_0}{\sigma/\sqrt{n}}$ 落入了拒绝域 $W = \{|U| \geqslant u_{\alpha/2}\}$，故应拒绝 H_0，我们最终判断当日包装机工作不正常．

习　题　8.1

1. 在假设检验中，如果待检验的原假设为 H_0，那么犯第二类错误是指（　　）．
   (A) H_0 成立，接受 H_0
   (B) H_0 不成立，接受 H_0
   (C) H_0 成立，拒绝 H_0
   (D) H_0 不成立，拒绝 H_0

2. 在假设检验中，用 α 和 β 分别表示犯第一类错误和第二类错误的概率，则当样本容量一定时，下列说法正确的是（　　）．
   (A) α 减小 β 也减小
   (B) α 增大 β 也增大
   (C) α 与 β 不能同时减小，减小其中一个，另一个往往就会增大
   (D) (A)和(B)同时成立

3. 设 $x_1, x_2, \cdots, x_{16}$ 是来自正态总体 $N(\mu, 4)$ 的样本，考虑检验问题
$$H_0: \mu \leqslant 10, \quad H_1: \mu > 10.$$
$\Phi(x)$ 表示标准正态分布函数，若该检验问题的拒绝域为 $W = \{\bar{X} \geqslant 11\}$，其中 $\bar{X} = \dfrac{1}{16}\sum_{i=1}^{16} X_i$，则 $\mu = 11.5$ 时，该检验犯第二类错误的概率为（　　）．
   (A) $1 - \Phi(0.5)$　　(B) $1 - \Phi(1)$　　(C) $1 - \Phi(1.5)$　　(D) $1 - \Phi(2)$

4. 设总体 X 服从正态分布 $N(\mu, \sigma^2)$，$x_1, x_2, \cdots, x_n$ 是来自总体 X 的简单随机样本，据此样本检验假设 $H_0: \mu = \mu_0, H_1: \mu \neq \mu_1$，则下列说法正确的是（　　）．
   (A) 如果在检验水平 $\alpha = 0.05$ 下拒绝 H_0，那么在检验水平 $\alpha = 0.01$ 下必拒绝 H_0
   (B) 如果在检验水平 $\alpha = 0.05$ 下拒绝 H_0，那么在检验水平 $\alpha = 0.01$ 下必接受 H_0

(C) 如果在检验水平 $\alpha=0.05$ 下接受 H_0,那么在检验水平 $\alpha=0.01$ 下必拒绝 H_0。
(D) 如果在检验水平 $\alpha=0.05$ 下接受 H_0,那么在检验水平 $\alpha=0.01$ 下必接受 H_0。

5. 设 $x_1, x_2, \cdots, x_n$ 是来自 $N(\mu,1)$ 的样本,考虑如下假设检验问题
$$H_0: \mu=2, \quad H_1: \mu=3,$$
若检验由拒绝域为 $W=\{\bar{x} \geqslant 2.6\}$ 确定.
(1) 当 $n=20$ 时求检验犯两类错误的概率;
(2) 如果要使得检验犯第二类错误的概率 $\beta \leqslant 0.01$, n 最小值应取多少?
(3) 证明:当 $n \to \infty$ 时,$\alpha \to 0, \beta \to 0$.

6. 设 $x_1, x_2, \cdots, x_{16}$ 是来自正态总体 $N(\mu,4)$ 的样本,考虑检验问题
$$H_0: \mu=6, \quad H_1: \mu \neq 6,$$
拒绝域取为 $W=\{|\bar{x}-6| \geqslant c\}$,试求 c 使得检验的显著性水平为 0.05,并求该检验在 $\mu=6.5$ 处犯第二类错误的概率.

7. 设总体为均匀分布 $U(0,\theta)$,$x_1, x_2, \cdots, x_n$ 是样本,考虑检验问题
$$H_0: \theta \geqslant 3, \quad H_1: \theta < 3,$$
拒绝域取为 $W=\{x_{(n)} \leqslant 2.5\}$,求检验犯第一类错误的最大值 α. 若要使得该最大值 α 不超过 0.05,n 至少应取多大?

8.2 正态总体参数的假设检验

参数假设检验是常见的一类假设检验问题,而正态总体 $N(\mu,\sigma^2)$ 参数的假设检验又是最重要且最常见的,本节讨论单个正态总体均值与方差的假设检验、两个正态总体均值与方差的差异性检验方法以及 p 值检验法.

8.2.1 单个正态总体均值的假设检验

设 $X_1, X_2, \cdots, X_n$ 是来自正态总体 $N(\mu,\sigma^2)$ 的样本,$\bar{X}, S^2$ 分别是样本均值和样本方差,考虑如下三种关于总体均值 μ 的检验问题:

$$\text{I}: H_0: \mu=\mu_0, H_1: \mu \neq \mu_0;$$
$$\text{II}: H_0: \mu \leqslant \mu_0, H_1: \mu > \mu_0;$$
$$\text{III}: H_0: \mu \geqslant \mu_0, H_1: \mu < \mu_0,$$

其中 μ_0 是已知常数. 由于总体方差 σ^2 已知与否对检验有影响,下面我们将区分总体方差 σ^2 已知和未知两种情况进行叙述.

一、σ^2 已知的 u 检验

我们先讨论双侧假设检验问题 I:$H_0: \mu=\mu_0, H_1: \mu \neq \mu_0$. 例 8.1.1 为方差已知时单个正态总体均值的双侧检验问题,与该例题相同的讨论可知,当 H_0 成立时,检验统计量为

$$U = \frac{\bar{X}-\mu_0}{\sigma/\sqrt{n}} \sim N(0,1). \tag{8.2.1}$$

对于给定的水平 α,H_0 的拒绝域为(见图 8.2.1)
$$W_{\text{I}} = \{|U| \geqslant u_{\alpha/2}\} = (-\infty, -u_{\alpha/2}] \cup [u_{\alpha/2}, +\infty).$$

若由样本观测值计算出 U 的值 $u_0=\dfrac{\bar{x}-\mu_0}{\sigma/\sqrt{n}}$ 落入拒绝域 W 内,即 $|u_0|\geqslant u_{\alpha/2}$,则拒绝 H_0,否则接受 H_0.

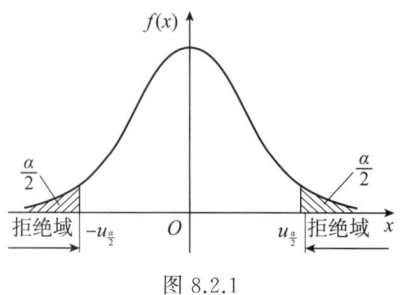

图 8.2.1

对于单侧检验问题 Ⅱ:$H_0:\mu\leqslant\mu_0$,$H_1:\mu>\mu_0$ 也可类似的进行讨论.同样由于 $\bar{X}$ 是 μ 的无偏估计量,仍选用 U 作为检验统计量.又当 H_0 成立时,$\bar{X}$ 应接近于 μ_0 或小于 μ_0,从而 $U=\dfrac{\bar{X}-\mu_0}{\sigma/\sqrt{n}}$ 不应太大,而当 U 偏大时应拒绝 H_0,即拒绝域的形式为

$$W=\left\{\dfrac{\bar{X}-\mu_0}{\sigma/\sqrt{n}}\geqslant C\right\}.$$

对于给定的显著性水平 α,现确定临界值 C,使得当原假设 H_0 成立时,样本观测值落在拒绝域里的概率小于等于 α,即

$$P(U\in W)=P\left(\dfrac{\bar{X}-\mu_0}{\sigma/\sqrt{n}}\geqslant C\right)\leqslant\alpha.$$

由于 U 的分布未知,所以我们借助 $\dfrac{\bar{X}-\mu}{\sigma/\sqrt{n}}\sim N(0,1)$.对于任意的 $\mu\in(-\infty,+\infty)$

$$\begin{aligned}P(U\in W)&=P\left(\dfrac{\bar{X}-\mu_0}{\sigma/\sqrt{n}}\geqslant C\right)=P\left(\dfrac{\bar{X}-\mu+\mu-\mu_0}{\sigma/\sqrt{n}}\geqslant C\right)\\&=P\left(\dfrac{\bar{X}-\mu}{\sigma/\sqrt{n}}\geqslant\dfrac{\mu_0-\mu}{\sigma/\sqrt{n}}+C\right)\\&=1-\Phi\left(\dfrac{\mu_0-\mu}{\sigma/\sqrt{n}}+C\right),\end{aligned}$$

上述概率是 μ 的增函数,所以对给定的水平 α,只要当 $\mu=\mu_0$ 时满足 $P\left(\dfrac{\bar{X}-\mu_0}{\sigma/\sqrt{n}}\geqslant C\right)=\alpha$,就可保证当原假设 $H_0:\mu\leqslant\mu_0$ 成立时,$P\left(\dfrac{\bar{X}-\mu_0}{\sigma/\sqrt{n}}\geqslant C\right)\leqslant\alpha$ 成立.又当 $\mu=\mu_0$ 时,统计量 U 为标准正态分布,可得临界值 C 为标准正态分布的上侧 α 分位数 u_α,即 H_0 的拒绝域为(见图 8.2.2(1))

$$W_{\text{Ⅱ}}=\{U\geqslant u_\alpha\}=[u_\alpha,+\infty).$$

完全类似地,对单侧假设 Ⅲ:$H_0:\mu\geqslant\mu_0$,$H_1:\mu<\mu_0$,检验统计量仍为 U,H_0 的拒绝域为(见图 8.2.2(2))

$$W_{\text{Ⅲ}}=\{U\leqslant -u_\alpha\}=(-\infty,-u_\alpha].$$

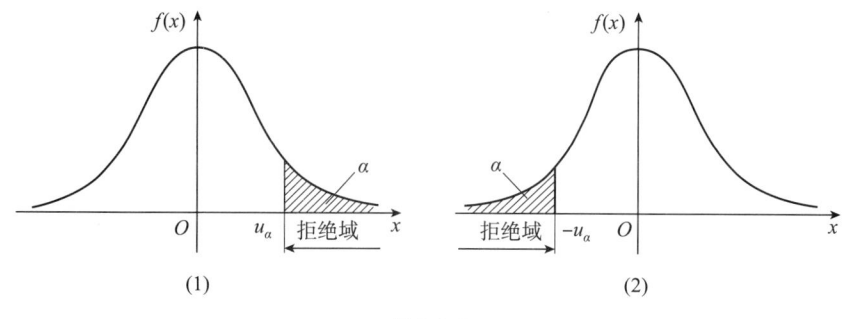

图 8.2.2

对于单个正态总体,当 σ^2 已知时,不论对总体的均值作双侧还是作单侧假设检验,检验统计量都是 U,称这种用正态变量作为检验统计量的假设检验方法为 **u 检验法**(有时也称为 **z 检验法**)。

二、σ^2 未知时的 t 检验

对于双侧假设检验问题 I:$H_0:\mu=\mu_0$,$H_1:\mu\neq\mu_0$。如果方差 σ^2 未知,这时 $U=\dfrac{\overline{X}-\mu_0}{\sigma/\sqrt{n}}$ 已不是统计量,很自然地想法是用无偏估计量 S^2 去估计 σ^2。当 H_0 成立时,统计量

$$T=\frac{\overline{X}-\mu_0}{S/\sqrt{n}}\sim t(n-1), \tag{8.2.2}$$

且 T 的取值应在 0 附近摆动,否则就认为 H_0 不成立。

对于给定的显著性水平 α,确定临界值 C,使得当原假设 H_0 成立时,样本观测值落在拒绝域里的概率小于等于 α,即

$$P(T\in W)=P\left(\left|\frac{\overline{X}-\mu_0}{S/\sqrt{n}}\right|\geqslant C\right)\leqslant \alpha.$$

由于当 H_0 成立时,有 $\mu=\mu_0$ 成立,只需要 $P(|T|\geqslant C)=\alpha$ 即可。又由于当 H_0 成立时,统计量 $T=\dfrac{\overline{X}-\mu_0}{S/\sqrt{n}}\sim t(n-1)$,则由 $\alpha=P(|T|\geqslant C)$,可得临界值 C 为该 t 分布的上侧 $\alpha/2$ 分位数 $t_{\alpha/2}(n-1)$。从而 H_0 的拒绝域为(见图 8.2.3)

$$W_{\mathrm{I}}=\{|T|\geqslant t_{\alpha/2}(n-1)\}=(-\infty,-t_{\alpha/2}(n-1)]\bigcup[t_{\alpha/2}(n-1),+\infty).$$

若由样本观测值算出 $|t_0|=\left|\dfrac{\bar{x}-\mu_0}{s/\sqrt{n}}\right|\geqslant t_{\alpha/2}(n-1)$,则拒绝 H_0,否则接受 H_0。

对于单侧假设检验问题 II:$H_0:\mu\leqslant\mu_0$,$H_1:\mu>\mu_0$。检验统计量仍为 T,拒绝域的形式为

$$W=\left\{\frac{\overline{X}-\mu_0}{S/\sqrt{n}}\geqslant C\right\}.$$

对于给定的显著性水平 α,现确定临界值 C,使得

$$P(T\in W)=P\left(\frac{\overline{X}-\mu_0}{S/\sqrt{n}}\geqslant C\right)\leqslant \alpha.$$

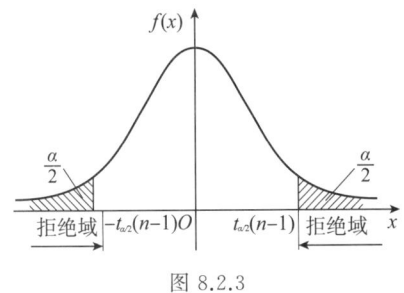

图 8.2.3

由于 T 的分布未知，所以我们借助 $\dfrac{\overline{X}-\mu}{S/\sqrt{n}} \sim t(n-1)$，则对于任意的 $\mu \in (-\infty, +\infty)$

$$P(T \in W) = P\left(\dfrac{\overline{X}-\mu_0}{S/\sqrt{n}} \geqslant C\right) = P\left(\dfrac{\overline{X}-\mu+\mu-\mu_0}{S/\sqrt{n}} \geqslant C\right)$$

$$= P\left(\dfrac{\overline{X}-\mu}{S/\sqrt{n}} \geqslant \dfrac{\mu_0-\mu}{S/\sqrt{n}} + C\right)$$

$$= 1 - F\left(\dfrac{\mu_0-\mu}{S/\sqrt{n}} + C\right),$$

上式是关于 μ 递增的函数，其中 F 是 $t(n-1)$ 分布的分布函数.所以对给定的水平 α，只要当 $\mu = \mu_0$ 时满足 $P\left(\dfrac{\overline{X}-\mu_0}{S/\sqrt{n}} \geqslant C\right) = \alpha$，就可保证当原假设 $H_0: \mu \leqslant \mu_0$ 成立时，$P\left(\dfrac{\overline{X}-\mu_0}{S/\sqrt{n}} \geqslant C\right) \leqslant \alpha$ 成立.又当 $\mu = \mu_0$ 时，T 服从 $t(n-1)$ 分布.则由 $P(T \geqslant C) = \alpha$ 得 C 为 t 分布的上侧 α 分位数 $t_\alpha(n-1)$.因此，H_0 的拒绝域为（见图 8.2.4(1)），$W_{\text{II}} = \{T \geqslant t_\alpha(n-1)\} = [t_\alpha(n-1), +\infty)$.

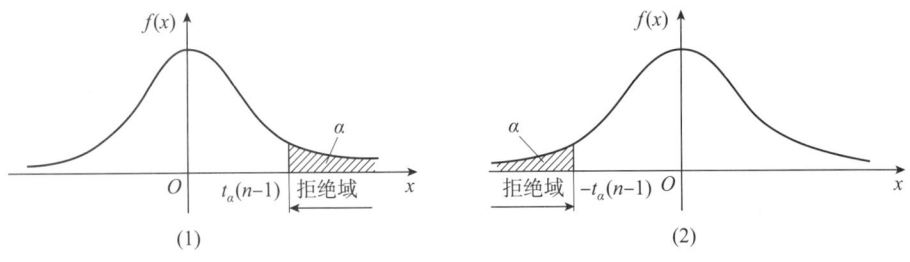

图 8.2.4

类似地，方差 σ^2 未知时的单侧假设 III 检验统计量仍为 T，H_0 的拒绝域为（见图 8.2.4(2)）$W_{\text{III}} = \{T \leqslant -t_\alpha(n-1)\} = (-\infty, -t_\alpha(n-1)]$.

由于当方差 σ^2 未知时，上述三类检验的检验统计量都是 $T = \dfrac{\overline{X}-\mu_0}{S/\sqrt{n}}$，且服从 t 分布，故称此检验法为 t **检验法**.

例 8.2.1 某奶酪公司从几家供应商购买牛奶作为奶酪的原料.公司怀疑某些牛奶生产商在牛奶中掺水，不过通过测定牛奶的冰点，可以检验出牛奶是否掺水.已知天然牛奶的冰点温度近似服从正态分布 $N(\mu, \sigma^2)$，均值为 $-0.545\,℃$，标准差 $\sigma = 0.008\,℃$.牛奶掺水可使冰点温度升高而接近水的冰点温度（$0\,℃$）.公司实验室负责人测得某一牛奶生产商提交的 5 批牛奶的冰点温度,其均值 $\bar{x}=-0.535℃$. 试问 $\alpha=0.05$ 水平下是否可以认为生产商在牛奶中掺了水?

解 依题意,我们是要判断正态总体均值 μ 是否高于 $-0.545℃$. 故建立原假设为 H_0: $\mu \leq -0.545$,备择假设为 $H_1: \mu > -0.545$. 由于总体方差 σ^2 已知,用 u 检验法,查附表 3,得临界值 $u_\alpha = u_{0.05} = 1.645$,于是 H_0 的拒绝域 W 为
$$W = \{U \geq u_{0.05}\} = \{U \geq 1.645\}.$$
将样本观测值 $\bar{x} = -0.535$ 及 $\mu_0 = -0.545, \sigma = 0.008, n = 5$ 代入检验统计量 U 算得
$$u_0 = \frac{\bar{x} - \mu_0}{\sigma/\sqrt{n}} = 2.7951 \geq 1.645,$$
即 $u_0 \in W$,因而在 $\alpha = 0.05$ 水平下,拒绝 H_0,即认为牛奶商在牛奶中掺了水. □

例 8.2.2 抽取某班级 28 名学生的语文考试成绩,得样本均值为 80 分,样本标准差为 8.147 分,若全年级语文平均成绩是 85 分,试问该班学生语文的平均成绩与全年级的语文平均成绩有无差异?(假定该年级语文考试成绩服从正态分布. $\alpha = 0.05$)

解 依题意,需要判断正态总体均值 μ 是否等于 85. 即检验双侧假设
$$H_0: \mu = 85, \quad H_1: \mu \neq 85.$$
由于总体方差 σ^2 未知,故用 t 检验法,查附表 5 得临界值 $t_{\alpha/2}(n-1) = t_{0.025}(27) = 2.0518$,故 H_0 的拒绝域为
$$W = \{|T| \geq t_{\alpha/2}(n-1)\} = \{|T| \geq 2.0518\}.$$
将 $\bar{x} = 80, s = 8.147, \mu_0 = 85, n = 28$ 代入检验统计量 T 算得
$$|t_0| = \left|\frac{\bar{x} - \mu_0}{s/\sqrt{n}}\right| \approx 3.248 > 2.0518,$$
即 $t_0 \in W$,因而在 $\alpha = 0.05$ 水平下拒绝 H_0. 这表明该班学生的语文平均成绩与全年级平均成绩存在差异. □

例 8.2.3 某饲养厂规定,屠宰的肉用鸡体重不得少于 3 kg,现从该饲养厂的鸡群中,随机抓 16 只,称得体重为 $x_1, x_2, \cdots, x_{16}$,计算得平均体重 $\bar{x} = 2.8$ kg,标准差 $s = 0.2$ kg,设肉用鸡体重 X 服从正态分布,试以 $\alpha = 0.025$ 的显著水平做出该批鸡可否屠宰的判断.

解 据题意,需要判断正态总体均值 μ 是否不小于 3 kg. 即检验单侧假设
$$H_0: \mu \geq 3, \quad H_1: \mu < 3.$$
由于总体的方差 σ^2 未知,所以用 t 检验法,查附表 5 得临界值 $-t_\alpha(n-1) = -t_{0.025}(15) = -2.1315$,故 H_0 的拒绝域为
$$W = \{T \leq -t_\alpha(n-1)\} = \{T \leq -2.1315\}.$$
又 $\mu_0 = 3, \bar{x} = 2.8, s = 0.2, n = 16$,代入检验统计量 T 计算得
$$t_0 = \frac{\bar{x} - \mu_0}{s/\sqrt{n}} = -4 < -2.1315,$$
即 $t_0 \in W$,故在 $\alpha = 0.025$ 水平下否定 H_0,从而可以判断这批鸡不可屠宰. □

8.2.2 单个正态总体方差的假设检验

设 $X_1, X_2, \cdots, X_n$ 来自正态总体 $N(\mu, \sigma^2)$ 的样本,$\bar{X}, S^2$ 分别是样本均值和样本方差.

对方差亦可考虑如下三种检验问题：

$$\text{I}: H_0: \sigma^2 = \sigma_0^2, H_1: \sigma^2 \neq \sigma_0^2;$$
$$\text{II}: H_0: \sigma^2 \leq \sigma_0^2, H_1: \sigma^2 > \sigma_0^2;$$
$$\text{III}: H_0: \sigma^2 \geq \sigma_0^2, H_1: \sigma^2 < \sigma_0^2,$$

其中 σ_0^2 是已知常数，通常假定 μ 未知.

先讨论如何检验双侧假设 $\text{I}: H_0: \sigma^2 = \sigma_0^2, H_1: \sigma^2 \neq \sigma_0^2$.

由于 S^2 是 σ^2 的无偏估计量，所以 S^2/σ^2 接近 1. 从而当 H_0 成立时，S^2/σ_0^2 应接近 1, 过大或过小都可认为 H_0 不成立. 由第六章定理 6.3.1(2) 知, 当 H_0 成立时, 统计量

$$\chi^2 = \frac{(n-1)S^2}{\sigma_0^2} \sim \chi^2(n-1) \tag{8.2.3}$$

可作为检验统计量. 由于 $\chi^2(n-1)$ 为偏态分布，则该检验的拒绝域的形式为

$$W = \left\{ \frac{(n-1)S^2}{\sigma_0^2} \geq C_1 \text{ 或 } \frac{(n-1)S^2}{\sigma_0^2} \leq C_2 \right\}.$$

对于给定的显著性水平 α, 现确定临界值 C_1, C_2, 使得当原假设 H_0 成立时, 检验统计量的取值落在拒绝域里的概率小于等于 α, 即

$$P(\chi^2 \in W) = P\left(\frac{(n-1)S^2}{\sigma_0^2} \geq C_1\right) + P\left(\frac{(n-1)S^2}{\sigma_0^2} \leq C_2\right) \leq \alpha.$$

由于当 H_0 成立时, 有 $\sigma^2 = \sigma_0^2$ 成立, 只需要 $P(\chi^2 \in W) = \alpha$ 即可. 又由于当 H_0 成立时, 统计量 $\chi^2 = \frac{(n-1)S^2}{\sigma_0^2} \sim \chi^2(n-1)$ 为偏态分布, 为了简单方便, 我们一般将 α 平分为两部分, 即确定临界值 C_1 和 C_2 使得 $\frac{\alpha}{2} = P(\chi^2 \geq C_1) = P(\chi^2 \leq C_2)$, 则由分位数的定义得 $C_1 = \chi^2_{\alpha/2}(n-1), C_2 = \chi^2_{1-\alpha/2}(n-1)$. 从而 H_0 的拒绝域为（见图 8.2.5）

$$W_{\text{I}} = \{\chi^2 \leq \chi^2_{1-\alpha/2}(n-1) \text{ 或 } \chi^2 \geq \chi^2_{\alpha/2}(n-1)\}.$$

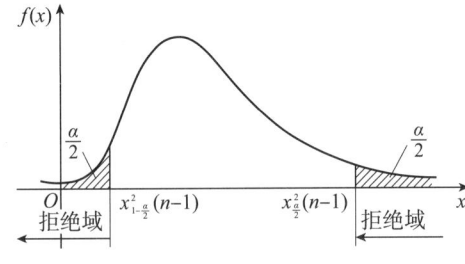

图 8.2.5

再讨论如何检验单侧假设 $\text{II}: H_0: \sigma^2 \leq \sigma_0^2, H_1: \sigma^2 > \sigma_0^2$.

由于 S^2 是 σ^2 的无偏估计量, 故当 H_0 成立时, S^2/σ_0^2 接近或小于 1, 从而 $\frac{(n-1)S^2}{\sigma_0^2}$ 不应太大, 当它偏大时应拒绝 H_0, 即拒绝域的形式为

$$W = \left\{ \chi^2 = \frac{(n-1)S^2}{\sigma_0^2} \geq C \right\}.$$

由于 $\dfrac{(n-1)S^2}{\sigma_0^2}$ 的分布未知,所以考虑 $\dfrac{(n-1)S^2}{\sigma^2}$,因为 $\dfrac{(n-1)S^2}{\sigma^2} \sim \chi^2(n-1)$.

由于当 $\sigma^2 \leqslant \sigma_0^2$ 时,
$$P(\chi^2 \in W) = P\left(\dfrac{(n-1)S^2}{\sigma_0^2} \geqslant C\right) \leqslant P\left(\dfrac{(n-1)S^2}{\sigma^2} \geqslant C\right).$$

所以对给定的水平 α,只要 $P\left(\dfrac{(n-1)S^2}{\sigma^2} \geqslant C\right) = \alpha$,就可保证当原假设 $H_0 : \sigma^2 \leqslant \sigma_0^2$ 成立时,$P(\chi^2 \geqslant C) \leqslant \alpha$ 成立.由于 $\dfrac{(n-1)S^2}{\sigma^2} \sim \chi^2(n-1)$,则由 $P\left(\dfrac{(n-1)S^2}{\sigma^2} \geqslant C\right) = \alpha$,得 C 的具体值为 $\chi_\alpha^2(n-1)$.

由上述分析,H_0 的拒绝域为(见图 8.2.6(1)) $W_{\mathrm{II}} = \{\chi^2 \geqslant \chi_\alpha^2(n-1)\}$.

类似地,对单侧假设 III:$H_0 : \sigma^2 \geqslant \sigma_0^2$,$H_1 : \sigma^2 < \sigma_0^2$,检验统计量仍为 χ^2,H_0 的拒绝域为(见图 8.2.6(2)) $W_{\mathrm{III}} = \{\chi^2 \leqslant \chi_{1-\alpha}^2(n-1)\}$.

由于以上检验统计量服从 χ^2 分布,故此检验法也称为 χ^2 **检验法**.

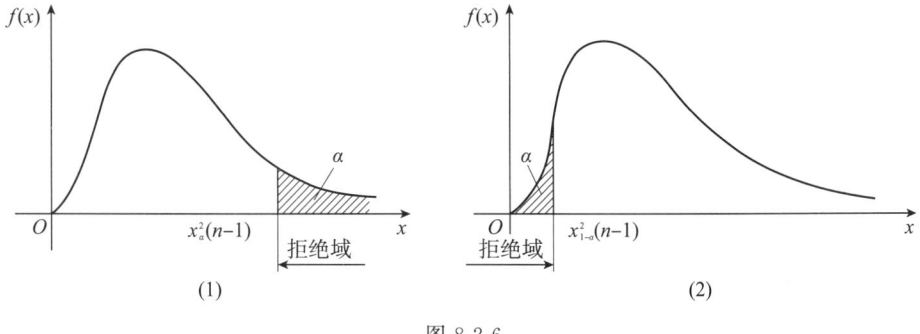

图 8.2.6

例 8.2.4 设某厂生产的维尼纶纤度 $X \sim N(\mu, \sigma^2)$,μ 未知,$\sigma = 0.048$.某日抽取 5 根纤维,测得其纤度为 1.32,1.55,1.36,1.40,1.44,问在显著性水平 $\alpha = 0.1$ 下,该厂这天生产的维尼纶纤度的方差是否正常?

解 由题意,需要判断的问题归结为检验双侧假设
$$H_0 : \sigma^2 = 0.048^2, \quad H_1 : \sigma^2 \neq 0.048^2.$$

用 χ^2 检验法,查附表 4,得临界值 $\chi_{\alpha/2}^2(n-1) = \chi_{0.05}^2(4) = 9.488$,$\chi_{1-\alpha/2}^2(n-1) = \chi_{0.95}^2(4) = 0.711$,于是 H_0 的拒绝域为
$$W = \{\chi^2 \geqslant 9.488 \text{ 或 } \chi^2 \leqslant 0.711\}.$$

由样本观测值可算得 $\bar{x} = 1.414$,$\sum\limits_{i=1}^{5}(x_i - \bar{x})^2 = 0.03112$,又 $\sigma_0^2 = 0.048^2$,故
$$\chi_0^2 = \dfrac{(n-1)s^2}{\sigma_0^2} = \dfrac{1}{\sigma_0^2}\sum_{i=1}^{5}(x_i - \bar{x})^2 \approx 13.5.$$

由于 $\chi_0^2 = 13.5 > 9.488$,即 $\chi_0^2 \in W$.所以拒绝 H_0,认为该厂这天生产的维尼纶纤度的方差不正常. □

例 8.2.5 某种导线的电阻服从 $N(\mu, \sigma^2)$,μ 未知,其中一个质量指标是电阻标准差不得大于 $0.005\ \Omega$.现从中抽取了 9 根导线测其电阻,测得样本标准差 $s = 0.0066\ \Omega$,问在 $\alpha = $

0.05水平上能否认为这批导线的电阻波动合格?

解 依题意,问题归结为检验单侧假设
$$H_0:\sigma^2 \leqslant \sigma_0^2, \quad H_1:\sigma^2 > \sigma_0^2.$$

用 χ^2 检验法,查附表 4 得临界值 $\chi_\alpha^2(n-1)=\chi_{0.05}^2(8)=15.507$,于是 H_0 的拒绝域为
$$W=\{\chi^2 \geqslant 15.507\}.$$

由已知,将 $s^2=0.006\ 6^2, n=9, \sigma_0^2=0.005^2$ 代入检验统计量 χ^2 得
$$\chi_0^2 = \frac{(9-1)\times 0.006\ 6^2}{0.005^2} \approx 13.94.$$

由于 $\chi_0^2=13.94<15.507$,即 $\chi_0^2 \in \overline{W}$. 故在 $\alpha=0.05$ 水平上可以认为这批导线的电阻波动合格. □

顺便指出,在均值 μ 已知的情况下,对于单个正态总体方差 σ^2 的假设检验,不论是双侧还是单侧检验,检验统计量都是

$$\chi^2 = \frac{\sum_{i=1}^{n}(X_i-\mu)^2}{\sigma_0^2}. \tag{8.2.4}$$

此时,零假设 $H_0:\sigma^2=\sigma_0^2, H_0:\sigma^2\leqslant\sigma_0^2, H_0:\sigma^2\geqslant\sigma_0^2$ 的拒绝域分别为
$$W_{\mathrm{I}}=\{\chi^2 \geqslant \chi_{\alpha/2}^2(n) \text{ 或 } \chi^2 \leqslant \chi_{1-\alpha/2}^2(n)\},$$
$$W_{\mathrm{II}}=\{\chi^2 \geqslant \chi_\alpha^2(n)\},$$
$$W_{\mathrm{III}}=\{\chi^2 \leqslant \chi_{1-\alpha}^2(n)\}.$$

综上,将单个正态总体均值、方差检验的有关结果列在表 8.2.1 中,以便查找.

表 8.2.1 单个正态总体 $N(\mu,\sigma^2)$ 均值、方差的检验法(显著性水平为 α)

条件	原假设 H_0	备择假设 H_1	检验统计量	H_0 的拒绝域
σ^2 已知	$\mu=\mu_0$	$\mu\neq\mu_0$	$U=\dfrac{\overline{X}-\mu_0}{\sigma/\sqrt{n}}$	$\{\lvert U\rvert \geqslant u_{\alpha/2}\}$
	$\mu\leqslant\mu_0$	$\mu>\mu_0$		$\{U \geqslant u_\alpha\}$
	$\mu\geqslant\mu_0$	$\mu<\mu_0$		$\{U \leqslant -u_\alpha\}$
σ^2 未知	$\mu=\mu_0$	$\mu\neq\mu_0$	$T=\dfrac{\overline{X}-\mu_0}{S/\sqrt{n}}$	$\{\lvert T\rvert \geqslant t_{\alpha/2}(n-1)\}$
	$\mu\leqslant\mu_0$	$\mu>\mu_0$		$\{T \geqslant t_\alpha(n-1)\}$
	$\mu\geqslant\mu_0$	$\mu<\mu_0$		$\{T \leqslant -t_\alpha(n-1)\}$
μ 已知	$\sigma^2=\sigma_0^2$	$\sigma^2\neq\sigma_0^2$	$\chi^2=\dfrac{\sum\limits_{i=1}^{m}(X_i-\mu)^2}{\sigma_0^2}$	$\{\chi^2 \geqslant \chi_{\alpha/2}^2(n) \text{ 或 } \chi^2 \leqslant \chi_{1-\alpha/2}^2(n)\}$
	$\sigma^2\leqslant\sigma_0^2$	$\sigma^2>\sigma_0^2$		$\{\chi^2 \geqslant \chi_\alpha^2(n)\}$
	$\sigma^2\geqslant\sigma_0^2$	$\sigma^2<\sigma_0^2$		$\{\chi^2 \leqslant \chi_{1-\alpha}^2(n)\}$
μ 未知	$\sigma^2=\sigma_0^2$	$\sigma^2\neq\sigma_0^2$	$\chi^2=\dfrac{(n-1)S^2}{\sigma_0^2}$	$\{\chi^2 \geqslant \chi_{\alpha/2}^2(n-1) \text{ 或 } \chi^2 \leqslant \chi_{1-\alpha/2}^2(n-1)\}$
	$\sigma^2\leqslant\sigma_0^2$	$\sigma^2>\sigma_0^2$		$\{\chi^2 \geqslant \chi_\alpha^2(n-1)\}$
	$\sigma^2\geqslant\sigma_0^2$	$\sigma^2<\sigma_0^2$		$\{\chi^2 \leqslant \chi_{1-\alpha}^2(n-1)\}$

8.2.3 两个正态总体均值的差异性检验

设两个正态总体 $X\sim N(\mu_1,\sigma_1^2)$,$Y\sim N(\mu_2,\sigma_2^2)$,$X_1,X_2,\cdots,X_m$ 和 $Y_1,Y_2,\cdots,Y_n$ 分

别是取自 X 和 Y 的两个相互独立的样本,样本的均值分别为 $\bar{X}$ 和 $\bar{Y}$,样本方差分别为 S_1^2 和 S_2^2.下面考虑如下三类检验问题:

$$\text{I}: H_0: \mu_1 = \mu_2, H_1: \mu_1 \neq \mu_2;$$
$$\text{II}: H_0: \mu_1 \leqslant \mu_2, H_1: \mu_1 > \mu_2;$$
$$\text{III}: H_0: \mu_1 \geqslant \mu_2, H_1: \mu_1 < \mu_2.$$

一、σ_1^2 与 σ_2^2 均已知时的两样本 u 检验

对于双侧假设检验问题 $\text{I}: H_0: \mu_1 = \mu_2, H_1: \mu_1 \neq \mu_2$.由于 $\bar{X} - \bar{Y}$ 是 $\mu_1 - \mu_2$ 的无偏估计量,则在 H_0 成立的条件下,由第六章定理 6.3.1(1)知,统计量

$$U = \frac{\bar{X} - \bar{Y}}{\sqrt{\dfrac{\sigma_1^2}{m} + \dfrac{\sigma_2^2}{n}}} \sim N(0,1). \tag{8.2.5}$$

因此可采用 u 检验方法.检验的拒绝域取决于备择假设的具体内容,给定显著性水平 α,三种类型的假设检验的拒绝域分别为

$$W_{\text{I}} = \{|U| \geqslant u_{\alpha/2}\}, \quad W_{\text{II}} = \{U \geqslant u_\alpha\}, \quad W_{\text{III}} = \{U \leqslant -u_\alpha\}.$$

例 8.2.6 某卷烟厂向化验室送去 A,B 两种烟草,化验尼古丁的含量是否相同.从 A,B 中各随机抽取重量相同的 5 例进行化验,测得尼古丁的含量(单位:mg)为:

    A: 24 27 26 21 24

    B: 27 28 23 31 26

根据检验知,尼古丁含量服从正态分布,且 A 种的方差为 5,B 种的方差为 8,取 $\alpha = 0.05$,问两种烟草的尼古丁含量是否有显著差异?

解 设 A,B 两种烟草尼古丁的平均含量分别为 μ_1 与 μ_2,此题属于两个方差均已知的正态总体均值的双侧检验问题.于是提出假设

$$H_0: \mu_1 = \mu_2, \quad H_1: \mu_1 \neq \mu_2.$$

用 u 检验法.由于 $\alpha = 0.05$,查附表 3,得临界值 $u_{\alpha/2} = u_{0.025} = 1.96$,故拒绝域 $W = \{|U| \geqslant u_{\alpha/2}\}$.又 $m = 5, n = 5, s_1^2 = 5, s_2^2 = 8$,计算得 $\bar{x} = 24.4, \bar{y} = 27$,从而计算得统计量 U 的值

$$u_0 = \frac{\bar{x} - \bar{y}}{\sqrt{\dfrac{\sigma_1^2}{m} + \dfrac{\sigma_2^2}{n}}} \approx -1.612.$$

由于 $|u_0| = 1.612 < 1.96$,即 $u_0 \in \bar{W}$,故接受 H_0.可判断为两种烟草的尼古丁平均含量无显著差异. □

对例 8.2.6,用 Excel 中的统计函数功能进行 u 检验(或 z 检验)的操作步骤.

(1) 进入 Excel 表格界面,输入数据,见图 8.2.8 的 A,B 两列;

(2) 在 Excel 主菜单中选择【数据】——【数据分析】,打开【数据分析】对话框,在【分析工具】列表中选择【z-检验:双样本平均差检验】选项,单击【确定】按钮;

(3) 在打开的【z-检验:双样本平均差检验】对话框中,依次输入【变量 1 的区域】【变量 2 的区域】【假设平均差】取 0,【变量 1 的方差】【变量 2 的方差】和【输出区域】,如图 8.2.7 所示,单击【确定】按钮,得到检验结果如图 8.2.8 中 E、F、G 所示.

图中显示,z 检验的双尾临界值为 1.959 96,即双边检验的拒绝域为 $\{|U| \geqslant 1.959\,96\}$,

而 z 的观测值为 -1.612. 可见,在显著性水平 $\alpha=0.05$ 下应接受原假设. z 检验的单尾临界值为 1.645,即右边检验的拒绝域为 $\{U \geqslant 1.959\ 96\}$.

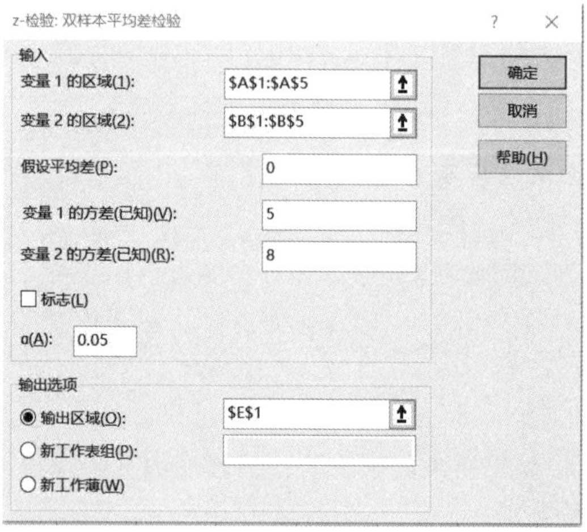

图 8.2.7

	A	B	C	D	E	F	G	H
1	24	27			z-检验: 双样本均值分析			
2	27	28						
3	26	23				变量 1	变量 2	
4	21	31			平均	24.4	27	
5	24	26			已知协方差	5	8	
6					观测值	5	5	
7					假设平均差	0		
8					z	-1.61245		
9					P(Z<=z) 单尾	0.053432		
10					z 单尾临界	1.644854		
11					P(Z<=z) 双尾	0.106864		
12					z 双尾临界	1.959964		
13								

图 8.2.8

二、$\sigma_1^2=\sigma_2^2$ 未知时的两样本 t 检验

对于双侧假设检验问题 Ⅰ:$H_0:\mu_1=\mu_2, H_1:\mu_1\neq\mu_2$. 在 H_0 成立条件下,由第六章定理 6.3.4(1)知

$$T=\frac{\bar{X}-\bar{Y}-(\mu_1-\mu_2)}{S_\omega\sqrt{\dfrac{1}{m}+\dfrac{1}{n}}}\sim t(m+n-2), \tag{8.2.6}$$

其中

$$S_\omega^2=\frac{1}{m+n-2}[(m-1)S_1^2+(n-1)S_2^2],$$

这就给出了 t 检验统计量

$$T=\frac{\bar{X}-\bar{Y}}{S_\omega\sqrt{\dfrac{1}{m}+\dfrac{1}{n}}}.$$

于是给定显著性水平 α,三种类型的 t 检验的拒绝域分别为

8.2 正态总体参数的假设检验

$$W_{\mathrm{I}} = \{|T| \geqslant t_{\alpha/2}(m+n-2)\};$$
$$W_{\mathrm{II}} = \{T \geqslant t_{\alpha}(m+n-2)\};$$
$$W_{\mathrm{III}} = \{T \leqslant -t_{\alpha}(m+n-2)\}.$$

例 8.2.7 调查两个邻近城市每户居民一周内的食品支出情况.在第一个城市随机抽取 12(户)的样本为:

387.1 369.7 376.5 375.2 383.3 373.9 386.5 390.3 394.7 381.9 397.5 382.6

在第二个城市中随机抽取 15(户)的样本为

367.9 378.1 376.5 380.2 369.3 378.9 366.5 395.7

370.7 381.9 377.5 391.6 388.2 369.7 371.6

能否根据两个样本检验第一个城市每户居民一周内食品支出高于第二个城市？假定两个城市每户居民一周内食品支出都服从正态分布,并且方差相等.取 $\alpha=0.05$.

解 设第一、二个城市每户居民一周内食品支出的均值分别为 μ_1 与 μ_2.此题属于两个正态总体方差均未知但相等的均值的单侧检验问题,提出假设

$$H_0: \mu_1 \leqslant \mu_2, \quad H_1: \mu_1 > \mu_2.$$

用 t 检验法,由于 $\alpha=0.05$,自由度为 $m+n-2=25$,查附表 5 得临界值 $t_{0.05}(25)=1.708$.故拒绝域为 $W=\{T\geqslant 1.708\}$. 由 $m=12, n=15, \bar{x}=383.267, \bar{y}=377.62, s_1^2=72.081, s_2^2=78.327$,计算得检验统计量 T 的值为

$$t_0 = \frac{\bar{x}-\bar{y}}{s_w\sqrt{\dfrac{1}{m}+\dfrac{1}{n}}} \approx 1.677 < 1.708.$$

由于 $t_0 \in \overline{W}$,应接受 t_0.即不能认为第一个城市每户居民一周内食品支出比第二个城市高.□

对例 8.2.7,用 Excel 中的统计函数功能进行 t 检验的操作步骤如下.

(1) 进入 Excel 表格界面,输入数据,见图 8.2.10 的 A、B 两列;

(2) 在 Excel 主菜单中选择【数据】──→【数据分析】,打开【数据分析】对话框,在【分析工具】列表中选择【t-检验:双样本等方差假设】,单击【确定】按钮;

(3) 在打开的【t-检验:双样本等方差假设】对话框中,依次输入【变量 1 的区域】【变量 2 的区域】和【输出区域】,【假设平均差】取 0,如图 8.2.9 所示,单击【确定】按钮,得到检验结果如图 8.2.10 中 C、D、E 所示.

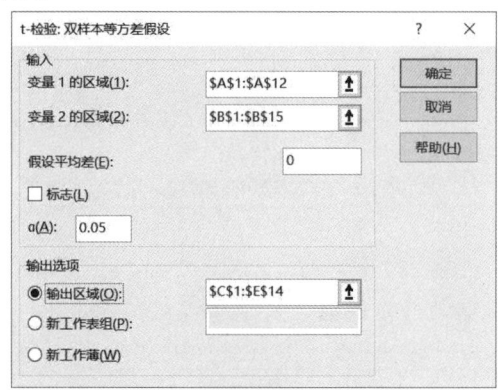

图 8.2.9

第八章 假设检验

	A	B	C	D	E
1	387.1	367.9	t-检验: 双样本等方差假设		
2	369.7	378.1			
3	376.5	376.5		变量1	变量2
4	375.2	380.2	平均	383.266667	377.62
5	383.3	369.3	方差	72.0806061	78.3274286
6	373.9	378.9	观测值	12	15
7	386.5	366.5	合并方差	75.5788267	
8	390.3	395.7	假设平均差	0	
9	394.7	370.7	df	25	
10	381.9	381.9	t Stat	1.67705169	
11	397.5	377.5	P(T<=t) 单尾	0.05299697	
12	382.6	391.6	t 单尾临界	1.70814076	
13		388.2	P(T<=t) 双尾	0.10599395	
14		369.7	t 双尾临界	2.05953855	
15		371.6			

图 8.2.10

图 8.2.10 显示，t 检验的单尾临界值为 1.708 1，即右边检验的拒绝域为 $W = \{T \geqslant 1.708\}$. 而观测值 $t_0 = 1.677$. 可见，在显著性水平 $\alpha = 0.05$ 下应接受原假设. □

8.2.4 成对数据的检验

在对两个总体均值进行比较时，有时数据是成对出现的，此时样本容量相等，称为匹配样本，这类问题也称为配对问题. 下面看一个例子.

例 8.2.8 一个以减肥为主要目标的健美俱乐部声称，参加他的训练班至少可以使肥胖者平均体重减轻 8.5 千克以上. 为了验证该声称是否可信，调查人员随机抽取了 10 名参加者，得到他们的体重记录如表 8.2.2. 取 $\alpha = 0.05$.

表 8.2.2

训练前 x	94.5	101	110	103.5	97	88.5	96.5	101	104	116.5
训练后 y	85	89.5	101.5	96	86	80.5	87	93.5	93	102
差 $d = x - y$	9.5	11.5	8.5	7.5	11	8	9.5	7.5	11	14.5

解 假定 $X \sim N(\mu_1, \sigma_1^2)$，$Y \sim N(\mu_2, \sigma_2^2)$ 且 X 与 Y 相互独立. 假定总体的方差相等的情况下我们采用二样本 t 检验讨论此问题. 为此，记参加者训练前后体重的样本均值分别为 $\overline{X}, \overline{Y}$，样本方差分别为 S_X^2, S_Y^2. 对假设检验问题

$$H_0: \mu_1 - \mu_2 \leqslant 8.5, \quad H_1: \mu_1 - \mu_2 > 8.5.$$

做出判断. 检验统计量 T 与拒绝域 W 分别为

$$T = \frac{\overline{X} - \overline{Y} - 8.5}{S_\omega \sqrt{2/n}} \sim t(2n-2).$$

$$W = \{T \geqslant t_\alpha(2n-2)\}.$$

由给出的数据可算得

$$\overline{x} = 101.25, \overline{y} = 91.4, s_X^2 = 63.4, s_Y^2 = 50.49,$$

从而可算得两样本的 T 检验统计量的值

$$t_0 = \frac{\overline{x} - \overline{y} - 8.5}{s_\omega \sqrt{\dfrac{2}{n}}} = \frac{101.25 - 91.4 - 8.5}{\sqrt{\dfrac{63.4 + 50.49}{2}} \sqrt{\dfrac{2}{10}}} \approx 0.4.$$

对 $\alpha=0.05$,查附表 5 得临界值 $t_{0.05}(18)=1.7341$,由于 $t_0=0.4<1.7341$,故不能拒绝原假设,即该俱乐部的声称是不可信的. □

下面我们换一个角度来讨论此问题.在这个问题中出现了成对数据,参加者训练前后的体重差值样本 $d_i=x_i-y_i(i=1,2,\cdots,n)$,主要反映同一批被抽取的参加者训练后体重的减轻.在正态假定下,令 $Z_i=X_i-Y_i, i=1,2,\cdots,n$,则 $Z_1,Z_2,\cdots,Z_n$ 是正态总体 $Z\sim N(\mu,\sigma^2)$ 的样本,其中 $\mu=\mu_1-\mu_2, \sigma^2=\sigma_1^2+\sigma_2^2$.于是上述检验假设就等价于检验假设

$$H_0:\mu\leqslant 8.5, \quad H_1:\mu>8.5.$$

把二样本的 t 检验问题转化为单样本 t 检验问题,当 $\mu=8.5$,检验统计量

$$T=\frac{\bar{Z}-8.5}{S/\sqrt{n}}\sim t(n-1), \tag{8.2.7}$$

其中 $\bar{Z}=\frac{1}{n}\sum_{i=1}^{n}Z_i, S^2=\frac{1}{n-1}\sum_{i=1}^{n}(Z_i-\bar{Z})^2$.给定的显著性水平 α 下,该检验的拒绝域为 $W=\{T\geqslant t_\alpha(n-1)\}$.这就是成对数据的 t 检验.

例 8.2.8（续） 解 利用成对数据的检验法,可算得 $\bar{z}=9.85, s=2.199$.由于 $n=10$,代入得 t 检验统计量的值

$$t_0=\frac{\bar{z}-8.5}{s/\sqrt{n}}=\frac{9.85-8.5}{2.199/\sqrt{10}}\approx 1.941.$$

对于 $\alpha=0.05$,查附表 5 得 $t_{0.05}(9)=1.8331$.由于 $t_0\approx 1.941>1.8331$,故应拒绝原假设,即该俱乐部的声称是可信的.

用 Excel 中的统计函数功能进行成对数据 t 检验的操作步骤如下.

(1) 进入 Excel 表格界面,输入数据,见图 8.2.12 的 A,B 两列;

(2) 在 Excel 主菜单中选择【数据】——【数据分析】,打开【数据分析】对话框,在【分析工具】列表中选择【t-检验:平均值的成对二样本分析】,单击【确定】按钮;

(3) 在打开的【t-检验:平均值的成对二样本分析】对话框中,依次输入【变量 1 的区域】【变量 2 的区域】和【输出区域】,【假设平均差】取 8.5,如图 8.2.11 所示,单击【确定】按钮,得到检验结果如图 8.2.12 中 E、F、G 所示.

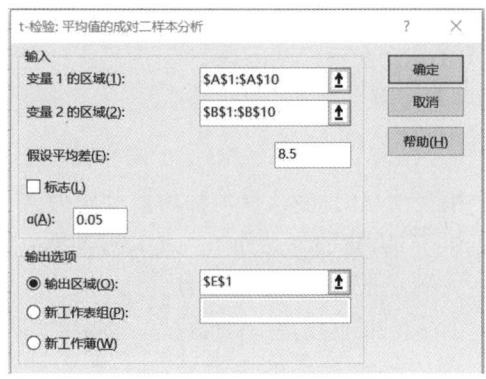

图 8.2.11

图 8.2.12 显示,t 检验的单尾临界值为 1.8331,即右边检验的拒绝域为 $W=\{T\geqslant 1.8331\}$.而观测值 $t_0=1.941$.可见,在显著性水平 $\alpha=0.05$ 下应拒绝原假设. □

	A	B	C	D	E	F	G	H
1	94.5	85				t-检验:成对双样本均值分析		
2	101	89.5						
3	110	101.5					变量1	变量2
4	103.5	96				平均	101.25	91.4
5	97	86				方差	63.40277778	50.48889
6	88.5	80.5				观测值	10	10
7	96.5	87				泊松相关系数	0.963753015	
8	101	93.5				假设平均差	8.5	
9	104	93				df	9	
10	116.5	102				t Stat	1.941268615	
11						P(T<=t) 单尾	0.042068933	
12						t 单尾临界	1.833112933	
13						P(T<=t) 双尾	0.084137865	
14						t 双尾临界	2.262157163	
15								
16								

图 8.2.12

本问题中两种处理方法得到完全不同的结论,下面我们指出用成对数据 t 检验方法更合理.这是因为成对数据考虑的是同一批随机抽取的参加者训练前后的体重记录,是匹配样本,用于检验的标准差 $s=2.199$,而二样本 t 检验中检验的标准差 $s_\omega=7.546$,考虑的是两个独立的样本,从而标准差增大,因子不显著.所以成对数据场合转化为单样本 t 检验所做的结论更可信.假如调查人员随机抽取 10 名参加者训练前的体重记录,又随机抽取另 10 名参加者训练后的体重记录,则用二样本 t 检验进行检验更合理.

在两个总体参数的检验问题中,根据情况采用匹配样本的设计,可以有效地提高检验的效率.下面通过两个例子体会一下什么情况下可以把两个样本看成是匹配样本.研究人员为了比较两种谷物种子的优劣,选取土地分别种植这两种种子.如果将一块土地分为面积相同的两部分,分别种植这两种种子,施肥、田间管理和气候等自然条件都一样,这样的样本就是匹配样本,得到的数据是成对数据;如果从一个地区抽取一种谷物种子的样本,从另一个地区抽取另一种谷物种子的样本,则两样本是独立的.另一个例子是研究两种不同型号的打字机的打字速度问题.如果让一批打字员使用某种型号的打字机,让另一批打字员使用另一种型号的打字机,这时的样本是独立的;但如果让同一批打字员分别使用不同型号的打字机,这时的样本就是匹配样本.因此,获得成对数据的实验设计要求比较严格,在获得成对数据时不能发生"错位",从而准确获得"成对数据"的信息,得到更为精确的推断结果.

8.2.5 两个正态总体方差比的 F 检验

假设两个正态总体 $X \sim N(\mu_1, \sigma_1^2)$,$Y \sim N(\mu_2, \sigma_2^2)$,$X_1, X_2, \cdots, X_m$ 和 $Y_1, Y_2, \cdots, Y_n$ 分别是取自 X 和 Y 的两个相互独立的样本,样本的均值分别为 $\bar{X}$ 和 $\bar{Y}$,样本方差分别为 S_1^2 和 S_2^2.检验两个总体方差的差异性,我们考虑如下三类检验问题:

$$\text{I}: H_0: \sigma_1^2 = \sigma_2^2, H_1: \sigma_1^2 \neq \sigma_2^2;$$
$$\text{II}: H_0: \sigma_1^2 \leq \sigma_2^2, H_1: \sigma_1^2 > \sigma_2^2;$$
$$\text{III}: H_0: \sigma_1^2 \geq \sigma_2^2, H_1: \sigma_1^2 < \sigma_2^2,$$

其中 μ_1, μ_2 均未知.

对于双侧假设 I:$H_0: \sigma_1^2 = \sigma_2^2, H_1: \sigma_1^2 \neq \sigma_2^2$,由于 S_1^2 和 S_2^2 分别是 σ_1^2 和 σ_2^2 的无偏估计,当 H_0 成立时,S_1^2/S_2^2 应在 1 附近摆动,否则就认为 H_0 不成立.由第六章定理 6.3.4(2)知,当 H_0 成

立时,
$$F = \frac{S_1^2}{S_2^2} \sim F(m-1, n-1). \tag{8.2.8}$$

因此,取 F 作为检验统计量.由于 F 分布也是偏态分布,类似 χ^2 检验法,对给定显著性水平 α,可得该检验的拒绝域为(见图 8.2.13)
$$W_{\mathrm{I}} = \{F \leqslant F_{1-\alpha/2}(m-1, n-1) \text{ 或 } F \geqslant F_{\alpha/2}(m-1, n-1)\}.$$

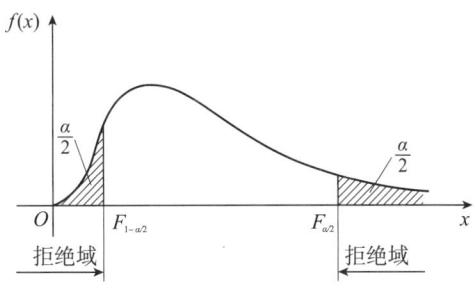

图 8.2.13

关于单侧假设 II:$H_0:\sigma_1^2 \leqslant \sigma_2^2$ 及 III:$H_0:\sigma_1^2 \geqslant \sigma_2^2$,检验统计量仍为 F,H_0 的拒绝域分别为(见图 8.2.14(1),(2))
$$W_{\mathrm{II}} = \{F \geqslant F_\alpha(m-1, n-1)\},$$
$$W_{\mathrm{III}} = \{F \leqslant F_{1-\alpha}(m-1, n-1)\}.$$

由于以上检验统计量服从 F 分布,故称此检验法为 **F 检验法**.

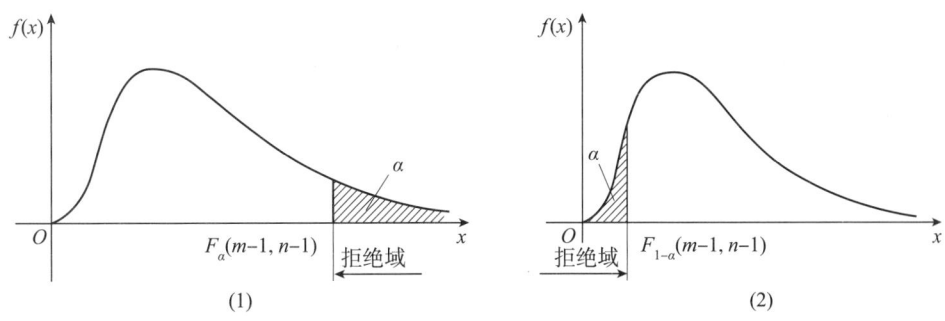

图 8.2.14

例 8.2.9 为比较不同季节出生的女婴体重的方差,从某年 12 月和 6 月出生的女婴中分别随机地抽取 10 名,测其体重(单位:g)如下:

X(12 月): 3 520 2 203 2 560 2 960 3 260 4 010 3 404 3 506 3 971 2 198
Y(6 月): 3 220 3 220 3 760 3 000 2 920 3 740 3 060 3 080 2 940 3 060

假定冬季、夏季女婴的体重分别服从正态分布 $N(\mu_1, \sigma_1^2)$,$N(\mu_2, \sigma_2^2)$,问新生女婴体重的方差是否是冬季的比夏季的大(取 $\alpha = 0.05$)?

解 由题意,提出如下假设
$$H_0: \sigma_1^2 \leqslant \sigma_2^2, \quad H_1: \sigma_1^2 > \sigma_2^2.$$

由于 μ_1, μ_2 均未知,故用 F 检验法.由 $\alpha = 0.05$,$m-1 = 9$,$n-1 = 9$,查附表 6 得临界值 $F_{0.05}(9, 9) = 3.18$.故拒绝域为 $W = \{F \geqslant 3.18\}$.经计算 $s_x^2 = 437\,817.7$,$s_y^2 = 93\,955.6$,代入检

验统计量 F 得

$$F_0 = \frac{s_x^2}{s_y^2} = \frac{437\ 817.7}{93\ 955.6} \approx 4.66.$$

由于 $F_0 > 3.18$，落入拒绝域，故在 $\alpha = 0.05$ 的水平下拒绝 H_0，接受 H_1，即可以认为冬季出生的女婴比夏季出生的女婴体重的方差更大一些． □

对例 8.2.9，用 Excel 中的统计函数功能进行 F 检验的操作步骤如下．

（1）进入 Excel 表格界面，输入数据，见图 8.2.16 的 A，B 两列；

（2）在 Excel 主菜单中选择【数据】——→【数据分析】，打开【数据分析】对话框，在【分析工具】列表中选择【F -检验：双样本方差】，单击【确定】按钮；

（3）在打开的【F -检验：双样本等方差假设】对话框中，依次输入【变量 1 的区域】【变量 2 的区域】和【输出区域】，如图 8.2.15 所示，单击【确定】按钮，得到检验结果如图 8.2.16 中 E、F、G 所示．

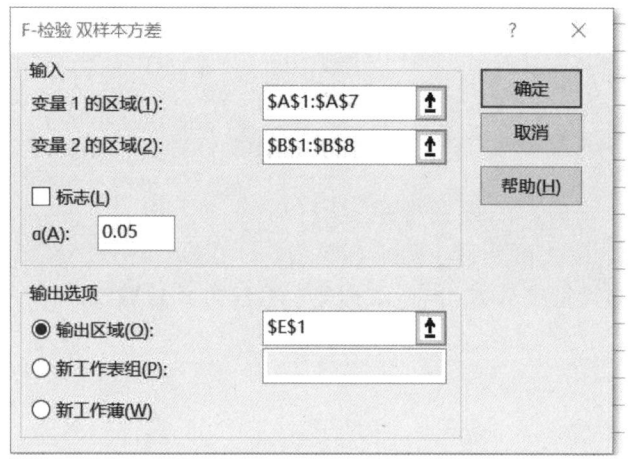

图 8.2.15

	A	B	C	D	E	F	G	H
1	3520	3220			F-检验 双样本方差分析			
2	2203	3220						
3	2560	3760				变量 1	变量 2	
4	2960	3000			平均	3159.2	3200	
5	3260	2920			方差	437817.7333	93955.56	
6	4010	3740			观测值	10	10	
7	3404	3060			df	9	9	
8	3506	3080			F	4.659838694		
9	3971	2940			P(F<=f) 单尾	0.015774296		
10	2198	3060			F 单尾临界	3.178893104		
11								

图 8.2.16

图 8.2.16 显示，F 检验的单尾临界值为 3.178 9，即右边检验的拒绝域为 $W = \{F \geqslant 3.178\ 9\}$．而观测值 $F_0 = 4.659\ 8$，故在显著性水平 $\alpha = 0.05$ 下应拒绝原假设．

综上，将关于两个正态总体均值、方差的差异性检验的有关结果列在表 8.2.3 中，以便查找．

表 8.2.3　两个正态总体均值、方差的差异性检验（显著性水平为 α）

条件	原假设 H_0	备择假设 H_1	检验统计量	H_0 的拒绝域
σ_1^2,σ_2^2 已知	$\mu_1=\mu_2$ $\mu_1\leqslant\mu_2$ $\mu_1\geqslant\mu_2$	$\mu_1\neq\mu_2$ $\mu_1>\mu_2$ $\mu_1<\mu_2$	$U=\dfrac{\bar{X}-\bar{Y}}{\sqrt{\dfrac{\sigma_1^2}{m}+\dfrac{\sigma_2^2}{n}}}$	$\{|U|\geqslant u_{\alpha/2}\}$ $\{U\geqslant u_\alpha\}$ $\{U\leqslant -u_\alpha\}$
$\sigma_1^2=\sigma_2^2$ 未知	$\mu_1=\mu_2$ $\mu_1\leqslant\mu_2$ $\mu_1\geqslant\mu_2$	$\mu_1\neq\mu_2$ $\mu_1>\mu_2$ $\mu_1<\mu_2$	$T=\dfrac{\bar{X}-\bar{Y}}{S_\omega\sqrt{\dfrac{1}{m}+\dfrac{1}{n}}}$ 其中 $S_\omega^2=\dfrac{(m-1)S_1^2+(n-1)S_2^2}{m+n-2}$	$\{|T|\geqslant t_{\alpha/2}(m+n-2)\}$ $\{T\geqslant t_\alpha(m+n-2)\}$ $\{T\leqslant -t_\alpha(m+n-2)\}$
$\sigma_1^2\neq\sigma_2^2$ 未知 （成对数据）	$\mu_1-\mu_2=\mu_0$ $\mu_1-\mu_2\leqslant\mu_0$ $\mu_1-\mu_2\geqslant\mu_0$	$\mu_1-\mu_2\neq\mu_0$ $\mu_1-\mu_2>\mu_0$ $\mu_1-\mu_2<\mu_0$	$T=\dfrac{\bar{Z}-\mu_0}{S/\sqrt{n}}$	$\{|T|\geqslant t_{\alpha/2}(n-1)\}$ $\{T\geqslant t_\alpha(n-1)\}$ $\{T\leqslant -t_\alpha(n-1)\}$
μ_1,μ_2 已知	$\sigma_1^2=\sigma_2^2$ $\sigma_1^2\leqslant\sigma_2^2$ $\sigma_1^2\geqslant\sigma_2^2$	$\sigma_1^2\neq\sigma_2^2$ $\sigma_1^2>\sigma_2^2$ $\sigma_1^2<\sigma_2^2$	$F=\dfrac{n\sum\limits_{i=1}^{m}(X_i-\mu_1)^2}{m\sum\limits_{i=1}^{n}(Y_i-\mu_2)^2}$	$\{F\leqslant F_{1-\alpha/2}(m,n)$ 或 $F\geqslant F_{\alpha/2}(m,n)\}$ $\{F\geqslant F_\alpha(m,n)\}$ $\{F\leqslant F_{1-\alpha}(m,n)\}$
μ_1,μ_2 未知	$\sigma_1^2=\sigma_2^2$ $\sigma_1^2\leqslant\sigma_2^2$ $\sigma_1^2\geqslant\sigma_2^2$	$\sigma_1^2\neq\sigma_2^2$ $\sigma_1^2>\sigma_2^2$ $\sigma_1^2<\sigma_2^2$	$F=\dfrac{S_1^2}{S_2^2}$	$\{F\leqslant F_{1-\alpha/2}(m-1,n-1)$ 或 $F\geqslant F_{\alpha/2}(m-1,n-1)\}$ $\{F\geqslant F_\alpha(m-1,n-1)\}$ $\{F\leqslant F_{1-\alpha}(m-1,n-1)\}$

8.2.6　p 值检验法

下面再来看例 8.2.1，在这个例题中，我们取显著性水平 $\alpha=0.05$，得到临界值 $C=1.645$，由样本得到的检验统计量的观察值 $u_0=2.7951\geqslant 1.645$，从而拒绝原假设 H_0。若取 $\alpha=0.005$，得到临界值 $C=2.575$，由 $u_0=2.7951\geqslant 2.575$，仍然拒绝原假设 H_0。若 $\alpha=0.002$，得到临界值 $C=2.88$，由 $u_0=2.7951<2.88$，则接受原假设 H_0。也就是说，在较大的显著性水平（$\alpha=0.05$）下拒绝原假设，而在一个较小的显著性水平（$\alpha=0.002$）下却得到相反的结论。这种情况在理论上很容易解释：显著性水平变小会导致检验的拒绝域变小，于是原来落在拒绝域中的观测值就可能落入接受域。在实际应用中不同的人选择不同的显著性水平就可能得出相反的结论，这时该如何处理呢？

实际上，由 $P(U\geqslant u_0)=1-\Phi(u_0)=1-\Phi(2.7951)=1-0.9974=0.0026$ 可知，若取显著性水平 $\alpha=0.0026$，得临界值 $C=2.7951$，由 $u_0=2.7951\geqslant 2.7951$，拒绝原假设 H_0。但是只要 $\alpha<0.0026$，即 $P(U\geqslant u_0)=0.0026>\alpha$，就有临界值 C 变大，导致 $u_0=2.7951<C$，则接受原假设 H_0。

由此可以看出，概率 $P(U\geqslant u_0)=0.0026$ 是能用观测值 $u_0=2.7951$ 做出拒绝 H_0 的最小的显著性水平，这就是 p 值。

定义 8.2.1 在一个假设检验问题中,利用样本观测值能够做出拒绝原假设的最小显著性水平称为**检验的 p 值**.

检验可以从两方面进行:一方面是确定拒绝域,根据检验统计量的观测值是否落入拒绝域来做出是否拒绝原假设的推断;另一方面,如果统计工作者或决策人在他们的心目中已经有了一个显著性水平 α,就可以将 α 与 p 值比较,若 $p \leqslant \alpha$ 就作出决策拒绝 H_0,称检验是显著的.若 $p > \alpha$,不能拒绝原假设 H_0,此时,称检验是不显著的.这两方面的检验是等价的,现代统计软件中,多采用计算 p 值的方法进行推断.

一、u 检验的 p 值

对于单个正态总体方差已知时均值的单侧检验 Ⅱ,其拒绝域为 $W_{\text{Ⅱ}} = \{U \geqslant u_\alpha\}$,由上述讨论知 $p_{\text{Ⅱ}} = P(U \geqslant u_0) = 1 - \Phi(u_0)$ 就是该检验的 p 值;对单侧检验问题 Ⅲ,讨论是完全类似的,考虑到拒绝域为 $W_{\text{Ⅲ}} = \{U \leqslant -u_\alpha\}$,该检验的 p 值为 $p_{\text{Ⅲ}} = P(U \leqslant u_0) = \Phi(u_0)$.对于双侧检验 Ⅰ,其拒绝域为 $W_{\text{Ⅰ}} = \{|U| \geqslant u_{\alpha/2}\}$,由于检验统计量 U 的分布对称,我们令 $p_{\text{Ⅰ}} = P(|U| \geqslant |u_0|) = 2(1 - \Phi(|u_0|))$,注意此处用到 $|u_0|$ 而不是 u_0,因为双侧检验的观测值可能为正,也可能为负,二者机会相同.事实上,当 $p_{\text{Ⅰ}} \leqslant \alpha$ 时,即 $p_{\text{Ⅰ}} = P(|U| \geqslant |u_0|) \leqslant P(|U| \geqslant u_{\alpha/2}) = \alpha$,于是 $u_{\alpha/2} \leqslant |u_0|$,即观测值落在拒绝域里,应拒绝原假设;当 $p_{\text{Ⅰ}} > \alpha$ 时,即 $p_{\text{Ⅰ}} = P(|U| \geqslant |u_0|) > P(|U| \geqslant u_{\alpha/2}) = \alpha$,于是 $u_{\alpha/2} > |u_0|$,即观测值不在拒绝域里,应接受原假设.由此可以看出,$p_{\text{Ⅰ}} = P(|U| \geqslant |u_0|) = 2(1 - \Phi(|u_0|))$ 就是该检验的 p 值.

下面利用 Excel 软件计算例 8.2.1 中的 p 值,操作步骤如下:

(1) 进入 Excel 表格界面,选择【插入】下拉菜单;

(2) 选择【函数】,或者直接点击功能栏中的【fx】;

(3) 在或选择类别(C)中选择【统计】;

(4) 在选择函数(N)中选择【NORM.S.DIST】,点击【确定】;

(5) 在弹出窗口的数值 Z 栏输入 $|u_0|$ 的值(单侧检验则输入 u_0 的值),【Cumulative】输入 TRUE,点击【确定】,得到图 8.2.17;

(6) 双侧检验计算 $p = 2*(1 - \text{NORMSDIST})$ 得 p 值(单侧检验则计算 $p = 1 - \text{NORMSDIST}$ 得 p 值).

例 8.2.1 中 u_0 的值为 2.795 1,Excel 计算的 p 值为 $1 - 0.997\ 4 = 0.002\ 6$,由于 p 值小于事先给定的显著性水平 0.05,所以拒绝原假设,与之前的结论相同.

对于两个正态总体方差均已知时均值差的检验,其 p 值的计算与单个正态总体类似.例 8.2.6 属于该类检验,利用 Excel 软件计算其 p 值,具体操作步骤为:

(1) 进入 Excel 表格界面,选择【插入】下拉菜单;

(2) 选择【函数】,或者直接点击功能栏中的【fx】;

(3) 在或选择类别(C)中选择【统计】;

(4) 在选择函数(N)中选择【NORM.S.DIST】,点击【确定】;

(5) 在弹出窗口的数值 Z 栏输入 $|u_0|$ 的值 1.612,【Cumulative】输入 TRUE,点击【确定】,得到的值 0.946 5;

(6) 双侧检验计算 $p = 2*(1 - \text{NORMSDIST})$ 得 $p = 2 \times (1 - 0.946\ 5) = 0.107$.

或者见图 8.2.8,其中有一项显示 $P(Z \leqslant z)$ 双尾的值为 0.106 863 715,与上述方法算得

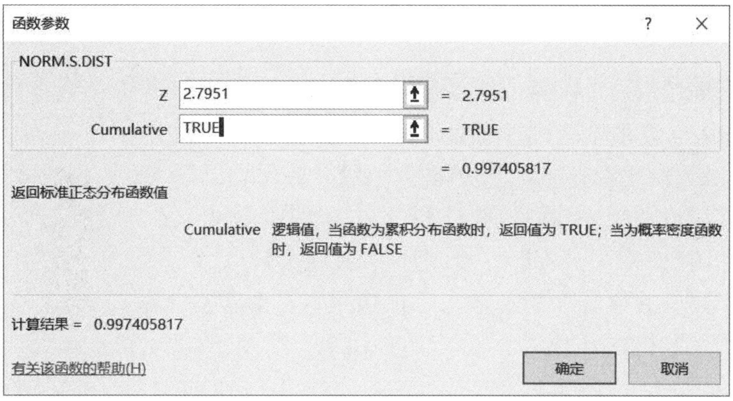

图 8.2.17

的值一致. 由于 p 值大于事先给定的显著性水平 0.05,所以接受原假设,可认为两种烟草的尼古丁含量无显著差异,与之前的结论相同.

二、t 检验的 p 值

由于检验统计量 T 的分布也是对称的,对于 σ^2 未知的 t 检验,三类假设检验的 p 值分别为

$$p_{\mathrm{I}} = P(|T| \geqslant |t_0|), \quad p_{\mathrm{II}} = P(T \geqslant t_0), \quad p_{\mathrm{III}} = P(T \leqslant t_0). \quad (8.2.9)$$

下面用 p 值检验法对例 8.2.2 再做一次检验. 由于 $|t_0| \approx 3.248, T \sim t(27)$,根据 (8.2.9) 式得

$$p_{\mathrm{I}} = P(|T| \geqslant |t_0|) = 2P(T \geqslant 3.248).$$

利用 Excel 软件计算出具体 p 值,操作步骤如下:

(1) 进入 Excel 表格界面,选择【插入】下拉菜单;
(2) 选择【函数】,或者直接点击功能栏中的【fx】;
(3) 在或选择类别(C)中选择【统计】;
(4) 在选择函数(N)中选择【T.DIST.2T】,点击【确定】;
(5) 在弹出窗口的数值 X 栏中输入 $|t_0|$ 的值 3.248,自由度栏中输入 27,点击【确定】,得到 p 值如图 8.2.18.

图 8.2.18

由于 p 值为 0.003 1,小于事先给定的显著性水平 0.05,所以拒绝原假设,与之前的结论相同.

对例 8.2.3,利用 Excel 软件计算 p 值的操作步骤如下:
(1) 进入 Excel 表格界面,选择【插入】下拉菜单;
(2) 选择【函数】,或者直接点击功能栏中的【fx】;
(3) 在或选择类别(C)中选择【统计】;
(4) 在选择函数(N)中选择【T.DIST】,点击【确定】;
(5) 在弹出窗口的数值 X 栏中输入 t_0 的值 −4,自由度栏中输入 15,【Cumulative】输入 TRUE,点击【确定】,得到 p 值为 0.000 58,如图 8.2.19 所示.

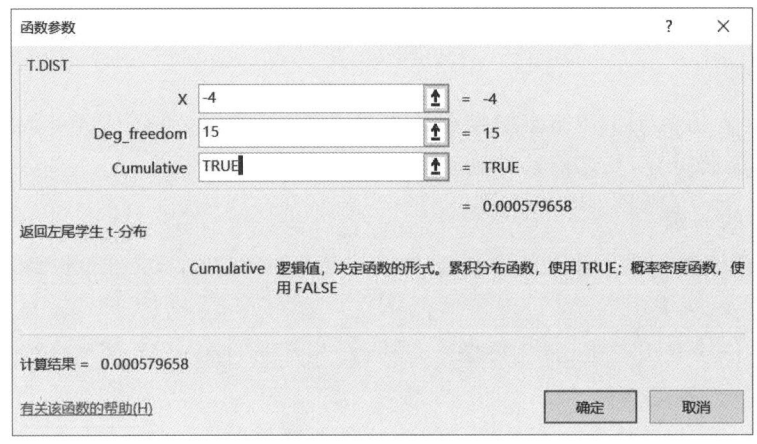

图 8.2.19

由于 p 值小于事先给定的显著性水平 0.05,故拒绝原假设,与之前的结论相同.

对于两个正态总体方差未知时 t 检验的 p 值同(8.2.9)式. 例 8.2.7 属于该类检验,我们再利用 Excel 软件计算其 p 值,操作步骤如下:
(1) 进入 Excel 表格界面,选择【插入】下拉菜单;
(2) 选择【函数】,或者直接点击功能栏中的【fx】;
(3) 在或选择类别(C)中选择【统计】;
(4) 在选择函数(N)中选择【T.DIST】,点击【确定】;
(5) 在弹出窗口的数值 X 栏中输入 t_0 的值 1.677,自由度栏中输入 25,点击【确定】,得到 p 值为 0.946 998,或者见图 8.2.10,其中有一项显示 $P(T \leqslant t)$ 单尾的值为 0.052 997,计算得 p 值为 $p = 1 - P(T \leqslant t) = 1 - 0.052\ 997 \approx 0.947$,与上述方法算得的值一致.由于 p 值大于事先给定的显著性水平 0.05,所以接受原假设,即不能认为第一个城市每户居民一周内食品支出比第二个城市高,与之前的结论相同.

三、χ^2 检验的 p 值

对于正态总体方差的 χ^2 检验,也可以给出检验的 p 值.对单侧检验 Ⅱ 和 Ⅲ,想法类似,记 $\chi_0^2 = (n-1)s^2/\sigma_0^2$ 是由样本计算得到的检验统计量的值,p 值分别为 $p_{\text{Ⅱ}} = P(\chi^2 \geqslant \chi_0^2)$ 和 $p_{\text{Ⅲ}} = P(\chi^2 \leqslant \chi_0^2)$.由于双侧检验的拒绝域在两侧,用 χ_0^2 可算得两个尾部概率 $P(\chi^2 \geqslant \chi_0^2)$ 和 $P(\chi^2 \leqslant \chi_0^2)$,二者的和为 1,则其中必有一个概率 $\leqslant 0.5$.检验的注意力总放在拒绝域上,故应从

中选一个小的与 $\alpha/2$ 比较,从而检验问题 I 的 p 值为 $p_{\text{I}}=2\min\{P(\chi^2\geqslant\chi_0^2),P(\chi^2\leqslant\chi_0^2)\}$.

例 8.2.4 和例 8.2.5 都是正态总体方差的 χ^2 检验,下面分别用 p 值进行检验.

用 Excel 中的统计函数功能计算例 8.2.4 的 p 值的操作步骤:

(1) 进入 Excel 表格界面,选择【插入】下拉菜单;

(2) 选择【函数】,或者直接点击功能栏中的【fx】;

(3) 在或选择类别(C)中选择【统计】;

(4) 在选择函数(N)中选择【CHISQ.DIST】,点击【确定】;

(5) 在弹出窗口的数值 X 栏中输入 χ_0^2 的值 13.5,自由度 Deg_freedom 栏中输入 4,【Cumulative】栏中输入 TRUE,点击【确定】,得到结果为 0.990 9,计算得 p 值为
$$p=2\min\{P(\chi^2\geqslant\chi_0^2),P(\chi^2\leqslant\chi_0^2)\}=2\min\{0.990\ 9,1-0.990\ 9\}=0.018\ 2.$$

由于 p 值小于事先给定的显著性水平 0.05,所以拒绝原假设,即认为该厂这天生产的维尼纶纤度的方差不正常,与之前的结论相同.

用 Excel 中的统计函数功能计算例 8.2.5 的 p 值的操作步骤.

(1) 进入 Excel 表格界面,选择【插入】下拉菜单;

(2) 选择【函数】,或者直接点击功能栏中的【fx】;

(3) 在或选择类别(C)中选择【统计】;

(4) 在选择函数(N)中选择【CHISQ.DIST.RT】,点击【确定】;

(5) 在弹出窗口的数值 X 栏中输入 χ_0^2 的值 13.94,自由度 Deg_freedom 栏中输入 8,点击【确定】,得到结果为 0.083 3,即为 p 值(见图 8.2.20). 由于 p 值大于事先给定的显著性水平 0.05,所以接受原假设,即认为这批导线的波动合格,与之前的结论相同.

图 8.2.20

四、F 检验的 p 值

由于 F 分布与 χ^2 分布都是偏态分布,故 F 分布 p 值的计算与 χ^2 分布类似.具体地,对单侧检验 II 和 III,p 值分别为 $p_{\text{II}}=P(F\geqslant F_0)$ 和 $p_{\text{III}}=P(F\leqslant F_0)$.双侧检验 I 的 p 值为 $p_{\text{I}}=2\min\{P(F\geqslant F_0),P(F\leqslant F_0)\}$.

下面以例 8.2.9 为例,介绍计算 p 值的操作步骤:

(1) 进入 Excel 表格界面,选择【插入】下拉菜单;
(2) 选择【函数】,或者直接点击功能栏中的【fx】;
(3) 在或选择类别(C)中选择【统计】;
(4) 在选择函数(N)中选择【F.DIST.RT】,点击【确定】;
(5) 在弹出窗口的数值 X 栏中输入 F_0 的值 4.66,自由度 Deg_freedom1 栏中输入 9,自由度 Deg_freedom2 栏中输入 9,点击【确定】,得到结果为 0.015 77,即为 p 值(见图 8.2.21),此与图 8.2.16 中 $P(F \leqslant f)=0.015\ 77$ 一致.由于 p 值小于事先给定的显著性水平 0.05,所以拒绝原假设,即认为冬季出生的女婴比夏季出生的女婴体重的方差更大一些,与之前的结论相同.

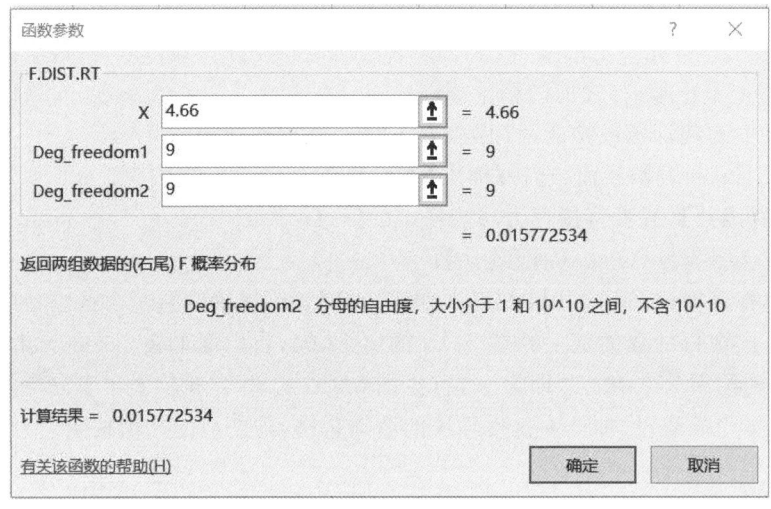

图 8.2.21

综上,我们发现 p 值是将样本观测值(或检验统计量的观测值)作为拒绝域的临界点时犯第一类错误的概率.对于成对数据的检验和两个正态总体方差比的检验的 p 值也类似.一般地,若 Q 为检验统计量,Q_0 为 Q 的观测值,对于前面讲过的各种检验,p 值通常是由下面公式计算而得到:

(1) 拒绝域为两边对称区域的双边检验 $H_0: \theta=\theta_0, H_1: \theta \neq \theta_0$,
$$p=P(|Q| \geqslant |Q_0|)=2P(Q \geqslant |Q_0|).$$
(2) 拒绝域为两边非对称区域的双边检验 $H_0: \theta=\theta_0, H_1: \theta \neq \theta_0$,
$$p=2\min\{P(Q \geqslant Q_0), P(Q \leqslant Q_0)\}.$$
(3) 拒绝域为右边区域的右边检验 $H_0: \theta \leqslant \theta_0, H_1: \theta > \theta_0$,
$$p=P(Q \geqslant Q_0).$$
(4) 拒绝域为左边区域的左边检验 $H_0: \theta \geqslant \theta_0, H_1: \theta < \theta_0$,
$$p=P(Q \leqslant Q_0).$$

习 题 8.2

1.某车间生产铜丝,其主要质量指标是折断力的大小.用 X 表示该车间生产的铜丝的折

习题 8.2

断力. 根据过去的资料看, 可以认为 $X \sim N(285, 4^2)$. 为提高折断力, 今换一种原材料, 估计方差不会有多大变化. 先抽取 10 个样品, 测得折断力(单位:kg)为

$$289 \quad 286 \quad 285 \quad 284 \quad 286 \quad 285 \quad 285 \quad 286 \quad 298 \quad 292$$

在 0.05 的显著水平下, 检验折断力是否显著变大?

2. 某地区 100 个登记死亡人的样本中, 其平均寿命为 71.8 年, 标准差为 8.9, 假设人的寿命服从正态分布. 试问这是否暗示现在这个地区人的平均寿命不低于 70 岁 ($\alpha=0.05$)?

3. 某厂生产某种型号的电池, 长期以来寿命 $X \sim N(\mu, 5000)$, 现有一批这种电池, 从它的情况看寿命的波动性有所改变, 随机抽取 26 只电池, 测出其寿命的样本方差为 $9000(h^2)$. 试在 0.05 的显著性水平下, 检验这批电池寿命的波动性较以往是否有显著变化.

4. 根据习题 3, 由于电池寿命的样本方差比正常情况下总体的方差大得多, 容易怀疑电池寿命的波动性较以往变大了, 试检验这种猜想, 并且控制犯错误的概率为 0.01.

5. 为估计两种方法组装产品所需时间的差异, 对两种不同的组装方法分别进行多次操作实验, 组装一件产品所需的时间(单位:分钟)如下所示:

方法一	28.3	30.1	29.0	37.6	32.1	28.8	36.0	37.2	38.5	34.4	28.0	30.0
方法二	27.6	22.2	31.0	33.8	20.0	30.2	31.7	26.0	32.0	31.2		

假设用两种方法组装一件产品所需时间均服从正态分布, 且方差相同, 试以 0.05 的显著性水平, 推断两种方法组装产品所需平均时间有无显著差异.

6. 为比较两种安眠药 A 和 B 的疗效, 以 10 个失眠患者为实验对象. 以 x 表示使用 A 后延长的睡眠时间, y 表示使用 B 后延长的睡眠时间. 每个患者各服用 A, B 两种药一次, 其延长的睡眠时间(单位:h)如下表所示:

患者	1	2	3	4	5	6	7	8	9	10
x	1.9	0.8	1.1	0.1	-0.1	4.4	5.5	1.6	1.6	4.6
y	0.7	-1.6	-0.2	-1.2	-0.1	3.4	3.7	0.8	0.8	0
$d=x-y$	1.2	2.4	1.3	1.3	0	1.0	1.8	0.8	0.8	4.6

现在考察这两种药的疗效有无显著差异(显著水平 $\alpha=0.01$).

7. 从某锌矿的东西两支矿脉中, 各抽取样本容量分别为 9 与 8 的两个样本进行测试, 得到的有关数据分别如下:

$$\bar{x}=0.23, \, s_1^2=0.1337, \, n_1=9, \, \bar{y}=0.269, \, s_2^2=0.1736, \, n_2=8$$

假设东西两个矿脉的含锌量都服从正态分布, 试分别检验两个总体的均值和方差是否相等 ($\alpha=0.05$).

8. 在针织品漂白工艺中, 要考察温度对针织品断裂强力的影响, 为比较 70℃ 与 80℃ 的影响有无差别, 分别重复做了 8 次试验, 测得的数据如下所示:

$$70℃: \quad 20.5 \quad 18.8 \quad 19.8 \quad 20.9 \quad 21.5 \quad 19.5 \quad 21.0 \quad 21.2$$
$$80℃: \quad 17.7 \quad 20.3 \quad 20.0 \quad 18.8 \quad 19.0 \quad 20.1 \quad 20.0 \quad 19.1$$

试检验两者的均值是否有显著差异(假设方差相等, 取 $\alpha=0.05$).

9. 甲乙两个铸造厂生产同一种铸件, 假设铸件的重量都服从正态分布, 先分别从两厂生

产的产品中抽取 7 个和 6 个,测得的重量如下:

甲: 93.3 92.1 94.7 90.1 95.6 90.0 94.7

乙: 95.6 94.9 96.2 95.1 95.8 96.3.

检验甲厂铸件的方差是否大于乙厂的($\alpha=0.05$).

10. 考察一鱼塘中鱼的含汞量,随机地取 10 条鱼测得各条鱼的含汞量(单位:mg)为

0.8 1.6 0.9 0.8 1.2 0.4 0.7 1.0 1.2 1.1

设鱼的含汞量服从正态分布 $N(\mu,\sigma^2)$,试检验假设 $H_0:\mu\leqslant 1.2$ 和 $H_1:\mu>1.2$(取 $\alpha=0.10$).

11. 假定考生成绩服从正态分布,在某地一次数学统考中,随机抽取了 36 位考生的成绩,算得平均成绩为 66.5 分,标准差为 15 分,问在显著性水平 0.05 下,是否可以认为这次考试全体考生的平均成绩为 70 分?

12. 一药厂生产一种新的止痛片,厂方希望验证服用新药片后至开始起作用的时间间隔较原有止痛片至少缩短一半,因此厂方提出需检验假设

$$H_0:\mu_1\leqslant 2\mu_2, \quad H_1:\mu_1>2\mu_2$$

此处 μ_1,μ_2 分别是服用原有止痛片和服用新止痛片后至开始起作用的时间间隔的总体的均值.设两总体均为正态分布且方差分别为已知值 σ_1^2,σ_2^2,现分别在两总体中取一样本 $x_1,x_2,\cdots,x_n$ 和 $y_1,y_2,\cdots,y_m$,设两个样本独立.试给出上述假设检验问题的检验统计量及拒绝域.

13. 由经验知某零件质量 $X\sim N(15,0.05^2)$,(单位:g)技术革新后,抽出 6 个零件,测得质量为

14.7 15.1 14.8 15.0 15.2 14.6

已知方差不变,问平均质量是否仍为 15g(取 $\alpha=0.05$)?

14. 为比较甲、乙两种橡胶轮胎的耐磨性,从两种轮胎中各随机抽取 8 个,组成 8 对.再随机地选取 8 架飞机,将 8 对轮胎随机地分配给 8 架飞机做耐磨实验,测得轮胎磨损量(单位:mg)数据如下:

甲	4 900	5 220	5 500	6 020	6 340	7 660	8 650	4 870
乙	4 930	4 900	5 140	5 700	6 110	6 880	7 930	5 010

设甲、乙两种轮胎磨损量 X,Y 都服从正态分布,问这两种轮胎的耐磨性有无显著差别($\alpha=0.05$)?

8.3 大样本下均值的假设检验

对于非正态总体均值的检验,特别是离散总体的参数的检验,临界值的确定一般都比较烦琐,此时采用 p 值检验法较方便.在实际应用中,当样本容量充分大时,由中心极限定理可以认为样本均值近似服从正态分布,从而利用 u 检验法对其参数进行检验.以下讨论大样本情况下单个和两个总体均值的假设检验问题.

8.3.1 单个总体均值的假设检验

设总体 X 的分布未知,但存在期望 $E(X)=\mu$ 和方差 $D(X)=\sigma^2$,$X_1,X_2,\cdots,X_n$ 为 X 的一个样本.检验假设为

$\text{I}: H_0: \mu = \mu_0, H_1: \mu \neq \mu_0$;
$\text{II}: H_0: \mu \leq \mu_0, H_1: \mu > \mu_0$;
$\text{III}: H_0: \mu \geq \mu_0, H_1: \mu < \mu_0$,

其中 μ_0 为已知常数.

根据总体方差 σ^2 是否已知,分为两种情形.

(1) σ^2 已知时,选择检验统计量

$$U = \frac{\overline{X} - \mu_0}{\sigma / \sqrt{n}}. \tag{8.3.1}$$

(2) σ^2 未知时,选择检验统计量

$$U = \frac{\overline{X} - \mu_0}{S / \sqrt{n}}. \tag{8.3.2}$$

则由定理 6.3.5,当 H_0 成立时,总有

$$U \xrightarrow{\text{近似地}} N(0,1).$$

因此,只要样本容量 n 充分大,就可以近似地使用 u 检验法.检验结论完全与前述 u 检验结论相同,这里不再赘述.

例 8.3.1 有一批木材设其小头直径为 X,按规格要求,当它的平均小头直径大于 12 cm 时才能算这批木材为一等品,已知这批木材小头直径的方差为 2.6^2 cm^2,先随机抽测 100 根,计算得小头的平均直径为 $\bar{x} = 12.8$ cm,问能否认为这批木材属一等品($\alpha = 0.05$)?

解 设这批木材的小头直径的均值为 μ,由 $n = 100$ 知这是大样本情形下总体分布未知、方差已知的均值检验问题,此题可归结为检验假设

$$H_0: \mu \leq 12, \quad H_1: \mu > 12.$$

由于 $\alpha = 0.05$,查附表 3 得临界值 $u_\alpha = u_{0.05} = 1.65$,将 $\bar{x} = 12.8, \sigma^2 = 2.6^2, n = 100$ 代入检验统计量 U 得

$$u_0 = \frac{\bar{x} - \mu_0}{\sigma / \sqrt{n}} = \frac{12.8 - 12}{2.6/10} \approx 3.077.$$

由于 $u_0 > u_{0.05}$,故拒绝 H_0,即该批木材属一等品.

利用 Excel 软件中的统计函数【NORM.S.DIST】计算该检验的近似 p 值为 $p = P(U \geq 3.077) = 1 - \Phi(3.077) = 1 - 0.999 = 0.001$,小于已给的显著性水平 $\alpha = 0.05$,从而拒绝原假设,即 p 值也可以清楚地看出,这批木材属一等品. □

8.3.2 两个总体均值的差异性检验

设有两个独立的总体 X, Y,其期望分别为 μ_1, μ_2 方差分别为 σ_1^2, σ_2^2,均值与方差均未知,$X_1, X_2, \cdots, X_m$ 与 $Y_1, Y_2, \cdots, Y_n$ 分别是取自 X 与 Y 的样本,检验如下三类假设:

$\text{I}: H_0: \mu_1 = \mu_2, H_1: \mu_1 \neq \mu_2$;
$\text{II}: H_0: \mu_1 \leq \mu_2, H_1: \mu_1 > \mu_2$;
$\text{III}: H_0: \mu_1 \geq \mu_2, H_1: \mu_1 < \mu_2$.

若 $\sigma_1^2 \neq \sigma_2^2$,选择检验统计量

$$U = \frac{\overline{X} - \overline{Y}}{\sqrt{\dfrac{S_1^2}{m} + \dfrac{S_2^2}{n}}}. \tag{8.3.3}$$

若 $\sigma_1^2 = \sigma_2^2$，选择检验统计量

$$U = \frac{\overline{X} - \overline{Y}}{\sqrt{(m-1)S_1^2 + (n-1)S_2^2}} \sqrt{\frac{mn(m+n-2)}{m+n}}. \tag{8.3.4}$$

可以证明：当 H_0 为真时，总有

$$U \overset{\text{近似地}}{\sim} N(0,1).$$

因此，当样本容量充分大时，可以近似地使用 u 检验法．检验方法与前述 u 检验方法相同．

例 8.3.2 为比较两种小麦植株的高度（单位：cm），在相同条件下进行高度测定，算得样本均值与样本方差分别如下：

$$\text{甲小麦}：m=100，\bar{x}=28，s_1^2=35.8；$$
$$\text{乙小麦}：n=100，\bar{y}=26，s_2^2=32.3.$$

在显著性水平 $\alpha=0.05$ 下，这两种小麦株高之间有无显著差异（假设两个总体方差相等）？

解 设甲、乙小麦植株高度的均值分别为 μ_1, μ_2．由题意，$m=100, n=100$，这属于大样本情形下两个总体分布未知、方差未知且相等的均值的差异性检验问题，此题可归结为检验假设

$$H_0: \mu_1 = \mu_2, \quad H_1: \mu_1 \neq \mu_2.$$

由于 $\alpha=0.05$，查附表 3 得临界值 $u_{\alpha/2}=u_{0.025}=1.96$，将 $\bar{x}=28, \bar{y}=26, s_1^2=35.8, s_2^2=32.3, m=n=100$，代入检验统计量 U 得

$$u_0 = \frac{\bar{x} - \bar{y}}{\sqrt{(m-1)s_1^2 + (n-1)s_2^2}} \sqrt{\frac{mn(m+n-2)}{m+n}} \approx 24.2.$$

由于 $|u_0| > u_{0.025}$，故拒绝 H_0，即在显著性水平 $\alpha=0.05$ 下可认为两种小麦株高之间有显著差异．

利用 Excel 软件中的统计函数【NORM.S.DIST】计算该检验的近似 p 值为 $p = 2(1 - P(u \leqslant 24.2)) = 2(1 - \Phi(24.2)) = 0$，小于已给的显著性水平 $\alpha=0.05$，从而拒绝原假设，即用 p 值法也可以清楚地看出，可认为两种小麦株高之间有显著差异． □

习 题 8.3

1. 某厂生产的产品不合格品率不高于 10%，在一次例行检查中，随机抽取 80 件，发现有 11 件不合格品，在 $\alpha=0.05$ 下能否认为不合格品率仍为 10%？

2. 某建筑公司宣称其施工的建筑工地平均每天发生事故数不超过 0.6 起，现记录了该公司施工的建筑工地 200 天的安全生产情况，事故数记录如下：

一天发生的事故数	0	1	2	3	4	5	$\geqslant 6$	合计
天数	102	59	30	8	0	1	0	200

试检验该建筑公司的宣称是否成立（取 $\alpha=0.05$）．

3. 某大学随机调查 120 名男同学，发现有 50 人非常喜欢看武侠小说，而随机调查的 85

名女同学中有 23 人喜欢,用大样本检验方法在 $\alpha=0.05$ 下确认:男女同学在喜爱武侠小说方面有无显著差异？并给出检验的 p 值.

4. 通常每平方米某种布上的疵点数服从泊松分布,现观测该种布 100 m^2,发现有 126 个疵点,在显著性水平为 0.05 下能否认为该种布每平方米上平均疵点数不超过 1 个？并给出检验的 p 值.

5. 一个小学校长在报纸上看到这样的报道:"这一城市的小学学生平均每周看 8 h 电视",她认为她所在学校的学生看电视的时间明显小于该数字.为此她在该校随机调查了 100 个学生,得知平均每周看电视的时间 $\bar{x}=6.5$ h,样本标差为 $s=2$ h.问是否可以认为这位校长的看法是对的(取 $\alpha=0.05$)？

6. 为比较正常成年男女所含红细胞的差异,对某地区 156 名成年男性进行测量,其红细胞的样本均值为 465.13(万/mm^2),样本方差为 54.80^2;对该地区 74 名成年女性进行测量,其红细胞的样本均值为 422.16,样本方差为 49.20^2,试检验:该地区正常成年男女所含红细胞的平均值是否有差异？（取 $\alpha=0.05$）.

8.4 总体分布的假设检验

前面介绍的各种检验法,几乎都是在正态总体的假设下进行的,并且只是对总体的期望或方差进行检验.但实际遇到的许多问题,总体的分布类型往往是未知的.在这种情况下,我们需要根据样本来对总体分布的形式建立假设并进行检验.这一类检验问题统称为分布的拟合检验,它们是一类非参数假设检验问题.非参数假设检验问题的内容十分丰富,本章只介绍关于分布的 χ^2 拟合检验法.

设总体 X 的分布函数 $F(x)$ 未知,$X_1,X_2,\cdots,X_n$ 为 X 的样本,χ^2 拟合检验法是根据样本来检验关于总体分布的假设

$$H_0: F(x)=F_0(x), \quad H_1: F(x)\neq F_0(x) \tag{8.4.1}$$

(其中 $F_0(x)$ 是一个已知的分布函数,称为理论分布)的一种方法.这类问题可以分以下两种情况来讨论.

若总体 X 为离散型分布,则(8.4.1)中的原假设相当于 H_0:总体 X 的分布列 $P(X=x_i)=p_i,i=1,2,\cdots$(其中 p_i 是已知常数,$i=1,2,\cdots$).

若总体 X 为连续型,则(8.4.1)中的原假设相当于 H_0:总体 X 的密度函数为 $f(x)=f_0(x)$(其中 $f_0(x)$ 是某个已知的密度函数).

χ^2 拟合检验的基本思想如下:将随机试验可能结果的全体 Ω 分为 m 个互不相容的事件 $A_1,A_2,\cdots,A_m$.于是在假设 H_0 成立时,可以计算 $P(A_i)=p_i(i=1,2,\cdots,m)$.在 n 次试验中,若事件 A_i 出现的频数为 $n_i\left(\sum_{i=1}^{m}n_i=n\right)$,则 A_i 出现的频率 $\frac{n_i}{n}$ 与 p_i 往往有差异,但一般来说,当 H_0 成立且试验次数 n 较大时,这种差异不应该很大,即 $\left(\frac{n_i}{n}-p_i\right)^2$ 应该较小,从而

$$\chi^2=\sum_{i=1}^{m}\left(\frac{n_i}{n}-p_i\right)^2\frac{n}{p_i}=\sum_{i=1}^{m}\frac{(n_i-np_i)^2}{np_i}. \tag{8.4.2}$$

定理 8.4.1(皮尔逊定理) 当 H_0 成立时,不论 $F_0(x)$ 是什么分布,由(8.4.2)式给出的

统计量 χ^2 的极限分布均为 $\chi^2(m-1)$.即当 n 充分大时,

$$\chi^2 = \sum_{i=1}^{m} \frac{(n_i - np_i)^2}{np_i} \xrightarrow{\text{近似地}} \chi^2(m-1).$$

于是对于给定显著性水平 α,由 χ^2 分布表可得临界值 $\chi_\alpha^2(m-1)$,使得

$$P(\chi^2 \geqslant \chi_\alpha^2(m-1)) = \alpha,$$

从而 H_0 的拒绝域为

$$W = \{\chi^2 \geqslant \chi_\alpha^2(m-1)\}.$$

检验的 p 值

χ^2 拟合检验法是基于上述定理得到的,所以在使用时,必须注意样本容量 n 要足够大,以及 np_i 不太小.一般地,$np_i \geqslant 5, i=1,2,\cdots,m$.否则应适当地合并 A_i,以满足这个要求.

值得注意的是,当用皮尔逊 χ^2 统计量作为假设 $H_0: F(x) = F_0(x)$ 的检验统计量时,$F_0(x)$ 必须是完全已知的.若实际问题中 $F_0(x)$ 中含有 r 个未知参数,可以由样本用极大似然估计来估计这 r 个未知参数,然后通过 $F_0(x)$ 得到 p_i 的相应估计量 $\hat{p}_i$.在这种情况下,皮尔逊建立的定理 8.4.1 不再成立.不过,1924 年,费希尔推广了皮尔逊定理,证明了,当 n 充分大时,

$$\chi^2 = \sum_{i=1}^{m} \frac{(n_i - n\hat{p}_i)^2}{n\hat{p}_i} \sim \chi^2(m-r-1). \tag{8.4.3}$$

例 8.4.1 某大公司的人事部门希望了解公司职工的病假是否均匀分布在周一到周五,以便合理安排工作.如今抽取了 100 名病假职工,其病假期分布如下:

工作日	周一	周二	周三	周四	周五
频数	17	27	10	28	18

试问该公司职工病假是否均匀分布在一周五个工作日中($\alpha=0.05$)?

解 设 A_i 表示"病假在周 i",$i=1,2,\cdots,5$.由题意这是检验该公司职工病假是否均匀分布问题,即检验假设

$$H_0: P(A_i) = \frac{1}{5}, \quad i=1,2,\cdots,5.$$

因为分布列中不含未知参数,故选用由 (8.4.2) 式得出的统计量 χ^2.由 $\alpha=0.05, m=5$,查附表 4 得临界值 $\chi_\alpha^2(m-1) = \chi_{0.05}^2(4) = 9.488$.为计算统计量 χ^2 的值,可列成表 8.4.1.

表 8.4.1 例 8.4.1 的 χ^2 计算表

工作日	n_i	np_i	$(n_i - np_i)^2/np_i$
周一	17	20	0.45
周二	27	20	2.45
周三	10	20	5.00
周四	28	20	3.20
周五	18	20	0.20
合计	100		11.30

由表 8.4.1 知

$$\chi_0^2 = \sum_{i=1}^{5} \frac{(n_i - np_i)^2}{np_i} = 11.30.$$

由于 $\chi_0^2 > \chi_\alpha^2(m-1)$，故拒绝 H_0，即在 $\alpha=0.05$ 水平上认为该公司职工病假日在五个工作日中不是均匀分布的.

利用 Excel 软件中的统计函数【CHISQ.DIST.RT】计算该检验的近似 p 值为 $p = P(\chi^2 \geqslant 11.3) = 0.023\,39$，其中 χ^2 服从 $\chi^2(4)$ 分布的随机变量.由于 p 值小于显著性水平 $\alpha = 0.05$，我们拒绝原假设，即由 p 值检验法可以清楚地看出，该公司职工病假日在五个工作日中不是均匀分布的. □

例 8.4.2 某电话交换台 100 分钟内记录了每分钟被呼叫的次数 x_i，整理后其结果如下（n_i 是出现 x_i 值的次数）：

x_i	0	1	2	3	4	5	6	7	8	9
n_i	0	7	12	18	17	20	13	6	3	4

问可否认为被呼叫次数 X 的分布为泊松分布（$\alpha=0.05$）？

解 假设
$$H_0: X \sim P(\lambda).$$

由于泊松分布中参数 λ 未知，用极大似然估计法得 $\hat{\lambda} = \bar{x} = \frac{1}{100}\sum_{i=1}^{100} x_i n_i = 4.33$，于是

$$\hat{p}_i = \hat{P}(X = x_i) = \frac{\hat{\lambda}^i}{i!}\mathrm{e}^{-4.33}, \quad i = 0, 1, 2, \cdots$$

由 $\hat{p}_i$ 算得 $n\hat{p}_i$ 如下表：

x_i	0	1	2	3	4	5	6	7	8	9
$\hat{p}_i$	0.013	0.057	0.123	0.178	0.193	0.167	0.121	0.074	0.040	0.034
$n\hat{p}_i$	1.3	5.7	12.3	17.8	19.3	16.7	12.1	7.4	4.0	3.4
n_i	0	7	12	18	17	20	13	6	3	4

由于 $x=0$ 组，$x=8$ 组及 $x=9$ 组中的 $n\hat{p}_i$ 均小于 5，故将它们与相邻组合并，合并后为 $x \leqslant 1, x=2, \cdots, x \geqslant 8$，共 8 组，将其代入由 (8.4.3) 式给出的统计量得 χ^2 的值为

$$\chi_0^2 = \sum_{i=1}^{8} \frac{(n_i - n\hat{p}_i)^2}{n\hat{p}_i} = 1.289.$$

$\alpha = 0.05, m = 8, r = 1$，查附表 4 得临界值 $\chi_\alpha^2(m-r-1) = \chi_{0.05}^2(6) = 12.592$. 由于 $\chi_0^2 < \chi_{0.05}^2(6)$，故接受 H_0，即认为 X 服从参数为 $\lambda=4.33$ 的泊松分布.

利用 Excel 软件中的统计函数【CHISQ.DIST.RT】计算该检验的近似 p 值为 $p = P(\chi^2 \geqslant 1.289) = 0.972\,3$，其中 χ^2 服从 $\chi^2(6)$ 分布的随机变量.由于 p 值大于给出的显著性水平 $\alpha = 0.05$，我们接受原假设，即由 p 值检验法可以清楚地看出，被呼叫次数 X 的分布为参数为 $\lambda=4.33$ 泊松分布. □

例 8.4.3 下面列出了 84 个伊特拉斯坎人男子的头颅的最大宽度（mm）.试检验这些数据是否来自正态总体（$\alpha=0.1$）.

141	148	132	138	154	142	150	146	155	158
150	140	147	148	144	150	149	145	149	158
143	141	144	144	126	140	144	142	141	140
145	135	147	146	141	136	140	146	142	137
148	154	137	139	143	140	131	143	141	149
148	135	148	152	143	144	141	143	147	146
150	132	142	142	143	153	149	146	149	138
142	149	142	137	134	144	146	147	140	142
140	137	152	145						

解 为了粗略了解这些数据的分布情况,我们先根据所给数据画出直方图.下面就先来介绍直方图.

上述数据的最小值、最大值分别为 126,158,即所有数据落在区间 [126,158] 上,现取区间 [124.5,159.5],它能覆盖区间 [126,158].将区间 [124.5,159.5] 等分为 7 个小区间[①],小区间的长度记为 Δ,$\Delta = \dfrac{159.5-124.5}{7} = 5$.$\Delta$ 称为**组距**,小区间的端点称为**组限**.数出落在每个小区间的数据的频数 n_i,算出频率

$$f_i = \dfrac{n_i}{n} \quad (n=84, i=1,2,\cdots,7)$$

如下表:

组限	频数 n_i	频率 f_i	累计频率
124.5~129.5	1	0.011 9	0.011 9
129.5~134.5	4	0.047 6	0.059 5
134.5~139.5	10	0.119 1	0.178 6
139.5~144.5	33	0.392 9	0.571 5
144.5~149.5	24	0.285 7	0.857 2
149.5~154.5	9	0.107 1	0.952 4
154.5~159.5	3	0.035 7	1

现在自左至右依次在各个小区间上作以 $\dfrac{f_i}{\Delta}$ 为高的小矩形,如图 8.4.1 所示(如诸小区间长度不等,记第 i 个小区间的长度为 Δ_i,则对第 i 个小区间的长度作高为 $\dfrac{f_i}{\Delta_i}$,$i=1,2,\cdots,m$ 的矩形),这样的图形叫作**直方图**.显然这种小矩形的面积就等于数据落在该小区间的频率 f_i.由于当 n 很大时,频率接近于概率,因而一般来说,每个小区间上的小矩形面积接近于概率密度曲线之下该小区间之上的曲边梯形的面积.于是,一般来说,直方图的外廓曲线接近

---

① 作直方图时,先取一个区间,其下限比最小的数据稍小,其上限比最大的数据稍大.然后将这一区间分为 m 个小区间(这种小区间长度可以不相等),通常当 n 较大时 m 取 10~20,当 $n<50$ 时,则 m 取 5~6,m 取得过大会出现某些小区间的频数为零的情况(一般应设法避免).分点通常取比数据稍高一位,以免数据落在分点上.

于总体 X 的概率密度曲线.从本例的直方图(见图 8.4.1)看,它有一个峰,中间高,两头低,比较对称.看起来样本很像来自正态总体.

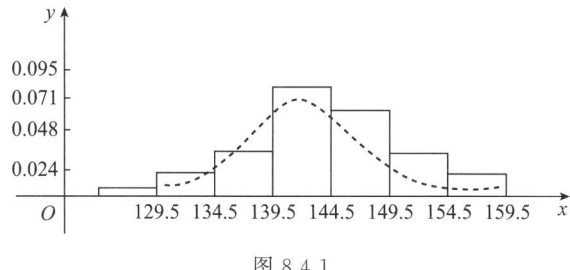

图 8.4.1

现在做 χ^2 检验如下.即需检验假设 $H_0: X$ 的概率密度为

$$f(x)=\frac{1}{\sqrt{2\pi}\sigma}e^{-\frac{(x-\mu)^2}{2\sigma^2}} \quad (-\infty<x<+\infty).$$

因为 H_0 中含有未知参数 μ,σ^2,用极大似然估计法得 μ,σ^2 的估计值分别为 $\hat{\mu}=143.8,\hat{\sigma}^2=6.0^2$.我们将 x 可能取值的区间 $(-\infty,+\infty)$ 分为 7 个小区间,并取事件 A_i 如表 8.4.2 中第一列所示.若 H_0 为真,X 的概率密度的估计为

$$f(x)=\frac{1}{\sqrt{2\pi}\times 6}e^{-\frac{(x-143.8)^2}{2\times 6^2}} \quad (-\infty<x<+\infty),$$

按上式并查附表 3 可得概率 $P(A_i)$ 的估计.例如

$$\begin{aligned}\hat{p}_2=P(A_2)&=\hat{P}(129.5<X<134.5)\\&=\Phi\left(\frac{134.5-143.8}{6}\right)-\Phi\left(\frac{129.5-143.8}{6}\right)\\&=\Phi(-1.55)-\Phi(-2.38)=0.051\ 9.\end{aligned}$$

将计算结果列成表 8.4.2.

表 8.4.2 例 8.4.3 的 χ^2 计算表

A_i	n_i	$\hat{p}_i$	$n\hat{p}_i$	$(n_i-n\hat{p}_i)^2/n\hat{p}_i$
$A_1: x<129.5$	1	0.008 7	0.73	0.00
$A_2: 129.5\leqslant x<134.5$	4	0.051 9	4.36	
$A_3: 134.5\leqslant x<139.5$	10	0.175 2	14.72	1.51
$A_4: 139.5\leqslant x<144.5$	33	0.312 0	26.21	1.76
$A_5: 144.5\leqslant x<149.5$	24	0.281 1	23.61	0.01
$A_6: 149.5\leqslant x<154.5$	9	0.133 6	11.23	0.39
$A_7: 154.5\leqslant x<+\infty$	3	0.037 5	3.15	
合计	84			3.67

由 $\alpha=0.1,m=5,r=2$,查附表 4 得临界值 $\chi^2_\alpha(m-r-1)=\chi^2_{0.1}(2)=4.605$.由于 $\chi^2_0=3.67<\chi^2_{0.1}(2)$,故接受 H_0,即在水平 $\alpha=0.1$ 下,认为数据来自参数为 $\mu=143.8,\sigma^2=6.0^2$ 的正态分布.

利用 Excel 软件中的统计函数【CHISQ.DIST.RT】计算该检验的近似 p 值为 $p=P(\chi^2$

⩾3.67)=0.1596,其中 χ^2 服从 $\chi^2(2)$ 分布的随机变量.由于 p 值大于给出的显著性水平 $\alpha=0.1$,我们接受原假设,即由 p 值检验法也可以看出,伊特拉斯坎人男子的头颅的最大宽度服从正态分布. □

习 题 8.4

1. 掷一颗骰子 60 次,结果如下:

点数	1	2	3	4	5	6
次数	7	8	12	11	9	13

试在显著性水平为 0.05 下检验这颗骰子是否均匀.

2. 检查了一本书的 100 页,记录各页中的印刷错误的个数,其结果如下

错误个数	0	1	2	3	4	5	⩾6
页数	35	40	19	3	2	1	0

问能否认为一页的印刷错误个数服从泊松分布(取 $\alpha=0.05$).

3. 在一批灯泡中抽取 300 只做寿命实验,其结果如下:

寿命(h)	<100	[100,200)	[200,300)	⩾300
灯泡数	121	78	43	58

在显著性水平为 0.05 下能否认为灯泡寿命服从指数分布 $E(0.005)$?

4. 在 19 世纪,孟德尔(Mendel)按颜色与形状把豌豆分为四类:黄圆、绿圆、黄皱和绿皱.孟德尔根据遗传学原理判断这四类的比例应为 9∶3∶3∶1.为做验证,孟德尔在一次豌豆实验中收获了 $n=556$ 个豌豆,其中这四类豌豆的个数分别为 315,108,101,32.数据是否与孟德尔提出的比例吻合?

5. 我们来考察卢瑟福实验的数据.表中数据是卢瑟福以 7.5s 为时间单位所做的 2608 次观察得到的数据,观测的是一种放射性 α 物质在单位时间内放射的质点数.

质点数 k	0	1	2	3	4	5	6	7	8	9	10	11	12	13
观察数 n_k	57	203	383	525	532	408	273	139	45	27	10	4	2	0

现在要求检验假设 H_0:7.5 s 中放射出的 α 质点数服从泊松分布 $P(\lambda)$.

6. 我们来研究患某种疾病 21~44 岁男子的血压(收缩压,以 mmH 计)这一总体 X.为此抽查了 63 个男子,测得如表中所列的数据.

100	130	120	138	110	110	115	134	120	122	110
120	115	162	130	130	110	147	122	120	131	110
138	124	122	126	120	130	142	110	128	120	124

110	119	132	125	131	117	112	148	108	107	117
121	130	119	121	132	118	126	117	98	115	123
141	129	140	120	96	141	106	114			

取显著性水平 $\alpha = 0.1$ 检验患该种疾病的 $21 \sim 44$ 岁男子的血压值总体 X 是否服从正态分布.

本章思维导图

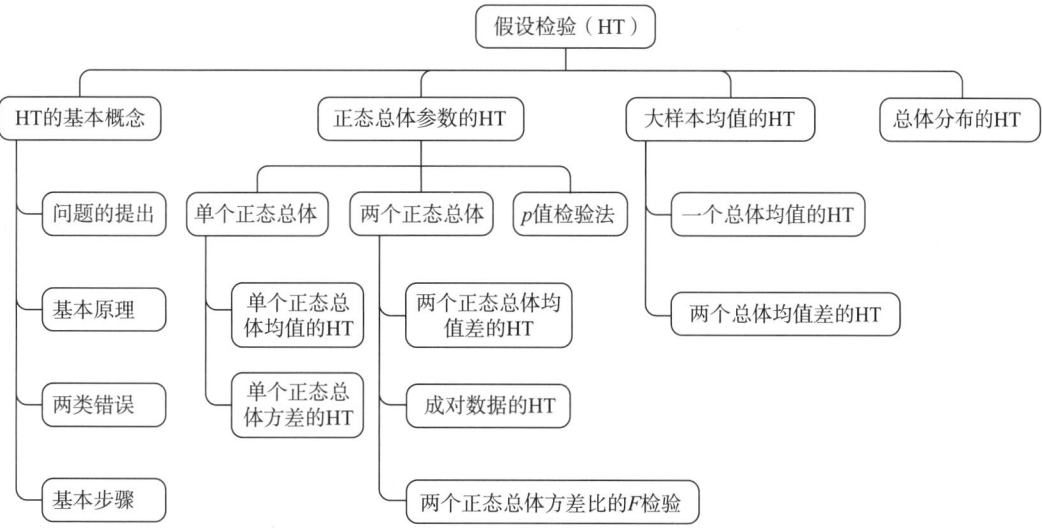

第九章 方差分析与回归分析初步

方差分析与回归分析是数理统计中具有广泛应用价值的两类统计分析方法,是工农业生产和科学研究的重要工具.本章简要介绍最基本的单因素方差分析和一元线性回归分析.

9.1 单因素方差分析

在科学试验和生产实践中,一个事物往往受着多种因素的影响.例如,在某种化工产品的生产中,原料配方、催化剂、反应温度、压力、机器设备及操作人员的技术水平等对产品的质量都可能有影响.在这些因素中,可能有些因素影响较大,有些影响较小.为了使生产过程得以稳定,保证产品质量,就有必要找出对产品质量有显著影响的那些因素.为此,需要进行试验.方差分析就是对试验所得到的数据进行分析,通过建立数学模型,鉴别各个有关因素对试验结果的影响程度的有效方法.

9.1.1 基本概念

在试验中,我们将要考察的指标称为**试验指标**.影响试验指标的条件称为**因素**.因素可分为两类,一类是人们可以控制的(**可控因素**),例如原料配方、催化剂、机器设备等;另一类是人们不可控制的,例如气象条件、测量误差等.本章所说的因素都是可控因素.因素所处的状态称为**水平**.为了考察某一个因素对试验指标的影响,往往把影响试验指标的其他因素(如果还有的话)固定,而把要考察的那个因素严格控制在几个不同水平上进行试验,这样的试验称为**单因素试验**;多于一个因素在变化的试验称为**多因素试验**.

例 9.1.1 某粮食加工厂试验三种储藏方法对粮食含水率有无影响.现取一批粮食分成若干份,分别用三种不同的方法储藏,其他试验条件都相同,过一段时间后测得的含水率如表 9.1.1 所示:

表 9.1.1 三种储藏方法下的粮食含水率

储藏方法	含水率数据				
I	7.3	8.3	7.6	8.4	8.3
II	5.4	7.4	7.1	6.8	5.3
III	7.9	9.5	10.0	9.8	8.4

由于该试验中变化的因素只有储藏方法,因此这是一个单因素试验.

这里的试验指标是粮食含水率,储藏方法是因素,记为 A,三种不同的储藏方法就是因素 A 的三个不同的水平,记为 A_1,A_2,A_3.试验的目的是比较三种不同的储藏方法下粮食含水率有无显著性差异,即考察储藏方法这一因素对粮食的含水率有无显著性的影响.如果粮食含水率有差异,表明储藏方法这一因素对粮食含水率的影响是显著的.

例 9.1.2 为了寻找飞机的控制板上仪器表的最佳布置,试验了三个方案,观察领航员在紧急情况的反应时间(以 $\frac{1}{10}$s 计),随机选择 28 名领航员,得到他们对于不同的布置方案的反应时间如表 9.1.2 所示:

表 9.1.2 三种方案下的反应时间

方案Ⅰ	14	13	9	15	11	13	14	11			
方案Ⅱ	10	12	7	11	8	12	9	10	13	9	10	9
方案Ⅲ	11	5	9	10	6	8	8	7			

这里,试验的指标是反应时间,变化的因素 A 为仪器表的布置方案,它有 3 个水平 A_1,A_2,A_3,每个水平下的试验次数不同.试验的目的是考察三个方案下领航员的反应时间有无显著性差异,即考察仪器表的布置方案对反应时间有无显著的影响.

上述 2 个例子都是单因素试验.为方便,把单因素试验中变化的因素记为 A,A 的 r 个水平用 $A_1,A_2,\cdots,A_r$ 表示.试验的目的是考察因素 A 的 r 个不同水平对试验结果有无显著性影响.就例 9.1.1 而言,在因素 A 的每一水平下进行相同次数的独立试验,其结果为随机变量.如果我们假定各种方法储藏下粮食的含水率服从正态分布,且方差相等,表 9.1.1 中每一行的 5 个数据都可以看作是来自同一总体容量为 5 的样本.为了比较三种不同的储藏方法下粮食含水率有无显著性差异,相当于比较这三个总体的均值是否相等.这是一个同方差的多个正态总体均值的比较问题,处理这类问题的统计方法就是我们将要讨论的方差分析法.为此,需要做一些基本的假定,把所研究的问题归结为一个统计问题.

9.1.2 统计模型

设在单因素试验中,考察的因素 A 有 r 个水平 $A_1,A_2,\cdots,A_r$,每一水平下的试验指标看成一个总体,水平 A_i 下的总体记为 $X_i,i=1,2,\cdots,r$.假定 r 个总体 $X_1,\cdots,X_r$ 相互独立且 $X_i\sim N(\mu_i,\sigma^2),i=1,2,\cdots,r$,其中 μ_i 和 σ^2 均未知.对于总体 X_i,选取容量为 n_i 的样本 $X_{i1},X_{i2},\cdots,X_{in_i},i=1,2,\cdots,r$.记 $\varepsilon_{ij}=X_{ij}-\mu_i$,由于 $X_{ij}\sim N(\mu_i,\sigma^2)$,故 ε_{ij} 可看成随机误差,$\varepsilon_{ij}\sim N(0,\sigma^2)$,且诸 ε_{ij} 相互独立.此时 X_{ij} 可写成

$$\begin{cases} X_{ij}=\mu_i+\varepsilon_{ij}, & i=1,2,\cdots,r,\ j=1,2,\cdots,n_i, \\ \varepsilon_{ij}\sim N(0,\sigma^2), & \text{各 }\varepsilon_{ij}\text{ 相互独立}, \end{cases} \tag{9.1.1}$$

其中 μ_i 与 σ^2 均为未知参数.(9.1.1)称为单因素方差分析的统计模型.单因素方差分析的试验数据见表 9.1.3.

表 9.1.3 单因素方差分析试验数据

因子水平	试验数据
A_1	$X_{11}, X_{12}, \cdots, X_{1n_1}$
A_2	$X_{21}, X_{22}, \cdots, X_{2n_2}$
$\vdots$	$\vdots$
A_r	$X_{r1}, X_{r2}, \cdots, X_{rn_r}$

由于因素 A 在不同水平下对某项指标值的影响通过 r 个均值 $\mu_1, \mu_2, \cdots, \mu_r$ 来体现,因此,要考察这种影响究竟是否显著,需要检验假设

$$H_0: \mu_1 = \mu_2 = \cdots = \mu_r,$$
$$H_1: \mu_1, \mu_2, \cdots, \mu_r \text{ 不全相等}. \tag{9.1.2}$$

如果 H_0 成立,因素 A 的 r 个水平下均值相同,称因素 A 的 r 个水平间没有显著差异,简称**因素 A 不显著**;反之,当 H_0 不成立时,因素 A 的 r 个水平下均值不全相同,这时称因素 A 的不同水平间有显著差异,简称**因素 A 显著**.

为了更好地描述数据,还需引入总平均值与水平效应的概念.记

$$n = n_1 + n_2 + \cdots + n_r,$$
$$\mu = \frac{1}{n} \sum_{i=1}^{r} n_i \mu_i,$$
$$\delta_i = \mu_i - \mu.$$

称 μ 为一般平均,δ_i 为水平 A_i 的效应,它反映了水平 A_i 下的总体均值与一般平均之间的差异.显然 $n_1\delta_1 + n_2\delta_2 + \cdots + n_r\delta_r = 0$.

利用上述记号,单因素方差分析的统计模型(9.1.1)可改写为

$$\begin{cases} X_{ij} = \mu + \delta_i + \varepsilon_{ij}, \quad i=1,2,\cdots,r, \ j=1,2,\cdots,n_i, \\ \sum_{i=1}^{r} n_i \delta_i = 0, \\ \varepsilon_{ij} \sim N(0, \sigma^2), \quad \text{各 } \varepsilon_{ij} \text{ 相互独立}. \end{cases} \tag{9.1.3}$$

而假设(9.1.2)等价于假设

$$H_0: \delta_1 = \delta_2 = \cdots = \delta_r = 0,$$
$$H_1: \delta_1, \delta_2, \cdots, \delta_r \text{ 不全为零}. \tag{9.1.4}$$

9.1.3 平方和分解

为了检验假设(9.1.4),需构造相应的检验统计量,下面从平方和分解入手.

在统计学中,偏差平方和是度量若干个数据间差异(即波动)的大小的一个重要统计量.全部数据 X_{ij} 之间的差异大小可用总偏差平和 S_T 表示

$$S_T = \sum_{i=1}^{r} \sum_{j=1}^{n_i} (X_{ij} - \overline{X})^2,$$

其中

$$\overline{X} = \frac{1}{n}\sum_{i=1}^{r}\sum_{j=1}^{n_i} X_{ij}.$$

从(9.1.3)式可看出,引起 X_{ij} 间的波动不外乎两个原因,一是随机误差 ε_{ij} 引起的,另一则是水平 A_i 的效应 δ_i 所引起的.这就启发我们:设法把 S_T 分解为两部分,一部分表示随机误差所引起的波动;另一部分表示因素 A 的不同水平所引起的波动.为此,记

$$\overline{X}_i = \frac{1}{n_i}\sum_{j=1}^{n_i} X_{ij}, \quad i=1,2,\cdots,r.$$

从而

$$S_T = \sum_{i=1}^{r}\sum_{j=1}^{n_i}(X_{ij} - \overline{X}_i + \overline{X}_i - \overline{X})^2$$

$$= \sum_{i=1}^{r}\sum_{j=1}^{n_i}(X_{ij} - \overline{X}_i)^2 + \sum_{i=1}^{r}\sum_{j=1}^{n_i}(\overline{X}_i - \overline{X})^2 + 2\sum_{i=1}^{r}\sum_{j=1}^{n_i}(X_{ij} - \overline{X}_i)(\overline{X}_i - \overline{X}).$$

由于

$$\sum_{i=1}^{r}\sum_{j=1}^{n_i}(X_{ij} - \overline{X}_i)(\overline{X}_i - \overline{X}) = \sum_{i=1}^{r}(\overline{X}_i - \overline{X})\sum_{j=1}^{n_i}(X_{ij} - \overline{X}_i)$$

$$= \sum_{i=1}^{r}(\overline{X}_i - \overline{X})(n_i\overline{X}_i - n_i\overline{X}_i) = 0,$$

故

$$S_T = S_e + S_A, \tag{9.1.5}$$

其中

$$S_e = \sum_{i=1}^{r}\sum_{j=1}^{n_i}(X_{ij} - \overline{X}_i)^2,$$

$$S_A = \sum_{i=1}^{r}\sum_{j=1}^{n_i}(\overline{X}_i - \overline{X})^2 = \sum_{i=1}^{r} n_i(\overline{X}_i - \overline{X})^2.$$

为了看清 S_e, S_A 的含义,记

$$\overline{\varepsilon}_i = \frac{1}{n_i}\sum_{j=1}^{n_i}\varepsilon_{ij}, \quad i=1,2,\cdots,r,$$

$$\overline{\varepsilon} = \frac{1}{n}\sum_{i=1}^{r}\sum_{j=1}^{n_i}\varepsilon_{ij} = \frac{1}{n}\sum_{i=1}^{r} n_i\overline{\varepsilon}_i.$$

则由(9.1.3)式知:

$$\overline{X}_i = \mu + \delta_i + \overline{\varepsilon}_i, \quad \overline{X} = \mu + \overline{\varepsilon}.$$

于是

$$S_e = \sum_{i=1}^{r}\sum_{j=1}^{n_i}(\varepsilon_{ij} - \overline{\varepsilon}_i)^2, \tag{9.1.6}$$

$$S_A = \sum_{i=1}^{r} n_i(\delta_i + \overline{\varepsilon}_i - \overline{\varepsilon})^2. \tag{9.1.7}$$

这表明 S_e 反映了由随机误差所引起的波动,故 S_e 称为**误差平方和**或**组内偏差平方和**.而 S_A 除了随机误差外,主要由水平的效应 δ_i 所决定,因此它反映了因素 A 的不同水平所引起

的波动,故 S_A 称为**因素 A 的平方和**或**组间偏差平方和**.故(9.1.5)式正是我们想要得到的分解式,称为**平方和分解式**.该式表明,总的偏差平方和 S_T 是由误差平方和 S_e 与因素 A 的平方和 S_A 两部分组成.如果因素 A 的平方和 S_A 显著的大于误差平方和 S_e,则说明数据间的差异主要是由于因素 A 的水平变化引起的,从而认为因素 A 对试验结果的影响是显著的.

9.1.4 S_A 与 S_e 的统计特性

为了寻找(9.1.4)的检验统计量,下面继续讨论 S_e 与 S_A 的统计特性.

由于

$$S_e = \sum_{j=1}^{n_1}(\varepsilon_{1j}-\bar{\varepsilon}_1)^2 + \sum_{j=1}^{n_2}(\varepsilon_{2j}-\bar{\varepsilon}_2)^2 + \cdots + \sum_{j=1}^{n_r}(\varepsilon_{rj}-\bar{\varepsilon}_r)^2.$$

在模型(9.1.3)下,我们知道 $\forall i=1,2,\cdots,r, \varepsilon_{ij}, j=1,2,\cdots,n_i$ 独立同 $N(0,\sigma^2)$ 分布,由定理6.3.1(2) 知

$$\frac{1}{\sigma^2}\sum_{j=1}^{n_i}(\varepsilon_{ij}-\bar{\varepsilon}_i)^2 \sim \chi^2(n_i-1), \quad i=1,2,\cdots,r.$$

由于 ε_{ij} 相互独立,据 χ^2 分布的可加性及 $\sum_{i=1}^{r}(n_i-1)=n-r$,有

$$\frac{S_e}{\sigma^2} = \frac{\sum_{i=1}^{r}\sum_{j=1}^{n_i}(\varepsilon_{ij}-\bar{\varepsilon}_i)^2}{\sigma^2} \sim \chi^2(n-r), \tag{9.1.8}$$

进而有

$$E(S_e) = (n-r)\sigma^2. \tag{9.1.9}$$

由于 $S_A = \sum_{i=1}^{r} n_i(\delta_i+\bar{\varepsilon}_i-\bar{\varepsilon})^2$,从而

$$E(S_A) = \sum_{i=1}^{r} n_i\delta_i^2 + E\left[\sum_{i=1}^{r} n_i(\bar{\varepsilon}_i-\bar{\varepsilon})^2\right]$$

$$= \sum_{i=1}^{r} n_i\delta_i^2 + \sum_{i=1}^{r} n_i(E(\bar{\varepsilon}_i^2)+E(\bar{\varepsilon}^2)-2E(\bar{\varepsilon}_i\cdot\bar{\varepsilon}))$$

$$= \sum_{i=1}^{r} n_i\delta_i^2 + \sum_{i=1}^{r} n_i\left(\frac{\sigma^2}{n_i}-\frac{\sigma^2}{n}\right) = \sum_{i=1}^{r} n_i\delta_i^2 + (r-1)\sigma^2,$$

即

$$E(S_A) = \sum_{i=1}^{r} n_i\delta_i^2 + (r-1)\sigma^2. \tag{9.1.10}$$

进一步还可以证明 S_A 与 S_e 独立,且当 H_0 为真时

$$\frac{S_A}{\sigma^2} \sim \chi^2(r-1). \tag{9.1.11}$$

上述结果可总结为如下的定理.

定理 9.1.1 在单因素方差分析模型(9.1.3)及前述记号下,有:

(1) $\dfrac{S_e}{\sigma^2} \sim \chi^2(n-r)$;

(2) $E(S_A) = \sum_{i=1}^{r} n_i \delta_i^2 + (r-1)\sigma^2$,进一步地,若 H_0 成立,有 $\dfrac{S_A}{\sigma^2} \sim \chi^2(r-1)$;

(3) S_A 与 S_e 独立. □

9.1.5 检验统计量

由(9.1.10)式知,当 H_0 为真时 $E\left(\dfrac{S_A}{r-1}\right) = \sigma^2$,即 $S_A/(r-1)$ 是 σ^2 的无偏估计,而当 H_0 不真时,$\sum_{i=1}^{r} n_i \delta_i^2 > 0$,此时 $E\left(\dfrac{S_A}{r-1}\right) = \sigma^2 + \dfrac{1}{r-1}\sum_{i=1}^{r} n_i \delta_i^2 > \sigma^2$.再由(9.1.9)知,$E\left(\dfrac{S_e}{n-r}\right) = \sigma^2$,即不论 H_0 是否为真,$S_e/(n-r)$ 都是 σ^2 的无偏估计.

综上分析知,在 H_0 为真时,$\dfrac{S_A/(r-1)}{S_e/(n-r)}$ 应接近于 1,而当 H_0 不真时,$\dfrac{S_A/(r-1)}{S_e/(n-r)}$ 与 1 相比会明显偏大.再根据 S_A 与 S_e 独立,$S_e/\sigma^2 \sim \chi^2(n-r)$,且当 H_0 为真时 $S_A/\sigma^2 \sim \chi^2(r-1)$,知当 H_0 为真时

$$F = \frac{S_A/(r-1)}{S_e/(n-r)} = \frac{\dfrac{S_A}{\sigma^2}\Big/(r-1)}{\dfrac{S_e}{\sigma^2}\Big/(n-r)} \sim F(r-1, n-r). \qquad (9.1.12)$$

故上述 F 可作为检验(9.1.4)的检验统计量.因此给出下面的定理.

定理 9.1.2 在单因素方差分析模型(9.1.3)及前述记号下,

(1) 若 H_0 为真,则 $F = \dfrac{S_A/(r-1)}{S_e/(n-r)} \sim F(r-1, n-r)$.

(2) 对给定的显著性水平 α,H_0 的拒绝域为 $W = \{F \geqslant F_\alpha(r-1, n-r)\}$,其中 $F_\alpha(r-1, n-r)$ 是 $F(r-1, n-r)$ 的上侧 α 分位数.

对给定的显著性水平 α,查 F 分布表,得临界值 $F_\alpha(r-1, n-r)$,由样本观察值计算 S_e 和 S_A,进而计算出统计量 F 的值 F_0,若 $F_0 \geqslant F_\alpha(r-1, n-r)$,则拒绝原假设 H_0,认为因素 A 对试验结果的影响是显著的;如果 $F_0 < F_\alpha(r-1, n-r)$,则接受 H_0,认为因素 A 对试验结果的影响不显著,试验结果的差异主要是不可控制的随机因素造成的.该检验的 p 值也可借助统计软件求出,若以 Y 表示服从 $F(r-1, n-r)$ 的随机变量,则检验的 p 值为 $p = P(Y \geqslant F_0)$,利用 p 值进行判断与第八章相同.

在具体计算时,可列出如表 9.1.4 所示的方差分析表.

表 9.1.4 单因素方差分析表

来源	平方和	自由度	均方和	F 值
因素 A	S_A	$r-1$	$MS_A = S_A/(r-1)$	$F = MS_A/MS_e$
误差	S_e	$n-r$	$MS_e = S_e/(n-r)$	
总和	S_T	$n-1$		

表 9.1.4 中,$MS_A = S_A/(r-1)$,$MS_e = S_e/(n-r)$ 分别称为 S_A,S_e 的均方和.记

$$T_i = \sum_{j=1}^{n_i} X_{ij}, i = 1, 2, \cdots, r, \quad T = \sum_{i=1}^{r} T_i,$$

在实际中,为了简化计算可按以下的公式和顺序计算 S_T, S_A 和 S_e:

$$S_T = \sum_{i=1}^{r} \sum_{j=1}^{n_i} X_{ij}^2 - \frac{1}{n} T^2,$$
$$S_A = \sum_{i=1}^{r} \frac{T_i^2}{n_i} - \frac{1}{n} T^2, \quad (9.1.13)$$
$$S_e = S_T - S_A.$$

例 9.1.3 在显著性水平 $\alpha = 0.05$ 下,检验例 9.1.1 中三种储藏方法对粮食含水率有无显著影响.

解 记第 i 种储藏方法为 $A_i, i = 1, 2, 3$. 各储藏方法构成的总体平均含水率为 μ_1, μ_2, μ_3. 欲检验假设

$$H_0 : \mu_1 = \mu_2 = \mu_3,$$
$$H_1 : \mu_1, \mu_2, \mu_3 \text{ 不全相等}.$$

本题中 $n_1 = n_2 = n_3 = 5$,$r = 3, n = 15$,由表 9.1.1 所给数据,经计算得下表

表 9.1.5 例 9.1.1 的计算表

储藏方法	T_i	T_i^2	$\sum_{j=1}^{5} X_{ij}^2$
A_1	39.9	1 592.01	319.39
A_2	32	1 024	208.66
A_3	45.6	2 079.36	419.26
总和	117.5	4 965.37	947.31

三个平方和分别为

$$S_T = \sum_{i=1}^{3} \sum_{j=1}^{5} X_{ij}^2 - \frac{T^2}{n} = 947.31 - \frac{117.5^2}{15} \approx 26.893, \quad f_T = 14,$$
$$S_A = \sum_{i=1}^{3} \frac{T_i^2}{n_i} - \frac{T^2}{n} = \frac{4\,695.37}{5} - \frac{117.5^2}{15} \approx 18.657, \quad f_A = 2,$$
$$S_e = S_T - S_A = 8.236, \quad f_e = 12.$$

据此可建立方差分析表,见表 9.1.6.

表 9.1.6 例 9.1.1 的方差分析表

来源	平方和	自由度	均方和	F 值
因子 A	18.657	2	9.329	13.599
误差	8.236	12	0.686	
总和	26.893	14		

在显著性水平 $\alpha = 0.05$ 下,查附表 6 得 $F_{0.05}(2, 12) = 3.89$,故拒绝域为 $W = \{F \geqslant 3.89\}$,由于 $F = 13.599 > 3.89$,故认为因素 A(储藏方法)是显著的,即不同储藏方法对于粮食的含水率有显著影响.

本例中,检验的 p 值为 $8.249\,4 \times 10^{-4}$,由于 p 值小于 α,故拒绝原假设. □

实际计算中有时为了简便,还可先对数据 X_{ij} 施以线性变换 $Y_{ij}=b(X_{ij}-a)$, a, b 为适当常数且 $b\neq 0$,使得变换后的数据尽量多出现零或者数据的绝对值尽量小,并尽可能为整数.可证明做线性变换后所计算的 F 值不变.特别地,当 $b=1$ 时,S_e,S_A 的值不变.

9.1.6 参数估计

在检验结果为显著时,我们可进一步求出误差方差 σ^2、总均值 μ、水平 A_i 下的均值 μ_i 与效应 δ_i 的估计.

根据(9.1.9)式知,不论 H_0 是否为真,

$$\widehat{\sigma^2}=\frac{S_e}{n-r}=MS_e$$

都是 σ^2 的无偏估计.

易求

$$E(\overline{X}_i)=\frac{1}{n_i}\sum_{j=1}^{n_i}E(X_{ij})=\mu_i, \quad i=1,2,\cdots,r.$$

$$E(\overline{X})=\frac{1}{n}\sum_{i=1}^{r}\sum_{j=1}^{n_i}E(X_{ij})=\frac{1}{n}\sum_{i=1}^{r}n_i\mu_i=\mu.$$

故 $\hat{\mu}_i=\overline{X}_i$, $\hat{\mu}=\overline{X}$ 分别是 μ_i, μ 的无偏估计.可以证明 $\hat{\mu}_i=\overline{X}_i$, $\hat{\mu}=\overline{X}$ 也分别是 μ_i, μ 的最大似然估计.

当拒绝 H_0 时,意味着 $\mu_1,\mu_2,\cdots,\mu_r$ 不全相等,即 $\delta_1,\delta_2,\cdots,\delta_r$ 不全为零,由于 $\delta_i=\mu_i-\mu$, $i=1,2,\cdots,r$,所以 $\hat{\delta}_i=\overline{X}_i-\overline{X}$ 是 δ_i 的无偏估计,且满足

$$\sum_{i=1}^{r}n_i\hat{\delta}_i=\sum_{i=1}^{r}n_i\overline{X}_i-n\overline{X}=0.$$

当拒绝 H_0 时,常需要讨论各水平 A_i 下均值 μ_i 的区间估计和指定的一对水平 A_i 与 A_j 下均值差 $\mu_i-\mu_j=\delta_i-\delta_j$ 的区间估计,下面分别进行讨论.

显然 $\overline{X}_i\sim N\left(\mu_i,\frac{\sigma^2}{n_i}\right)$,据定理 9.1.1 知,$S_e/\sigma^2\sim\chi^2(n-r)$,且 $\overline{X}_i$,S_e 相互独立,故

$$\frac{\sqrt{n_i}(\overline{X}_i-\mu_i)}{\sqrt{S_e/(n-r)}}=\frac{\sqrt{n_i}(\overline{X}_i-\mu_i)/\sigma}{\sqrt{\frac{S_e}{\sigma^2}/(n-r)}}\sim t(n-r).$$

由此给出均值 μ_i 的置信度为 $1-\alpha$ 的置信区间为

$$\left(\overline{X}_i-t_{\alpha/2}(n-r)\sqrt{\frac{MS_e}{n_i}},\ \overline{X}_i+t_{\alpha/2}(n-r)\sqrt{\frac{MS_e}{n_i}}\right) \tag{9.1.14}$$

由于 $\overline{X}_i$ 与 $\overline{X}_j$ 相互独立,$\overline{X}_i\sim N\left(\mu_i,\frac{\sigma^2}{n_i}\right)$,$\overline{X}_j\sim N\left(\mu_j,\frac{\sigma^2}{n_j}\right)$,从而

$$\overline{X}_i-\overline{X}_j\sim N\left(\mu_i-\mu_j,\left(\frac{1}{n_i}+\frac{1}{n_j}\right)\sigma^2\right).$$

再根据 $S_e/\sigma^2\sim\chi^2(n-r)$,且与 $\overline{X}_i-\overline{X}_j$ 独立,故

$$\frac{(\overline{X}_i - \overline{X}_j) - (\mu_i - \mu_j)}{\sqrt{\frac{S_e}{n-r}}\sqrt{\frac{1}{n_i}+\frac{1}{n_j}}} = \frac{[(\overline{X}_i - \overline{X}_j) - (\mu_i - \mu_j)]/\sigma\sqrt{\frac{1}{n_i}+\frac{1}{n_j}}}{\sqrt{\frac{S_e}{\sigma^2}/(n-r)}} \sim t(n-r),$$

据此可得均值差 $\mu_i - \mu_j = \delta_i - \delta_j$ 的置信度为 $1-\alpha$ 的置信区间为

$$\left(\overline{X}_i - \overline{X}_j - t_{\alpha/2}(n-r)\sqrt{\left(\frac{1}{n_i}+\frac{1}{n_j}\right)MS_e}, \overline{X}_i - \overline{X}_j + t_{\alpha/2}(n-r)\sqrt{\left(\frac{1}{n_i}+\frac{1}{n_j}\right)MS_e}\right).$$

(9.1.15)

例 9.1.4 求例 9.1.1 中每种储藏方法的平均含水率的点估计及置信度为 0.95 的置信区间.

解 每种储藏方法含水率的均值的点估计分别为

$$\hat{\mu}_1 = 7.98, \quad \hat{\mu}_2 = 6.4, \quad \hat{\mu}_3 = 9.12.$$

而误差方差的无偏估计为 $\widehat{\sigma^2} = MS_e = 0.686$,因而 $\hat{\sigma} = \sqrt{0.686} \approx 0.828$. 由于 $\alpha = 0.05$,则 $t_{\alpha/2}(f_e) = t_{0.025}(12) = 2.1788$,$\hat{\sigma} t_{0.025}(12)/\sqrt{5} \approx 0.807$,于是三个水平均值的置信度为 0.95 的置信区间分别为

$$\mu_1: (7.98 - 0.807, 7.98 + 0.807) = (7.173, 8.787),$$
$$\mu_2: (6.40 - 0.807, 6.40 + 0.807) = (5.593, 7.207),$$
$$\mu_3: (9.12 - 0.807, 9.12 + 0.807) = (8.313, 9.927).$$

□

例 9.1.5 试在显著性水平 0.05 下,检验例 9.1.2 中各个方案的反应时间有无显著差异. 若有差异,试求 $\mu_1-\mu_2, \mu_1-\mu_3, \mu_2-\mu_3$ 的置信度为 0.95 的置信区间.

解 记第 i 种设置方案为 $A_i, i=1,2,3$. 各方案构成的总体平均反应时间为 μ_1, μ_2, μ_3. 欲检验假设

$$H_0: \mu_1 = \mu_2 = \mu_3,$$
$$H_1: \mu_1, \mu_2, \mu_3 \text{ 不全相等}.$$

本题中,$n_1 = 8, n_2 = 12, n_3 = 8, r = 3, T_1 = 100, T_2 = 120, T_3 = 64, T = 284.$

$$S_T = \sum_{i=1}^{3}\sum_{j=1}^{n_i} X_{ij}^2 - T^2/n = 3052 - 284^2/28 \approx 171.43, \quad f_T = 27,$$

$$S_A = \sum_{i=1}^{3} T_i^2/n_i - T^2/n = 2962 - 284^2/28 \approx 81.43, \quad f_A = 2,$$

$$S_e = S_T - S_A = 90, \quad f_e = 25.$$

从而方差分析表如下.

表 9.1.7 例 9.1.2 的方差分析表

来源	平方和	自由度	均方和	F 值
因子 A	81.43	2	40.715	11.31
误差	90	25	3.6	
总和	171.43	27		

因 $F_{0.05}(2,25) = 3.39, F = 11.31 > 3.39$,故在显著性水平 $\alpha = 0.05$ 下拒绝 H_0,认为差异是显著的.

下求 $\mu_1-\mu_2, \mu_1-\mu_3, \mu_2-\mu_3$ 的置信度为 $1-\alpha=0.95$ 的置信区间. 由于 $n_1=n_3=8$, $n_2=12, t_{0.025}(25)=2.0595$,

$$t_{\alpha/2}(25)\times\sqrt{MS_e\left(\frac{1}{n_1}+\frac{1}{n_2}\right)}=t_{\alpha/2}(25)\times\sqrt{MS_e\left(\frac{1}{n_2}+\frac{1}{n_3}\right)}$$
$$=2.0595\times\sqrt{3.6\times\left(\frac{1}{8}+\frac{1}{12}\right)}\approx 1.78,$$

$$t_{\alpha/2}(25)\times\sqrt{MS_e\left(\frac{1}{n_1}+\frac{1}{n_3}\right)}=2.0595\times\sqrt{3.6\times\left(\frac{1}{8}+\frac{1}{8}\right)}\approx 1.95,$$

$$\hat{\mu}_1=T_1/8=12.5, \hat{\mu}_2=T_2/12=10, \hat{\mu}_3=T_3/8=8,$$

从而得 $\mu_1-\mu_2, \mu_1-\mu_3, \mu_2-\mu_3$ 的置信度为 0.95 的置信区间分别为

$$(\hat{\mu}_1-\hat{\mu}_2-1.78, \hat{\mu}_1-\hat{\mu}_2+1.78)=(0.72, 4.28),$$
$$(\hat{\mu}_1-\hat{\mu}_3-1.95, \hat{\mu}_1-\hat{\mu}_3+1.95)=(2.55, 6.45),$$
$$(\hat{\mu}_2-\hat{\mu}_3-1.78, \hat{\mu}_2-\hat{\mu}_3+1.78)=(0.22, 3.78).$$

由此可见, 若仅从得到的样本作出决策, 则以方案 Ⅲ 为佳.

9.1.7* 用 Excel 软件进行方差分析

以例 9.1.1 为例, 用 Excel 求解步骤如下:

1. 建立给定问题的原假设和备择假设,

$$H_0: \mu_1=\mu_2=\mu_3, \quad H_1: \mu_1, \mu_2, \mu_3 \text{ 不全相等.}$$

2. 打开 Excel 工作表, 将数据输入到 A1:F3;

3. 依次单击 "数据", "数据分析", "方差分析:单因素方差分析" 和 "确定";

4. 在弹出的对话框中输入变量的范围 A1:F3, 选择 "分组方式" 为 "行", 单击 "标志位于第一列", 设定 $\alpha=0.05$, 单击 "确定", 显示结果有两张表, 第一张表是三种储藏方法所得含水率值的均值、方差的汇总, 第二张表是方差分析表(见表 9.1.8).

表 9.1.8 例 9.1.1 的单因素方差分析计算结果

差异源	SS	df	MS	F	P-value	F crit
组间	18.657 33	2	9.328 667	13.592 03	0.000 825	3.885 294
组内	8.236	12	0.686 333			
总计	26.893 33	14				

5. 结果分析

由于 $F=13.59203$, 大于 F 的临界值 F crit$=3.885294$, 故在显著性水平 0.05 下拒绝原假设, 认为这三种储藏方法对粮食含水率有显著影响. 或者, 根据检验的 p 值 $=0.000825$, 由于显著性水平 $\alpha=0.05$ 远大于此检验的 p 值, 故拒绝原假设. 两种方法下的结论相同.

习 题 9.1

1. 用 4 种安眠药在兔子身上进行试验, 特选 24 只健康的兔子, 随机把它们均分为 4 组,

每组各服一种安眠药，安眠时间（单位：h）如下所示．

安眠药试验数据

安眠药	安眠时间					
A_1	6.2	6.1	6.0	6.3	6.1	5.9
A_2	6.3	6.5	6.7	6.6	7.1	6.4
A_3	6.8	7.1	6.6	6.8	6.9	6.6
A_4	5.4	6.4	6.2	6.3	6.0	5.9

在显著性水平 $\alpha=0.05$ 下对其进行方差分析，可以得到什么结果？

2．为研究咖啡因对人体功能的影响，特选 30 名体质大致相同的健康男大学生进行手指叩击训练，此外咖啡因选三个水平：

$$A_1=0 \text{ mg}, \quad A_2=100 \text{ mg}, \quad A_3=200 \text{ mg}.$$

每个水平下冲泡 10 杯水，外观无差别，并加以编号，然后让 30 名大学生每人从中任选一杯服下，2 h 后，请每人做手指叩击，统计员记录其每分钟叩击次数，试验结果统计如下表：

咖啡因剂量	叩击次数									
$A_1=0\text{mg}$	242	245	244	248	247	248	242	244	246	242
$A_2=100\text{mg}$	248	246	245	247	248	250	247	246	243	244
$A_3=200\text{mg}$	246	248	250	252	248	250	246	248	245	250

在显著性水平 $\alpha=0.05$ 下请对上述数据进行方差分析，从中可得到什么结论？

3．一个年级有三个小班，他们进行了一次数学考试．现从各个班级随机地抽取了一些学生，记录其成绩如下：

Ⅰ	73	66	73	80	60	77	82	45	43	93	89	36		
Ⅱ	88	77	74	78	31	80	48	78	56	91	62	85	51	76	96
Ⅲ	68	41	87	79	59	71	56	68	15	91	53	71	79		

试在显著性水平 $\alpha=0.05$ 下，检验各班级的平均分数有无显著性差异？

4．将抗生素注入人体会产生抗生素与血浆蛋白质结合的现象，以致减少药效．下表列出 5 种常用的抗生素注入到牛的体内时，抗生素与血浆蛋白质结合的百分比．试在水平 $\alpha=0.05$ 下检验这些百分比的均值有无显著的差异．设各总体服从正态分布，且方差相同．

青霉素	四环素	链霉素	红霉素	氯霉素
29.6	27.3	5.8	21.6	29.2
24.3	32.6	6.2	17.4	32.8
28.5	30.8	11.0	18.3	25.0
32.0	34.8	8.3	19.0	24.2

5．某食品公司对一种食品设计了四种新包装，为考察哪种包装最受顾客欢迎，选了 10

个地段繁华程度相似、规模相近的商店做试验,其中两种包装各指定两个商店销售,另两种包装备指定三个商店销售,在试验期内各店货架排放的位置、空间都相同,营业员的促销方法也基本相同,经过一段时间,记录其销售数量,列于下表中:

包装类型	销售数据		
A_1	12	18	
A_2	14	12	13
A_3	19	17	21
A_4	24	30	

试在显著性水平 $\alpha=0.05$ 下,检验四种包装的销售量有无显著性差异?

9.2 一元线性回归分析

在许多实际问题中,我们常常需要研究多个变量之间的关系.一般说来,变量之间的关系可分确定性关系和非确定性关系两类.确定性关系是指变量之间的关系是完全确定的,可以用函数 $y=f(x)$ 来表示,x(可以是向量)给定后,y 的值就唯一确定了.譬如圆的面积 S 与半径 r 之间的关系 $S=\pi r^2$,电路中的电压 V 与电流 I 和电阻 R 的关系 $V=IR$.然而在自然界和生产实践中,还存在着大量的非确定性关系:变量间有关系,但是不能用函数来表示,我们称这类关系为**相关关系**.譬如,人的血压与年龄之间有相关关系.一般地,人的年龄大一些血压也要相应地高一些,但这种关系并不是确定的,因为即使是同一年龄的人血压也不完全相同.又如,人的身高与体重、人的脚掌与身高、农作物产量与施肥量、家庭收入与支出等等,也是这种相关关系.变量间的相关关系不能用完全确定的函数形式表示,但在平均意义下有一定的定量关系表达式,寻找这种定量关系表达式就是回归分析的主要任务.

回归分析是数理统计中常用的方法之一,在生产实践和科学研究中有广泛的应用.比如,根据人的脚掌与身高的关系,公安机关在破案时,常常根据案犯留下的脚印来推测其身高.

本节仅介绍一种较简单的情形,即一元线性回归分析,这便于对回归分析做简明的讲解.

9.2.1 一元线性回归模型

首先考察一个实例.

例 9.2.1 由专业知识知道,合金的强度 y(单位:10^7 帕)与合金中碳的含量 x(单位:%)有关,为了生产强度满足用户需要的合金,在冶炼时如何控制碳的含量?如果在冶炼中通过化验得知了碳的含量,能否预测这炉合金的强度?为解决这类问题需要研究两个变量间的关系,现收集到 12 组数据,列于表 9.2.1 中.

表 9.2.1　合金钢强度 y 与碳含量 x 的数据

x	0.10	0.11	0.12	0.13	0.14	0.15	0.16	0.17	0.18	0.20	0.21	0.23
y	42.0	43.0	45.0	45.0	45.0	47.5	49.0	53.0	50.0	55.0	55.0	60.0

其中 x 是普通变量，y 为随机变量.

为了观察 y 与 x 之间的相关关系，将表中的 12 对数据描在平面直角坐标系中（见图 9.2.1），所绘出的图形称为散点图.

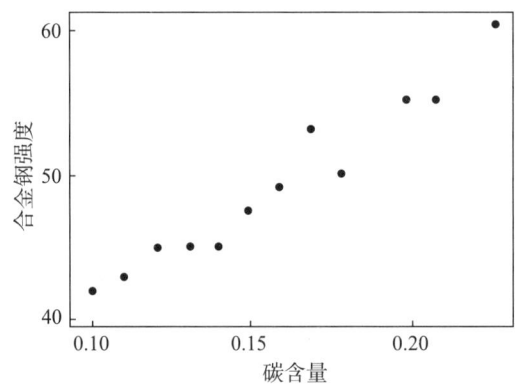

图 9.2.1　合金强度与碳含量的散点图

图 9.2.1 中的点散布在某条直线的附近，但又不完全在直线上，这是由于 y 还受到其他一些随机因素的影响. 这样 y 可看成是由两部分叠加而成的，一部分是 x 的线性函数 $a+bx$，另一部分是由随机因素 ε 所引起的，故有
$$y=a+bx+\varepsilon.$$
对此我们称 y 与 x 间有线性的相关关系. 由于 ε 看成随机误差，因此，通常认为 $\varepsilon \sim N(0,\sigma^2)$. 为了研究方便起见，我们还进一步假定 σ^2 与 x 无关.

一般地，假设 x 是一可控制或可精确测量的变量，y 与 x 有如下线性的相关关系（简称为线性相关关系）
$$\begin{cases} y=a+bx+\varepsilon, \\ \varepsilon \sim N(0,\sigma^2), \end{cases} \tag{9.2.1}$$
其中 a,b,σ^2 都是未知参数. 一般地，称 b 为回归系数.

为确定 (9.2.1) 式中的未知参数 a,b，对这一组变量 (x,y) 作 n 次独立观测，设第 i 次观测数据为 (x_i,y_i)，这里 $x_1,x_2,\cdots,x_n$ 不全相同. 由 (9.2.1) 式知
$$\begin{cases} y_i=a+bx_i+\varepsilon_i, \\ \varepsilon_i \sim N(0,\sigma^2), \quad \text{各 } \varepsilon_i \text{ 相互独立}, \end{cases} \quad i=1,2,\cdots n. \tag{9.2.2}$$
称 (9.2.1) 或 (9.2.2) 式为**一元线性回归模型**. 建立在一元线性回归模型上的统计分析就称为一元线性回归分析.

一元线性回归分析主要是在模型 (9.2.2) 下讨论下列问题：

(1) 估计未知参数 a,b.

若 a 与 b 的估计值为 $\hat{a}$ 与 $\hat{b}$，通常称

$$\hat{y} = \hat{a} + \hat{b}\, x \tag{9.2.3}$$

为 y 关于 x 的**经验回归方程**或**回归方程**,其图形称为**回归直线**. 给定 x_0 后,称 $\hat{y}_0 = \hat{a} + \hat{b} x_0$ 为**回归值**(在不同场合也叫**拟合值**或**预测值**).

(2) 估计未知参数 σ^2.
(3) 检验 y 与 x 间是否具有线性相关关系.
(4) 利用求得的线性关系,通过 x 对 y 进行预测.

9.2.2 参数 a, b 的最小二乘估计及其性质

求参数 a, b 的估计值,也就是要确定一条回归直线 $y = a + bx$ 来近似表达 y 与 x 的关系. 一个直观的想法是使这条直线应最接近已知的 n 个数据点 $(x_1, y_1), \cdots, (x_n, y_n)$. 通常用

$$Q(a,b) = \sum_{i=1}^{n} [y_i - (a + bx_i)]^2$$

作为任一条直线 $y = a + bx$ 与这 n 个数据点偏离程度的衡量指标. 我们当然取使得 $Q(a,b)$ 取到最小值的 $\hat{a}, \hat{b}$ 作为 a, b 的估计. 这样,求 a, b 的估计就转化为求 $Q(a,b)$ 的最小值点问题.

用上述思想方法求得的 $\hat{a}, \hat{b}$ 称为 a, b 的**最小二乘估计**. 下面给出 a, b 的最小二乘估计表达式.

求 Q 关于 a, b 的偏导数,并令它们分别等于零,得

$$\begin{cases} \dfrac{\partial Q}{\partial a} = -2 \sum_{i=1}^{n} (y_i - a - bx_i) = 0, \\ \dfrac{\partial Q}{\partial b} = -2 \sum_{i=1}^{n} (y_i - a - bx_i) x_i = 0. \end{cases}$$

整理后得

$$\begin{cases} na + n\bar{x} b = n\bar{y}, \\ n\bar{x} a + b \sum_{i=1}^{n} x_i^2 = \sum_{i=1}^{n} x_i y_i, \end{cases} \tag{9.2.4}$$

其中 $\bar{x} = \dfrac{1}{n} \sum_{i=1}^{n} x_i$, $\bar{y} = \dfrac{1}{n} \sum_{i=1}^{n} y_i$. 称方程组(9.2.4)为**正规方程组**. 由于 $x_1, x_2, \cdots, x_n$ 不全相同,方程组(9.2.4)的系数行列式

$$\begin{vmatrix} n & n\bar{x} \\ n\bar{x} & \sum_{i=1}^{n} x_i^2 \end{vmatrix} = n \sum_{i=1}^{n} (x_i - \bar{x})^2 \neq 0,$$

故(9.2.4)有唯一解. 方程组(9.2.4)的解为

$$\begin{cases} \hat{b} = \dfrac{\sum_{i=1}^{n} (x_i - \bar{x})(y_i - \bar{y})}{\sum_{i=1}^{n} (x_i - \bar{x})^2}, \\ \hat{a} = \bar{y} - \hat{b} \bar{x}. \end{cases} \tag{9.2.5}$$

可以验证(9.2.5)式中的 $\hat{a},\hat{b}$ 使 $Q(a,b)$ 达到最小,故(9.2.5)式为 a,b 的最小二乘估计.

为了计算上的方便,引入以下符号:

$$L_{xx} = \sum_{i=1}^{n}(x_i-\bar{x})^2 = \sum_{i=1}^{n}x_i^2 - n\bar{x}^2 = \sum_{i=1}^{n}x_i^2 - \frac{1}{n}\left(\sum_{i=1}^{n}x_i\right)^2,$$

$$L_{yy} = \sum_{i=1}^{n}(y_i-\bar{y})^2 = \sum_{i=1}^{n}y_i^2 - n\bar{y}^2 = \sum_{i=1}^{n}y_i^2 - \frac{1}{n}\left(\sum_{i=1}^{n}y_i\right)^2,$$

$$L_{xy} = \sum_{i=1}^{n}(x_i-\bar{x})(y_i-\bar{y}) = \sum_{i=1}^{n}x_iy_i - n\cdot\bar{x}\cdot\bar{y} = \sum_{i=1}^{n}x_iy_i - \frac{1}{n}\cdot\sum_{i=1}^{n}x_i\cdot\sum_{i=1}^{n}y_i.$$

则 a,b 的最小二乘估计可写为

$$\begin{cases} \hat{a}=\bar{y}-\hat{b}\bar{x}, \\ \hat{b}=L_{xy}/L_{xx}. \end{cases} \tag{9.2.6}$$

例 9.2.2 在例 9.2.1 中,求 y 关于 x 的回归方程.

解 使用例 9.2.1 中合金钢强度和碳含量数据,计算过程如下:

$$n=12,\ \sum_{i=1}^{12}x_i=1.9,\ \bar{x}=0.158\,3,\ \sum_{i=1}^{12}x_i^2=0.319\,4,\ \sum_{i=1}^{12}y_i=589.5,\ \sum_{i=1}^{12}x_iy_i=95.805.$$

$$L_{xx} = \sum_{i=1}^{n}x_i^2 - \frac{1}{n}\left(\sum_{i=1}^{n}x_i\right)^2 \approx 0.018\,6,$$

$$L_{xy} = \sum_{i=1}^{n}x_iy_i - \frac{1}{n}\cdot\sum_{i=1}^{n}x_i\cdot\sum_{i=1}^{n}y_i \approx 2.467\,5,$$

$$\hat{b} = L_{xy}/L_{xx} \approx 132.66,$$

$$\hat{a} = \bar{y} - \hat{b}\bar{x} \approx 28.12.$$

于是得到 y 关于 x 的回归方程为

$$\hat{y} = 28.12 + 132.66x.$$
□

对参数 a,b 的最小二乘估计,可以证明有如下的结论:

定理 9.2.1 在模型(9.2.2)下,有

(1) $\hat{a} \sim N\left(a,\left(\frac{1}{n}+\frac{\bar{x}^2}{L_{xx}}\right)\sigma^2\right), \hat{b} \sim N\left(b,\frac{\sigma^2}{L_{xx}}\right);$

(2) 对于给定的 x_0,有 $\hat{y}_0 \sim N\left(a+bx_0,\left(\frac{1}{n}+\frac{(x_0-\bar{x})^2}{L_{xx}}\right)\sigma^2\right).$

注 1 $\hat{a},\hat{b}$ 分别是 a,b 的无偏估计,且它们波动的大小(即方差)不仅与随机变量 y 的方差 σ^2 有关,而且还与回归变量 x 取值的分散程度有关.如果 x 取值的分散程度较大(即 L_{xx} 较大),那么它们的波动就比较小,也就是估计比较精确;反之,若 x 在一个比较小的范围内取值,那么对 a,b 的估计 $\hat{a},\hat{b}$ 就不会很精确.

注 2 对于给定的 $x_0,\hat{y}_0$ 是 $E(y_0)=a+bx_0$ 的无偏估计.

9.2.3 参数 σ^2 的估计

记 $\hat{y}_i=\hat{a}+\hat{b}x_i,i=1,2,\cdots,n$,称 $y_i-\hat{y}_i$ 为 x_i 处的残差,平方和

$$S_e = \sum_{i=1}^{n}(y_i - \hat{y}_i)^2 = \sum_{i=1}^{n}(y_i - \hat{a} - \hat{b}x_i)^2$$

称为**残差平方和**. 可以证明

$$\frac{S_e}{\sigma^2} \sim \chi^2(n-2),$$

于是

$$E\left(\frac{S_e}{\sigma^2}\right) = n - 2.$$

因此 $\widehat{\sigma^2} = \dfrac{S_e}{n-2}$ 为 σ^2 的一个无偏估计.

为了便于计算 $\widehat{\sigma^2}$, 通常利用 S_e 的如下分解

$$\begin{aligned}
S_e &= \sum_{i=1}^{n}(y_i - \hat{a} - \hat{b}x_i)^2 = \sum_{i=1}^{n}[y_i - \bar{y} - \hat{b}(x_i - \bar{x})]^2 \\
&= \sum_{i=1}^{n}(y_i - \bar{y})^2 - 2\hat{b}\sum_{i=1}^{n}(x_i - \bar{x})(y_i - \bar{y}) + (\hat{b})^2 \sum_{i=1}^{n}(x_i - \bar{x})^2 \\
&= L_{yy} - 2\hat{b}L_{xy} + (\hat{b})^2 L_{xx} \\
&= L_{yy} - (\hat{b})^2 L_{xx}.
\end{aligned}$$

上面最后一个等式是利用 $\hat{b} = \dfrac{L_{xy}}{L_{xx}}$ 推得.

例 9.2.3 求例 9.2.1 中的 σ^2 无偏估计.

解 $L_{yy} = \sum_{i=1}^{n} y_i^2 - \dfrac{1}{n}\left(\sum_{i=1}^{n} y_i\right)^2 = 29\,304.25 - \dfrac{589.5^2}{12} = 345.062\,5,$

$$\begin{aligned}
\widehat{\sigma^2} &= \frac{S_e}{n-2} = \frac{1}{n-2}[L_{yy} - (\hat{b})^2 L_{xx}] \\
&= \frac{1}{10}[345.062\,5 - (132.66)^2 \times 0.018\,6] \approx 1.773.
\end{aligned}$$ □

9.2.4 线性假设的显著性检验

回归方程是建立在假设 y 与 x 有线性相关关系基础上的, 在处理实际问题时, 事先我们并不能断定 y 与 x 有线性相关关系, 只是通过专业知识和散点图做粗略的判断. 如果 y 与 x 不具有线性相关关系, 则所建立的回归方程也失去了它的应用价值. 因此, 我们必须对 y 与 x 之间是否具有线性相关关系进行检验. 若线性假设(9.2.1)符合实际, 则 b 不应为零. 因为若 $b=0$, 则 y 就不依赖于 x 了, 因此, 问题归结为对假设

$$H_0: b = 0, \quad H_1: b \neq 0 \tag{9.2.7}$$

进行检验.

下面介绍两种等价的检验方法, 使用中只要任选其中一个即可. 下面分别加以介绍.

一、F 检验

采用方差分析的思想, 从数据出发研究各 y_i 不同的原因.

数据总的波动用**总偏差平方和**

$$S_T = \sum_{i=1}^n (y_i - \bar{y})^2 = L_{yy}$$

表示. 引起 y_i 不同的原因主要有两个因素:其一是 $H_0:b=0$ 可能不真,$E(y)=a+bx$ 随 x 的变化而变化,从而在不同的 x 的观察值处的回归值不同,其波动用**回归平方和**

$$S_R = \sum_{i=1}^n (\hat{y}_i - \bar{y})^2$$

来表示;其二是其他一切因素,包括随机误差、x 对 $E(y)$ 的非线性影响等,这样在得到回归值以后,y 的观测值与回归值之间还有差距,这可用**残差平方和**

$$S_e = \sum_{i=1}^n (y_i - \hat{y}_i)^2$$

来表示. 为对上述诸平方和实施方差分析,下面要证明重要的平方和分解式.

注意到 $\hat{a}, \hat{b}$ 满足正规方程组

$$\sum_{i=1}^n (y_i - \hat{a} - \hat{b}x_i) = 0 \Rightarrow \sum_{i=1}^n (y_i - \hat{y}_i) = 0,$$

$$\sum_{i=1}^n (y_i - \hat{a} - \hat{b}x_i)x_i = 0 \Rightarrow \sum_{i=1}^n (y_i - \hat{y}_i)x_i = 0.$$

利用 $\hat{y}_i = \hat{a} + \hat{b}x_i = (\bar{y} - \hat{b}\bar{x}) + \hat{b}x_i = \bar{y} + \hat{b}(x_i - \bar{x})$,可得

$$\sum_{i=1}^n (y_i - \hat{y}_i)(\hat{y}_i - \bar{y}) = \sum_{i=1}^n (y_i - \hat{y}_i)[\hat{b}(x_i - \bar{x})]$$

$$= \hat{b}\left[\sum_{i=1}^n (y_i - \hat{y}_i)x_i - \sum_{i=1}^n (y_i - \hat{y}_i)\bar{x}\right] = 0.$$

从而

$$S_T = \sum_{i=1}^n (y_i - \bar{y})^2 = \sum_{i=1}^n [(y_i - \hat{y}_i) + (\hat{y}_i - \bar{y})]^2$$

$$= \sum_{i=1}^n (y_i - \hat{y}_i)^2 + \sum_{i=1}^n (\hat{y}_i - \bar{y})^2,$$

即

$$S_T = S_e + S_R. \tag{9.2.8}$$

称(9.2.8)为一元线性回归的**平方和分解式**,并且有 $S_R = (\hat{b})^2 L_{xx}$.

关于 S_R, S_e 所含有的成分,可由如下定理说明.

定理 9.2.2 在一元线性回归模型(9.2.2)及前述记号下,有:
(1) $E(S_R) = \sigma^2 + b^2 L_{xx}$;(2) $E(S_e) = (n-2)\sigma^2$.

进一步地,有关 S_R, S_e 的分布,有如下的定理:

定理 9.2.3 在一元线性回归模型(9.2.2)及前述记号下,有:

(1) $\dfrac{S_e}{\sigma^2} \sim \chi^2(n-2)$;

(2) 若 H_0 成立,则有 $\dfrac{S_R}{\sigma^2} \sim \chi^2(1)$;

9.2 一元线性回归分析

(3) S_R 与 S_e 相互独立(或 $\hat{b}$ 与 S_e, $\bar{y}$ 相互独立).

如同方差分析那样,可以考虑采用 $F=\dfrac{S_R}{S_e/(n-2)}$ 作为检验统计量.据定理 9.2.3 知在 $H_0:b=0$ 成立时,

$$F=\dfrac{S_R}{S_e/(n-2)}=\dfrac{\dfrac{S_R}{\sigma^2}}{\dfrac{S_e}{\sigma^2}/(n-2)}\sim F(1,n-2).$$

对于给定的显著性水平 α,其拒绝域为

$$W=\{F\geqslant F_\alpha(1,n-2)\}.$$

当假设 $H_0:b=0$ 被拒绝时,就认为回归方程是显著的,即认为 y 与 x 有线性相关关系.反之,就认为 y 与 x 的关系不能用一元线性回归模型来描述.整个检验可列成一张方差分析表,也可用 p 值进行.

例 9.2.4 对例 9.2.2 中的回归方程进行显著性检验,取显著性水平 $\alpha=0.01$.

解 经计算有

$$S_T=L_{yy}=345.062\,5,$$
$$S_R=(\hat{b})^2 L_{xx}=132.66^2\times 0.018\,6\approx 327.335\,4,\quad f_R=1,$$
$$S_e=S_T-S_R=345.062\,5-327.335\,4\approx 17.73,\quad f_e=10.$$

把各平方和移入方差分析表,继续进行计算,具体见表 9.2.2.

表 9.2.2 合金钢强度与碳含量回归方程的方差分析表

来源	平方和	自由度	均方和	F 比
回归	$S_R=327.335\,4$	$f_R=1$	$MS_R=327.335\,4$	184.62
残差	$S_e=17.73$	$f_e=10$	$MS_e=1.773$	
总和	$S_T=345.062\,5$			

因 $F_{0.01}(1,10)=10.04, F=184.62>10.04$,故在显著性水平 $\alpha=0.01$ 下拒绝 H_0,回归方程是显著的. □

二、t 检验

对 $H_0:b=0$ 的检验也可基于 t 分布进行.由定理 9.2.1 和定理 9.2.3 知,$\hat{b}\sim N\left(b,\dfrac{\sigma^2}{L_{xx}}\right)$, $\dfrac{(n-2)\widehat{\sigma^2}}{\sigma^2}=\dfrac{S_e}{\sigma^2}\sim\chi^2(n-2)$,且 $\hat{b}$ 与 S_e 相互独立,因此有

$$\dfrac{\hat{b}-b}{\sqrt{\sigma^2/L_{xx}}}\bigg/\sqrt{\dfrac{(n-2)\widehat{\sigma^2}}{\sigma^2}\bigg/(n-2)}\sim t(n-2),$$

即

$$\dfrac{\hat{b}-b}{\hat{\sigma}}\sqrt{L_{xx}}\sim t(n-2), \qquad (9.2.9)$$

其中 $\hat{\sigma}=\sqrt{\hat{\sigma}^2}$.

当 H_0 为真时，$b=0$，此时检验统计量
$$t=\frac{\hat{b}}{\hat{\sigma}}\sqrt{L_{xx}} \sim t(n-2), \qquad (9.2.10)$$
于是对给定的显著性水平 α，H_0 的拒绝域为
$$W=\{|t| \geqslant t_{\alpha/2}(n-2)\}.$$
注意到 $t^2=F$，因此 t 检验与 F 检验是等同的.

当回归方程显著时，我们常需要对回归系数 b 做区间估计.事实上，可由(9.2.9)式得到 b 的置信度为 $1-\alpha$ 的置信区间为
$$\left(\hat{b}-t_{\alpha/2}(n-2)\frac{\hat{\sigma}}{\sqrt{L_{xx}}}, \hat{b}+t_{\alpha/2}(n-2)\frac{\hat{\sigma}}{\sqrt{L_{xx}}}\right). \qquad (9.2.11)$$

例 9.2.5　取显著性水平 $\alpha=0.01$，利用 t 检验对例 9.2.2 中的回归方程进行显著性检验.若回归方程显著，求 b 的置信度为 0.95 的置信区间.

解　前面已求得
$$L_{xx}=0.0186, \quad \hat{b}=132.66, \quad \hat{\sigma}^2=1.773,$$
代入(9.2.10)式得
$$t=\frac{132.66}{\sqrt{1.773}}\sqrt{0.0186}\approx 13.5876.$$
由于 $\alpha=0.01$，则 $t_{0.005}(10)=3.1693$，由于 $13.5876>3.1693$，故拒绝原假设，即认为回归方程是显著的.

由于 $1-\alpha=0.95$，故 $\alpha=0.05$，$t_{\alpha/2}(10)=t_{0.025}(10)=2.2281$，$\hat{\sigma}=\sqrt{1.773}\approx 1.3315$，代入(9.2.11)式，于是 b 的置信度为 0.95 的一个置信区间为
$$\left(\hat{b}-t_{\alpha/2}(n-2)\frac{\hat{\sigma}}{\sqrt{L_{xx}}}, \hat{b}+t_{\alpha/2}(n-2)\frac{\hat{\sigma}}{\sqrt{L_{xx}}}\right)=(110.9, 154.4). \qquad \square$$

9.2.5　预测

回归分析的一个重要应用就是要利用建立的回归方程进行预测，即对于自变量一组新的取值，对因变量的对应取值进行估计，它也是许多实际问题研究的重要目的.下面讨论一元线性回归分析中的预测问题.

如果 y 与 x 之间线性相关关系显著，即满足
$$y=a+bx+\varepsilon$$
其中 $\varepsilon\sim N(0,\sigma^2)$，于是回归方程 $\hat{y}=\hat{a}+\hat{b}x$ 就反映了 y 与 x 之间的线性关系.因此，当给定 $x=x_0$ 后，很自然会想到利用回归方程对因变量的值进行预测.于是当 $x=x_0$，$y_0=a+bx_0+\varepsilon_0$ 的估计值是 $\hat{y}_0=\hat{a}+\hat{b}x_0$，它称为 y_0 的**点预测**.

然而只知道 y_0 的点预测值还不够，我们还需知道预测的精确性和可信程度，为解决此问题，必须像参数的区间估计一样，给出 y_0 的一个预测区间.可以证明：
$$y_0-\hat{y}_0 \sim N(0, d^2\sigma^2),$$

其中 $d=\sqrt{1+\dfrac{1}{n}+\dfrac{(x_0-\bar{x})^2}{L_{xx}}}$,且 $y_0-\hat{y}_0$ 与 S_e 相互独立,因此

$$T=\frac{y_0-\hat{y}_0}{\sigma d}\bigg/\sqrt{\frac{S_e}{(n-2)\sigma^2}}=\frac{y_0-\hat{y}_0}{\hat{\sigma}d}\sim t(n-2),$$

其中 $\hat{\sigma}=\sqrt{\dfrac{S_e}{n-2}}$.这样,对于给定的置信度 $1-\alpha$,有

$$P\left(\frac{|y_0-\hat{y}_0|}{\hat{\sigma}d}<t_{\alpha/2}(n-2)\right)=1-\alpha.$$

于是

$$(\hat{y}_0-t_{\alpha/2}(n-2)\hat{\sigma}d,\hat{y}_0+t_{\alpha/2}(n-2)\hat{\sigma}d) \tag{9.2.12}$$

即为 y_0 的置信度为 $1-\alpha$ 的预测区间.易见 x_0 越接近于 $\bar{x}$,则预测区间的长度越短,预测精度就越高.

对于不同的 x_0 值,画出对应 y_0 的预测下限和预测上限,这两条曲线形成包含回归直线 $\hat{y}=\hat{a}+\hat{b}x$ 的带域,如图 9.2.2 所示.当 $x_0=\bar{x}$ 时,带域最窄,估计最精确;x_0 离 $\bar{x}$ 越远,带域越宽,估计精确性越差.

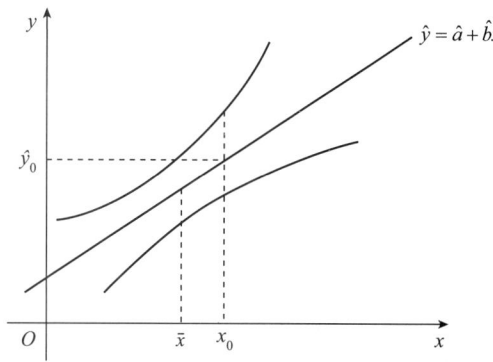

图 9.2.2 预测区间示意图

另外,当 n 越大且 x_0 较接近于 $\bar{x}$ 时,$d=\sqrt{1+\dfrac{1}{n}+\dfrac{(x_0-\bar{x})^2}{L_{xx}}}\approx 1$,且 $t_{\alpha/2}\approx u_{\alpha/2}$,这时预测区间(9.2.12)式近似为

$$(\hat{y}_0-\hat{\sigma}u_{\alpha/2},\hat{y}_0+\hat{\sigma}u_{\alpha/2}). \tag{9.2.13}$$

例 9.2.6 在例 9.2.4 中,求在 $x_0=0.16$ 处因变量 y_0 的置信度为 0.95 的预测区间.

解 由于在显著性水平 0.01 下,回归方程是显著的.对于 $x_0=0.16$,得因变量 y_0 预测值为

$$\hat{y}_0=28.12+132.66\times 0.16\approx 49.35.$$

由于 $1-\alpha=0.95$,则 $\alpha=0.05$,$t_{0.025}(10)=2.2281$,$\hat{\sigma}=\sqrt{1.773}=1.3315$,应用(9.2.12)式,

$$t_{\alpha/2}(n-2)\hat{\sigma}d=2.2281\times 1.3315\times\sqrt{1+\frac{1}{12}+\frac{(0.16-0.1583)^2}{0.0186}}\approx 3.09,$$

从而 y_0 的置信度为 0.95 的预测区间为

$$(49.35-3.09, 49.35+3.09) = (46.26, 52.44).$$

如果求近似预测区间,则可按(9.2.13)式计算,由于 $u_{0.025}=1.96$,故有 $\hat{\sigma}u_{\alpha/2} \approx 1.3315 \times 1.96 \approx 2.61$,则所求区间为

$$(49.35-2.61, 49.35+2.61) = (46.74, 51.96).$$

此处近似预测区间与精确预测区间相差较大,主要是因为 n 比较小的原因. □

9.2.6* 用 Excel 软件进行回归分析

以例 9.2.1 为例来说明如何利用 Excel 软件实现一元线性回归分析中散点图、回归方程及其检验的操作过程.

一、散点图

1. 打开 Excel 工作表,将 X 数据输入到 A1:A12,将 Y 数据输入到 B1:B12.

2. 单击"插入",在图表选项中选择"XY 散点图",在弹出的文本框中右键单击"选择数据".

3. 在弹出的对话框中的"数据区域"键入"A1:B12","系列产生在"选定"列",单击"下一步".

4. 在弹出的对话框"图标选项"中的"图标标题"键入"碳含量－合金钢强度散点图",在"X 轴"键入"碳含量 X",在"Y 轴"键入"合金钢强度 Y",单击"完成",显示出如图 9.2.3 的散点图.

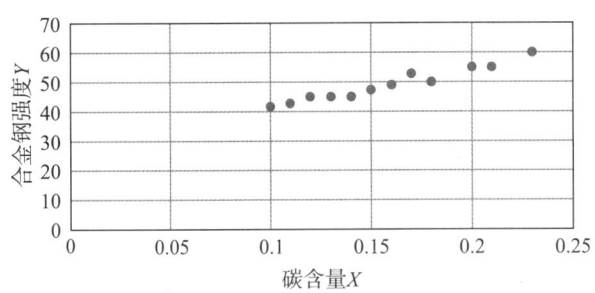

图 9.2.3 碳含量 X 与合金钢强度 Y 散点图

二、回归方程及其检验

1. 重新打开刚才的 Excel 工作表,依次单击"数据","数据分析","回归"和"确定".

2. 在弹出的对话框中的"X 值区域"键入"A1:A12","Y 值区域"键入"B1:B12",设定"置信度"为 95%,"输出选项"选定"新工作表组",单击"确定",即得到计算表格.输出的表格共三张,其中第二张表是回归方程的方差分析表,第三张表的信息最重要,如表 9.2.3 所示.

表 9.2.3 一元线性回归分析表

	Coefficients	标准误差	t Stat	P-value	下限 95.0%	上限 95.0%
Intercept	28.082 59	1.567 211	17.918 82	6.27×10^{-9}	24.590 62	31.574 55
x	132.899 5	9.606 18	13.834 79	7.59×10^{-8}	111.495 6	154.303 4

从表中可得到如下结果:

(1) 表中第一栏 Coefficients 下的 Intercept:28.082 59 和 x:132.899 5 分别是回归方程中常数项和 x 的系数,由此得到回归方程为 $y=28.082\,6+132.899\,5x$.

(2) 表中 P-value 栏下的 x:7.59×10^{-8} 给出了 x 的回归系数 b 的双边检验 $H_0:b=0$ 对 $H_1:b\neq0$ 的 p 值,由于 $\alpha=0.01$ 大于 7.59×10^{-8},故拒绝原假设,认为回归效果是显著的.

(3) 表中下限 95%一栏下的 x:111.495 6 和上限 95%一栏下的 x:154.303 4 分别为回归系数 b 的 95%置信区间的左端点值和右端点值,即 b 的 95%置信区间为(111.495 6,154.303 4),同样可得 a 的 95%置信区间为(24.590 62,31.574 55).

9.2.7 可线性化的一元非线性回归

有时两个变量之间的相关关系并不是线性关系,而是某种曲线关系,但在某些情况下,可以通过适当的变量变换,将它化成一元线性回归处理.

例 9.2.7 炼钢厂出钢水时用的钢包,在使用过程中由于钢水及炉渣对耐火材料的侵蚀,其容积不断增大.现在钢包的容积用盛满钢水时的质量 y(单位:kg)表示,相应试验次数用 x 表示.数据见表 9.2.4,试求回归方程.

表 9.2.4 钢包的重量 y 与试验次数 x 数据

x	y	x	y
2	106.42	11	110.59
3	108.20	14	110.60
4	109.58	15	110.90
5	109.50	16	110.76
7	110.00	18	111.00
8	109.93	19	111.20
10	110.49		

解 先用这 13 对数据作出散点图,如图 9.2.4 所示.

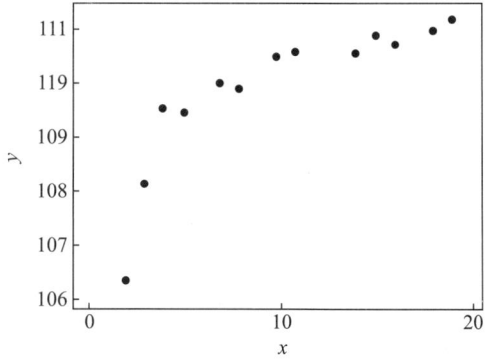

图 9.2.4 钢包质量与试验次数的散点图

观察散点大致呈双曲线型,故 y 与 x 的曲线函数形如

$$\frac{1}{y}=a+\frac{b}{x}+\varepsilon.$$

(9.2.14)

为了能采用一元线性回归分析方法,我们做如下变换

$$u=\frac{1}{x}, \quad v=\frac{1}{y},$$

则(9.2.14)的曲线函数就化为线性回归模型 $v=a+bu+\varepsilon$.

用一元线性回归的方法不难算得

$\bar{u}=0.157\,760\,15$, $\bar{v}=0.009\,097\,44$, $L_{uu}=0.213\,670\,54$, $L_{uv}=0.000\,177\,17$,

$\hat{b}=L_{uv}/L_{uu}=0.000\,829\,17$, $\hat{a}=\bar{v}-\hat{b}\bar{u}=0.008\,966\,63$.

于是得到线性回归方程

$$\hat{v}=0.008\,966\,63+0.000\,829\,17u.$$

将 $u=\dfrac{1}{x}$, $v=\dfrac{1}{y}$ 代入上式即得所求的回归方程为

$$\frac{1}{\hat{y}}=0.008\,966\,63+\frac{0.000\,829\,17}{x}. \qquad \square$$

可见,某些非线性回归问题通过适当的变量变换可化为线性回归问题来解决.下面给出可线性化的几种形式的曲线:

1. 双曲线型 $\dfrac{1}{y}=a+\dfrac{b}{x}$.

令 $u=\dfrac{1}{x},v=\dfrac{1}{y}$,则得 $v=a+bu$.

2. 幂函数型 $y=ax^b(x>0)$.

若 $a>0$,则令 $v=\ln y, u=\ln x$,得 $v=\ln a+bu$.

若 $a<0$,则令 $v=\ln(-y), u=\ln x$,得 $v=\ln(-a)+bu$.

3. 指数函数型:

(1) $y=a\mathrm{e}^{bx}$.

若 $a>0$,则令 $v=\ln y$,得 $v=\ln a+bx$;

若 $a<0$,则令 $v=\ln(-y)$,得 $v=\ln(-a)+bx$.

(2) $y=a\mathrm{e}^{b/x}$.

若 $a>0$,则令 $v=\ln y, u=\dfrac{1}{x}$,得 $v=\ln a+bu$;

若 $a<0$,则令 $v=\ln(-y), u=\dfrac{1}{x}$,得 $v=\ln(-a)+bu$.

4. 对数函数型:

(1) $y=a+b\ln x$,令 $u=\ln x$,则得 $y=a+bu$.

(2) $\ln y=a+bx$,令 $v=\ln y$,则得 $v=a+bx$.

(3) $\ln y=a+b\ln x$,令 $u=\ln x, v=\ln y$,则得 $v=a+bu$.

5. S 曲线型

$$y=\frac{1}{a+b\mathrm{e}^{-x}}$$

令 $u=\mathrm{e}^{-x}, v=\dfrac{1}{y}$,则得 $v=a+bu$.

习 题 9.2

1. 为考察某种维尼纶纤维的耐水性能,安排了一组实验,测得其甲醇浓度 x 及其相应的"缩醇化度" y 数据如下:

x	18	20	22	24	26	28	30
y	26.86	28.35	28.75	28.87	29.75	30.00	30.36

(1) 作散点图;
(2) 建立一元线性回归方程;
(3) 对建立的回归方程做显著性检验($\alpha=0.01$).

2. 选取航空公司使用的典型机型波音 B737-800W,随机改变业载,用 LIDO 飞行计划制作系统计算得到某航段业载与耗油量数据如下表所示,利用一元线性回归模可以研究航段业载与耗油量的关系.

航段业载与耗油量数据

业载/kg	5 000	6 200	6 900	8 300	9 500	10 000	11 320	13 250	14 760
耗油量/kg	9 985	10 089	10 147	10 266	10 371	10 416	10 534	10 709	10 847

(1) 作散点图;
(2) 建立一元线性回归方程;
(3) 对建立的回归方程做显著性检验($\alpha=0.01$).

3. 在动物学研究中,有时需要找出某种动物的体积与重量的关系.因为动物的重量相对而言容易测量,而测量体积比较困难,因此,人们希望用动物的重量预测其体积.下面是 18 只某种动物的体积与重量数据,在这里,动物重量被看作自变量,用 x 表示,单位为 kg,动物体积作为因变量,用 y 表示,单位为 dm^3,18 组数据列于下表中.

18 只某种动物的重量 x 与体积 y 数据

x	y	x	y	x	y
10.4	10.2	15.1	14.8	16.5	15.9
10.5	10.4	15.1	15.1	16.7	16.6
11.9	11.6	15.1	14.5	17.1	16.7
12.1	11.9	15.7	15.7	17.1	16.7
13.8	13.5	15.8	15.2	17.8	17.6
15.0	14.5	16.0	15.8	18.4	18.3

(1) 建立动物体积 y 与重量 x 的一元线性回归方程;
(2) 取显著性水平 $\alpha=0.01$,对建立的回归方程做显著性检验;
(3) 若测得某动物的重量为 $x_0=17.6$ kg,给出对应动物体积的置信度为 95% 的预测区间.

4. 我们知道营业税税收总额 y 与社会商品零售总额 x 有关.为能从社会商品零售总额去预测税收总额,需要了解两者之间的关系.现收集了如下 9 组数据(单位:亿元):

第九章 方差分析与回归分析初步

序号	社会商品零售额	营业税税收总额
1	142.08	3.93
2	177.30	5.96
3	204.68	7.85
4	242.68	9.82
5	316.24	12.50
6	341.99	15.55
7	332.69	15.79
8	389.29	16.39
9	453.40	18.45

(1) 建立一元线性回归方程,并做显著性检验(取 $\alpha=0.05$);

(2) 若已知某年社会商品零售额为 300 亿元,试给出营业税税收总额的置信度为 95% 的预测区间.

5. 假设儿子的身高 y 与父亲的身高 x 适合一元线性回归模型,测量了 10 对英国父子的身高(英寸)如下:

x	60	62	64	65	66	67	68	70	72	74
y	63.6	65.2	66.0	65.5	66.9	67.1	67.4	63.3	70.1	70.0

(1) 求 y 与 x 的回归方程;

(2) 在显著性水平 $\alpha=0.05$ 下,检验回归方程的显著性;

(3) 给出 $x_0=69$ 对应的 y_0 的置信度为 95% 的预测区间.

本章思维导图

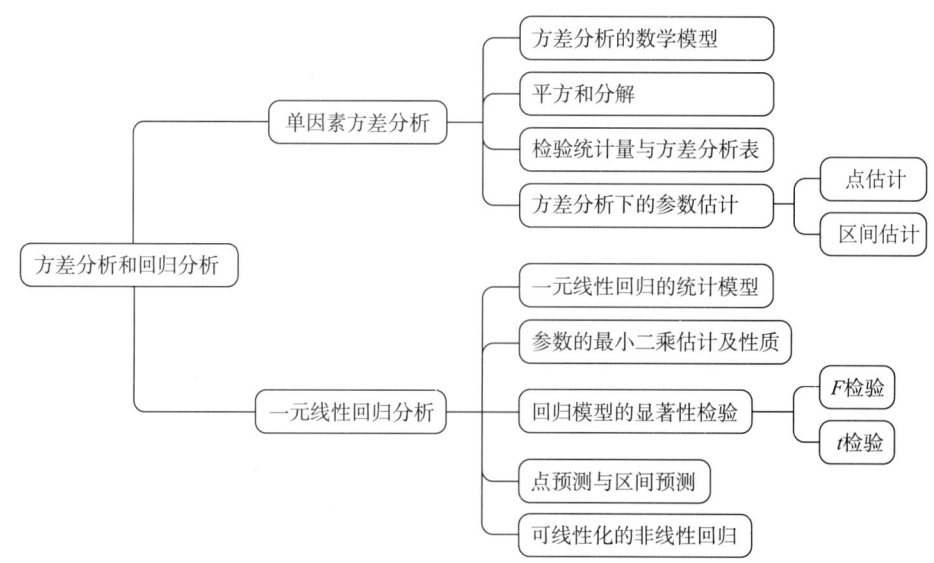

习题答案

习 题 1.1

1. (1) 用 H 表示正面,T 表示反面,则
  $\Omega=\{(H,T),(H,H),(T,H),(T,T)\}$;
  $A=\{(H,T),(H,H)\}$;
  $B=\{(H,T),(H,H),(T,H)\}$;
  $C=\{(H,H),(T,T)\}$.
  (2) 查出合格品记为"1",查出次品记为"0",则
  $\Omega=\{00,100,0100,0101,1010,0110,1100,0111,1011,1101,1110,1111\}$;
  $A=\{0100,0101,1010,0110,1100,0111,1011,1101,1110,1111\}$.
  (3) $\Omega=\{0,1,2,\cdots,n,\cdots\}$; $A=\{10,11,\cdots,n,\cdots\}$; $B=\{0,1,2,\cdots,100\}$.

2. (1) $A\bar{B}\bar{C}$ 或 $A-(B\cup C)$;
  (2) $AB\bar{C}$ 或 $AB-C$;
  (3) $A\cup B\cup C$;
  (4) ABC;
  (5) $\overline{ABC}$ 或 $\Omega-(A\cup B\cup C)$ 或 $\overline{A\cup B\cup C}$;
  (6) $\bar{A}\bar{B}\cup \bar{B}\bar{C}\cup \bar{A}\bar{C}$;
  (7) $\bar{A}\cup \bar{B}\cup \bar{C}$ 或 $\overline{ABC}$;
  (8) $AB\cup BC\cup AC$.

3. (1) 不成立;(2) 不成立;(3) 不成立;(4) 不成立;(5) 不成立;(6) 成立.

4. (1) 根据定义显然有 $A-B=A\bar{B}$. 而 $A\bar{B}=A(\Omega-B)=A\Omega-AB=A-AB$.
  (2) $A\cup(B-A)=A\cup(B\cap\bar{A})=(A\cup B)\cap(A\cup\bar{A})=(A\cup B)\cap\Omega=A\cup B$.

5. (1) 甲、乙至少有一人击中目标;
  (2) 甲没有击中目标;
  (3) 甲、乙、丙三名射击选手不全击中目标;
  (4) 甲、乙、丙三名射击选手至少有两名击中目标;
  (5) 甲、乙、丙三名射击选手只有一名击中目标.

习 题 1.2

1. (1) $\dfrac{1}{6}$;(2) $\dfrac{1}{2}$;(3) $\dfrac{2}{3}$;(4) $\dfrac{5}{6}$.

2. $\dfrac{41}{81}$.

3. $\dfrac{23}{35}$.

4. $\dfrac{3}{8}, \dfrac{9}{16}, \dfrac{1}{16}$.

5. 认定接待时间是有规定的.

习题答案

6. 0.018 26.

7. $\dfrac{1}{3}$.

8. $\dfrac{1}{50}$.

9. $\dfrac{1}{6}$.

10. $\dfrac{1\,013}{1\,152}$.

11. (1) 0.8;(2) 0;(3) 0.3.

12. (1) 成立;(2) 不成立;(3) 成立;(4) 成立.

13. (1) 不成立;(2)不成立;(3) 成立;(4) 不成立.

14. (1) $\dfrac{1}{2}$;(2) $\dfrac{1}{6}$;(3) $\dfrac{3}{8}$.

15. (1) 0.30;(2) 0.73;(3) 0.90;(4) 0.10.

16. 1.

17. $\dfrac{5}{12}$.

18. 略.

19. 略.

20. $\dfrac{2}{9}$.

21. $\dfrac{3}{4}$.

22. (1) $P(AB)=P(A)$时,$P(AB)$达到最大值 0.6;(2)$P(A\cup B)=1$时,$P(AB)$达到最小值 0.3.

习 题 1.3

1. (1) $\dfrac{1}{4}$;(2) $\dfrac{2}{5}$.

2. 0.15.

3. (1) $\dfrac{1}{5}$;(2) $\dfrac{1}{9}$;(3) $\dfrac{1}{45}$.

4. $\dfrac{5}{8}$.

5. $\dfrac{1}{5}$.

6. $\dfrac{3}{4}$.

7. $\dfrac{3}{10}$,$\dfrac{3}{5}$.

8. 1.

9. 略.

10. 略.

11. (1) $\dfrac{1}{n+1}$;(2) $\dfrac{1}{n(n+1)}$.

习 题 1.4

1. 0.8.

2. 0.51.

3. (1) 0.145;(2) 0.517.

4. (1) 0.96;(2) 0.5.

5. 0.057.

6. (1) 0.000 25;(2) 0.8.

7. (1) 0.94;(2) 0.85.

8. (1) $\dfrac{29}{90}$;(2) $\dfrac{20}{61}$.

9. (1) 0.001 593;(2) 0.376 65.

习 题 1.5

1. (1) 不成立;(2) 不成立;(3) 不成立;(4) 成立.

2. 0.98.

3. (1) 0.72;(2) 0.98;(3) 0.26.

4. $\dfrac{1}{3}$.

5. 0.2.

6. $\dfrac{1}{4}$.

7. $\dfrac{1}{3}$.

8. 略.

9. (1) 6;(2) 0.785.

10. S_1 的可靠性为 $p^2(2-p^2)$,S_2 的可靠性为 $p^2(2-p)^2$,S_2 更可靠.

习 题 2.1

1. (D); **2.** (B); **3.** (D); **4.** (D); **5.** (C). **6.** (1) $a=\dfrac{1}{2}, b=\dfrac{1}{\pi}$;(2) $\dfrac{1}{2}$.

习 题 2.2

1. $P(X=1)=\dfrac{1}{4}, P(X=2)=\dfrac{3}{4}$.

2. (1) $P(X=1)=\dfrac{5}{8}, P(X=2)=\dfrac{15}{56}, P(X=3)=\dfrac{5}{56}, P(X=4)=\dfrac{1}{56}$;

(2) $P(X=k)=\left(\dfrac{3}{8}\right)^{k-1} \times \dfrac{5}{8} (k=1,2,\cdots)$.

3. $P(X=k)=\dfrac{C_3^k C_{37}^{4-k}}{C_{40}^4} (k=0,1,2,3)$.

4. $P(X \geqslant 2)=1-0.1^{20}-20 \times 0.9 \times 0.1^{19}=1-18.1 \times 0.1^{19}$.

5. $P(X \geqslant 2)=1-\dfrac{C_{100}^{10}+C_{20}^1 C_{100}^9}{C_{120}^{10}}$.

6. $\dfrac{1}{3}$.

7. $P(X=k)=C_3^k\left(\dfrac{2}{5}\right)^k\left(\dfrac{3}{5}\right)^{3-k}(k=0,1,2,3)$, $F(x)=\begin{cases}0, & x<0,\\ 0.064, & 0\leqslant x<1,\\ 0.352, & 1\leqslant x<2,\\ 0.784, & 2\leqslant x<3,\\ 1, & x\geqslant 3.\end{cases}$

8. 2. **9.** 0.95.

10. $P(X=k)=0.2^{k-1}\times 0.8(k=1,2,\cdots)$.

11. $p=\dfrac{1}{2}$.

12.

X	-1	0	1	3
P	0.3	0.3	0.2	0.2

$P(X<1)=0.6$, $P(X<1\mid X\neq 0)=\dfrac{3}{7}$.

13. e^{-6}.

习 题 2.3

1. (C). **2.** (D). **3.** (A). **4.** (A). **5.** (A). **6.** (B). **7.** (C). **8.** (A).

9. $B(100,e^{-1})$. **10.** $1-e^{-1}$.

11. (1) $\dfrac{1}{2}$; (2) 0.316; (3) $F(x)=\begin{cases}\dfrac{1}{2}e^x, & x<0,\\ 1-\dfrac{1}{2}e^{-x}, & x\geqslant 0.\end{cases}$

12. $A=1$, $P(X\leqslant 2)=1-e^{-2}$, $P(X>3)=e^{-3}$. $f(x)=\begin{cases}e^{-x}, & x\geqslant 0,\\ 0, & x<0.\end{cases}$

13. $a=\dfrac{1}{2}, b=\dfrac{1}{\pi}$, $P\left(-2\leqslant X\leqslant -\dfrac{1}{2}\right)=\dfrac{1}{6}$; $f(x)=\begin{cases}\dfrac{1}{\pi}\dfrac{1}{\sqrt{1-x^2}}, & |x|\leqslant 1,\\ 0, & |x|>1.\end{cases}$

14. $P(Y=m)=C_n^m\times 0.01^m\times 0.99^{n-m}(m=0,1,2,\cdots,n)$.

15. $\dfrac{3}{5}$.

16. 1/2

17. (1) 0.498 6; (2) 0.001 35; (3) 0.997 3; (4) 0.5; (5) 0.84; (6) 1.7.

18. (1) 0.682 6; (2) 0.5; (3) 0.998 34; (4) 0; (5) 3.92.

习 题 2.4

1.

Y	-1	2	5
P	0.3	0.5	0.2

X	0	1
P	0.5	0.5

2. $F(\sqrt[3]{x})$.

习 题 答 案

3. (1) $f_Y(y)=\begin{cases}\dfrac{2}{9}(y-1), & 1<y<4,\\ 0, & 其他,\end{cases}$ (2) $f_Y(y)=\begin{cases}-2\dfrac{\ln y}{y}, & \dfrac{1}{e}<y<1,\\ 0, & 其他.\end{cases}$

4. (1) $f_Y(y)=\begin{cases}\dfrac{1}{y}, & 1<y<e,\\ 0, & 其他;\end{cases}$ (2) $f_Z(z)=\begin{cases}e^{-z}, & z>0,\\ 0, & z\leqslant 0.\end{cases}$

5. $f_Y(y)=\begin{cases}\dfrac{1}{2\sqrt{y}}e^{-\sqrt{y}}, & y>0,\\ 0, & y\leqslant 0.\end{cases}$

6. $f(x)=\begin{cases}\dfrac{2}{\pi\sqrt{4-x^2}}, & 0<x<2,\\ 0, & 其他.\end{cases}$

习 题 3.1

1. (C)

2. (1) $P(a<X\leqslant b,Y\leqslant b)=F(b,b)-F(a,b)$;
   (2) $P(X>a,Y>b)=1-F(a,+\infty)-F(+\infty,b)+F(a,b)$.

3. $P(X+Y\leqslant 1)=1+e^{-1}-2e^{-\frac{1}{2}}$, $P\left(\dfrac{X}{Y}\leqslant\dfrac{1}{2}\right)=\dfrac{1}{2}$.

4. (1) $A=\dfrac{3}{\pi R^3}$; (2) $\dfrac{3r^2}{R^2}\left(1-\dfrac{2r}{3R}\right)$.

5. (1) 当 $y<1$ 时,$F_Y(y)=0$;
   当 $y>2$ 时,$F_Y(y)=1$;
   当 $1\leqslant y\leqslant 2$ 时,$F_Y(y)=P(Y\leqslant y)=\dfrac{1}{27}(y^3+18)$.
   (2) $F_X(y)=P(X\leqslant y)=\begin{cases}0, & y<0;\\ \dfrac{1}{27}y^3, & 0\leqslant y<3;\\ 1, & y\geqslant 3.\end{cases}$

6. $\dfrac{1}{2}$.

7. (1) $A=2$.
   (2) $F(x,y)=\begin{cases}0, & x\leqslant 0 \text{ 或 } y\leqslant 0,\\ 1-2e^{-y}+e^{-2y}, & 0<y\leqslant x,\\ 1-2e^{-y}-e^{-2x}+2e^{-(x+y)}, & 0<x<y.\end{cases}$

习 题 3.2

1. (X,Y) 的分布列为

X	Y	
	0	1
0	$\dfrac{5}{8}$	$\dfrac{1}{8}$
1	$\dfrac{1}{8}$	$\dfrac{1}{8}$

习题答案

X、Y 的边缘分布列分别为

X	0	1
$P(X=x_i)$	$\frac{3}{4}$	$\frac{1}{4}$

Y	0	1
$P(Y=y_j)$	$\frac{3}{4}$	$\frac{1}{4}$

2. (1) X 与 Y 的联合分布列为

X	\multicolumn{3}{c}{Y}		
	-1	0	1
0	0.25	0	0.25
1	0	0.5	0

(2) 0.75.

3.

X	\multicolumn{4}{c}{Y}				$P(Y=y_j)$
	0	1	2	3	
1	0	$\frac{3}{8}$	$\frac{3}{8}$	0	$\frac{6}{8}$
3	$\frac{1}{8}$	0	0	$\frac{1}{8}$	$\frac{2}{8}$
$P(X=x_i)$	$\frac{1}{8}$	$\frac{3}{8}$	$\frac{3}{8}$	$\frac{1}{8}$	1

4. $f_X(x)=\begin{cases}\frac{2}{7}(3+x), & 0<x<1,\\ 0, & \text{其他},\end{cases}$ $f_Y(y)=\begin{cases}\frac{4}{7}\left(1+\frac{3}{2}y\right), & 0<y<1,\\ 0, & \text{其他}.\end{cases}$

5. (1) $A=\frac{3}{2}$;

(2) $F(x,y)=\begin{cases}0, & x<0 \text{ 或 } y>0,\\ \frac{1}{4}x^2y^3, & 0\leqslant x\leqslant 2, 0\leqslant y\leqslant 1,\\ \frac{1}{4}x^2, & 0\leqslant x\leqslant 2, y>1,\\ y^3, & x>2, 0\leqslant y<1,\\ 1, & x>2, y>1;\end{cases}$

(3) $f_X(x)=\begin{cases}\frac{x}{2}, & 0\leqslant x\leqslant 2,\\ 0, & \text{其他};\end{cases}$ $f_Y(y)=\begin{cases}3y^2, & 0\leqslant y\leqslant 1,\\ 0, & \text{其他};\end{cases}$

(4) $\frac{1}{4}$.

6. $f_X(x)=\begin{cases}\frac{2}{\pi r^2}\sqrt{r^2-x^2}, & |x|<r,\\ 0, & |x|\geqslant r,\end{cases}$ $f_Y(y)=\begin{cases}\frac{2}{\pi r^2}\sqrt{r^2-y^2}, & |y|<r,\\ 0, & |y|\geqslant r.\end{cases}$

7. (1) $F(x,y)=\begin{cases}0, & x<0 \text{ 或 } y>0;\\ 12\left(x-\dfrac{1}{2}x^2\right)y^2-8y^3+3y^4, & 0\leqslant x\leqslant 2, 0\leqslant y\leqslant x,\\ 6y^2+8y^3+3y^4, & x\geqslant 1, 0\leqslant y<1,\\ 4x^3-3x^4, & 0\leqslant x<1, y\geqslant x,\\ 1, & x\geqslant 1, y\geqslant 1;\end{cases}$

(2) $f_X(x)=\begin{cases}12x^2(1-x), & 0<x<1,\\ 0, & 其他,\end{cases}$ $f_Y(y)=\begin{cases}12y^2(1-y), & 0<y<1,\\ 0, & 其他.\end{cases}$

8. (1) $f(x,y)=\dfrac{\partial^2 F(x,y)}{\partial x \partial y}=\dfrac{1}{\pi^2(4+x^2)(9+y^2)}, x,y\in \mathbf{R}$;

(2) $F_X(x)=\dfrac{1}{2}+\dfrac{1}{\pi}\arctan\dfrac{x}{2}, f_X(x)=F'_X(x)=\dfrac{1}{\pi(4+x^2)}$,

$F_Y(y)=\dfrac{1}{2}+\dfrac{1}{\pi}\arctan\dfrac{y}{3}, f_Y(y)=\dfrac{1}{\pi(9+y^2)}$.

习 题 3.3

1. (1) 0.01; (2) 0.4816; (3) 0.4073.

2. (1) $\dfrac{4}{9}$.

(2)

Y	X		
	0	1	2
0	$\dfrac{1}{4}$	$\dfrac{1}{3}$	$\dfrac{1}{9}$
1	$\dfrac{1}{6}$	$\dfrac{1}{9}$	0
2	$\dfrac{1}{36}$	0	0

3.

Y	X			$P(Y=y_j)$
	x_1	x_2	x_3	
y_1	$\dfrac{1}{8}$	$\dfrac{1}{8}$	$\dfrac{4}{8}$	$\dfrac{6}{8}$
y_2	$\dfrac{1}{24}$	$\dfrac{1}{24}$	$\dfrac{4}{24}$	$\dfrac{2}{8}$
$P(X=x_i)$	$\dfrac{1}{6}$	$\dfrac{1}{6}$	$\dfrac{4}{6}$	1

4. (1) $f_{Y|X}(y|x)=\begin{cases}\dfrac{1}{x}, & 0<y<x,\\ 0, & 其他;\end{cases}$ (2) $\dfrac{\mathrm{e}-2}{\mathrm{e}-1}$.

5. $F_Y(y)=\begin{cases}0, & y<0,\\ \dfrac{3}{4}y, & 0\leqslant y<1,\\ \dfrac{1}{2}\left(1+\dfrac{y}{2}\right), & 1\leqslant y<2,\\ 1, & y\geqslant 2.\end{cases}$

6. $f(x,y)=\begin{cases}\dfrac{1}{x}e^{-x}, & 0<y<x<+\infty,\\ 0, & \text{其他}.\end{cases}$

7. (1) $f(x,y)=\begin{cases}\dfrac{1}{4}, & (x,y)\in G,\\ 0, & \text{其他};\end{cases}$

(2) $f_X(x)=\begin{cases}\dfrac{x}{2}, & 0<x<2,\\ 0, & \text{其他},\end{cases}$ $f_Y(y)=\begin{cases}\dfrac{1}{4}(2-|y|), & -2<y<2,\\ 0, & \text{其他};\end{cases}$

(3) $f_{X|Y}(x|1)=\begin{cases}1, & 1<x<2,\\ 0, & \text{其他},\end{cases}$ $f_{X|Y}(x|y)=\begin{cases}\dfrac{1}{2-|y|}, & |y|<x<2,\\ 0, & \text{其他}.\end{cases}$

8. (1) $f(x,y)=f_X(x)f_{Y|X}(y|x)=\begin{cases}\dfrac{1}{1-x}, & 0<x<y<1,\\ 0, & \text{其他};\end{cases}$

(2) $f_Y(y)=\begin{cases}-\ln(1-y), & 0<y<1,\\ 0, & \text{其他};\end{cases}$

(3) $f_{X|Y}(x|y)=\dfrac{f(x,y)}{f_Y(y)}=\begin{cases}-\dfrac{1}{(1-x)\ln(1-y)}, & 0\leqslant x\leqslant y,\\ 0, & \text{其他};\end{cases}$

(4) $\ln 2$.

习 题 3.4

1. (D). **2.** (A). **3.** (C). **4.** (B). **5.** (D).

6. $\dfrac{1}{2}$. **7.** $\dfrac{1}{2}$.

8. $f(x,y)=\begin{cases}\dfrac{1}{2b\sqrt{2\pi}\sigma}e^{-\frac{(x-u)^2}{2\sigma^2}}, & -\infty<x<+\infty, -b\leqslant y\leqslant b,\\ 0, & \text{其他}.\end{cases}$

当 $|y|\leqslant b$ 时,$f_{X|Y}(x|y)=\dfrac{\dfrac{1}{2b\sqrt{2\pi}\sigma}e^{-\frac{(x-u)^2}{2\sigma^2}}}{\dfrac{1}{2b}}=\dfrac{1}{\sqrt{2\pi}\sigma}e^{-\frac{(x-u)^2}{2\sigma^2}}, -\infty<x<+\infty,$

$f_{Y|X}(y|x)=\begin{cases}\dfrac{1}{2b}, & |y|\leqslant b,\\ 0, & \text{其他}.\end{cases}$

9. (1) $f(x,y)=f_X(x)f_Y(y)=\begin{cases}\dfrac{1}{2}e^{-\frac{y}{2}}, & 0\leqslant x\leqslant 1, y>0,\\ 0, & \text{其他};\end{cases}$ (2) 0.144 5.

10.

Y	X			$P(X=x_i)$
	y_1	y_2	y_3	
x_1	$\dfrac{1}{8}$	$\dfrac{3}{8}$	$\dfrac{1}{4}$	$\dfrac{3}{4}$
x_2	$\dfrac{1}{24}$	$\dfrac{1}{8}$	$\dfrac{1}{12}$	$\dfrac{1}{4}$
$P(Y=y_j)$	$\dfrac{1}{6}$	$\dfrac{1}{2}$	$\dfrac{1}{3}$	1

11. (1) $P(Y=m\,|\,X=n)=C_n^m p^m(1-p)^{n-m}, 0\leqslant m\leqslant n, n=0,1,\cdots;$

(2) $P(X=n,Y=m)=\dfrac{\lambda^n}{n!}e^{-\lambda}C_n^m p^m(1-p)^{n-m}, 0\leqslant m\leqslant n, n=0,1,\cdots,$

$P(Y=m)=\dfrac{(\lambda p)^m}{m!}e^{-\lambda p}, m=0,1,2,\cdots.$

习 题 3.5

1. (B).

2. (1)

X	Y		
	-1	0	1
0	0	$\dfrac{1}{3}$	0
1	$\dfrac{1}{3}$	0	$\dfrac{1}{3}$

(2)

Z	-1	0	1
P	$\dfrac{1}{3}$	$\dfrac{1}{3}$	$\dfrac{1}{3}$

3.

V	U	
	0	1
0	$\dfrac{1}{4}$	0
1	$\dfrac{1}{2}$	$\dfrac{1}{4}$

习题答案

4. $f_V(v) = \begin{cases} 2e^{-2v}, & v>0, \\ 0, & v\leq 0. \end{cases}$

5. (1) X 与 Y 不独立；

(2) $F_Z(z) = \begin{cases} 0, & z\leq 0, \\ 1-\dfrac{1+3z}{(1+z)^3}, & z>0, \end{cases}$ $f_Z(z)=F'_Z(z) = \begin{cases} 0, & z\leq 0, \\ \dfrac{6z}{(1+z)^4}, & z>0; \end{cases}$

(3) $\dfrac{1}{2}$.

6. 略. **7.** 略.

8. $F_Z(z) = \begin{cases} 0, & z\leq 0, \\ 1-\dfrac{1}{4}(2-z)^2, & 0<z<2, \\ 1, & z\geq 2, \end{cases}$ $f_Z(z)=F'_Z(z) = \begin{cases} \dfrac{1}{2}(2-z), & 0<z<2, \\ 0, & \text{其他}. \end{cases}$

9. (1) $F_Z(z) = \begin{cases} 0, & z\leq 0, \\ \dfrac{1}{2}(z-1+e^{-z}), & 0<z<2, \\ 1+\dfrac{1}{2}(1-e^2)e^{-z}, & z\leq 0, \end{cases}$ $f_Z(z) = \begin{cases} 0, & z\leq 0, \\ \dfrac{1}{2}(1-e^{-z}), & 0<z<2, \\ \dfrac{1}{2}(e^2-1)e^{-z}, & z\leq 0; \end{cases}$

(2) $\dfrac{1}{2}(e^2-1)e^{-3}$.

10. $F_Z(z) = \begin{cases} 0, & z\leq 0, \\ \dfrac{z}{2}, & 0<z<1, \\ 1-\dfrac{1}{2z}, & z\geq 1, \end{cases}$ $f_Z(z)=F'_Z(z) = \begin{cases} 0, & z\leq 0, \\ \dfrac{1}{2}, & 0<z<1, \\ \dfrac{1}{2z^2}, & z\geq 1. \end{cases}$

习 题 4.1

1. $-0.2, 4.4, 2.8$.

2. 1.201.

3. 50.

4. 1.

5. $\dfrac{11}{6}, \dfrac{1}{6}$.

6. $-\dfrac{1}{3}, \dfrac{1}{12}$.

7. 4.

8. (1) $\dfrac{3}{2}$；(2) $\dfrac{1}{4}$.

9. $\dfrac{2}{3}$.

10. $\dfrac{8}{7}$.

11. 2.

12. 21.

13. (1) $f_V(v) = \begin{cases} 2e^{-2v}, & v>0, \\ 0, & v\leq 0; \end{cases}$ (2) 2.

14. 16.

习 题 4.2

1. 2.76, 27.6.

2. $2, \dfrac{4}{3}$.

3. $\dfrac{13}{36}$.

4. 甲仪器的检测精度较高.

5. $\mu, \dfrac{\sigma^2}{n}$.

6. $E(X) = \dfrac{1}{p}, D(X) = \dfrac{1-p}{p^2}$.

7. $\dfrac{9}{2}$.

8. 0.05.

9. 略.

10. $\dfrac{8}{9}$.

习 题 4.3

1. 10, 1/2. **2.** 55/2. **3.** 4/3. **4.** 1/2. **5.** 1/e. **6.** 7, 17. **7.** $2e^2$. **8.** 14.

9. $E(Y) = \dfrac{3}{4}$.

习 题 4.4

1. (D). **2.** (A). **3.** (C). **4.** $\dfrac{2}{\pi}$.

5. (1) $\dfrac{1}{4}$; (2) $\text{Cov}(X-Y, Y) = \dfrac{2}{3}, \rho_{XY} = 0$.

6. (1)

Z_1	Z_2	
	0	1
0	$\dfrac{1}{4}$	$\dfrac{1}{2}$
1	0	$\dfrac{1}{4}$

(2) $\rho_{Z_1 Z_2} = \dfrac{1}{3}$.

7. (1) λ; (2) $P(Z=n) = e^{-\lambda} \dfrac{\lambda^{|n|}}{2 \cdot |n|!}$.

8. (1) $\dfrac{1}{2}$; (2) $\dfrac{\pi^2 + 8\pi + 16}{\pi^2 + 8\pi - 32}$.

习题答案

9. $\dfrac{1}{2}$.

10. X 与 Y 相关，X 与 Y 不独立.

习题 4.5

1. (D).

2. $E(X)=0.7, E(Y)=0.6, D(X)=0.21, D(Y)=0.24, \text{Cov}(X,Y)=-0.02$,
   $\rho_{XY}=-0.09$,
   $$\begin{pmatrix} D(X) & \text{Cov}(X,Y) \\ \text{Cov}(X,Y) & D(Y) \end{pmatrix} = \begin{pmatrix} 0.21 & -0.02 \\ -0.02 & 0.24 \end{pmatrix}.$$

习题 5.1

1. (D). 2. 12. 3. $\dfrac{7}{2}$.

4. $\dfrac{1}{\lambda}$；$\dfrac{2}{\lambda^2}$；$\dfrac{1}{\lambda^2}$.

习题 5.2

1. (B).

2. (1) 0.000 3；(2) 0.5.

3. (1) $\geqslant 0.421\ 3$；(2) 0.811 4.

4. 1 537.

5. 略.

6. 234 000.

7. 0.008 8.

8. (1) 不超过 0.026 8；(2) 220 到 277 之间.

9. (1) $\alpha \approx 1-\Phi(7.77)\approx 0$；(2) $\beta\approx\Phi(2.59)=0.995\ 2$.

10. 0.766.

11. $\mu=a_2$，$\sigma^2=\dfrac{1}{n}(a_4-a_2^2)$.

习题 6.1

1. (C). 2. (B). 3. (B). 4. (D).

5. $\bar{x}_B=a\bar{x}_A+b$，$s_B=|a|s_A$，$R_B=aR_A$，$m_B=am_A+b$. 6. 略.

7. (1) $f(x_1,x_2,\cdots,x_n)=\begin{cases} e^{-\lambda\sum\limits_{i=1}^{n}x_i}, & x_i>0, i=1,\cdots,n, \\ 0, & \text{其他}. \end{cases}$

   (2) $E(\bar{X})=\dfrac{1}{\lambda}$，$D(\bar{X})=\dfrac{1}{n\lambda^2}$.

习题 6.2

1. (A). 2. (C). 3. (B). 4. (C).

5. $E(\bar{X})=n$，$D(\bar{X})=\dfrac{n}{5}$，$E(s^2)=2n$.

习题答案

6. $a=\dfrac{1}{20}, b=\dfrac{1}{100}$.

7. (1) $E(Y)=5$；(2) $Y\sim\chi^2(5)$.

8. (1) 3.571, 26.217；(2) $C=\chi^2_{0.05}(10)=18.307$.

9. (1) $-2.681\,0, 2.681\,0$；(2) $C=t_{0.95}(10)=-t_{0.05}(10)=-1.812\,5$.

习 题 6.3

1. (D).　2. (A).　3. (B).　4. (B).　5. (D).　6. $\chi^2(n), n$.

7. (1) 0.262 8；(2) 0.292 3, 0.578 5.

8. 0.685 4.

9. (1) 0.99；(2) $2\sigma^4/15$.

10. 0.771 8.

11. 250, 68.

12. 35.

13. 5.43.　　14. 略.

习 题 7.1

1. (1) θ 的矩估计为 $\hat{\theta}=\dfrac{1}{1-\overline{X}}-2$；(2) θ 的矩估计为 $\hat{\theta}=2\overline{X}-\dfrac{1}{2}$.

2. θ 的矩估计为 $\hat{\theta}=3\overline{X}, E(\hat{\theta})=\theta, D(\hat{\theta})=\dfrac{\theta^2}{2n}$.

3. θ 的矩估计值 $\hat{\theta}=\dfrac{1}{6}, \theta$ 的最大似然估计值 $\hat{\theta}=\dfrac{1}{4}$.

4. p 的最大似然估计量 $\hat{p}=\dfrac{1}{n}\sum_{i=1}^{n}X_i=\overline{X}$.

5. θ 的最大似然估计 $\hat{\theta}=\min(X_1, X_2, \cdots, X_n)$.

6. θ 的最大似然估计值 $\hat{\theta}=\left(\dfrac{1}{n}\sum_{i=1}^{n}t_i^m\right)^{1/m}$.

7. σ^2 的最大似然估计量 $\hat{\sigma}^2=\dfrac{1}{n}\sum_{i=1}^{n}(X_i-\mu_0)^2, E(\hat{\sigma}^2)=\sigma^2, D(\hat{\sigma}^2)=\dfrac{2}{n}\sigma^4$.

8. θ 的最大似然估计量为 $\dfrac{\overline{X}}{m}, P(X=1)$ 的最大似然估计量为 $\overline{X}\cdot\left(1-\dfrac{\overline{X}}{m}\right)^{m-1}$.

9. (1) θ 的矩估计量 $\hat{\theta}_M=\dfrac{2}{3}\overline{X}, \theta$ 的最大似然估计 $\hat{\theta}=\dfrac{1}{2}\max\{X_1, X_2, \cdots, X_n\}$；

   (2) θ 的矩估计 $\hat{\theta}=2\overline{X}-1, \theta$ 的最大似然估计 $\hat{\theta}=\min\{X_1, X_2, \cdots, X_n\}$；

   (3) θ 矩估计量为 $\hat{\theta}=\overline{X}, \theta$ 极大似然估计 $\hat{\theta}=\dfrac{2n}{\sum_{i=1}^{n}\dfrac{1}{X_i}}$；

   (4) λ 的矩估计量为 $\hat{\lambda}=\dfrac{2}{\overline{X}}, \lambda$ 的最大似然估计量为 $\hat{\lambda}=\dfrac{2}{\overline{X}}$.

10. θ 的矩估计为 $\hat{\theta}=\dfrac{3}{2}-\overline{X}, \theta$ 的最大似然估计 $\hat{\theta}=\dfrac{N}{n}$.

11. 15 000.

12. 0.499.

习题 7.2

1. (C). **2.** $k = -1$.

3. $a_1 = 0, a_2 = \dfrac{1}{n}, a_3 = \dfrac{1}{n}, D(T) = \dfrac{1}{n}\theta(1-\theta)$.

4. $a = \dfrac{10}{9}$.

5. $4\overline{X}^2$ 不是 θ^2 的无偏估计量,理由略.

6. (1) 略;(2) $D(T) = \dfrac{2}{n(n-1)}$.

7. $a = \dfrac{n_1}{n_1 + n_2}, b = \dfrac{n_2}{n_1 + n_2}$.

8. (1) $f(z) = \dfrac{1}{\sqrt{6\pi}\sigma} e^{-\frac{z^2}{6\sigma^2}}, -\infty < z < +\infty$;(2) σ^2 的最大似然估计量 $\hat{\sigma}^2 = \dfrac{1}{3n}\sum_{i=1}^{n} z_i^2$;(3) 略.

9. (1) $c = \dfrac{1}{2(n-1)}$;(2) $c = \dfrac{1}{n}$.

10. 略.

11. (1) θ 的矩估计量 $\hat{\theta} = \dfrac{2}{n}\sum_{i=1}^{n} X_i$;(2) 是;(3) 是.

12. (1) θ 的最大似然估计量 $\hat{\theta} = \dfrac{1}{n}\sum_{i=1}^{n} X_i^2$;(2) 存在 $a = \theta$.

13. $\hat{\mu}_3$ 更有效.

习题 7.3

1. (C). **2—4.** 略. **5.** (39.51, 40.49).

习题 7.4

1. (C). **2.** (8.2, 10.8).

3. (1) (6.408, 7.192);(2) (6.338 8, 7.261 2).

4. $n \geqslant \dfrac{4\sigma_0^2 u_{1-\alpha/2}^2}{L^2}$.

5. (1) (432.306 4, 482.693 6);(2) (438.905 8, 476.094 2);(3) (24.223 9, 64.293 4).

6. (1) μ 的置信水平为 95% 的单侧置信下限为 40 394;
(2) σ 的置信水平为 95% 的单侧置信上限为 2 344.176.

7. $(-6.03, -5.97)$.

8. $(-1.418, 2.578)$.

9. (1) $(-13.96, -8.04)$;(2) $(0.596, 7.213)$.

10. (1) $(0.274, 2.333)$;(2) 单侧置信上限为 1.782.

习题 7.5

1. (11.000 0, 12.958 4). **2.** (0.480 6, 0.639 4).

3. (0.341 2, 0.418 8). **4.** (0.696 8, 0.903 2).

5. (95.145 5, 154.854 5).

习 题 8.1

1. (B). 2.(C). 3.(B). 4.(D).
5. (1) $\alpha=0.0037, \beta=0.0367$;(2) 34;(3) 略.
6. $c=0.98, \beta=0.83$.
7. $\left(\dfrac{2.5}{3}\right)^n$, n 至少为 17.

习 题 8.2

1. 是显著变大.
2. 是.
3. 是.
4. 猜想合理.
5. 有显著差异.
6. 两种药的疗效有显著差异.
7. 两个总体是相同的.
8. 是.
9. 是.
10. 接受.
11. 接受.
12. 检验统计量为

$$u=\frac{\bar{x}-2\bar{y}}{\sqrt{\dfrac{\sigma_1^2}{n}+\dfrac{\sigma_2^2}{m}}}.$$

在给定的显著性水平 α 下,检验的拒绝域为 $W=\{u\geqslant u_{1-\alpha}\}$.

13. 拒绝.
14. 有显著差别.

习 题 8.3

1. 能.
2. 不成立.
3. 有显著差异, $p=0.0314$.
4. 不能, $p=0.0047$.
5. 是.
6. 有显著差异.

习 题 8.4

1. 均匀.
2. 泊松分布.
3. 指数分布 $E(0.005)$.
4. 是.
5. 服从泊松分布.
6. 服从正态分布.

习题答案

习 题 9.1

1. 安眠药是显著的,四种安眠药对兔子的安眠作用有明显的差别.
2. 咖啡因剂量是显著的,三种不同剂量对人的作用有明显的差别.
3. 无显著差异.
4. 有显著差异.
5. 有显著差异.

习 题 9.2

1. (1) 略;(2) $\hat{y}=22.6486+0.2643x$;(3) 回归方程显著.
2. (1) 略;(2) $\hat{y}=9538.155+0.088x$;(3) 回归方程显著.
3. (1) $\hat{y}=-0.1048+0.9881x$;(2) 回归方程显著;(3) (16.8082,17.7634).
4. (1) $\hat{y}=-2.26+0.0487x$;(2) (9.688,14.999).
5. (1) $\hat{y}=41.7052+0.3713x$;(2) 回归方程显著;(3) (63.0411,71.6087).

附 录

附表1 二项分布表

$$P(X \leqslant x) = \sum_{k=0}^{x} C_n^k p^k (1-p)^{n-k}$$

n	x	.001	.002	.003	.005	.01	.02	.03	.05	.10	.15	.20	.25	.30
2	0	.998 0	.996 0	.994 0	.990 0	.980 1	.960 4	.940 9	.902 5	.810 0	.722 5	.640 0	.562 5	.490 0
	1	1.000 0	1.000 0	1.000 0	1.000 0	.999 9	.999 6	.999 1	.997 5	.990 0	.977 5	.960 0	.937 5	.910 0
3	0	.997 0	.994 0	.991 0	.985 1	.970 3	.941 2	.912 7	.857 4	.729 0	.614 1	.512 0	.421 9	.343 0
	1	1.000 0	1.000 0	1.000 0	.999 9	.999 7	.998 8	.997 4	.992 8	.972 0	.939 2	.896 0	.843 8	.784 0
	2				1.000 0	1.000 0	1.000 0	1.000 0	.999 9	.999 0	.996 6	.992 0	.984 4	.973 0
4	0	.996 0	.992 0	.988 1	.980 1	.960 6	.922 4	.885 3	.814 5	.656 1	.522 0	.409 6	.316 4	.240 1
	1	1.000 0	1.000 0	.999 9	.999 9	.999 4	.997 7	.994 8	.986 0	.947 7	.890 5	.819 2	.738 3	.651 7
	2			1.000 0	1.000 0	1.000 0	1.000 0	.999 9	.999 5	.996 3	.988 0	.972 8	.949 2	.916 3
	3							1.000 0	1.000 0	.999 9	.999 5	.998 4	.996 1	.991 9
5	0	.995 0	.990 0	.985 1	.975 2	.951 0	.903 9	.858 7	.773 8	.590 5	.443 7	.327 7	.237 3	.168 1
	1	1.000 0	1.000 0	.999 9	.999 8	.999 0	.996 2	.991 5	.977 4	.918 5	.835 2	.737 3	.632 8	.528 2
	2			1.000 0	1.000 0	1.000 0	.999 9	.999 7	.998 8	.991 4	.973 4	.942 1	.896 5	.836 9
	3						1.000 0	1.000 0	1.000 0	.999 5	.997 8	.993 3	.984 4	.969 2
	4									1.000 0	.999 9	.999 7	.999 0	.997 6
6	0	.994 0	.988 1	.982 1	.970 4	.941 5	.885 8	.833 0	.735 1	.531 4	.377 1	.262 1	.178 0	.117 6
	1	1.000 0	.999 9	.999 9	.999 6	.998 5	.994 3	.987 5	.967 2	.385 7	.776 5	.655 3	.533 9	.420 2
	2		1.000 0	1.000 0	1.000 0	1.000 0	.999 8	.999 5	.997 8	.984 2	.952 7	.901 1	.330 6	.744 3
	3					1.0000	1.0000	.999 9	.998 7	.994 1	.983 0	.962 4	.929 5
	4								1.000 0	.999 9	.999 6	.998 4	.995 4	9 891
	5									1.000 0	1.000 0	.999 9	.999 8	.999 3
7	0	.993 0	.986 1	.979 2	.965 5	.932 1	.868 1	.808 0	.698 3	.478 3	.320 6	.209 7	.133 5	.082 4
	1	1.000 0	.999 9	.999 8	.999 5	.998 0	.992 1	.982 9	.955 6	.850 3	.716 6	.576 7	.444 9	.329 4
	2		1.000 0	1.000 0	1.000 0	1.000 0	.999 7	.999 1	.996 2	.974 3	.926 2	.852 0	.756 4	.647 1
	3						1.000 0	1.000 0	.999 8	.997 3	.987 9	.966 7	.929 4	.874 0
	4								1.000 0	.999 8	.998 8	.995 3	.987 1	.971 2
	5									1.000 0	.999 9	.999 6	.998 7	.996 2
	6										1.000 0	.1.000 0	.999 9	.999 8
8	0	.992 0	.984 1	.976 3	.960 7	.922 7	.850 8	.783 7	.663 4	.430 5	.272 5	.167 8	.100 1	.057 6
	1	1.000 0	.999 9	.999 8	.999 3	.997 3	.989 7	.977 7	.942 8	.813 1	.657 2	.503 3	.367 1	.255 3
	2		1.000 0	1.000 0	1.000 0	.999 9	.999 6	.998 7	.994 2	.961 9	.894 8	.796 9	.678 5	.551 8

(续表)

n	x	p												
		.001	.002	.003	.005	.01	.02	.03	.05	.10	.15	.20	.25	.30
	3					1.000 0	1.000 0	.999 9	.999 6	.995 0	.978 6	.943 7	.886 2	.805 9
	4						1.000 0	1.000 0	.999 6	.997 1	.989 6	.972 7	.942 0
	5								1.000 0	.999 8	.998 8	.995 8	.988 7
	6									1.000 0	.999 9	.999 6	.998 7
	7										1.000 0	1.000 0	.999 9
9	0	.991 0	.982 1	.973 3	.955 9	.913 5	.833 7	.760 2	.630 2	.387 4	.231 6	.134 0	.075 1	.040 4
	1	1.000 0	.999 9	.999 7	.999 1	.996 6	.986 9	.971 8	.928 8	.774 8	.599 5	.436 2	.300 3	.196 0
	2		1.000 0	1.000 0	1.000 0	.999 9	.999 4	.998 0	.991 6	.947 0	.859 1	.738 2	.600 7	.462 8
	3					1.000 0	1.000 0	.999 9	.999 4	.991 7	.966 1	.914 4	.834 3	.729 7
	4							1.000 0	1.000 0	.999 1	.994 4	.980 4	.951 1	.901 2
	5									.9 999	.999 4	.996 9	.990 0	.974 7
	6									1.000 0	1.000 0	.999 7	.998 7	.995 7
	7										1.000 0	.999 9	.999 6
	8											1.000 0	1.000 0
10	0	.990 0	.980 2	.970 4	.951 1	.904 4	.817 1	.737 4	.598 7	.348 7	.196 9	.107 4	.056 3	.028 2
	1	1.000 0	.999 8	.999 6	.998 9	.995 7	.983 8	.965 5	.913 9	.736 1	.544 3	.375 8	.244 0	.149 3
	2		1.000 0	1.000 0	1.000 0	.999 9	.999 1	.997 2	.988 5	.929 8	.820 2	.677 8	.525 6	.382 8
	3					1.000 0	1.000 0	.999 9	.999 0	.987 2	.950 0	.879 1	.775 9	.649 6
	4							1.000 0	.999 9	.998 4	.990 1	.967 2	.921 9	.849 7
	5								1.000 0	.999 9	.998 6	.993 6	.980 3	.952 7
	6									1.000 0	.999 9	.999 1	.996 5	.989 4
	7										1.000 0	.999 9	.999 6	.998 4
	8											1.000 0	1.000 0	.999 9
	9													1.000 0
11	0	.989 1	.978 2	.967 5	.946 4	.895 3	.800 7	.715 3	.568 8	.313 8	.167 3	.085 9	.042 2	.019 8
	1	.999 9	.999 8	.999 5	.998 7	.994 8	.980 5	.958 7	.898 1	.697 4	.492 2	.322 1	.197 1	.113 0
	2	1.000 0	1.000 0	1.000 0	1.000 0	.999 8	9 988	.996 3	.984 8	.910 4	.778 8	.617 4	.455 2	.312 7
	3					1.000 0	1.000 0	.999 8	.998 4	.981 5	.930 6	.838 9	.713 3	.569 6
	4							1.000 0	.999 9	.997 2	.984 1	.949 6	.885 4	.789 7
	5								1.000 0	.999 7	.997 3	.988 3	.965 7	.921 8
	6									1.000 0	.999 7	.998 0	.992 4	.978 4
	7										1.000 0	.999 8	.998 8	.995 7
	8											1.000 0	.999 9	.999 4
	9												1.000 0	1.000 0
12	0	.988 1	.976 3	.964 6	.941 6	.886 4	.784 7	.693 8	.540 4	.282 4	.142 2	.068 7	.031 7	.013 8
	1	.999 9	.999 7	.999 4	.998 4	.993 8	.976 9	.951 4	.881 6	.659 0	.443 5	.274 9	.158 4	.085 0
	2	1.000 0	1.000 0	1.000 0	1.000 0	.999 8	.998 5	.995 2	.980 4	.889 1	.735 8	.558 3	.390 7	.252 8
	3					1.000 0	.999 9	.999 7	.997 8	.974 4	.907 8	.794 6	.648 8	.492 5
	4						1.000 0	1.000 0	.999 8	.995 7	.976 1	.927 4	.842 4	.723 7

附表1 二项分布表

(续表)

n	x	p												
		.001	.002	.003	.005	.01	.02	.03	.05	.10	.15	.20	.25	.30
	5								1.000 0	.999 5	.995 4	.980 6	.945 6	.882 2
	6									.9 999	.999 3	.996 1	.985 7	.961 4
	7									1.000 0	.999 9	.999 4	.997 2	.990 5
	8										1.000 0	.999 9	.999 6	.998 3
	9											1.000 0	1.000 0	.999 8
	10													1.000 0
13	0	.987 1	.974 3	.961 7	.936 9	.877 5	.769 0	.673 0	.513 3	.254 2	.120 9	.055 0	.023 8	.009 7
	1	.999 9	.999 7	.999 3	.998 1	.992 8	.973 0	.943 6	.864 6	.621 3	.398 3	.233 6	.126 7	.063 7
	2	1.000 0	1.000 0	1.000 0	1.000 0	.999 7	.998 0	.993 8	.975 5	.866 1	.729 6	.501 7	.332 6	.202 5
	3					1.000 0	.999 9	.999 5	.996 9	.965 8	.903 3	.747 3	.584 3	.420 6
	4						1.000 0	1.000 0	.999 7	.993 5	.974 0	.900 9	.794 0	.654 3
	5								1.000 0	.999 1	.994 7	.970 0	.919 8	.834 6
	6									9 999	.998 7	.993 0	.975 7	.937 6
	7									1.000 0	.999 8	.998 8	.994 4	.981 8
	8										1.000 0	.999 8	.999 0	.996 0
	9											1.000 0	.999 9	.999 3
	10												1.000 0	.999 9
	11													1.000 0
14	0	.986 1	.972 4	.958 8	.932 2	.868 7	.753 6	.652 8	.487 7	.228 8	.102 8	.044 0	.017 8	.006 8
	1	.999 9	.999 6	.999 2	.997 8	.991 6	.969 0	.935 5	.847 0	.584 6	.356 7	.197 9	.101 0	.047 5
	2	1.000 0	1.000	1.000 0	1.000 0	.999 7	.997 5	.992 3	.969 9	.841 6	.647 9	.448 1	.281 1	.160 8
	3					1.000 0	.999 9	.999 4	.995 8	.955 9	.853 5	.698 2	.521 3	.355 2
	4						1.000 0	1.000 0	.999 6	.990 8	.953 3	.870 2	.741 5	.584 2
	5								1.000 0	.998 5	.988 5	.956 1	.888 3	.780 5
	6									9 998	.997 8	.988 4	.961 7	.906 7
	7									1.000 0	.999 7	.997 6	.989 7	.968 5
	8										1.000 0	.999 6	.997 8	.991 7
	9											1.000 0	.999 7	.998 3
	10												1.000 0	.999 8
	11													1.000 0
15	0	.985 1	.970 4	.955 9	.927 6	.860 1	.738 5	.633 3	.463 3	.205 9	.087 4	.035 2	.013 4	.004 7
	1	.999 9	.999 6	.999 1	.997 5	.990 4	.964 7	.927 0	.829 0	.549 0	.318 6	.167 1	.080 2	.035 3
	2	1.000 0	1.000 0	1.000 0	.999 9	.999 6	.997 0	.990 6	.963 8	.815 9	.604 2	.398 0	.236 1	.126 8
	3				1.000 0	1.000 0	.999 8	.999 2	.994 5	.944 4	.822 7	.648 2	.461 3	.296 9
	4						1.000 0	.999 9	.999 4	.987 3	.938 3	.835 8	.686 5	.515 5
	5							1.000 0	.999 9	.997 8	.983 2	.938 9	.851 6	.721 6
	6								1.000 0	.999 7	.996 4	.981 9	.943 4	.868 9
	7									1.000 0	.999 4	.995 8	.982 7	.950 0
	8										.999 9	.999 2	.995 8	.984 8

(续表)

n	x	p												
		.001	.002	.003	.005	.01	.02	.03	.05	.10	.15	.20	.25	.30
	9									1.000 0	.999 9	.999 2	.996 3
	10										1.000 0	.999 9	.999 3
	11											1.000 0	.999 9
	12												1.000 0
16	0	.984 1	.968 5	.951 3	.922 9	.851 5	.723 8	.614 3	.440 1	.185 3	.074 3	.028 1	.010 0	.003 3
	1	.999 9	.999 5	.998 9	.997 1	.989 1	.960 1	.918 2	.810 8	.514 7	.283 9	.140 7	.063 5	.026 1
	2	1.000 0	1.000 0	1.000 0	.999 9	.999 5	.996 3	.988 7	.957 1	.798 2	.561 4	.351 8	.197 1	.099 4
	3				1.000 0	1.000 0	.999 8	.998 9	.993 0	.931 6	.789 9	.598 1	.405 0	.245 9
	4						1.000 0	.999 9	.999 1	.983 0	.920 9	.798 2	.630 2	.449 9
	5							1.000 0	.999 9	.996 7	.976 5	.918 3	.810 3	.659 8
	6								1.000 0	.999 5	.994 4	.973 3	.920 4	.824 7
	7									.9 999	.998 9	.993 0	.972 9	.925 6
	8									1.000 0	.999 8	.998 5	.992 5	.974 3
	9										1.000 0	.999 8.	9 984	.992 9
	10											1.000 0	.099 97	.998 4
	11												1.000 0	.999 7
	12													1.000 0
17	0	.983 1	.966 5	.950 2	.918 3	.842 9	.709 3	.595 8	.418 1	.166 8	.063 1	.022 5	.007 5	.002 3
	1	.999 9	.999 5	.998 8	.996 8	.987 7	.955 4	.909 1	.792 2	.481 8	.252 5	.118 2	.050 1	.019 3
	2	1.000 0	1.000 0	1.000 0	.999 9	.999 4	.995 6	.986 6	.949 7	.761 8	.519 8	.309 6	.163 7	.077 4
	3				1.000 0	1.000 0	.999 7	.998 6	.991 2	.917 4	.755 6	.548 9	.353 0	.201 9
	4						1.000 0	.999 9	.998 8	.977 9	.901 3	.758 2	.573 9	.388 7
	5							1.000 0	.999 9	.995 3	.968 1	.894 3	.765 3	.596 8
	6								1.000 0	.999 2	.991 7	.962 3	.892 9	.775 2
	7									.9 999	.998 3	.989 1	.959 8	.895 4
	8									1.000 0	.999 7	.997 4	.987 6	.959 7
	9										1.000 0	.999 5	.996 9	.987 3
	10											9 999	.999 4	.996 8
	11											1.000 0	.999 9	.999 3
	12												1.000 0	.999 9
	13													1.000 0
18	0	.982 2	.964 6	.947 4	.913 7	.834 5	.695 1	.578 0	.397 2	.150 1	.053 6	.018 0	.005 6	.001 6
	1	.999 8	.999 4	.998 7	.996 4	.986 2	.950 5	.899 7	.773 5	.450 3	.224 1	.099 1	.039 5	.014 2
	2	1.000 0	1.000 0	1.000 0	.999 9	.999 3	.994 8	.984 3	.941 9	.733 8	.479 7	.271 3	.135 3	.060 0
	3				1.000 0	1.000 0	.999 6	.998 2	.989 1	.901 8	.720 2	.501 0	.305 7	.164 6
	4						1.000 0	.999 9	.998 5	.971 8	.879 4	.716 4	.518 7	.332 7
	5							1.000 0	.999 8	.993 6	.958 1	.867 1	.717 5	.534 4
	6								1.000 0	.998 8	.988 2	.948 7	.861 0	.721 7
	7									.9 998	.997 3	.983 7	.943 1	.859 3

附表1 二项分布表

(续表)

n	x	p												
		.001	.002	.003	.005	.01	.02	.03	.05	.10	.15	.20	.25	.30
	8									1.000 0	.999 5	.995 7	.980 7	.940 4
	9										.9 999	.999 1	.994 6	.979 0
	10										1.000 0	.999 8	.998 8	.993 9
	11											1.000 0	.999 8	.998 6
	12												1.000 0	.999 7
	13													1.000 0
19	0	.981 2	.962 7	.944 5	.909 2	.826 2	.681 2	.560 6	.377 4	.135 1	.045 6	.014 4	.004 2	.001 1
	1	.999 8	.999 3	.998 5	.996 0	.984 7	.945 4	.890 0	.754 7	.420 3	.198 5	.082 9	.031 0	.010 4
	2	1.000 0	1.000 0	1.000 0	.999 9	.999 1	.993 9	.981 7	.933 5	.705 4	.441 3	.236 9	.111 3	.046 2
	3				1.000 0	1.000 0	.999 5	.997 8	.986 8	.885 0	.684 1	.455 1	.263 1	.133 2
	4						1.000 0	.999 8	.998 0	.964 8	.855 6	.673 3	.465 4	.282 2
	5							1.000 0	.999 8	.991 4	.946 3	.836 9	.667 8	.473 9
	6								1.000 0	.998 3	.983 7	.932 4	.825 1	.665 5
	7									.9 997	.995 9	.976 7	.922 5	.818 0
	8									1.000 0	.999 2	.993 3	.971 3	.916 1
	9										.9 999	.998 4	.991 1	.967 4
	10										1.000 0	.999 7	.997 7	.989 5
	11											1.000 0	.999 5	.997 2
	12												.9 999	.999 4
	13												1.000 0	.999 9
	14													1.000 0
20	0	.980 2	.960 8	.941 7	.904 6	.817 9	.667 6	.543 8	.358 5	.121 6	.038 8	.011 5	.003 2	.000 8
	1	.999 8	.999 3	.998 4	.995 5	.983 1	.940 1	.880 2	.735 8	.391 7	.175 6	.069 2	.024 3	.007 6
	2	1.000 0	1.000 0	1.000 0	.999 9	.999 0	.992 9	.979 0	.924 5	.676 9	.404 9	.206 1	.091 3	.035 5
	3				1.000 0	1.000 0	.999 4	.997 3	.984 1	.867 0	.647 7	.411 4	.225 2	.107 1
	4						1.000 0	.999 7	.997 4	.956 8	.829 8	.629 6	.414 8	.237 5
	5							1.000 0	.999 7	.988 7	.932 7	.804 2	.617 2	.416 4
	6								1.000 0	.997 6	.978 1	.913 3	.785 8	.608 0
	7									.9 996	.994 1	.967 9	.898 2	.772 3
	8									.9 999	.998 7	.990 0	.959 1	.886 7
	9									1.000 0	.999 8	.997 4	.986 1	.952 0
	10										1.000 0	.999 4	.996 1	.982 9
	11											9 999	.999 1	.994 9
	12											1.000 0	.999 8	.998 7
	13												1.000 0	.999 7
	14													1.000 0
25	0	.975 3	.951 2	.927 6	.882 2	.777 8	.603 5	.467 0	.277 4	.071 8	.017 2	.003 8	.000 8	.000 1
	1	.999 7	.998 8	.997 4	.993 1	.974 2	.811 4	.828 0	.642 4	.271 2	.093 1	.027 4	.007 0	.001 6
	2	1.000 0	1.000 0	.999 9	.999 7	.998 0	.086 8	.962 0	.872 9	.537 1	.253 7	.098 2	.032 1	.009 0

(续表)

n	x	p												
		.001	.002	.003	.005	.01	.02	.03	.05	.10	.15	.20	.25	.30
	3			1.000 0	1.000 0	.999 9	.098 6	.993 8	.965 9	.763 6	.471 1	.234 0	.096 2	.033 2
	4						1.000 0	.999 9	.999 2	.992 8	.902 0	.682 1	.420 7	.213 7	.090 5
	5							1.000 0	.999 9	.998 8	.966 6	.838 5	.616 7	.378 3	.193 5
	6								1.000 0	.999 8	.990 5	.930 5	.780 0	.561 1	.340 7
	7									1.000 0	.997 7	.974 5	.890 9	.726 5	.511 8
	8										.9 995	.992 0	.953 2	.850 6	.676 9
	9										.9 999	.997 9	.982 7	.928 7	.810 6
	10										1.000 0	.999 5	.994 4	.970 3	.902 2
	11											.9 999	.998 5	.989 3	.955 8
	12											1.000 0	.999 6	.996 6	.982 5
	13												.9 999	.999 1	.994 0
	14												1.000 0	.999 8	.998 2
	15													1.000 0	.999 5
	16														.9 999
	17														1.000 0
30	0	.970 4	.941 7	.913 8	.860 4	.739 7	.545 5	.401 0	.214 6	.042 4	.007 6	.001 2	.000 2	.000 0
	1	.999 6	.998 3	.996 3	.990 1	.963 9	.879 5	.773 1	.553 5	.183 7	.048 0	.010 5	.002 0	.000 3
	2	1.000 0	1.000 0	.999 9	.999 5	.996 7	.978 3	.939 9	.812 2	.411 4	.151 4	.044 2	.010 6	.002 1
	3				1.000 0	1.000 0	.999 8	.997 1	.988 1	.939 2	.647 4	.321 7	.122 7	.037 4	.009 3
	4						1.000 0	.999 7	.998 2	.984 4	.824 5	.524 5	.255 2	.097 9	.030 2
	5							1.000 0	.999 8	.996 7	.926 8	.710 6	.427 5	.202 6	.076 6
	6								1.000 0	.999 4	.974 2	.847 4	.607 0	.348 1	.159 5
	7									.9 999	.992 2	.930 2	.760 8	.514 3	.281 4
	8									1.000 0	.998 0	.972 2	.871 3	.673 6	.431 5
	9										9 995	.990 3	.938 9	.803 4	.588 8
	10										.9 999	.997 1	.974 4	.894 3	.730 4
	11										1.000 0	.999 2	.990 5	.949 3	.840 7
	12											.9 998	.996 9	.978 4	.915 5
	13											1.000 0	.999 1	.991 8	.959 9
	14												.9 998	.997 3	.983 1
	15												.9 999	.999 2	.993 6
	16												1.000 0	.999 8	.997 9
	17													.9 999	.999 4
	18													1.000 0	.999 8
	19														1.000 0

附表2 泊松分布表

$$P(X \leqslant k) = \sum_{i=0}^{k} \frac{\lambda^i}{i!} e^{-\lambda}$$

λ	\multicolumn{13}{c}{k}
	0	1	2	3	4	5	6	7	8	9	10	11	12
0.1	0.905	0.995	1.000										
0.2	0.819	0.982	0.999	1.000									
0.3	0.741	0.963	0.996	1.000									
0.4	0.670	0.938	0.992	0.999	1.000								
0.5	0.607	0.910	0.986	0.998	1.000								
0.6	0.549	0.878	0.977	0.997	1.000								
0.7	0.497	0.844	0.966	0.994	0.999	1.000							
0.8	0.449	0.809	0.953	0.991	0.999	1.000							
0.9	0.407	0.772	0.937	0.987	0.998	1.000							
1.0	0.368	0.736	0.920	0.981	0.996	0.999	1.000						
1.1	0.333	0.699	0.900	0.974	0.995	0.999	1.000						
1.2	0.301	0.663	0.879	0.966	0.992	0.998	1.000						
1.3	0.273	0.627	0.857	0.957	0.989	0.998	1.000						
1.4	0.247	0.592	0.833	0.946	0.986	0.997	0.999	1.000					
1.5	0.223	0.558	0.809	0.934	0.981	0.996	0.999	1.000					
1.6	0.202	0.525	0.783	0.921	0.976	0.994	0.999	1.000					
1.7	0.183	0.493	0.757	0.907	0.970	0.992	0.998	1.000					
1.8	0.165	0.463	0.731	0.891	0.964	0.990	0.997	0.999	1.000				
1.9	0.150	0.434	0.704	0.875	0.956	0.987	0.997	0.999	1.000				
2.0	0.135	0.406	0.677	0.857	0.947	0.983	0.995	0.999	1.000				
2.1	0.122	0.380	0.650	0.839	0.938	0.980	0.994	0.999	1.000				
2.2	0.111	0.355	0.623	0.819	0.928	0.975	0.993	0.998	1.000				
2.3	0.100	0.331	0.596	0.799	0.916	0.970	0.991	0.997	0.999	1.000			
2.4	0.091	0.308	0.570	0.779	0.904	0.964	0.988	0.997	0.990	1.000			
2.5	0.082	0.287	0.544	0.758	0.891	0.958	0.986	0.996	0.999	1.000			
2.6	0.074	0.267	0.518	0.736	0.877	0.951	0.983	0.995	0.999	1.000			
2.7	0.067	0.249	0.494	0.714	0.863	0.943	0.979	0.993	0.998	0.999	1.000		
2.8	0.061	0.231	0.469	0.692	0.848	0.935	0.976	0.992	0.998	0.999	1.000		
2.9	0.055	0.215	0.446	0.670	0.832	0.926	0.971	0.990	0.997	0.999	1.000		
3.0	0.050	0.199	0.423	0.647	0.815	0.916	0.966	0.988	0.996	0.999	1.000		
3.1	0.045	0.185	0.401	0.625	0.798	0.906	0.961	0.986	0.995	0.999	1.000		
3.2	0.041	0.171	0.380	0.603	0.781	0.895	0.955	0.983	0.994	0.998	1.000		
3.3	0.037	0.159	0.359	0.580	0.763	0.883	0.949	0.980	0.993	0.998	0.999	1.000	
3.4	0.033	0.147	0.340	0.558	0.744	0.871	0.942	0.977	0.992	0.997	0.999	1.000	

(续表)

λ	k												
	0	1	2	3	4	5	6	7	8	9	10	11	12
3.5	0.030	0.136	0.321	0.537	0.725	0.858	0.935	0.973	0.990	0.997	0.999	1.000	
3.6	0.027	0.126	0.303	0.515	0.706	0.844	0.927	0.969	0.988	0.996	0.999	1.000	
3.7	0.025	0.116	0.285	0.494	0.687	0.830	0.918	0.965	0.986	0.995	0.998	1.000	
3.8	0.022	0.107	0.269	0.473	0.668	0.816	0.909	0.960	0.984	0.994	0.998	0.999	1.000
3.9	0.020	0.099	0.253	0.453	0.648	0.801	0.899	0.955	0.981	0.993	0.998	0.999	1.000
4.0	0.018	0.092	0.238	0.433	0.629	0.785	0.889	0.949	0.979	0.992	0.997	0.999	1.000

λ	k														
	0	1	2	3	4	5	6	7	8	9	10	11	12	13	14
5	0.007	0.040	0.125	0.265	0.440	0.616	0.762	0.867	0.932	0.968	0.986	0.995	0.998	0.999	1.000
6	0.002	0.017	0.062	0.151	0.285	0.446	0.606	0.744	0.847	0.916	0.957	0.980	0.991	0.996	0.999
7	0.001	0.007	0.030	0.082	0.173	0.301	0.450	0.599	0.729	0.830	0.901	0.947	0.973	0.987	0.994
8	0.000	0.003	0.014	0.042	0.100	0.191	0.313	0.453	0.593	0.717	0.816	0.888	0.936	0.966	0.983
9	0.000	0.001	0.006	0.021	0.055	0.116	0.207	0.324	0.456	0.587	0.706	0.803	0.876	0.926	0.959
10	0.000	0.000	0.003	0.010	0.029	0.067	0.130	0.220	0.333	0.458	0.583	0.697	0.792	0.864	0.917
11	0.000	0.000	0.001	0.005	0.015	0.038	0.079	0.143	0.232	0.341	0.460	0.579	0.689	0.781	0.854
12	0.000	0.000	0.001	0.002	0.008	0.020	0.046	0.090	0.155	0.242	0.347	0.462	0.576	0.682	0.772
13	0.000	0.000	0.000	0.001	0.004	0.011	0.026	0.054	0.100	0.166	0.252	0.353	0.463	0.573	0.675
14	0.000	0.000	0.000	0.000	0.002	0.006	0.014	0.032	0.062	0.109	0.176	0.260	0.358	0.464	0.570
15	0.000	0.000	0.000	0.000	0.001	0.003	0.008	0.018	0.037	0.070	0.118	0.185	0.268	0.363	0.466

λ	k														
	15	16	17	18	19	20	21	22	23	24	25	26	27	28	29
6	1.000														
7	0.998	0.999	1.000												
8	0.992	0.996	0.998	0.999	1.000										
9	0.978	0.989	0.995	0.998	0.999	1.000									
10	0.951	0.973	0.986	0.993	0.997	0.998	0.999	1.000							
11	0.907	0.944	0.968	0.982	0.991	0.995	0.998	0.999	1.000						
12	0.844	0.899	0.937	0.963	0.979	0.988	0.994	0.997	0.999	0.999	1.000				
13	0.764	0.835	0.890	0.930	0.957	0.975	0.986	0.992	0.996	0.998	0.999	1.000			
14	0.669	0.756	0.827	0.883	0.923	0.952	0.971	0.983	0.991	0.995	0.997	0.999	1.000		
15	0.568	0.664	0.749	0.819	0.875	0.917	0.947	0.967	0.981	0.989	0.994	0.997	0.998	0.999	1.000

附表 3 标准正态分布表

$$\Phi(x) = \int_{-\infty}^{x} \frac{1}{\sqrt{2\pi}} e^{-u^2/2} du = P(X \leqslant x)$$

x	0	1	2	3	4	5	6	7	8	9
0.0	0.500 0	0.504 0	0.508 0	0.512 0	0.516 0	0.519 9	0.523 9	0.527 9	0.531 9	0.535 9
0.1	0.539 8	0.543 8	0.547 8	0.551 7	0.555 7	0.559 6	0.563 6	0.567 5	0.571 4	0.575 3
0.2	0.579 3	0.583 2	0.587 1	0.591 0	0.594 8	0.598 7	0.602 6	0.606 4	0.610 3	0.614 1
0.3	0.617 9	0.621 7	0.625 5	0.629 3	0.633 1	0.636 8	0.640 6	0.644 3	0.648 0	0.651 7
0.4	0.655 4	0.659 1	0.662 8	0.666 4	0.670 0	0.673 6	0.677 2	0.680 8	0.684 4	0.687 9
0.5	0.691 5	0.695 0	0.698 5	0.701 9	0.705 4	0.708 8	0.712 3	0.715 7	0.719 0	0.722 4
0.6	0.725 7	0.729 1	0.732 4	0.735 7	0.738 9	0.742 2	0.745 4	0.748 6	0.751 7	0.754 9
0.7	0.758 0	0.761 1	0.764 2	0.767 3	0.770 3	0.773 4	0.776 4	0.779 4	0.782 3	0.785 2
0.8	0.788 1	0.791 0	0.793 9	0.796 7	0.799 5	0.802 3	0.805 1	0.807 8	0.810 6	0.813 3
0.9	0.815 9	0.818 6	0.821 2	0.823 8	0.826 4	0.828 9	0.831 5	0.834 0	0.836 5	0.838 9
1.0	0.841 3	0.843 8	0.846 1	0.848 5	0.850 8	0.853 1	0.855 4	0.857 7	0.859 9	0.862 1
1.1	0.864 3	0.866 5	0.868 6	0.870 8	0.872 9	0.874 9	0.877 0	0.879 0	0.881 0	0.883 0
1.2	0.884 9	0.886 9	0.888 8	0.890 7	0.892 5	0.894 4	0.896 2	0.898 0	0.899 7	0.901 5
1.3	0.903 2	0.904 9	0.906 6	0.908 2	0.909 9	0.911 5	0.913 1	0.914 7	0.916 2	0.917 7
1.4	0.919 2	0.920 7	0.922 2	0.923 6	0.925 1	0.926 5	0.927 8	0.929 2	0.930 6	0.931 9
1.5	0.933 2	0.934 5	0.935 7	0.937 0	0.938 2	0.939 4	0.940 6	0.941 8	0.943 0	0.944 1
1.6	0.945 2	0.946 3	0.947 4	0.948 4	0.949 5	0.950 5	0.951 5	0.952 5	0.953 5	0.954 5
1.7	0.955 4	0.956 4	0.957 3	0.958 2	0.959 1	0.959 9	0.960 8	0.961 6	0.962 5	0.963 3
1.8	0.964 1	0.964 8	0.965 6	0.966 4	0.967 1	0.967 8	0.968 6	0.969 3	0.970 0	0.970 6
1.9	0.971 3	0.971 9	0.972 6	0.973 2	0.973 8	0.974 4	0.975 0	0.975 6	0.976 2	0.976 7
2.0	0.977 2	0.977 8	0.978 3	0.978 8	0.979 3	0.979 8	0.980 3	0.980 8	0.981 2	0.981 7
2.1	0.982 1	0.982 6	0.983 0	0.983 4	0.983 8	0.984 2	0.984 6	0.985 0	0.985 4	0.985 7
2.2	0.986 1	0.986 4	0.986 8	0.987 1	0.987 4	0.987 8	0.988 1	0.988 4	0.988 7	0.989 0
2.3	0.989 3	0.989 6	0.989 8	0.990 1	0.990 4	0.990 6	0.990 9	0.991 1	0.991 3	0.991 6
2.4	0.991 8	0.992 0	0.992 2	0.992 5	0.992 7	0.992 9	0.993 1	0.993 2	0.993 4	0.993 6
2.5	0.993 8	0.994 0	0.994 1	0.994 3	0.994 5	0.994 6	0.994 8	0.994 9	0.995 1	0.995 2
2.6	0.995 3	0.995 5	0.995 6	0.995 7	0.995 9	0.996 0	0.996 1	0.996 2	0.996 3	0.996 4
2.7	0.996 5	0.996 6	0.996 7	0.996 8	0.996 9	0.997 0	0.997 1	0.997 2	0.997 3	0.997 4
2.8	0.997 4	0.997 5	0.997 6	0.997 7	0.997 7	0.997 8	0.997 9	0.997 9	0.998 0	0.998 1
2.9	0.998 1	0.998 2	0.998 2	0.998 3	0.998 4	0.998 4	0.998 5	0.998 5	0.998 6	0.998 6
3.0	0.998 7	0.999 0	0.999 3	0.999 5	0.999 7	0.999 8	0.999 8	0.999 9	0.999 9	1.000 0

注:表中末行系函数值 $\Phi(3.0), \Phi(3.1), \cdots, \Phi(3.9)$.

附表4 χ² 分布表

$$P(\chi^2(n) > \chi_\alpha^2(n)) = \alpha$$

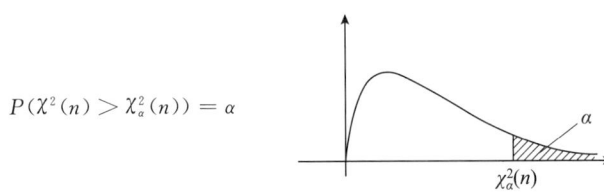

n	α=0.995	0.99	0.975	0.95	0.90	0.75
1	—	—	0.001	0.004	0.016	0.102
2	0.010	0.020	0.051	0.103	0.211	0.575
3	0.072	0.115	0.216	0.352	0.584	1.213
4	0.207	0.297	0.484	0.711	1.064	1.923
5	0.412	0.554	0.831	1.145	1.610	2.675
6	0.676	0.872	1.237	1.635	2.204	3.455
7	0.989	1.239	1.690	2.167	2.833	4.255
8	1.344	1.646	2.180	2.733	3.490	5.071
9	1.735	2.088	2.700	3.325	4.168	5.899
10	2.156	2.558	3.247	3.940	4.865	6.737
11	2.603	3.053	3.816	4.575	5.578	7.584
12	3.074	3.571	4.404	5.226	6.304	8.438
13	3.565	4.107	5.009	5.829	7.042	9.299
14	4.075	2.660	5.629	6.571	7.790	10.165
15	4.601	5.229	6.262	7.261	8.547	11.037
16	5.142	5.812	6.908	7.962	9.312	11.912
17	5.697	6.408	7.564	8.672	10.085	12.792
18	6.265	7.015	8.231	9.390	10.865	13.675
19	6.844	7.633	8.907	10.117	11.651	14.562
20	7.434	8.260	9.591	10.851	12.443	15.452
21	8.034	8.897	10.283	11.591	13.240	16.344
22	8.643	9.542	10.982	12.338	14.042	17.240
23	9.260	10.196	11.689	13.091	14.848	18.137
24	9.886	10.856	12.401	13.848	15.659	19.037
25	10.520	11.524	13.120	14.611	16.473	19.939
26	11.160	12.198	13.844	15.379	17.292	20.843
27	11.808	12.879	14.573	16.151	18.114	21.749
28	12.461	13.565	15.308	16.928	18.939	22.657
29	13.121	14.257	16.047	17.708	19.768	23.567

附表 4　χ^2 分布表

(续表)

n	$\alpha=0.995$	0.99	0.975	0.95	0.90	0.75
30	13.787	14.954	16.791	18.493	20.599	24.478
31	14.458	15.655	17.539	19.281	21.434	25.390
32	15.134	16.362	18.291	20.072	22.271	26.304
33	15.815	17.074	19.047	20.807	23.110	27.219
34	16.501	17.789	19.806	21.664	23.952	28.136
35	17.192	18.509	20.569	22.465	24.797	29.054
36	17.887	19.233	21.336	23.269	25.613	29.973
37	18.586	19.960	22.106	24.075	26.492	30.893
38	19.289	20.691	22.878	24.884	27.343	31.815
39	19.996	21.426	23.654	25.695	28.196	32.737
40	20.707	22.164	24.433	26.509	29.051	33.660
41	21.421	22.906	25.215	27.326	29.907	34.585
42	22.138	23.650	25.999	28.144	30.765	35.510
43	22.859	24.398	26.785	28.965	31.625	36.430
44	23.584	25.143	27.575	29.787	32.487	37.363
45	24.311	25.901	28.366	30.612	33.350	38.291

n	$\alpha=0.25$	0.10	0.05	0.025	0.01	0.005
1	1.323	2.706	3.841	5.024	6.635	7.879
2	2.773	4.605	5.991	7.378	9.210	10.597
3	4.108	6.251	7.815	9.348	11.345	12.838
4	5.385	7.779	9.488	11.143	13.277	14.860
5	6.626	9.236	11.071	12.833	15.086	16.750
6	7.841	10.645	12.592	14.449	16.812	18.548
7	9.037	12.017	14.067	16.013	18.475	20.278
8	10.219	13.362	15.507	17.535	20.090	21.955
9	11.389	14.684	16.919	19.023	21.666	23.589
10	12.549	15.987	18.307	20.483	23.209	25.188
11	13.701	17.275	19.675	21.920	24.725	26.757
12	14.845	18.549	21.026	23.337	26.217	28.299
13	15.984	19.812	22.362	24.736	27.688	29.819
14	17.117	21.064	23.685	26.119	29.141	31.319
15	18.245	22.307	24.996	27.488	30.578	32.801
16	19.369	23.542	26.296	28.845	32.000	34.267
17	20.489	24.769	27.587	30.191	33.409	35.718
18	21.605	25.989	28.869	31.526	34.805	37.156

(续表)

n	$\alpha=0.25$	0.10	0.05	0.025	0.01	0.005
19	22.718	27.204	30.144	32.852	36.191	38.582
20	23.828	28.412	31.410	34.170	37.566	39.997
21	24.935	29.615	32.671	35.479	38.932	41.401
22	26.039	30.813	33.924	36.781	40.289	42.796
23	27.141	32.007	35.172	38.076	41.638	44.181
24	28.241	33.196	36.415	39.364	42.980	45.559
25	29.339	34.382	37.652	40.646	44.314	46.928
26	30.435	35.563	38.885	41.923	45.642	48.290
27	31.528	36.741	40.113	43.194	46.963	49.645
28	32.620	37.916	41.337	44.461	48.278	50.993
29	33.711	39.087	42.557	45.722	49.588	52.336
30	34.800	40.256	43.773	46.979	50.892	53.672
31	35.887	41.422	44.985	48.232	52.191	55.003
32	36.973	42.585	46.194	49.480	53.486	56.328
33	38.053	43.745	47.400	50.725	54.776	57.648
34	39.141	44.903	48.602	51.966	56.061	58.964
35	40.223	46.059	49.802	53.203	57.342	60.275
36	41.304	47.212	50.998	54.437	58.619	61.581
37	42.383	48.363	52.192	55.668	59.892	62.883
38	43.462	49.513	53.384	56.896	61.162	64.181
39	44.539	50.660	54.572	58.120	62.428	65.476
40	45.616	51.805	55.758	59.342	63.691	66.766
41	46.692	52.949	53.942	60.561	64.950	68.053
42	47.766	54.090	58.124	61.777	66.206	69.336
43	48.840	55.230	59.304	62.990	67.459	70.606
44	49.913	56.369	60.481	64.201	68.710	71.893
45	50.985	57.505	61.656	65.410	69.957	73.166

附表5 t 分布表

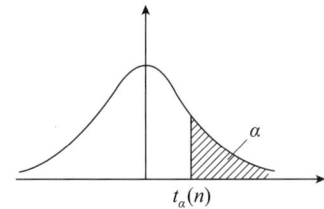

$P(t(n) > t_\alpha(n)) = \alpha$

n	α=0.25	0.10	0.05	0.025	0.01	0.005
1	1.000 0	3.077 7	6.313 8	12.706 2	31.820 7	63.657 4
2	0.816 5	1.885 6	2.920 0	4.302 7	6.964 6	9.924 8
3	0.764 9	1.637 7	2.353 4	3.182 4	4.540 7	5.840 9
4	0.740 7	1.533 2	2.131 8	2.776 4	3.746 9	4.604 1
5	0.726 7	1.475 9	2.015 0	2.570 6	3.364 9	4.032 2
6	0.717 6	1.439 8	1.943 2	2.446 9	3.142 7	3.707 4
7	0.711 1	1.414 9	1.894 6	2.364 6	2.998 0	3.499 5
8	0.706 4	1.396 8	1.859 5	2.306 0	2.896 5	3.355 4
9	0.702 7	1.383 0	1.833 1	2.262 2	2.821 4	3.249 8
10	0.699 8	1.372 2	1.812 5	2.228 1	2.763 8	3.169 3
11	0.697 4	1.363 4	1.795 9	2.201 0	2.718 1	3.105 8
12	0.695 5	1.356 2	1.782 3	2.178 8	2.681 0	3.054 5
13	0.693 8	1.350 2	1.770 9	2.160 4	2.650 3	3.012 3
14	0.692 4	1.345 0	1.761 3	2.144 8	2.624 5	2.976 8
15	0.691 2	1.340 6	1.753 1	2.131 5	2.602 5	2.946 7
16	0.690 1	1.336 8	1.745 9	2.119 9	2.583 5	2.920 8
17	0.689 2	1.333 4	1.739 6	2.109 8	2.566 9	2.898 2
18	0.688 4	1.330 4	1.734 1	2.100 9	2.552 4	2.878 4
19	0.687 6	1.327 7	1.729 1	2.093 0	2.539 5	2.860 9
20	0.687 0	1.325 3	1.724 7	2.086 0	2.528 0	2.845 3
21	0.686 4	1.323 2	1.720 7	2.079 6	2.517 7	2.831 4
22	0.685 8	1.321 2	1.717 1	2.073 9	2.508 3	2.818 8
23	0.685 3	1.319 5	1.713 9	2.068 7	2.499 9	2.807 3
24	0.684 8	1.317 8	1.710 9	2.063 9	2.492 2	2.796 9
25	0.684 4	1.316 3	1.708 1	2.059 5	2.485 1	2.787 4
26	0.684 0	1.315 0	1.705 6	2.055 5	2.478 6	2.778 7
27	0.683 7	1.313 7	1.703 3	2.051 8	2.472 7	2.770 7
28	0.683 4	1.312 5	1.701 1	2.048 4	2.467 1	2.763 3
29	0.683 0	1.311 4	1.699 1	2.045 2	2.462 0	2.756 4

(续表)

n	$\alpha=0.25$	0.10	0.05	0.025	0.01	0.005
30	0.682 8	1.310 4	1.697 3	2.042 3	2.457 3	2.750 0
31	0.682 5	1.309 5	1.695 5	2.039 5	2.452 8	2.744 0
32	0.682 2	1.308 6	1.693 9	2.036 9	2.448 7	2.738 5
33	0.682 0	1.307 7	1.692 4	2.034 5	2.444 8	2.733 3
34	0.681 8	1.307 0	1.690 9	2.032 2	2.441 1	2.728 4
35	0.681 6	0.306 2	1.689 6	2.030 1	2.437 7	2.723 8
36	0.681 4	1.305 5	1.688 3	2.028 1	2.434 5	2.719 5
37	0.681 2	1.304 9	1.687 1	2.026 2	2.431 4	2.715 4
38	0.681 0	1.304 2	1.686 0	2.024 4	2.428 6	2.711 6
39	0.680 8	1.303 6	1.684 9	2.022 7	2.425 8	2.707 9
40	0.680 7	1.303 1	1.683 9	2.021 1	2.423 3	2.704 5
41	0.680 5	1.302 5	1.682 9	2.019 5	2.420 8	2.701 2
42	0.680 4	1.302 0	1.682 0	2.018 1	2.418 5	2.698 1
43	0.680 2	1.301 6	1.681 1	2.016 7	2.416 3	2.695 1
44	0.680 1	1.301 1	1.680 2	2.015 4	2.414 1	2.692 3
45	0.680 0	1.300 6	1.679 4	2.014 1	2.412 1	2.689 6

附表6 F 分布表

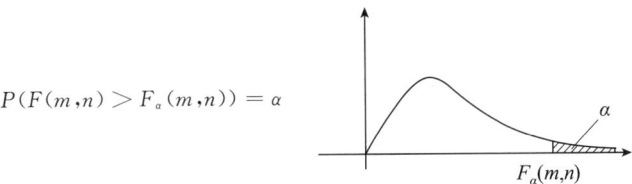

$P(F(m,n) > F_\alpha(m,n)) = \alpha$

$\alpha = 0.10$

n \ m	1	2	3	4	5	6	7	8	9	10	12	15	20	24	30	40	60	120	∞
1	39.86	49.50	53.59	55.83	57.24	58.20	58.91	59.44	59.86	60.19	60.71	61.22	61.74	62.00	62.26	62.53	62.79	63.06	63.33
2	8.53	9.00	9.16	9.24	9.29	9.33	9.35	9.37	9.38	9.39	9.41	9.42	9.44	9.45	9.46	9.47	9.47	9.48	9.49
3	5.54	5.46	5.39	5.34	5.31	5.28	5.27	5.25	5.24	5.23	5.22	5.20	5.18	5.18	5.17	5.16	5.15	5.14	5.13
4	4.54	4.32	4.19	4.11	4.05	4.01	3.98	3.95	3.94	3.92	3.90	3.87	3.84	3.83	3.82	3.80	3.79	3.78	3.76
5	4.06	3.78	3.62	3.52	3.45	3.40	3.37	3.34	3.32	3.30	3.27	3.24	3.21	3.19	3.17	3.16	3.14	3.12	3.10
6	3.78	3.46	3.29	3.18	3.11	3.05	3.01	2.98	2.96	2.94	2.90	2.87	2.84	2.82	2.80	2.78	2.76	2.74	2.72
7	3.59	3.26	3.07	2.96	2.88	2.83	2.78	2.75	2.72	2.70	2.67	2.63	2.59	2.58	2.56	2.54	2.51	2.49	2.47
8	3.46	3.11	2.92	2.81	2.73	2.67	2.62	2.59	2.56	2.54	2.50	2.46	2.42	2.40	2.38	2.36	2.34	2.32	2.29
9	3.36	3.01	2.81	2.69	2.61	2.55	2.51	2.47	2.44	2.42	2.38	2.34	2.30	2.28	2.25	2.23	2.21	2.18	2.16
10	3.29	2.92	2.73	2.61	2.52	2.46	2.41	2.38	2.35	2.32	2.28	2.24	2.20	2.18	2.16	2.13	2.11	2.08	2.06
11	3.23	2.86	2.66	2.54	2.45	2.39	2.34	2.30	2.27	2.25	2.21	2.17	2.12	2.10	2.08	2.05	2.03	2.06	1.97
12	3.18	2.81	2.61	2.48	2.39	2.33	2.28	2.24	2.21	2.19	2.15	2.10	2.06	2.04	2.01	1.99	1.96	1.93	1.90
13	3.14	2.76	2.56	2.43	2.35	2.28	2.23	2.20	2.16	2.14	2.10	2.05	2.01	1.98	1.96	1.93	1.90	1.88	1.85
14	3.10	2.73	2.52	2.39	2.31	2.24	2.19	2.15	2.12	2.10	2.05	2.01	1.96	1.94	1.91	1.89	1.86	1.83	1.80
15	3.07	2.70	2.49	2.36	2.27	2.21	2.16	2.12	2.09	2.06	2.02	1.97	1.92	1.90	1.87	1.85	1.82	1.79	1.76
16	3.05	2.67	2.46	2.33	2.24	2.18	2.13	2.09	2.06	2.03	1.99	1.94	1.89	1.87	1.84	1.81	1.78	1.75	1.72
17	3.03	2.64	2.44	2.31	2.22	2.15	2.10	2.06	2.03	2.00	1.96	1.91	1.86	1.84	1.81	1.78	1.75	1.72	1.69
18	3.01	2.62	2.42	2.29	2.20	2.13	2.08	2.04	2.00	1.98	1.93	1.89	1.84	1.81	1.78	1.75	1.72	1.69	1.66
19	2.99	2.61	2.40	2.27	2.18	2.11	2.06	2.02	1.98	1.96	1.91	1.86	1.81	1.79	1.76	1.73	1.70	1.67	1.63
20	2.97	2.59	2.38	2.25	2.16	2.09	2.04	2.00	1.96	1.94	1.89	1.84	1.79	1.77	1.74	1.71	1.68	1.64	1.61
21	2.96	2.57	2.36	2.23	2.14	2.08	2.02	1.98	1.95	1.92	1.87	1.83	1.78	1.75	1.72	1.69	1.66	1.62	1.59
22	2.95	2.56	2.35	2.22	2.13	2.06	2.01	1.97	1.93	1.90	1.86	1.81	1.76	1.73	1.70	1.67	1.64	1.60	1.57
23	2.94	2.55	2.34	2.21	2.11	2.05	1.99	1.95	1.92	1.89	1.84	1.80	1.74	1.72	1.69	1.66	1.62	1.59	1.55
24	2.93	2.54	2.33	2.19	2.10	2.04	1.98	1.94	1.91	1.88	1.83	1.78	1.73	1.70	1.67	1.64	1.61	1.57	1.53
25	2.92	2.53	2.32	2.18	2.09	2.02	1.97	1.93	1.89	1.87	1.82	1.77	1.72	1.69	1.66	1.63	1.59	1.56	1.52
26	2.91	2.52	2.31	2.17	2.08	2.01	1.96	1.92	1.88	1.86	1.81	1.76	1.71	1.68	1.65	1.61	1.58	1.54	1.50
27	2.90	2.51	2.30	2.17	2.07	2.00	1.95	1.91	1.87	1.85	1.80	1.75	1.70	1.67	1.64	1.60	1.57	1.53	1.49
28	2.89	2.50	2.29	2.16	2.06	2.00	1.94	1.90	1.87	1.84	1.79	1.74	1.69	1.66	1.63	1.59	1.56	1.52	1.48
29	2.89	2.50	2.28	2.15	2.06	1.99	1.93	1.89	1.86	1.83	1.78	1.73	1.68	1.65	1.62	1.58	1.55	1.51	1.47

(续表)

n \ m	1	2	3	4	5	6	7	8	9	10	12	15	20	24	30	40	60	120	∞
30	2.88	2.49	2.28	2.14	2.05	1.98	1.93	1.88	1.85	1.82	1.77	1.72	1.67	1.64	1.61	1.57	1.54	1.50	1.46
40	2.84	2.44	2.23	2.09	2.00	1.93	1.87	1.83	1.79	1.76	1.71	1.66	1.61	1.57	1.54	1.51	1.47	1.42	1.38
60	2.79	2.39	2.18	2.04	1.95	1.87	1.82	1.77	1.74	1.71	1.66	1.60	1.54	1.51	1.48	1.44	1.40	1.35	1.29
120	2.75	2.35	2.13	1.99	1.90	1.82	1.77	1.72	1.68	1.65	1.60	1.55	1.48	1.45	1.41	1.37	1.32	1.26	1.19
∞	2.71	2.30	2.08	1.94	1.85	1.77	1.72	1.67	1.63	1.60	1.55	1.49	1.42	1.38	1.34	1.30	1.24	1.17	1.00

$\alpha = 0.05$

n \ m	1	2	3	4	5	6	7	8	9	10	12	15	20	24	30	40	60	120	∞
1	161.4	199.5	215.7	224.6	230.2	234.0	236.8	238.9	240.5	241.9	243.9	245.9	248.0	249.1	250.1	251.1	252.2	253.3	254.3
2	18.51	19.00	19.16	19.25	19.30	19.33	19.35	19.37	19.38	19.40	19.41	19.43	19.45	19.45	19.46	19.47	19.48	19.49	19.50
3	10.13	9.55	9.28	9.12	9.01	8.94	8.89	8.85	8.81	8.79	8.74	8.70	8.66	8.64	8.62	8.59	8.57	8.55	8.53
4	7.71	6.94	6.59	6.39	6.26	6.16	6.09	6.04	6.00	5.96	5.91	5.86	5.80	5.77	5.75	5.72	5.69	5.66	5.63
5	6.61	5.79	5.41	5.19	5.05	4.95	4.88	4.82	4.77	4.74	4.68	4.62	4.56	4.53	4.50	4.46	4.43	4.40	4.36
6	5.99	5.14	4.76	4.53	4.39	4.28	4.21	4.15	4.10	4.06	4.00	3.94	3.87	3.84	3.81	3.77	3.74	3.70	3.67
7	5.59	4.74	4.35	4.12	3.97	3.87	3.79	3.73	3.68	3.64	3.57	3.51	3.44	3.41	3.38	3.34	3.30	3.27	3.23
8	5.32	4.46	4.07	3.84	3.69	3.58	3.50	3.44	3.39	3.35	3.28	3.22	3.15	3.12	3.08	3.04	3.01	2.97	2.93
9	5.12	4.26	3.86	3.63	3.48	3.37	3.29	3.23	3.18	3.14	3.07	3.01	2.94	2.90	2.86	2.83	2.79	2.75	2.71
10	4.96	4.10	3.71	3.48	3.33	3.22	3.14	3.07	3.02	2.98	2.91	2.85	2.77	2.74	2.70	2.66	2.62	2.58	2.54
11	4.84	3.98	3.59	3.36	3.20	3.09	3.01	2.95	2.90	2.85	2.79	2.72	2.65	2.61	2.57	2.53	2.49	2.45	2.40
12	4.75	3.89	3.49	3.26	3.11	3.00	2.91	2.85	2.80	2.75	2.69	2.62	2.54	2.51	2.47	2.43	2.38	2.34	2.30
13	4.67	3.81	3.41	3.18	3.03	2.92	2.83	2.77	2.71	2.67	2.60	2.53	2.46	2.42	2.38	2.34	2.30	2.25	2.21
14	4.60	3.74	3.34	3.11	2.96	2.85	2.76	2.70	2.65	2.60	2.53	2.46	2.39	2.35	2.31	2.27	2.22	2.18	2.13
15	4.54	3.68	3.29	3.06	2.90	2.79	2.71	2.64	2.59	2.54	2.48	2.40	2.33	2.29	2.25	2.20	2.16	2.11	2.07
16	4.49	3.63	3.24	3.01	2.85	2.74	2.66	2.59	2.54	2.49	2.42	2.35	2.28	2.24	2.19	2.15	2.11	2.06	2.01
17	4.45	3.59	3.20	2.96	2.81	2.70	2.61	2.55	2.49	2.45	2.38	2.31	2.23	2.19	2.15	2.10	2.06	2.01	1.96
18	4.41	3.55	3.16	2.93	2.77	2.66	2.58	2.51	2.46	2.41	2.34	2.27	2.19	2.15	2.11	2.06	2.02	1.97	1.93
19	4.38	3.52	3.13	2.90	2.74	2.63	2.54	2.48	2.42	2.38	2.31	2.23	2.16	2.11	2.07	2.03	1.98	1.93	1.88
20	4.35	3.49	3.10	2.87	2.71	2.60	2.51	2.45	2.39	2.35	2.28	2.20	2.12	2.08	2.04	1.99	1.95	1.90	1.84
21	4.32	3.47	3.07	2.84	2.68	2.57	2.49	2.42	2.37	2.32	2.25	2.18	2.10	2.05	2.01	1.96	1.92	1.87	1.81
22	4.30	3.44	3.05	2.82	2.66	2.55	2.46	2.40	2.34	2.30	2.23	2.15	2.07	2.03	1.98	1.94	1.89	1.84	1.78
23	4.28	3.42	3.03	2.80	2.64	2.53	2.44	2.37	2.32	2.27	2.20	2.13	2.05	2.01	1.96	1.91	1.86	1.81	1.76
24	4.26	3.40	3.01	2.78	2.62	2.51	2.42	2.36	2.30	2.25	2.18	2.11	2.03	1.98	1.94	1.89	1.84	1.79	1.73
25	4.24	3.39	2.99	2.76	2.60	2.49	2.40	2.34	2.28	2.24	2.16	2.09	2.01	1.96	1.92	1.87	1.82	1.77	1.71
26	4.23	3.37	2.98	2.74	2.59	2.47	2.39	2.32	2.27	2.22	2.15	2.07	1.99	1.95	1.90	1.85	1.80	1.75	1.69
27	4.21	3.35	2.96	2.73	2.57	2.46	2.37	2.31	2.25	2.20	2.13	2.06	1.97	1.93	1.88	1.84	1.79	1.73	1.67
28	4.20	3.34	2.95	2.71	2.56	2.45	2.36	2.29	2.24	2.19	2.12	2.04	1.96	1.91	1.87	1.82	1.77	1.71	1.65
29	4.18	3.33	2.93	2.70	2.55	2.43	2.35	2.28	2.22	2.18	2.10	2.03	1.94	1.90	1.85	1.81	1.75	1.70	1.64

（续表）

m\n	1	2	3	4	5	6	7	8	9	10	12	15	20	24	30	40	60	120	∞
30	4.17	3.32	2.92	2.69	2.53	2.42	2.33	2.27	2.21	2.16	2.09	2.01	1.93	1.89	1.84	1.79	1.74	1.68	1.62
40	4.08	3.23	2.84	2.61	2.45	2.34	2.25	2.18	2.12	2.08	2.00	1.92	1.84	1.79	1.74	1.69	1.64	1.58	1.51
60	4.00	3.15	2.76	2.53	2.37	2.25	2.17	2.10	2.04	1.99	1.92	1.84	1.75	1.70	1.65	1.59	1.53	1.47	1.39
120	3.92	3.07	2.68	2.45	2.29	2.17	2.09	2.02	1.96	1.91	1.83	1.75	1.66	1.61	1.55	1.50	1.43	1.35	1.25
∞	3.84	3.00	2.60	2.37	2.21	2.10	2.01	1.94	1.88	1.83	1.75	1.67	1.57	1.52	1.46	1.39	1.32	1.22	1.00

$$\alpha = 0.025$$

m\n	1	2	3	4	5	6	7	8	9	10	12	15	20	24	30	40	60	120	∞
1	647.8	799.5	864.2	899.6	921.8	937.1	943.2	956.7	963.3	968.6	976.7	984.9	933.1	997.2	1 001	1 006	1 010	1 014	1 018
2	38.51	39.00	39.17	39.25	39.30	39.33	39.36	39.37	39.39	39.40	39.41	39.43	39.45	39.46	39.46	39.47	39.48	39.49	39.50
3	17.44	16.04	15.44	15.10	14.88	14.73	14.62	14.54	14.47	14.42	14.34	14.25	14.17	14.12	14.08	14.04	13.99	13.95	13.90
4	12.22	10.65	9.98	9.60	9.36	9.20	9.07	8.98	8.90	8.84	8.75	8.66	8.56	8.51	8.46	8.41	8.36	8.31	8.26
5	10.01	8.43	7.76	7.39	7.15	6.98	6.85	6.76	6.68	6.62	6.52	6.43	6.33	6.28	6.23	6.18	6.12	6.07	6.02
6	8.81	7.26	6.60	6.23	5.99	5.82	5.70	5.60	5.52	5.46	5.37	5.27	5.17	5.12	5.07	5.01	4.96	4.90	4.85
7	8.07	6.54	5.89	5.52	5.29	5.12	4.99	4.90	4.82	4.76	4.67	4.57	4.47	4.42	4.36	4.31	4.25	4.20	4.14
8	7.57	6.06	5.42	5.05	4.82	4.65	4.53	4.43	4.36	4.30	4.20	4.10	4.00	3.95	3.89	3.84	3.78	3.73	3.67
9	7.21	5.71	5.08	4.72	4.48	4.23	4.20	4.10	4.03	3.96	3.87	3.77	3.67	3.61	3.56	3.51	3.45	3.39	3.33
10	6.94	5.46	4.83	4.47	4.24	4.07	3.95	3.85	3.78	3.72	3.62	3.52	3.42	3.37	3.31	3.26	3.20	3.14	3.08
11	6.72	5.26	4.63	4.28	4.04	3.88	3.76	3.66	3.59	3.53	3.43	3.33	3.23	3.17	3.12	3.06	3.00	2.94	2.88
12	6.55	5.10	4.47	4.12	3.89	3.73	3.61	3.51	3.44	3.37	3.28	3.18	3.07	3.02	2.96	2.91	2.85	2.79	2.72
13	6.41	4.97	4.35	4.00	3.77	3.60	3.48	3.39	3.31	3.25	3.15	3.05	2.95	2.89	2.84	2.78	2.72	2.66	2.60
14	6.30	4.86	4.24	3.89	3.66	3.50	3.38	3.29	3.21	3.15	3.05	2.95	2.84	2.79	2.73	2.67	2.61	2.55	2.49
15	6.20	4.77	4.15	3.80	3.58	3.41	3.29	3.20	2.12	2.06	2.96	2.86	2.76	2.70	2.64	2.59	2.52	2.46	2.40
16	6.12	4.69	4.08	3.73	3.50	3.34	3.22	3.12	3.05	2.99	2.89	2.79	2.68	2.63	2.57	2.51	2.45	2.38	2.32
17	6.04	4.62	4.01	3.66	3.44	3.28	3.16	3.06	2.98	2.92	2.82	2.72	2.62	2.56	2.50	2.44	2.38	2.32	2.25
18	5.98	4.56	3.95	3.61	3.38	3.22	3.10	3.01	2.93	2.87	2.77	2.67	2.56	2.50	2.44	2.38	2.32	2.26	2.19
19	5.92	4.51	3.90	3.56	3.33	3.17	3.05	2.96	2.88	2.82	2.72	2.62	2.51	2.45	2.39	2.38	2.27	2.20	2.13
20	5.87	4.46	3.86	3.51	3.29	3.13	3.01	2.91	2.84	2.77	2.68	2.57	2.46	2.41	2.35	2.29	2.22	2.16	2.09
21	5.83	4.42	3.82	3.48	3.25	3.09	2.97	2.87	2.80	2.73	2.64	2.58	2.42	2.37	2.31	2.25	2.18	2.11	2.04
22	5.79	4.38	3.78	3.44	3.22	3.05	2.93	2.84	2.76	2.70	2.60	2.50	2.39	2.33	2.27	2.21	2.14	2.08	2.00
23	5.75	4.35	3.75	3.41	3.18	3.02	2.90	2.81	2.73	2.67	2.57	2.47	2.36	2.30	2.24	2.18	2.11	2.04	1.97
24	5.72	4.32	3.72	3.38	3.15	2.99	2.87	2.78	2.70	2.64	2.54	2.44	2.33	2.27	2.21	2.15	2.08	2.07	1.94
25	5.69	4.20	3.69	3.35	3.13	2.97	2.85	2.75	2.68	2.61	2.51	2.41	2.30	2.24	2.18	2.12	2.05	1.98	1.91
26	5.66	4.27	3.67	3.33	3.10	2.94	2.82	2.73	2.65	2.59	2.49	2.39	2.28	2.22	2.16	2.09	2.03	1.95	1.85
27	5.63	4.24	3.65	3.31	3.08	2.92	2.80	2.71	2.63	2.57	2.47	2.36	2.25	2.19	2.13	2.07	2.00	1.93	1.85
28	5.61	4.22	3.63	3.29	3.06	2.90	2.78	2.69	2.61	2.55	2.45	2.34	2.23	2.17	2.11	2.05	1.98	1.91	1.83

(续表)

m\n	1	2	3	4	5	6	7	8	9	10	12	15	20	24	30	40	60	120	∞
29	5.59	4.20	3.61	3.27	3.04	2.88	2.76	2.67	2.59	2.53	2.43	2.32	2.21	2.15	2.09	2.03	1.96	1.89	1.81
30	5.57	4.18	3.59	3.25	3.03	2.87	2.75	2.65	2.57	2.51	2.41	2.31	3.20	2.14	2.07	2.01	1.94	1.87	1.79
40	5.42	4.05	3.46	3.13	2.90	2.74	2.62	2.53	2.45	2.39	2.29	2.18	2.07	2.01	1.94	1.88	1.80	1.72	1.64
60	5.29	3.93	3.34	3.01	2.79	2.63	2.51	2.41	2.33	2.27	2.17	2.06	1.94	1.88	1.82	1.74	1.67	1.58	1.48
120	5.15	3.08	3.23	2.89	2.67	2.52	2.39	2.30	2.22	2.16	2.05	1.94	1.82	1.76	1.69	1.61	1.58	1.43	1.31
∞	5.02	3.60	3.12	2.79	2.57	2.41	2.29	2.19	2.11	2.05	1.94	1.83	1.71	1.64	1.57	1.48	1.39	1.27	1.00

$\alpha = 0.01$

m\n	1	2	3	4	5	6	7	8	9	10	12	15	20	24	30	40	60	120	∞
1	4 052	4 999.5	5 403	5 625	5 764	5 859	5 928	5 982	6 022	6 056	6 106	6 157	6 209	6 235	6 261	6 287	6 313	6 339	6 366
2	98.50	99.00	99.17	99.25	99.30	99.33	99.36	99.37	99.39	99.40	99.42	99.43	99.45	99.46	99.47	99.47	99.48	99.49	99.50
3	24.12	30.82	29.46	28.71	28.24	27.91	27.67	27.49	27.35	27.23	27.05	26.87	26.69	26.60	26.50	26.41	26.32	26.22	26.13
4	21.20	18.00	16.69	15.98	15.52	15.21	14.98	14.80	14.66	14.55	14.37	14.20	14.02	13.93	13.84	13.75	13.65	13.50	13.40
5	16.26	13.27	12.06	11.39	10.97	10.67	10.46	10.29	10.16	10.05	9.89	9.72	9.55	9.47	9.38	9.29	9.20	9.11	9.02
6	13.75	10.92	9.78	9.15	8.75	8.47	8.26	8.10	7.98	7.87	7.72	7.56	7.40	7.31	7.23	7.14	7.06	6.97	6.88
7	12.25	9.55	8.45	7.85	7.46	7.19	6.99	6.84	6.72	6.62	6.47	6.31	6.16	6.07	5.99	5.91	5.82	5.74	5.65
8	11.26	8.65	7.59	7.01	6.63	6.37	6.18	6.03	5.91	5.81	5.67	5.52	5.36	5.28	5.20	5.12	5.03	4.95	4.86
9	10.56	8.02	6.99	6.42	6.06	5.80	5.61	5.47	5.35	5.26	5.11	4.96	4.81	4.73	4.65	4.57	4.48	4.40	4.31
10	10.04	7.56	6.55	5.99	5.64	5.39	5.20	5.06	4.94	4.85	4.71	4.56	4.41	4.33	4.25	4.17	4.08	4.00	3.91
11	9.65	7.21	6.22	5.67	5.32	5.07	4.89	4.74	4.63	4.54	4.40	4.25	4.10	4.02	3.94	3.86	3.78	3.69	3.60
12	9.33	6.93	5.95	5.41	5.06	4.82	4.64	4.50	4.39	4.30	4.16	4.01	3.86	3.78	3.70	3.62	3.54	3.45	3.36
13	9.07	6.70	5.74	5.21	4.86	4.62	4.44	4.30	4.19	4.10	3.96	3.82	3.66	3.59	3.51	3.43	3.34	3.25	3.17
14	8.86	6.51	5.56	5.04	4.69	4.46	4.28	4.14	4.03	3.94	3.80	3.66	3.51	3.43	3.35	3.27	3.18	3.09	3.00
15	8.68	6.36	5.42	4.89	4.56	4.32	4.14	4.00	3.89	3.80	3.67	3.52	3.37	3.29	3.21	3.13	3.05	2.96	2.87
16	8.53	6.23	5.29	4.77	4.44	4.20	4.03	3.89	3.78	3.69	3.35	3.41	3.26	3.18	3.10	3.02	2.93	2.84	2.75
17	8.40	6.11	5.18	4.67	4.34	4.10	3.93	3.79	3.68	3.59	3.46	3.31	3.16	3.08	3.00	2.92	2.83	2.75	2.65
18	8.29	6.01	5.09	4.58	4.25	4.01	3.84	3.71	3.60	3.51	3.37	3.23	3.08	3.00	2.92	2.84	2.75	2.66	2.57
19	8.18	5.93	5.01	4.50	4.17	3.94	3.77	3.63	3.52	3.43	3.30	3.15	3.00	2.92	2.84	2.76	2.67	2.58	2.49
20	8.10	5.85	4.94	4.43	4.10	3.87	3.70	3.56	3.46	3.37	3.23	3.09	2.94	2.86	2.78	2.69	2.61	2.52	2.42
21	8.02	5.78	4.87	4.37	4.04	3.81	3.64	3.51	3.40	3.31	3.17	3.03	2.88	2.80	2.72	2.64	2.55	2.46	2.36
22	7.95	5.72	4.82	4.31	3.99	3.76	3.59	3.45	3.55	3.26	3.12	2.98	2.83	2.75	2.67	2.58	2.50	2.40	2.31
23	7.88	5.66	4.76	4.26	3.94	3.71	3.54	3.41	3.30	3.21	3.07	2.93	2.78	2.71	2.62	2.54	2.45	2.35	2.26
24	7.82	5.61	4.72	4.22	3.90	3.67	3.50	3.36	3.26	3.17	3.03	2.89	2.47	2.66	2.58	2.49	2.40	2.31	2.21
25	7.77	5.57	4.68	4.18	3.85	3.63	3.46	3.32	3.22	3.13	2.99	2.85	2.70	2.62	2.54	2.45	2.36	2.27	2.17
26	7.72	5.53	4.64	4.14	3.82	3.59	3.42	3.29	3.18	3.09	2.96	2.81	2.66	2.58	2.50	2.42	2.33	2.23	2.13
27	7.68	5.49	4.60	4.11	3.78	3.56	3.39	3.26	3.15	3.06	2.93	2.78	2.63	2.55	2.47	2.38	2.29	2.20	2.10

附表 6 F 分布表

(续表)

n\m	1	2	3	4	5	6	7	8	9	10	12	15	20	24	30	40	60	120	∞
28	7.64	5.45	4.57	4.07	3.75	3.53	3.36	3.23	3.12	3.03	2.90	2.75	2.60	2.52	2.44	2.35	2.26	2.17	2.06
29	7.60	5.42	4.54	4.04	3.73	3.50	3.33	3.20	3.09	3.00	2.87	2.73	2.57	2.49	2.41	2.33	2.23	2.14	2.03
30	7.56	5.39	4.51	4.02	3.70	3.47	3.30	3.17	3.07	2.98	2.84	2.70	2.55	2.47	2.39	2.30	2.21	2.11	2.01
40	7.31	5.18	4.31	3.83	3.51	3.29	3.12	2.99	2.89	2.80	2.66	2.52	2.37	2.29	2.20	2.11	2.02	1.92	1.80
60	7.08	4.98	4.13	3.65	3.34	3.12	2.95	2.82	2.72	2.63	2.50	2.35	2.20	2.12	2.03	1.94	1.84	1.73	1.60
120	6.85	4.79	3.95	3.48	3.17	2.96	2.79	2.66	2.56	2.47	2.34	2.19	2.03	1.95	1.86	1.76	1.66	1.53	1.38
∞	6.63	4.61	3.78	3.32	3.02	2.80	2.64	2.51	2.41	2.32	2.18	2.04	1.88	1.79	1.70	1.59	1.47	1.32	1.00

$\alpha = 0.005$

n\m	1	2	3	4	5	6	7	8	9	10	12	15	20	24	30	40	60	120	∞
1	16 211	20 000	21 615	22 500	23 056	23 437	23 715	23 925	24 091	24 224	24 426	24 630	24 836	24 940	25 044	25 148	25 253	25 359	25 465
2	198.5	199.0	199.2	199.2	199.3	199.3	199.4	199.4	199.4	199.4	199.4	199.4	199.4	199.5	199.5	199.5	199.5	199.5	199.5
3	55.55	49.80	47.47	46.19	45.39	44.84	44.43	44.13	43.88	43.69	43.39	43.08	42.78	42.62	42.47	42.31	42.15	41.99	41.83
4	31.33	26.28	24.26	23.15	22.49	21.97	21.62	21.35	21.14	20.97	20.70	20.44	20.17	20.03	19.89	19.75	19.61	19.47	19.32
5	22.78	18.31	16.53	15.56	14.94	14.51	14.20	13.96	13.77	13.62	13.38	13.15	12.90	12.78	12.66	12.53	12.40	12.27	12.14
6	18.63	14.54	12.92	12.03	11.46	11.07	10.79	10.57	10.39	10.25	10.03	9.81	9.59	9.47	9.36	9.24	9.12	9.00	8.88
7	16.24	12.40	10.88	10.05	9.52	9.16	8.89	8.68	8.51	8.38	8.18	7.97	7.75	7.65	7.53	7.42	7.31	7.19	7.08
8	14.69	11.04	9.60	8.81	8.30	7.95	7.69	7.50	7.34	7.21	7.01	6.81	6.61	6.50	6.40	6.29	6.18	6.06	5.95
9	13.61	10.11	8.72	7.96	7.47	7.13	6.88	6.69	6.54	6.42	6.23	6.03	5.83	5.73	5.62	5.52	5.41	5.30	5.19
10	12.83	9.43	8.08	7.34	6.87	6.54	6.30	6.12	5.97	5.85	5.66	5.47	5.27	5.17	5.07	4.97	4.86	4.75	4.64
11	12.23	8.91	7.60	6.88	6.42	6.10	5.86	5.68	5.54	5.42	5.24	5.05	4.86	4.76	4.65	4.55	4.44	4.34	4.23
12	11.75	8.51	7.23	6.52	6.07	5.76	5.52	5.35	5.20	5.09	4.91	4.72	4.53	4.43	4.33	4.23	4.12	4.01	3.90
13	11.37	8.19	6.93	6.23	5.79	5.48	5.25	5.08	4.94	4.82	4.64	4.46	4.27	4.17	4.07	3.97	3.87	3.76	3.65
14	11.06	7.92	6.68	6.00	5.56	5.26	5.03	4.86	4.72	4.60	4.43	4.25	4.06	3.96	3.86	3.76	3.66	3.55	3.44
15	10.80	7.70	6.48	5.80	5.37	5.07	4.85	4.67	4.54	4.42	4.25	4.07	3.88	3.79	3.69	3.58	3.48	3.37	3.26
16	10.58	7.51	6.30	5.64	5.21	4.91	4.69	4.52	4.38	4.27	4.10	3.92	3.73	3.64	3.54	3.44	3.33	3.22	3.11
17	10.58	7.35	6.16	5.50	5.07	4.78	4.56	4.39	4.25	4.14	3.97	3.79	3.61	3.51	3.41	3.31	3.21	3.10	2.98
18	10.22	7.21	6.03	5.37	4.96	4.66	4.44	4.28	4.14	4.03	3.86	3.68	3.50	3.40	3.30	3.20	3.10	2.99	2.87
19	10.07	7.09	5.92	5.27	4.85	4.56	4.34	4.18	4.04	3.93	3.76	3.59	3.40	3.31	3.21	3.11	3.00	2.89	2.78
20	9.94	6.99	5.82	5.17	4.76	4.47	4.26	4.09	3.96	3.85	3.68	3.50	3.32	3.22	3.12	3.02	2.92	2.81	2.69
21	9.83	6.89	5.73	5.09	4.68	4.39	4.18	4.01	3.88	3.77	3.60	3.43	3.24	3.15	3.05	2.95	2.84	2.73	2.61
22	9.73	6.81	5.65	5.02	4.61	4.32	4.11	3.94	3.81	3.70	3.54	3.36	3.18	3.08	2.98	2.88	2.77	2.66	2.55
23	9.63	6.73	5.58	4.95	4.54	4.26	4.05	3.88	3.75	3.64	3.47	3.30	3.12	3.02	2.92	2.82	2.71	2.60	2.48
24	9.55	6.66	5.52	4.89	4.49	4.20	3.99	3.83	3.69	3.59	3.42	3.25	3.06	2.97	2.87	2.77	2.66	2.55	2.43
25	9.48	6.60	5.46	4.84	4.43	4.15	3.94	3.78	3.64	3.54	3.37	3.20	3.01	2.92	2.82	2.72	2.61	2.50	2.38
26	9.41	6.54	5.41	4.79	4.38	4.10	3.89	3.73	3.60	3.49	3.38	3.15	2.97	2.87	2.77	2.67	2.56	2.45	2.33

(续表)

n \ m	1	2	3	4	5	6	7	8	9	10	12	15	20	24	30	40	60	120	∞
27	9.34	6.49	5.36	4.74	4.34	4.06	3.85	3.69	3.56	3.45	3.28	3.11	2.93	2.83	2.73	2.63	2.52	2.41	2.29
28	9.28	6.44	5.32	4.70	4.30	4.02	3.81	3.65	3.52	3.41	3.25	3.07	2.89	2.79	2.69	2.59	2.48	2.37	2.25
29	9.23	6.40	5.28	4.66	4.26	3.98	3.77	3.61	3.48	3.38	3.21	3.04	2.86	2.76	2.66	2.56	2.45	2.33	2.21
30	9.18	6.35	5.24	4.62	4.23	3.95	3.74	3.58	3.45	3.34	3.18	3.01	2.82	2.73	2.63	2.52	2.42	2.30	2.18
40	8.83	6.07	4.98	4.37	3.99	3.71	3.51	3.35	3.22	3.12	2.95	2.78	2.60	2.50	2.40	2.30	2.18	2.06	1.93
60	8.49	5.79	4.73	4.14	3.76	3.49	3.29	3.13	3.01	2.90	2.74	2.57	2.39	2.29	2.19	2.08	1.96	1.82	1.69
120	8.18	5.54	4.50	3.92	3.55	3.28	3.09	2.93	2.81	2.71	2.54	2.37	2.19	2.09	1.98	1.87	1.75	1.61	1.41
∞	7.88	5.30	4.28	3.72	3.35	3.09	2.90	2.74	2.62	2.52	2.36	2.19	2.00	1.90	1.79	1.67	1.53	1.36	1.00

$\alpha = 0.001$

n \ m	1	2	3	4	5	6	7	8	9	10	12	15	20	24	30	40	60	120	∞
1	4 053+	5 000+	5 404+	5 625+	5 764+	5 859+	5 929+	5 981+	6 023+	6 056+	6 107+	6 158+	6 209+	6 235+	6 261+	6 287+	6 313+	6 340+	6 366+
2	998.5	999.0	999.2	999.2	999.3	999.3	999.4	999.4	999.4	999.4	999.4	999.4	999.4	999.5	999.5	999.5	999.5	999.5	999.5
3	167.0	148.5	141.1	137.1	134.6	132.8	131.6	130.6	129.9	129.2	128.3	127.4	126.4	125.9	125.4	125.0	124.5	124.0	123.5
4	74.14	61.25	53.18	53.44	51.71	50.33	49.66	49.00	48.47	48.05	47.41	46.76	46.10	45.77	45.43	45.09	44.75	44.40	44.05
5	47.18	37.12	33.20	31.09	29.75	28.84	28.16	27.64	27.24	26.92	26.42	25.91	25.39	25.14	24.87	24.60	24.33	24.06	23.79
6	35.51	27.00	23.70	21.92	20.81	20.03	19.46	19.03	18.69	18.41	17.99	17.56	17.12	16.89	16.67	16.44	16.21	15.99	15.75
7	29.25	21.69	18.77	17.19	16.21	15.52	15.02	14.63	14.33	14.08	13.71	13.32	12.93	12.73	12.53	12.33	12.12	11.91	11.70
8	25.42	18.49	15.83	14.39	13.49	12.86	12.40	12.04	11.77	11.54	11.19	10.84	10.48	10.30	10.11	9.92	9.73	9.53	9.33
9	22.86	16.39	13.90	12.56	11.71	11.13	10.70	10.37	10.11	9.89	9.57	9.24	8.90	8.72	8.55	8.37	8.19	8.00	7.81
10	21.04	14.91	12.55	11.28	10.48	9.92	9.52	9.20	8.96	8.75	8.45	8.13	7.80	7.64	7.47	7.30	7.12	6.94	6.67
11	19.69	13.81	11.56	10.35	9.58	9.05	8.66	8.35	8.12	7.92	7.63	7.32	7.01	6.85	6.68	6.52	6.35	6.17	6.00
12	18.64	12.97	10.80	9.63	8.89	8.38	8.00	7.71	7.48	7.29	7.00	6.71	6.40	6.25	6.09	5.93	5.76	5.59	5.42
13	17.81	12.31	10.21	9.07	8.35	7.86	7.49	7.21	6.98	6.80	6.52	6.23	5.93	5.78	5.63	5.47	5.30	5.14	4.97
14	17.14	11.78	9.73	8.62	7.92	7.43	7.08	6.80	6.58	6.40	6.13	5.85	5.56	5.41	5.25	5.10	4.94	4.77	4.60
15	16.59	11.34	9.34	8.25	7.57	7.09	6.74	6.47	6.26	6.08	5.81	5.54	5.25	5.10	4.95	4.80	4.64	4.47	4.31
16	16.12	10.97	9.00	7.94	7.27	6.81	6.46	6.19	5.98	5.81	5.55	5.27	4.99	4.85	4.70	4.54	4.39	4.23	4.06
17	15.72	10.66	8.73	7.68	7.02	7.56	6.22	5.96	5.75	5.58	5.32	5.05	4.78	4.63	4.48	4.33	4.18	4.02	3.85
18	15.38	10.39	8.49	7.46	6.81	6.35	6.02	5.76	5.56	5.39	5.13	4.87	4.59	4.45	4.30	4.15	4.00	3.84	3.67
19	15.08	10.16	8.28	7.26	6.62	6.18	5.85	5.59	5.39	5.22	4.97	4.70	4.43	4.29	4.14	3.99	3.84	3.68	3.51
20	14.82	9.95	8.10	7.10	6.46	6.02	5.69	5.44	5.24	5.08	4.82	4.56	4.29	4.15	4.00	3.86	3.70	3.54	3.38
21	14.59	9.77	7.94	6.95	6.32	5.88	5.56	5.31	5.11	4.95	4.70	4.44	4.17	4.03	3.88	3.74	3.58	3.42	3.26
22	14.38	9.61	7.80	6.81	6.19	5.76	5.44	5.19	4.99	4.83	4.58	4.33	4.06	3.92	3.78	3.63	3.48	3.32	3.15
23	14.19	9.47	7.67	6.69	6.08	5.65	5.33	5.09	4.89	4.73	4.48	4.23	3.96	3.82	3.68	3.53	3.38	3.22	3.05
24	14.03	9.34	7.55	6.59	5.98	5.55	5.23	4.99	4.80	4.64	4.39	4.14	3.87	3.74	3.59	3.45	3.29	3.14	2.97
25	13.88	9.22	7.45	6.49	5.88	5.46	5.15	4.91	4.71	4.56	4.31	4.06	3.79	3.66	3.52	3.37	3.22	3.06	2.89

附表 6 F 分布表

(续表)

n \ m	1	2	3	4	5	6	7	8	9	10	12	15	20	24	30	40	60	120	∞
26	13.74	9.12	7.36	6.41	5.80	5.38	5.07	4.83	4.64	4.84	4.24	3.99	3.72	3.59	3.44	3.30	3.15	2.99	2.82
27	13.61	9.02	7.27	6.33	5.73	5.31	5.00	4.76	4.57	4.41	4.17	3.92	3.66	3.52	3.38	3.23	3.08	2.92	2.75
28	13.50	8.93	7.19	6.25	5.66	5.24	4.93	4.69	4.50	4.35	4.11	3.86	3.60	3.46	3.32	3.18	3.02	2.86	2.69
29	13.39	8.85	7.12	6.19	5.59	5.18	4.87	4.64	4.45	4.29	4.05	3.80	3.54	3.41	3.27	3.12	2.97	2.81	2.54
30	13.29	8.77	7.05	6.12	5.53	5.12	4.82	4.58	4.39	4.24	4.00	3.75	3.49	3.36	3.23	3.07	2.92	2.76	2.59
40	12.61	8.25	6.60	5.70	5.13	4.73	4.44	4.21	4.02	3.87	3.64	3.40	3.15	3.01	2.87	2.73	2.57	2.41	2.23
60	11.97	7.76	6.17	5.31	4.76	4.37	4.09	3.87	3.69	3.54	3.31	3.08	2.83	2.69	2.55	2.41	2.25	2.08	1.89
120	11.38	7.32	5.79	4.95	4.42	4.04	3.77	3.55	3.38	3.24	3.02	2.78	2.53	2.40	2.26	2.11	1.95	1.76	1.54
∞	10.83	6.91	5.42	4.62	4.10	3.74	3.47	3.27	3.10	2.96	2.74	2.51	2.27	2.13	1.99	1.84	1.66	1.45	1.00

注：+表示要将所列数乘以 100．

参考文献

[1] 茆诗松,程依明,濮晓龙.概率论与数理统计教程.3 版.北京:高等教育出版社,2019.

[2] 盛骤,谢式千,潘承毅.概率论与数理统计.4 版.北京:高等教育出版社,2008.

[3] 马军英.概率论与数理统计.济南:山东大学出版社,2004.

[4] 邓集贤,杨维权,司徒荣,邓永录.概率论及数理统计:上册.4 版.北京:高等教育出版社,2009.

[5] 张天德,叶宏.概率论与数理统计:慕课版.北京:人民邮电出版社,2020.

[6] 张天德.概率论与数理统计辅导.北京:北京理工大学出版社,2014.

[7] 吴传生.经济数学:概率论与数理统计.3 版.北京:高等教育出版社,2015.

[8] 颜宝平,夏林丽,杨龙仙.概率论与数理统计.北京:电子工业出版社,2018.

[9] 苏连塔,陈明玉.概率论与数理统计:基于 R.北京:电子工业出版社,2017.

[10] 徐雅静,段清堂,汪远征,等.概率论与数理统计.2 版.北京:科学出版社,2015.

[11] 江海峰,庄健,刘竹林.概率论与数理统计.2 版.合肥:中国科学技术大学出版社.2013.

[12] 贾俊平,何晓群,金勇进.统计学.7 版.北京:中国人民大学出版社,2018.

[13] 冯国双.白话统计.北京:电子工业出版社,2018.

[14] 岩泽宏和.改变世界的 134 个概率统计故事.戴华晶,译.长沙:湖南科学技术出版社.2016.